建设部、人事部、国家文物局联合资助项目

王瑞珠 编著

世界建筑史

美洲古代卷

·上册·

中国建筑工业出版社

图书在版编目（CIP）数据

世界建筑史．美洲古代卷/王瑞珠编著．—北京：中国建筑工业出版社，2015.11

ISBN 978-7-112-18578-8

I. ①世… II. ①王… III. ①建筑史—世界②建筑史—美洲—古代 IV. ①TU-091

中国版本图书馆CIP数据核字（2015）第248963号

责任编辑：张建
责任校对：关健

世界建筑史·美洲古代卷

王瑞珠　编著

*

中国建筑工业出版社出版、发行（北京西郊百万庄）

各地新华书店、建筑书店经销

北京利丰雅高长城印刷有限公司印刷

*

开本：889×1194毫米　1/16　印张：104　字数：3020千字

2016年2月第一版　2016年2月第一次印刷

定价：698.00元（上、中、下册）

ISBN 978-7-112-18578-8

（27857）

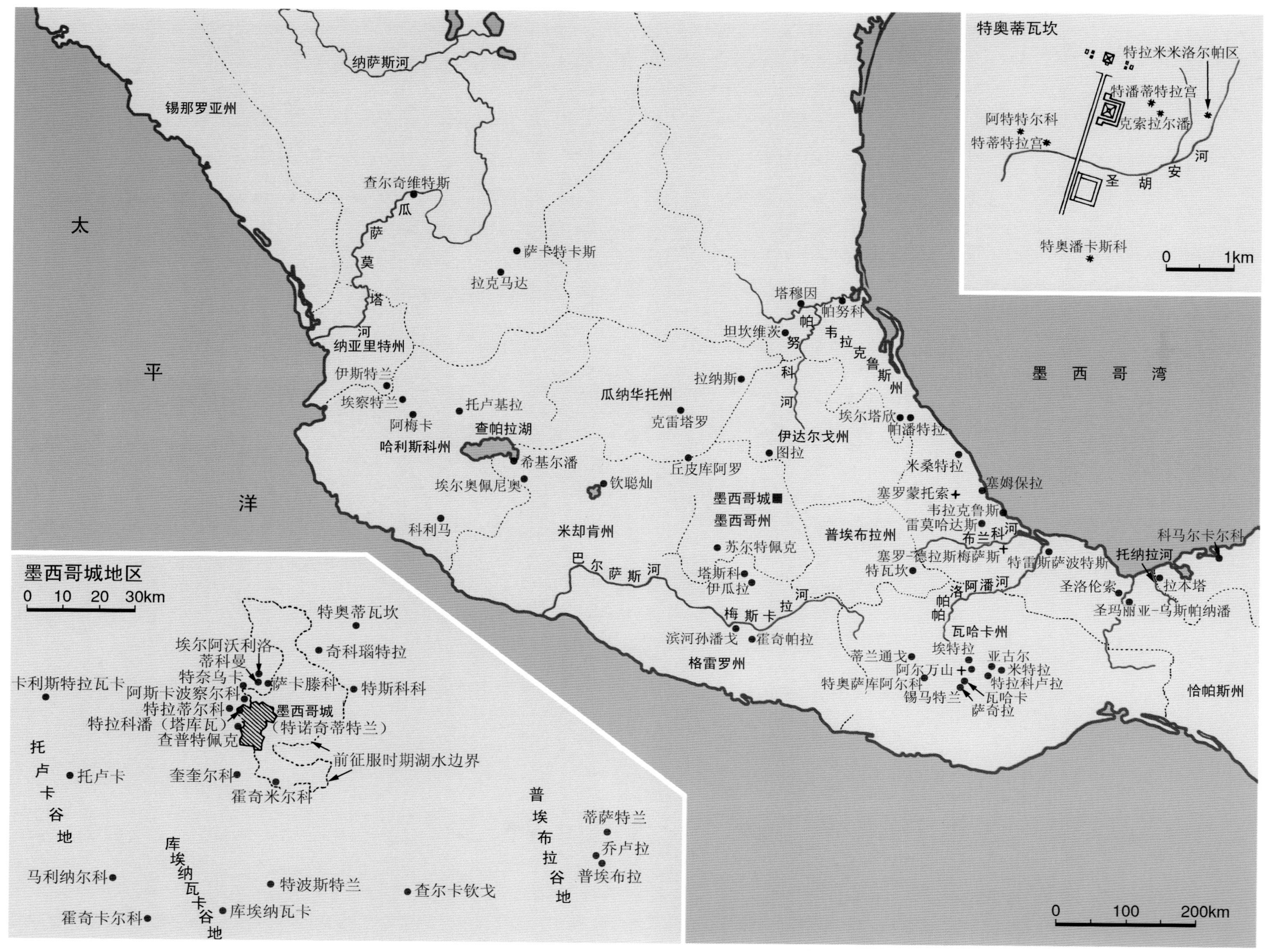

本卷中涉及的主要城市及遗址位置图（一、墨西哥）

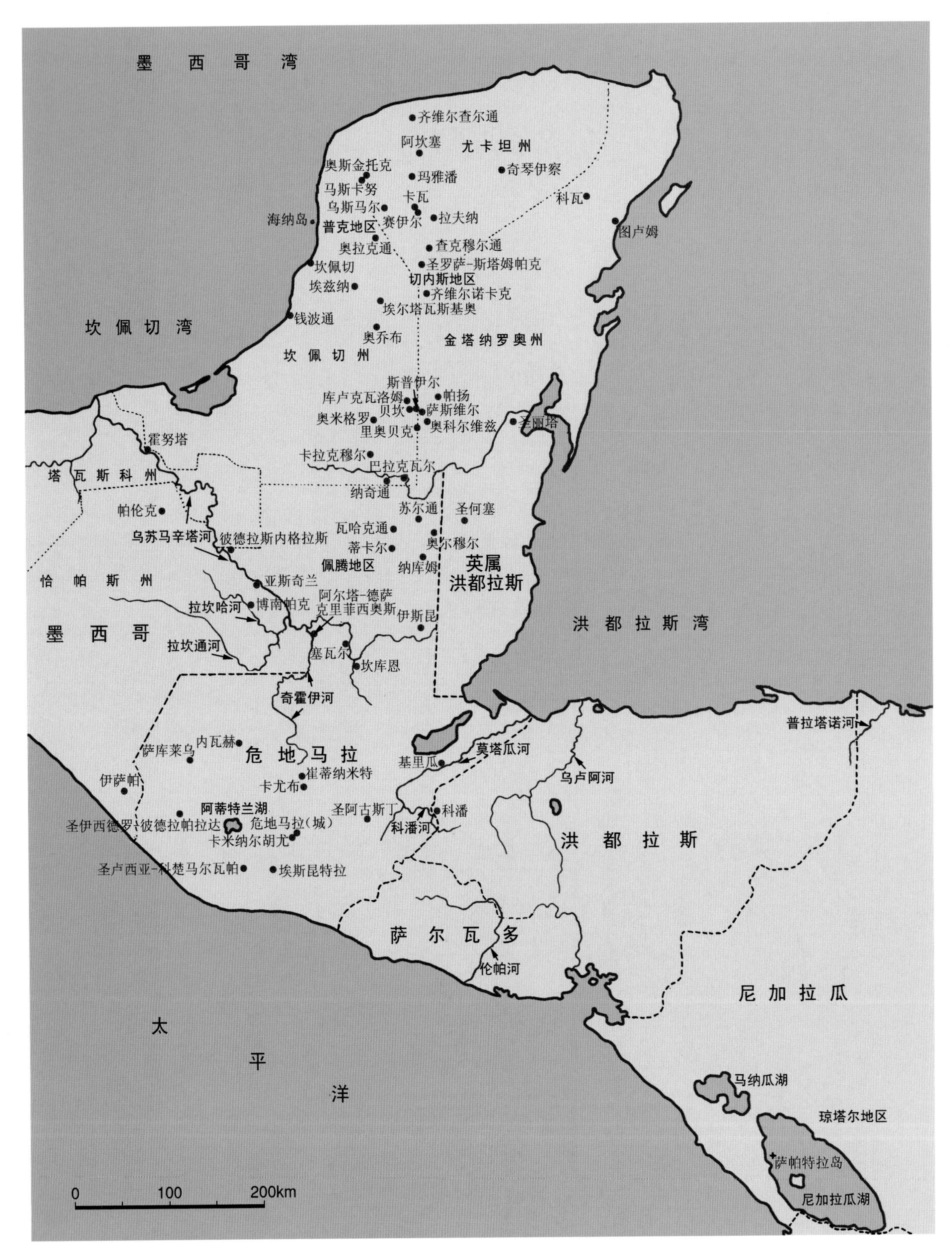

墨西哥湾
齐维尔查尔通
阿坎塞
尤卡坦州
奥斯金托克
奇琴伊察
玛雅潘
马斯卡努
卡瓦
科瓦
乌斯马尔
拉夫纳
海纳岛
普克地区
赛伊尔
图卢姆
奥拉克通
查克穆尔通
圣罗萨-斯塔姆帕克
坎佩切
切内斯地区
埃兹纳
齐维尔诺卡克
埃尔塔瓦斯基奥
钱波通
坎佩切湾
奥乔布
金塔纳罗奥州
坎佩切州
斯普伊尔
库卢克瓦洛姆
帕扬
贝坎
萨斯维尔
奥米格罗
奥科尔维兹
圣丽塔
里奥贝克
霍努塔
卡拉克穆尔
巴拉克瓦尔
塔瓦斯科州
纳奇通
帕伦克
苏尔通
圣何塞
瓦哈克通
乌苏马辛塔河
彼德拉斯内格拉斯
蒂卡尔
奥尔穆尔
佩腾地区
英属洪都拉斯
纳库姆
恰帕斯州
亚斯奇兰
阿尔塔-德萨克里菲西奥斯
拉坎哈河
博南帕克
伊斯昆
墨西哥
洪都拉斯湾
拉坎通河
塞瓦尔
坎库恩
奇霍伊河
普拉塔诺河
萨库莱乌
内瓦赫
危地马拉
莫塔瓜河
基里瓜
伊萨帕
崔蒂纳米特
乌卢阿河
卡尤布
阿蒂特兰湖
圣阿古斯丁
科潘
圣伊西德罗·彼德拉帕拉达
危地马拉(城)
科潘河
洪都拉斯
卡米纳尔胡尤
圣卢西亚-科楚马尔瓦帕
埃斯昆特拉
萨尔瓦多
伦帕河
尼加拉瓜
太平洋
马纳瓜湖
琼塔尔地区
萨帕特拉岛
尼加拉瓜湖
0
100
200km

本卷中涉及的主要城市及遗址位置图（二、中美洲）

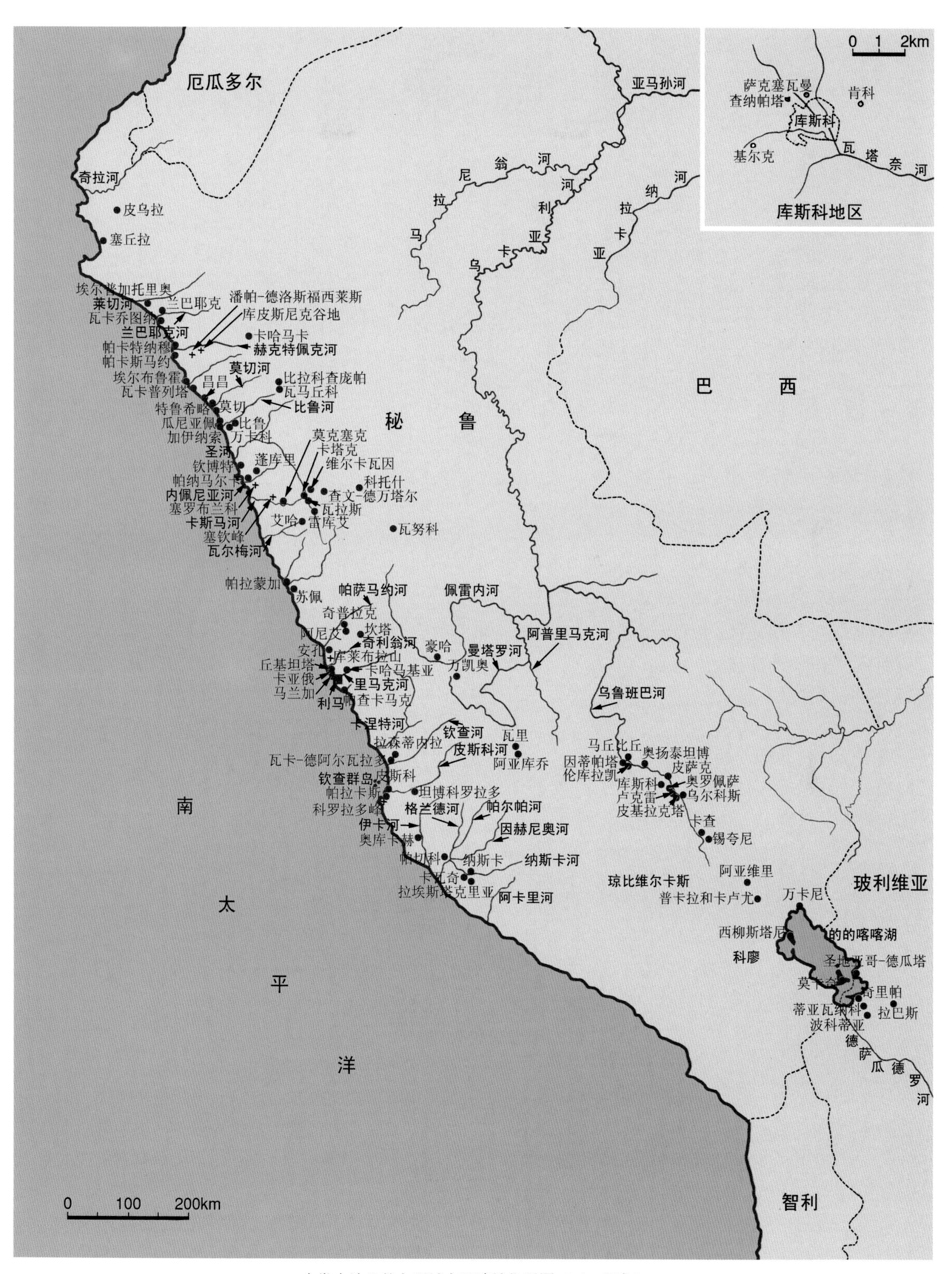

本卷中涉及的主要城市及遗址位置图（三、秘鲁）

目 录

·上册·

第一章 导论

第一部分 墨西哥文明

第二章 墨西哥中部地区（前古典及古典时期）

第三章 墨西哥中部地区（后古典时期）

第四章 墨西哥海湾地区

第五章 墨西哥其他地区

·中册·

第二部分 玛雅及其邻近地区

第六章 玛雅（古典时期，一）

第七章 玛雅（古典时期，二）

·下册·

第八章 玛雅（托尔特克时期）

第三部分 印加文明

引言

第九章 安第斯山北部及中北部地区

第十章 安第斯山中部地区

第一章　导论

第一节 地域和居民

一、地理形势及其影响

[地域界定]

1521年墨西哥被欧洲人征服时，中美洲的地理边界北面从东边的帕努科河到西边的锡那罗亚，南面从现危地马拉的莫塔瓜河口到尼科亚海湾。这条分界线比现在墨西哥和美国的边界线更靠南，不仅包括墨西哥的部分领土，还包括危地马拉、萨尔瓦多以及洪都拉斯、尼加拉瓜和哥斯达黎加的部分地区（图1-1）。东、西两面则以大洋为界（东濒大西洋，西临太平洋）。

事实上，我们所研究的地域只是今日美洲的很

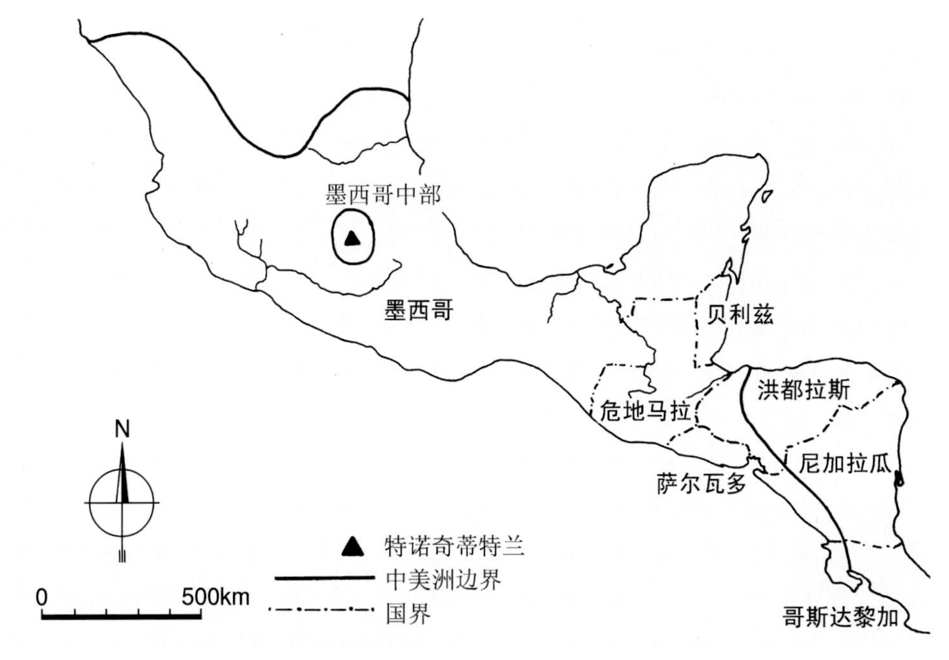

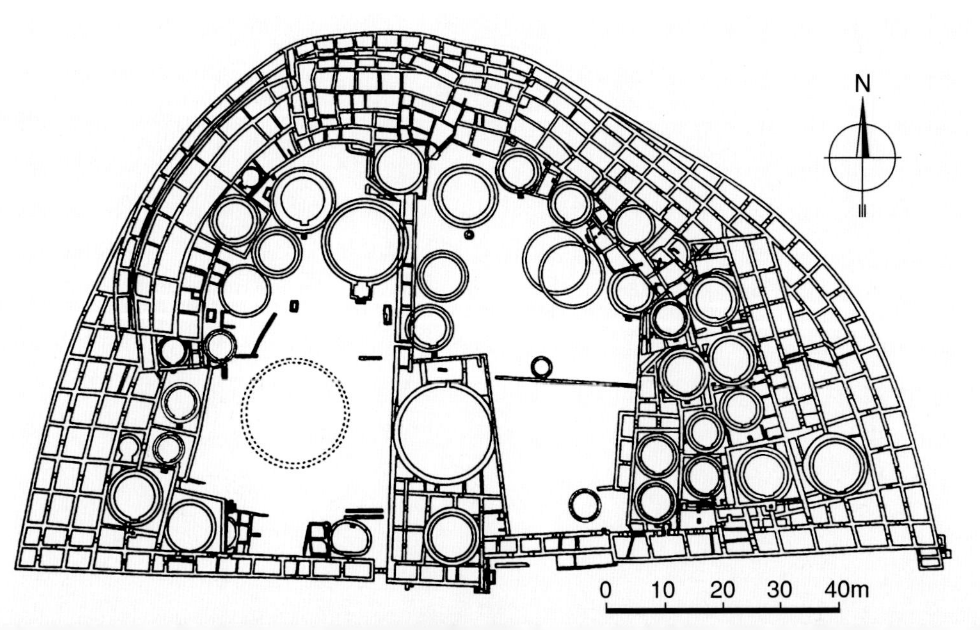

（上）图1-1中美洲 地界示意图（墨西哥中部为阿兹特克文化中心，据Ellen Cesarski和Kori Kaufman）

（下）图1-2普韦布洛博尼托 遗址平面(约900~1230年)

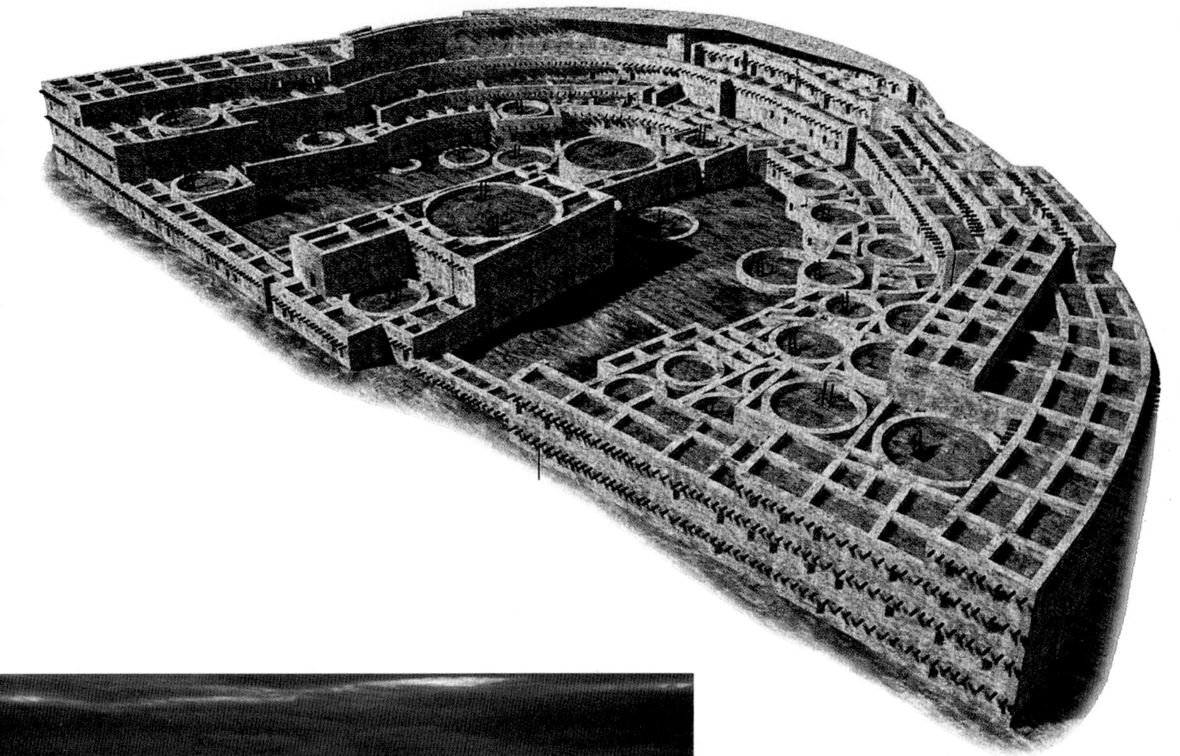

图1-3普韦布洛博尼托 遗址电脑复原图（建筑围半圆形的中央广场布置，不同规模的圆形会堂纳入各建筑组群，城区约有居民1200人；图版取自Colin Renfrew等编著：《Virtual Archaeology》，1997年）

图1-4普韦布洛博尼托 中央广场及会堂部分复原图（圆形会堂位于半地下，通过顶部木梯进入；图版取自Colin Renfrew等：《Virtual Archaeology》，1997年）

小一部分，北部不超过北纬24度，南面不超过南纬20度，西部边界至墨西哥的太平洋沿岸（约西经105度），东部边界止于玻利维亚的安第斯高原（约西经75度），也就是说，基本不涉及北美洲的大部分和南美洲的所有低地区域。这样选择的理由很简单：在南美洲东部和北美洲的广大地域，古代的居民很少。直到1492年，美洲的人口尚不足2000万，其中一半都生活在本卷所论及的范围内。在前殖民时期的北美洲，就现在人们所知，比较重要的纪念性建筑只有美国西南地区阿纳萨西人建造的一些公共工程和美国东部地区一些呈截锥金字塔形式的土台。前者位于普韦布洛博尼托（图1-2~1-14）、梅萨贝尔德（图1-15~1-25）和查科峡谷等遗址，属普韦布洛文化，由系列矩形房间组成，兼有神殿、宫殿等各种职能[大型仪式典礼在圆形的“会堂”（kivas）内举行]；后者往往成组围着广场布置或在围地内，平面以矩形和方形为主（少数神殿为圆形，或如蛇及其他图腾形式），外部没有饰面材料，其体量从几百到上百万立方米不等。亚当斯县的巨蛇丘以其形式独特引人瞩目（图1-26）。最大的卡霍基亚祭司丘（位于东圣路易斯东面，900~1200年，图1-27~1-30）基部316×241米，高30米，是北美洲前殖民时期最宏伟的单体祭祀建筑（塔体全部土筑，四个不同高度的平台形成不对称的平面；呈截锥金字塔形的宏伟平台俯视着由栅栏围括的祭祀区）。建筑所在的河谷为密西西比河流

（上两幅）图1-5普韦布洛博尼托遗址俯视全景

（下）图1-6普韦布洛博尼托 遗址现状（自北面望去的景色）

域最肥沃的部分，在13平方公里的范围内有大约120座不同规模的金字塔形丘台和大量的村落，只是大部分都在最近几十年里遭到破坏，如今这些建筑的遗迹已很难辨认（俯视复原图及模型：图1-31~1-35；村镇复原画：图1-36、1-37；住房复原图：图1-38、1-39）。

事实上，在古代美洲，只有墨西哥、玛雅和印加各民族有大量的人口居住在大城市里，有足够的经济实力和专业匠师建造宏伟的神殿和制作艺术品。因而，我们的主要研究对象，仅限于位于南、北回归线之间的古代美洲的主要城市文明。这片地域在东西方向上大致相当于从里斯本到伊斯坦布尔，南北方向上相当于自开罗到圣彼得堡的范围。在纬度上它与非洲中部地区对应，大小上则和西欧差不多。和西欧类似，其海岸线勾画出几个海域，但陆地面积要小得多；其河流系统主要起分隔而不是联系各地的作用。大部分地域都面向大西洋，西部（墨西哥湾）和东部（加勒比海）则类似地中海的东西部分。

历史上，亦有人将中美洲和其他具有先进文化

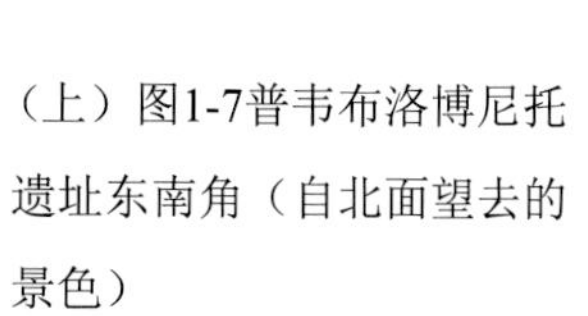

（上）图1-7普韦布洛博尼托遗址东南角（自北面望去的景色）

（下）图1-8普韦布洛博尼托会堂及墙体残迹

的新大陆地区（主要是南美洲的安第斯山地区）称为“核心美洲”（Nuclear America），尽管这个词不很确切，但由于没有更好的词来替代它，因此在许多著作中仍保留了这种提法。在古代，人口最稠密的北半部主要居住着墨西哥人、玛雅人和其他中美洲民族。北面这一部分通常被称为中美洲。[1]这些名词主要是出于历史的考量而不是地理概念，它避开了以墨西哥东南特万特佩克地峡作为北美洲和中美洲分界的传统观念导致的不便，因为就人文学科而言，这个地峡与其说是边界，不如说是通衢更符合实际情况。在中美洲和南美洲之间，真正的文化分界实际上是巴拿马地峡。

这个被称为“核心美洲”的地域南部由安第斯山脉的北部和中部组成，主要人口都集中在临太平洋的秘鲁山区里。从历史上看，墨西哥人、玛雅人和安第斯山的居民之间，通过陆路和海路，可能曾有过断断续续的联系，但其来往的频繁程度和实际的成效恐怕还远不及当年罗马帝国和中国汉朝之间的商贸交流。

[中美洲]

墨西哥境内大部为高原和山地，仅东西两面临海处有狭窄的平原。面向太平洋一面气候干燥，人烟稀少；靠大西洋一边气候湿润，居民密度较高。位于两者之间的墨西哥城一直是最重要的大都会，

（上）图1-9普韦布洛博尼托 广场南面中央大会堂现状

（中）图1-10普韦布洛博尼托 广场西北侧大会堂现状

（下）图1-11普韦布洛博尼托 东南角墙体近景

（上）图1-12普韦布洛博尼托 西南角大宅近景

（下）图1-13普韦布洛博尼托 墙体近景（属遗址最高部分）

乔卢拉、图拉和霍奇卡尔科等重要城市都在它周围100英里的范围内。

墨西哥南部包括瓦哈卡、特万特佩克和恰帕斯诸州，其历史中心位于围绕着阿尔万山的瓦哈卡中央谷地。在这一带，米斯特克人和萨巴特克人之间的长期争斗产生了深远的影响，最后取胜的米斯特克人将他们的王朝统治和宗教信仰扩展到其他地域，从而在很大程度上确定了中美洲的历史进程。

在墨西哥，靠近太平洋的地区气候不仅干燥，也缺少大的河流谷地。只有一些有足够雨水的孤立谷地能吸引较多的居民。早期村落里形成的古代习俗在这里也比东部地区持续得更为长久。在米却肯州和格雷罗州以西的地区，除前者东北湖区少量塔拉斯卡文化后期的城镇或托卢基拉及拉纳斯居民点等例外，居民稀少的高原和山谷地带很少有宏伟的建筑中心和神庙组群。15世纪席卷中美洲所有其他地域的阿兹特克人，从没有扩张到托卢卡山谷以西的地方。

干草原和西经100度以西墨西哥沙漠之间迥异的自然条件是另一个划分边界的要素，居民主要聚居在西经100度以东和北纬23度以南的山间谷地里。从等雨量线（isohyet line）和哥伦布之前美洲主要城市的分布图上可看出，中美洲主要分为内外两个区域。内区（Inner Mesoamerica）从墨西哥峡谷开始向东南扩展，自图拉延伸到中部地区，这里人口稠密，城镇较多。该区本身又可分为东端（玛雅低地）和西端（墨西哥高原）两部分。外区（Outer Mesoamerica）包括墨西哥西部和北回归线以北的地域，人口相对稀疏。

特万特佩克地峡将北美大陆（墨西哥的主要领土亦属它的组成部分）和中美洲分开。后者本身从考古角度出发，可分为三个主要区域：1、由墨西哥的恰帕斯州、危地马拉和萨尔瓦多组成的太平洋高原地区；2、高原以北的玛雅区，包括危地马拉北部、英属洪都拉斯、墨西哥的几个州（恰帕斯、塔瓦斯科、坎佩切、尤卡坦和金塔纳罗奥）及洪都拉斯西部部分地区；3、中美东部，包括洪都拉斯东部、萨尔瓦多的部分领土以及尼加拉瓜、哥斯达黎加和巴拿马的全部。

处于上述第二区的玛雅文明始于公元前5世纪或

本页：

（上）图1-14普韦布洛博尼托 墙体细部

（下）图1-15梅萨贝尔德 悬崖宫邸（悬城）。主要宫邸全景

右页：

（上）图1-16梅萨贝尔德 悬崖宫邸。主要宫邸北区

（下）图1-17梅萨贝尔德 悬崖宫邸。主要宫邸北端

更早，一直延续到15世纪。当时的玛雅人，和古典时期的希腊人一样，在被欧洲人占领前的美洲处于执牛耳的地位。特别是公元300年后，他们所在的地域构成了大都会的聚集中心，太平洋高原及中美洲的其他地区当时只具有行省和外围的性质。玛雅人在知识方面取得的成就，更为当代和后世的文化奠定了基础。

在太平洋高原地区，则是具有不同来源的墨西哥人在以后占据了主导地位。

中美洲东部同样是独立地进入了文明的繁荣期。公元1000年后，来自墨西哥的入侵改写了当地的历史。但老的石雕传统依然延续下来，直到西班牙人占领以后。

左页：

（上）图1-18梅萨贝尔德 悬崖宫邸。其他区段（一）

（下）图1-19梅萨贝尔德 悬崖宫邸。其他区段（二）

本页：

（上）图1-20梅萨贝尔德 悬崖宫邸。其他区段（三）

（下）图1-21梅萨贝尔德 悬崖宫邸。其他区段（四）

[安第斯山地区]

在这个“核心美洲”的下部，南纬20度以北的南美洲西部地区，是另几个城市文明区的所在地。在这里，实用成为居民的首要考虑。为了改善环境，战胜自然，人们修建水利工程和建造梯田，发展冶金和各种材料加工技术，更强调社会和团体的纪律而不是个人的自由，和中美洲那种城市化的生活方式相比更接近严峻的氏族社会。

（上）图1-22梅萨贝尔德 悬崖宫邸。近景（一）

（下）图1-23梅萨贝尔德 悬崖宫邸。近景（二）

在安第斯山北部的哥伦比亚和厄瓜多尔，众多小部族在数量、语言和总的文化表现上都和中美洲东部地区相近。而在安第斯山脉中部，则出现了更集权的社会和国家，其中最著名的即印加帝国（Inca Empire）。在1500年左右，其版图自今厄瓜多尔首都基多一直延伸到智利北部和阿根廷西北部。直到20世纪，人们有关安第斯山中部地区的历史知识仍然没有超越这一范围，只是通过考古学研究，才逐渐揭示出

更早的文化阶段。

如今，在安第斯山中部地区，人们已能分辨出沿海地带和高原地区文化表现上的差异。在建筑和产品的制造上，北方、中部和南部省份有明显不同的风格：北方人喜用雕刻和创作大型建筑作品；南方人更重视绘画和纺织艺术；秘鲁中部则是南北传统的交汇处，各个谷地之间，根据部族自身的特点和喜好，可有很大的变化。

[地理形势的影响]

作为中美洲最大的地区，墨西哥具有各种各样的地貌。除大部分山区外，还有北边的沙漠地带和南边的热带丛林。这些不同的地区和河谷构成了独立的生态系统。地理上的这些特点可在很大程度上说明何以中美洲在历史上形成了如此多的城邦国家，其中每个都位于自己固有的地理环境中，形成了彼此独立的实体。由于寒冷的高原需要通过输出自己的地方产品换取来自低地的棉花和可可，人们也很容易理解，为什么在欧洲人占领之前，美洲的贸易活动如此活跃。

由于强烈的生态反差，墨西哥各地要么雨量过多，要么极端干旱。出生于维也纳，后移民美国的著名人类学家埃里克·罗伯特·沃尔夫（1923~1999年）指出，雨水在这里起着生命攸关的作用，乃至许多地

（上）图1-24梅萨贝尔德 悬崖宫邸。近景（三）

（下）图1-25梅萨贝尔德 悬崖宫邸。墙体细部

（中）图1-26亚当斯县 巨蛇丘（约1070年）。俯视全景（长426.7米）

（左上）图1-27卡霍基亚 祭司丘（900~1200年）。复原图

（右上）图1-28卡霍基亚 祭司丘。俯视景色

（下）图1-29卡霍基亚 祭司丘。遗址全景

（上）图1-30卡霍基亚祭司丘。遗址近景

（下）图1-31卡霍基亚村镇群（约1150年）。主镇俯视复原图（自西南侧望去的景色，遗址东西长约4.5公里，南北宽3.6公里；复原图由William R.Iseminger绘制），图中：1、祭司丘，2、中央广场，3、双丘台，4、72号丘台，5、栅栏，6、木栏围地，7、人工水池（挖出的土用于建造丘台）

名都和水有关，如“临水之地”（Apan）、“水源充分之地”（Atocpan）等等。由于经常处在地震的威胁下，沃尔夫把中美洲的居民称为“摇晃的大地之子”。变幻莫测的自然现象（诸如玉米地中突然冒出一座火山，干旱的河床一夜之间变成奔腾的激流以及气温的反常突变等），命运的大起大落，使中美洲居民形成了一套有关创世和生命起源的独特观念。在西方国家，历史被视为一个连续的

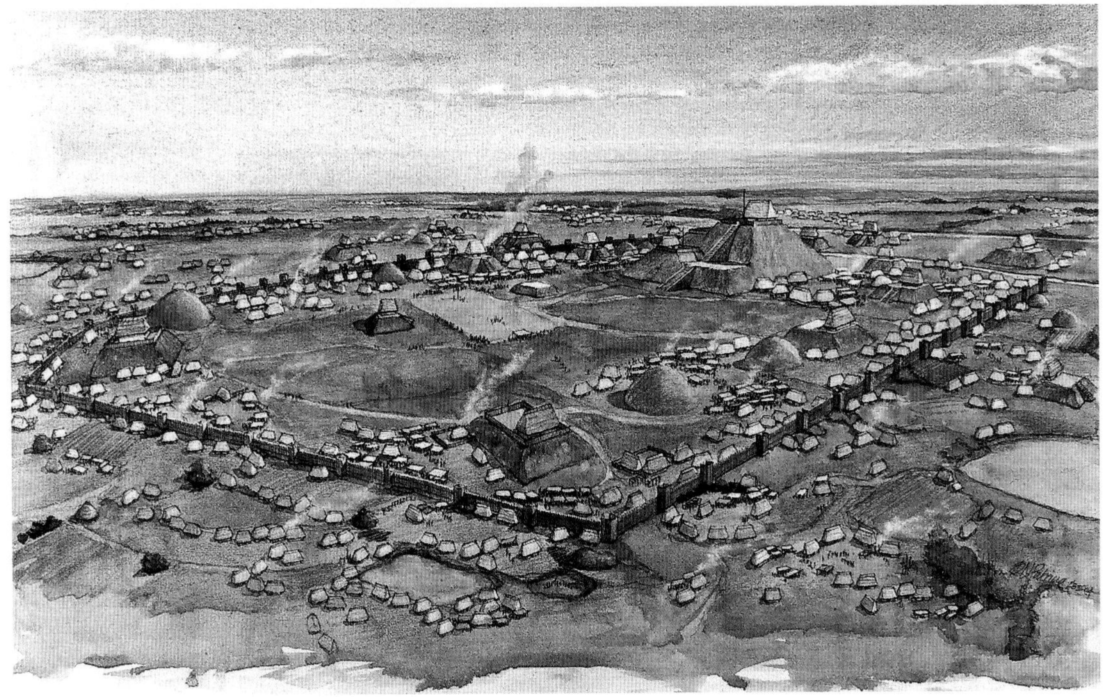

本页：

（上）图1-32卡霍基亚村镇群。主镇俯视复原图（自东南侧望去的景色，自祭司丘至72号丘台相距约0.8公里）

（下）图1-33卡霍基亚村镇群。主镇俯视复原图（自东南侧望去的景色，取自Townsend：《Hero，Hawk & Open Hand》）

右页：

（上）图1-34卡霍基亚村镇群。村镇俯视复原图

（左中）图1-35卡霍基亚 村镇群。主镇复原模型

（左下）图1-36卡霍基亚 村镇群。主镇祭司塔及周围建筑复原图

（右下）图1-37卡霍基亚 村镇群。塔台及建筑复原图

过程，而在这里，它却被看成是封闭的轮回。有关“五个太阳”的神话即为一例（按照这一说法，每个太阳都是一个单独的宇宙，每个宇宙或时代都因灾变而终结）。

中美洲的艺术同样受制于其地理条件[在这里，最早的艺术作品可能是特基斯基亚克牺牲者的骶骨（约公元前10000年，它们被有意加工成类似美洲驼头部的样式）]。在农业生产得天独厚，生存条件相对宽松的沿海地带，人们的性格也更为外向，如韦拉克鲁斯地区所谓《微笑雕像》所示。在气候严峻的阿

兹特克山区，甚至是掌管歌舞和鲜花的艺术之神休奇皮里也不苟言笑（图1-40）。阿兹特克式的微笑实际上只是扮怪相、做鬼脸而已。

作为南北向的主要通道，墨西哥中部高原展现出同样性质的变化。定居的族群经常会遇到怀有敌意的新邻居——来自北方的游牧部落的干扰；而当后者定居下来后，也会遇到同样的问题，受到后来者的侵犯。这样的生存环境都在艺术上有所反映。相反，位于凸出的独立半岛上地理条件优越的玛雅社会及其艺术，则几乎是不间断地发展了数千年。在这漫长的时

左页：
图1-38卡霍基亚 村镇群。住房外景复原图（取自Colin Renfrew等编著：《Virtual Archaeology》，1997年）

本页：
（左右两幅）图1-39卡霍基亚 村镇群。住房内景复原图（屋顶上部开口，使炉灶的烟可以逸出，取自Colin Renfrew等编著：《Virtual Archaeology》，1997年）；左为卡霍基亚村镇区出土的表现母亲和孩子的雕刻

期内，他们所接纳的部族在文化上并没有带来多少新的东西。当西班牙人于16世纪初登上美洲海岸的时候，玛雅人的繁荣已近尾声，而当时的阿兹特克文明还处在青年时期，充满了活力。

二、居民及文化起源

[居民]

16世纪的一则编年史，对地球上人类的出现作了如下的描述：天空女神奇特拉丽丘生下了一把燧石刀，此举惹恼了她的其他孩子——群星，盛怒之下他们把它扔出天堂。刀子跌落地面，摔成无数碎片，每个碎片都变成了一个神。但这些神没有人来供养，他们遂要求母亲允许他们创造人类。奇特拉丽丘叫他们去地狱寻找骨头，通过浇血赋予其生命。但在偷盗骨头时，两神中有一个逃跑时过于匆忙，跌了一跤，把所有骨头摔成了大小不一的残段，从而导致了有的人种个头较大，有的身材矮小……

美洲居民的真实历史当然和这个传说无关。按目前普遍接受的看法，在4万年前或更早，来自旧大陆的人们跨过当时尚为自然陆桥或结冰的白令海峡，从西伯利亚来到阿拉斯加。这些人很可能是跟踪着更新世动物的猎户，尽管当时他们并没有意识到自己是从一个大陆来到了另一个大陆。由于至今在美洲没有发现可能成其先祖的灵长类人亚科或类人猿的任何痕迹，因此可知他们是来自旧大陆。他们在美洲大陆上不断向前推进，最后到达现称为中美洲的地域。有些部族在这里定居下来，有的则继续向南推进。

（左上）图1-40休奇皮里（鲜花、爱情及歌舞神，石雕，坐在一个神殿平台上，1324~1521年，特拉尔马纳尔科出土，高77厘米，墨西哥城国家人类学博物馆藏品）

（右上）图1-41哥伦布（1451~1506年）像，他是在尤卡坦半岛与玛雅人接触的第一个欧洲人（1502年）

（下）图1-42美洲地图[1587年，作者为当时佛兰德地区颇有名气的制图家Abraham Ortel（1527~1598年），反映了哥伦布发现美洲后80多年西方人对美洲的认识]

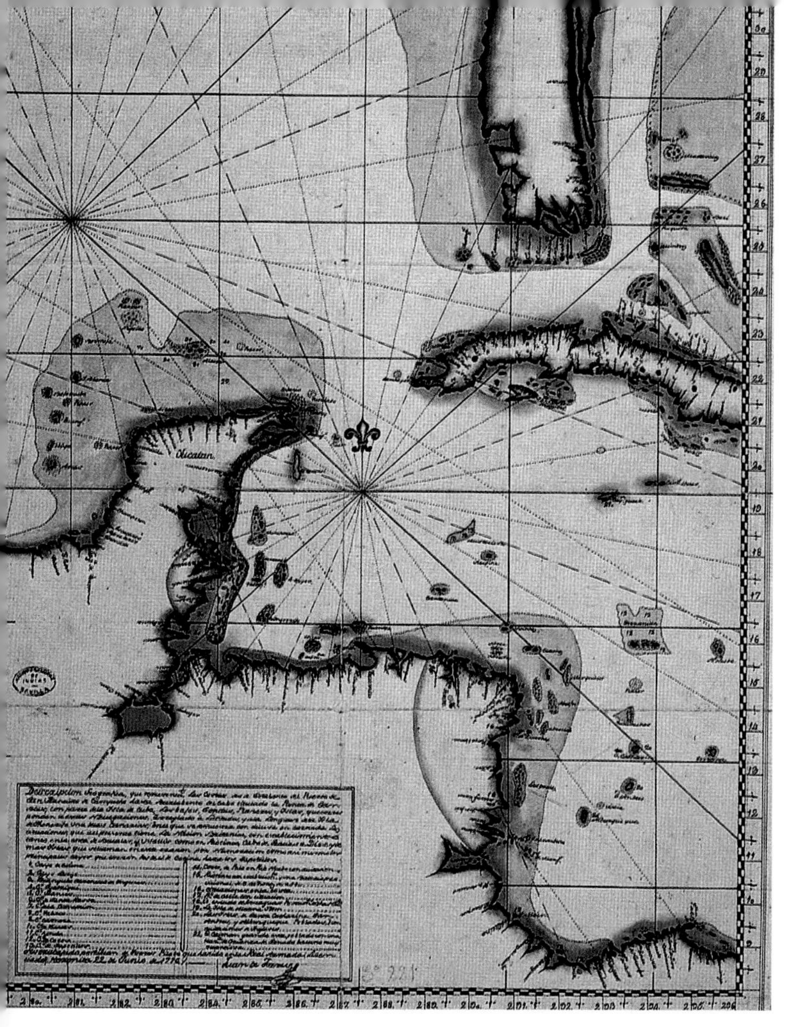

（左）图1-43加勒比海地区地图（16世纪末~17世纪初，包括尤卡坦半岛、洪都拉斯湾和古巴等地，最初欧洲人以为尤卡坦半岛是个岛屿，直到科尔特斯等西班牙人探察后才知道其南侧与大陆相连；现为塞维利亚王室档案的这份地图表明，当时人们最熟悉的还是海岸地区）

（右）图1-44让·弗雷德里克·瓦尔德克（可能1766~1875年）男爵像（绘于1889年左右）

在中美洲各部族所使用的无数语言中，最主要的有两大语系：一是犹他-阿兹特克语系（uto-aztèque），来自墨西哥西部和美国西南部；另一个是泛玛雅语系（macro-maya），由此派生出玛雅语和瓦斯特克语。埃里克·罗伯特·沃尔夫认为，在公元前4000年之前，所有中美洲语言可能都很接近，但不久就分化成不同的语种。

在古代美洲，宗教是统一社会的重要力量。国家首领同时也是宗教领袖。最高统治者被视为人世间活着的神。各种各样的神祇主宰着生命的各个阶段，从太阳升起到金星显露，从播种到成长，从生到死。诸神掌管的范围不仅包括商业、球赛和饮酒等人类的活动，还包括山岭悬崖、泉水树木和风暴云彩等地理景观和自然现象。总之，世界万物无一不受神的控制。在这种强烈的宗教情感驱动下，人们不仅是为自己创造艺术，同样也是为了他们的神祇，最突出的艺术表现便是建造祭祀各个神祇的圣地——宏伟的城市中心。

[文化起源]

在哥伦布发现美洲之后约100年，美洲对于西方人来说仍是一片神秘的土地（图1-41~1-43）。随着时间的推移，人们对它的关注程度越来越高。近年来，有关古代美洲人类学的一个热门问题即文化是否是从旧大陆（Old World，在这里，主要指欧洲）扩散到新大陆（New World，即美洲）。在这里主要是两大派别：一派（被称为“美洲学家”，Americanists）认为新大陆的文明是独立产生的，亦即所谓“多源发生说”（polygenesis）；另一派则否认这样的可能性，主张扩散说（diffusion）。

持后一观点的人认为，美洲所发现的所有高级文明的特征都可以溯源到欧洲或其他大陆上某个更早的文明，甚至认定修建那些遗址的是埃及人、腓尼基

（上）图1-45倚靠的武士（“查克莫尔”，雕像现存墨西哥城博物馆）

（下）图1-46阿兹特克雕刻：查克莫尔像（1400~1520年，长48厘米，高39厘米，伦敦大英博物馆藏品）

人、斯堪的纳维亚人、罗马人，或威尔士人和爱尔兰人中的流放者，甚至可能是传说中大西洋城亚特兰提斯覆灭时逃出避难的人。两位荷兰学者还为此争执不下，一个宣称斯堪的纳维亚人是美洲人的祖先，另一个坚持2500年前居住在黑海边草原上的一个游牧民族赛思人才是美洲的始祖。自16世纪以来，还有人认为，美洲印第安人的祖先是《圣经》中提到的失散了的以色列部落的后裔。19世纪30年代初访问过帕伦克和科潘遗址的胡安·加林多认为中美洲是世界文明的起源地，然后整个文化和文明向西移动，传到中

图1-47阿兹特克雕刻：查克莫尔像（14~16世纪，长仅10厘米，墨西哥城国家人类学博物馆藏品）

国、印度、美索不达米亚，最终传到欧洲，而中美洲自身却沦落为蛮荒之地。差不多同时期（1832~1833年）去过帕伦克的法国人让·弗雷德里克·瓦尔德克（1766？~1875年，图1-44）进一步宣称玛雅文明只是印度文明的一个旁支，那些雕刻在帕伦克石碑上的奇异符号其实是大象的头部。

加林多和瓦尔德克并不是考古专业人士，他们的设想或许不必当真。但值得注意的是，坚持类似观点的学者中还包括美国著名考古学家戈登·弗雷德里克·埃克霍尔姆（1909~1987年）。他认为，8世纪以后，玛雅的西部边界地区很可能受到了来自东南亚的艺术和建筑的影响，尽管他所提到的每一个形式，实际上都可在旧大陆寻到另外的源头。如玛雅建筑的三叶券不仅在公元400年左右的巴基斯坦西部可以看到，同样见于伊斯兰建筑和西欧的罗曼建筑。神庙内部带屋顶的微缩建筑不仅见于印度的阿旃陀，同样也在希腊化时期的建筑中有所表现。圣树或十字架造型，除了埃克霍尔姆所举出的爪哇和柬埔寨的后期实例外，更是早期基督教建筑常用的题材。像博南帕克或彼德拉斯内格拉斯那样的院落场景，在拜占廷艺术中亦用得相当普遍。立面上的小柱装饰属罗曼艺术和高棉神庙的共同特色。叠涩拱券廊道在迈锡尼和柬埔寨建筑中早已存在。蛇的造型、大力士形象以及生殖器雕刻，并不限于东南亚，在古代地中海艺术中几乎处处可见。形如怪兽大口般的门框在基督教艺术中同样有所表现（构成通向地狱的大门）。倚靠的武士

（“查克莫尔”，图1-45~1-47）造型类似西方古典建筑的河神及印度教梵天的形象。总之，在这里罗列的几乎所有题材，都可以找到更早的欧洲实例。认为这些题材起源于亚洲，显然没有充分的根据。

独立起源说最早是在19世纪40年代由美国探险家、作家和外交官约翰·劳埃德·斯蒂芬斯（1805~1852年，图1-48）和德国艺术史家弗兰茨·特奥多尔·库格勒（1808~1858年）提出来的。在他们之前，西方人不相信那些巨型石碑、精致的艺术品、高深的天文历法等高级文明才可能拥有的东西系由这些“原始、愚昧”的土著居民创造。斯蒂芬斯游历过欧洲、俄国、埃及、近东和阿拉伯地区，在这方面显然更具有文化学的眼光。1839年，他首先对位于英属洪都拉斯的科潘遗址进行了数星期的实地考察，然后又穿越危地马拉，进入墨西哥的恰帕斯州，沿途踏勘了包括帕伦克在内的十来个遗址（图1-49）。各个遗址所呈现的文化相似性，使他和结伴考察的英国建筑师和画家弗雷德里克·卡瑟伍德达成了共识，即整个地区曾由一个单一的民族占有。这个民族的文化艺术是独立存在的，与世界上其他任何已知民族不同，属于一个未知的古老文明。斯蒂芬斯抛弃了风靡一时的文化扩散说，坚信这些遗址源于美洲本土，其建造者就是还居住在当地的玛雅印第安人的祖先。

（上）图1-48约翰·劳埃德·斯蒂芬斯（1805~1852年）像，卡瑟伍德绘制的这幅像发表于1854年再版的《中美洲，恰帕斯和尤卡坦游记》上

（下）图1-49版画：斯蒂芬斯在考察途中（卡瑟伍德绘）

（上下两幅）图1-50弗雷德里克·卡瑟伍德早期作品（埃及）：上、努比亚地区，侯赛因神殿（绘于1824年，卡瑟伍德第一次去尼罗河考察时）；下、阿布-辛波，大庙（拉美西斯二世祭庙，同样绘于1824年考察时，入口流沙曾于1817年由贝尔佐尼清除，此时再次被掩埋）

和斯蒂芬斯合作的卡瑟伍德（1799~1854年）曾于1824~1832年游历过地中海沿岸各古国，绘制了许多著名的古迹（图1-50、1-51）。他和斯蒂芬斯合著的《中美洲，恰帕斯和尤卡坦游记》（Incidents of Travel in Central America，Chiapas and Yucatán）于1841年在纽约出版（图1-52~1-54）。紧接着（1842年），库格勒在斯图加特出版了他为普鲁士国王撰写的《艺术史手册》（《Handbuch der Kunstgeschichte》，两卷本）。这是最早的一部世界艺术通史，其中有关美洲的章节应和斯蒂芬斯有关玛雅文明

起源的独到见解差不多同时。他第一次提出“独立创造”这个词，认为美洲人起源于亚洲东部。这是有关美洲古代艺术史源流的第一个明确的论述。他坚信美洲古代的艺术形式是独立和自发地发展起来的，没有受到冰川时期大移民以后旧大陆的影响。他的这些结论主要根据他对德国当时出版的艺术著作及图版的研究（包括道尔比尼[2]、洪堡[3]、金斯伯勒、迪佩、内贝尔和瓦尔德克等人的著述）。他得出的结论是美洲印第安艺术“完全不同于地球上其他已知民族的艺术成就”。正是这一命题导致他的独立和自发发展说。[4]

尽管弗兰茨·特奥多尔·库格勒的影响看来仅限艺

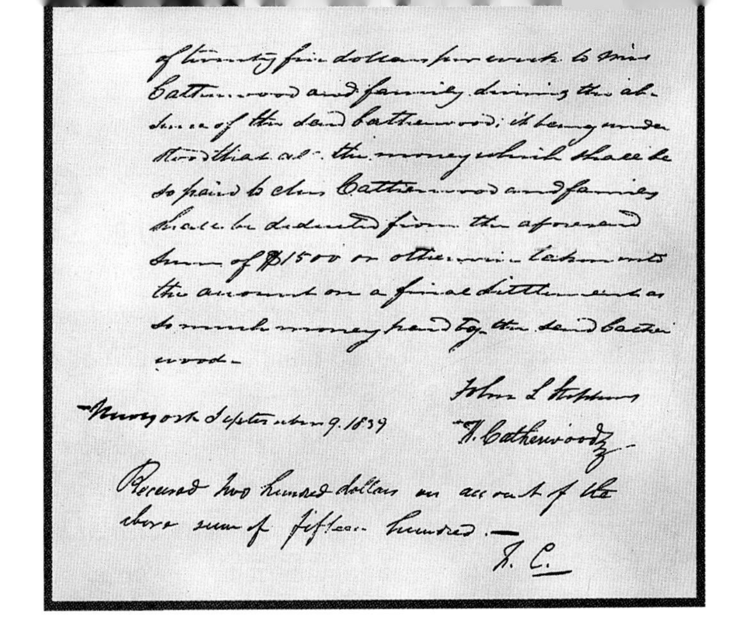

of twenty five dollars per week to Mrs
Catherwood and family during the ab-
sence of the said Catherwood; it being under
stood that all the money which shall be
so paid to Mrs Catherwood and family
shall be deducted from the aforesaid
sum of $1500 or otherwise taken into
the account on a final settlement as
so much money paid by the said Cather
wood —

John L Stephens
New York September 9. 1839
F. Catherwood

Received two hundred dollars on account of the
above sum of fifteen hundred —
F. C.

本页：

（中）图1-51弗雷德里克·卡瑟伍德早期作品（黎巴嫩）：巴勒贝克，巴克科斯神殿（绘于1834年）

（上）图1-52斯蒂芬斯和卡瑟伍德：合同签字页（1839年9月9日）

（下）图1-53斯蒂芬斯和卡瑟伍德：《中美洲，恰帕斯和尤卡坦游记》插图（科潘林间小屋，在清理出的地面上种植烟草和玉米，当年他们就住在一个类似的结构里）

右页：

图1-54斯蒂芬斯和卡瑟伍德：《中美洲，恰帕斯和尤卡坦游记》（1841年出版，纽约）插图（考察路线，卡瑟伍德绘）

术史的范围，对近代人类学理论影响有限，但在美洲文化史的研究上，斯蒂芬斯和库格勒无疑起到了开创的作用。他们各自独立地驳斥了美洲印第安艺术起源于旧大陆的说法，用事实证明了美洲主要艺术传统的独立和自主特色，认为它们和世界其他地区（如印度或埃及）艺术的相似只是一种趋同表现（convergence），而不是抄袭旧大陆的范本。他们的这一论断标志着真正玛雅文明研究的开始。

在1925~1950年，有关这一问题的争论渐趋平息。在以华盛顿卡内基基金会的A.V.基德尔为首的北美洲考古学家中，新大陆文明的独立起源说已开始得到公认。他们进一步完善了美洲首批居民来自东北亚的假说，时间被认定在最后一次冰川期行将结束之际。之后，移民路线因白令海峡处地形地貌的变化被

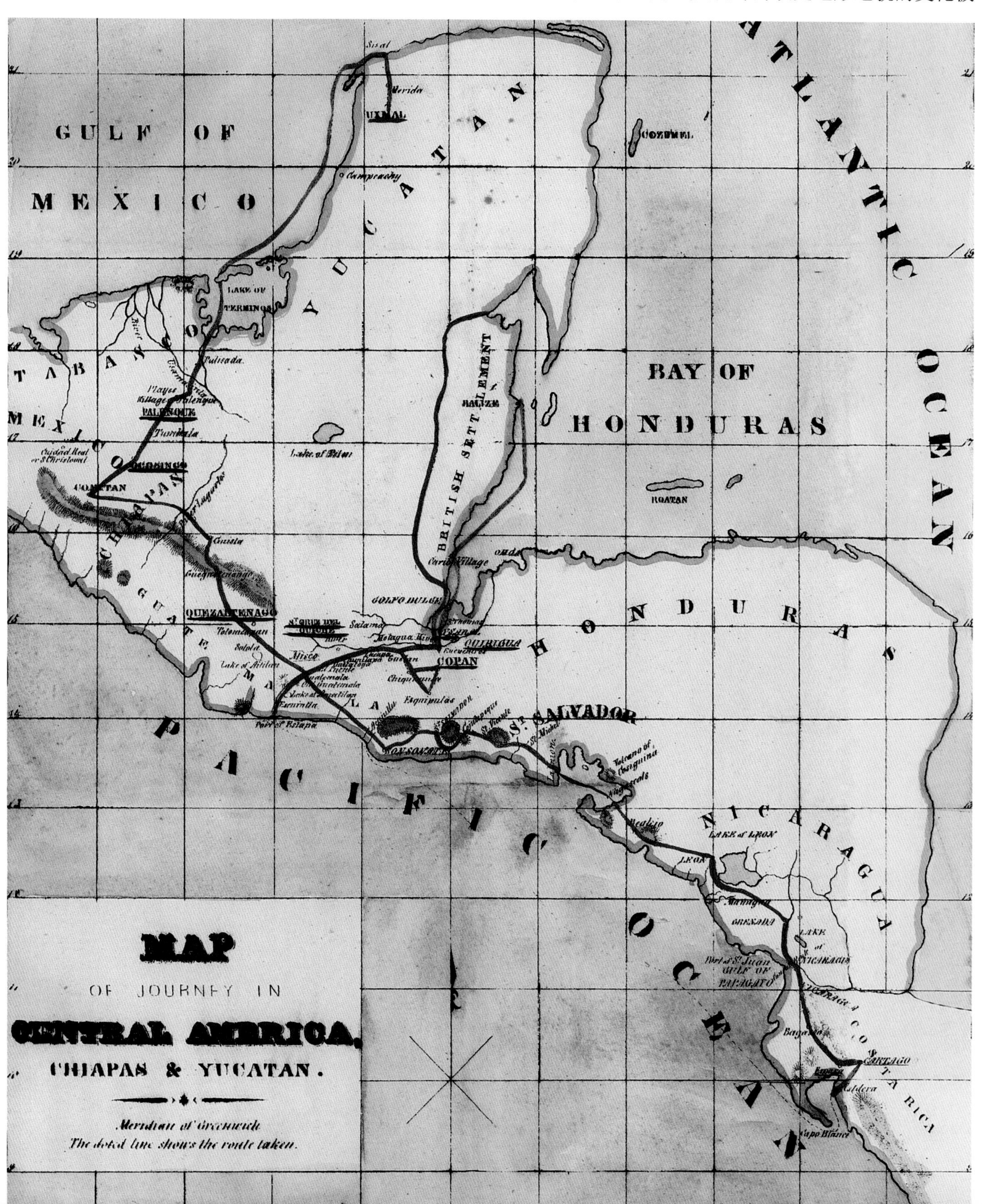

切断。美洲的所有印第安文明就这样在这个旧石器时代的基础上独立发展起来，再没有受到来自旧大陆的影响。

这种独立起源说并不否认有断断续续来自亚洲或欧洲的小股移民，如公元1000年后，就有斯堪的纳维亚半岛的水手来到马萨诸塞州和罗得岛。但在文化发展上，其影响可说是微不足道。特别是旧大陆一些最重要的技艺，如马匹和带轮子的车辆，在这里都没有看到。力主扩散说的人亦没有对这种缺失提供任何说明。

尽管这种独立起源说已是当前的主流看法，但不可否认，美洲印第安文明的起源至今仍是世界史上一个尚存争议的问题。事实上，除美洲外，在旧大陆，已不可能找到验证这种文化传统独立产生和发展的环境。因此，对任何不同的观点，目前都应持慎重态度。

第二节 美洲考古及历史阶段的划分

一、考古学及艺术史

有关印第安人的出版物最早出现于17世纪。在这一研究领域，此后一段时间人们只是满足于整理早期的文献，没有多少实质性的进展。1780年，耶稣会教士、历史学家弗朗西斯科·哈维尔·克拉维赫罗（1731~1787年）发表了他那部著名的《墨西哥古代史》（Historia Antigua de México），长期以来，它都是墨西哥考古学的指南。启蒙时期的作者，如法国作家纪尧姆·托马斯·弗朗索瓦·雷纳尔（1713～1796年）、苏格兰作家和历史学家威廉·罗伯逊（1721~1793年）或荷兰哲学家和地理学家科尔内耶·德波夫（1739~1799年）所写的有关美洲的著作，基本上没有增添什么新的内容。

早期西班牙征服者以及尾随而至的几代传教士、殖民官吏对墨西哥中部峡谷平原的阿兹特克文明和南美洲安第斯山脉的印加帝国都曾有过文字记录，然而对介于这两大殖民地之间的玛雅民族和文

本页：

图1-55亚历山大·冯·洪堡像（油画，作者Georg Friedrich Weitsch，1806年，现存柏林Staatliche Museen Peussischer Kulturbesitz；洪堡于1799~1804年去美洲，虽没有进入玛雅地区，但由于首次发表了5页德累斯顿抄本，在玛雅研究上做出了很大贡献）

右页：

图1-56让-弗雷德里克·瓦尔德克：《1834和1836年间在尤卡坦省的考古及写生游记》（1838年，巴黎）插图：帕伦克宫殿（建筑相当写实，但前景的裸女和雕刻则是随意加上的）

化，却鲜有记载。有关玛雅文字、城市、庙宇的信息更是支离破碎，长期躺在西班牙殖民者的档案馆里，无人问津。

自从玛雅文明在500年前神秘地“消逝”后，长期以来它一直笼罩着一层神秘的面纱。在16世纪西班牙征服者将它摧毁后，这一文明的所有隐秘，都深藏在美洲中部的热带丛林之中。那些仅存的建筑（金字塔、天象台、宫殿、纪年碑）以及各种各样形象怪异的雕刻，或被草木掩盖，或埋在泥土之下。它们无一不带有神秘的异域情调，引发人们无限的遐思。可能正是在这种浪漫主义想象的驱使下，通过考古和文化学者的不懈努力，玛雅文明的面目才一步步清晰起来。

1773 年，牧师拉蒙·德奥多涅斯-阿吉拉尔考察了位于今墨西哥恰帕斯州乌苏马辛塔河左岸的帕伦克古城遗址并向当时的行政当局递交了一份报告。1784年的初步踏勘确认遗址具有重大价值。两年后，时任墨西哥军官的西班牙人安东尼奥·德尔·里奥（约1745~1789年）带着建筑师安东尼奥·贝尔纳斯科尼进行了更为仔细的考察，并由贝尔纳斯科尼绘制了遗址的第一份地图。1807年卢西亚诺·卡斯塔涅达再次进行了测绘。两次考察的结果于1822年在伦敦发表（插图作者里卡多·阿尔门达里斯）。

独立战争之后，随着西班牙统治下的美洲向欧洲旅游者开放，人们的相关知识大大扩展。亚历山大·冯·洪堡（图1-55）和阿尔西德·道尔比尼均属最早前往美洲的学者。19世纪30年代初，时任北危地马拉总督的胡安·加林多（1802~1839年）在先后访问了帕伦克和科潘这两处城市遗址后发表了一篇相关的报告。前面提到过的那位让-弗雷德里克·瓦尔德克男爵（法国古物学家、艺术家和探险家，1766?~1875年）在帕伦克逗留了两年，对废墟遗址进行了绘画

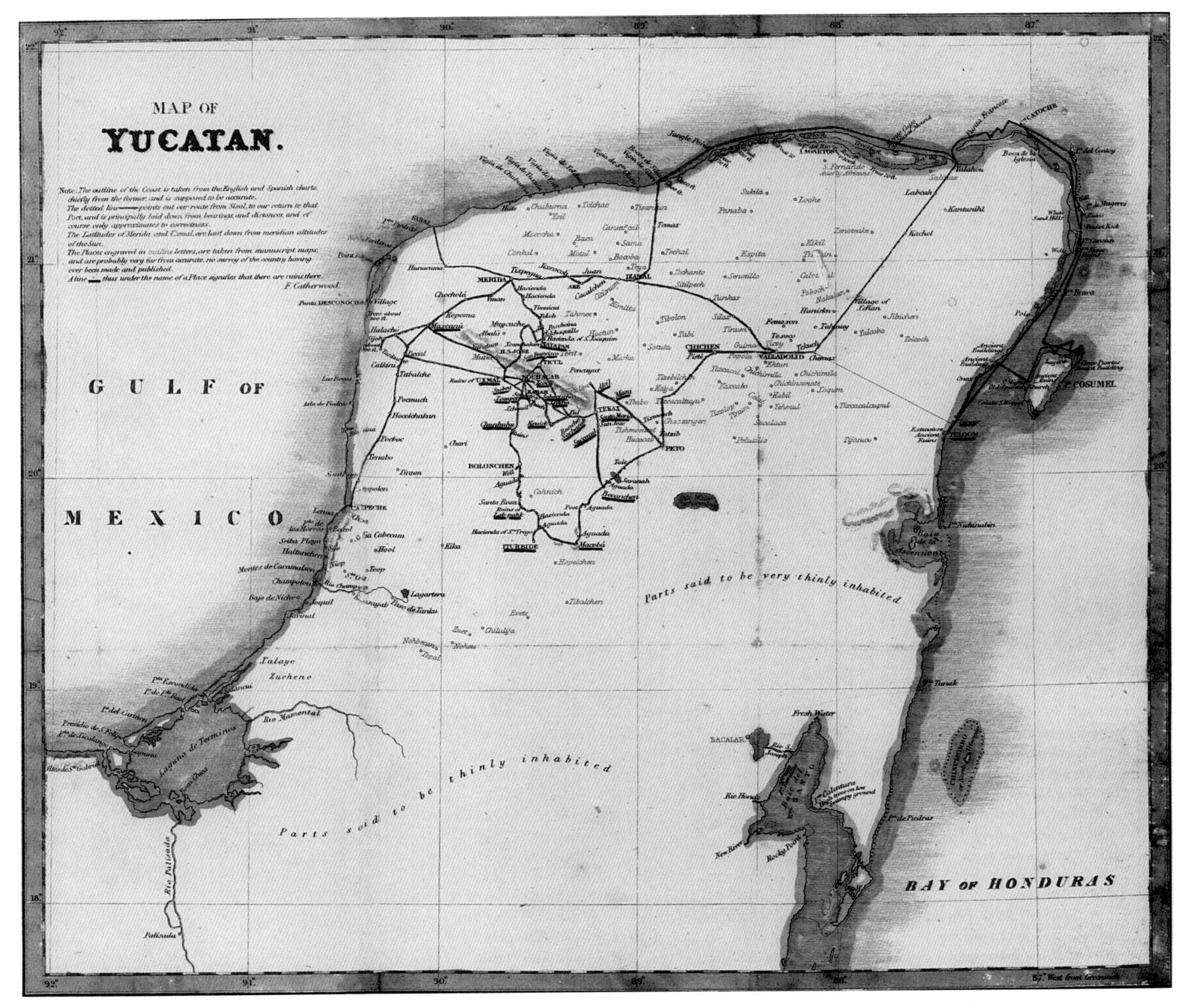

图1-57斯蒂芬斯和卡瑟伍德：《尤卡坦纪行》（1843年）图版：第二次考察路线（这次随行的还有Cabot）

记录。他的《1834和1836年间在尤卡坦州的考古及写生游记》（Voyage Pittoresque et Archéologique dans la Province d' Yucatan pendant les Années 1834 et 1836）于1838年在巴黎发表，书中有不少精彩的图版（图1-56）。

最先确立玛雅文明独立地位的美国学者约翰·劳埃德·斯蒂芬斯同样被视为玛雅考古学的真正奠基人。在1841年出版了和卡瑟伍德合著的《中美洲，恰帕斯和尤卡坦游记》之后一年，他俩又从纽约再度前往墨西哥的尤卡坦半岛，考察了奇琴伊察等地的玛雅遗址（图1-57、1-58），出版了《尤卡坦纪行》（Incidents of Travel in Yucatan，1843年）。这两部书文笔生动，引人入胜，并带有卡瑟伍德绘制的图版，对推进玛雅研究起到了很大的作用。接下来（1844年），卡瑟伍德又发表了《中美洲，恰帕斯和尤卡坦古迹景观》（Views of Ancient Monuments in Central America，Chiapas and Yucatan），书中纳入了25幅彩色版画（这期间，他还绘制了一些纽约的风景，图1-59）。若干年后，斯蒂芬斯和卡瑟伍德再一次来到中美洲，这一次他们系作为铁路公司的代表，准备修一条贯穿巴拿马的铁路，不幸斯蒂芬斯染上了疟疾和肝炎，于1852年在他纽约的家中去世。此后不久（1854年9月），卡瑟伍德在一次大西洋沉船事件中也不幸身亡，时年55岁。

从19世纪末开始，100多年来，玛雅研究进一步引进了许多科学考古方法，取得了很大成绩。但人们仍不能忘记这两位玛雅学先驱的功绩。

在南美洲，约翰·雅各布·冯·楚迪和W.博拉尔

（上）图1-58斯蒂芬斯和卡瑟伍德：《尤卡坦纪行》图版：马科瓦（位于他们第二次考察路线中途），遗址外景（卡瑟伍德绘）

（下）图1-59卡瑟伍德晚期作品：纽约风景（自总督岛上望去的景色，1844年，属卡瑟伍德最后的作品之一）

在语言和考古上完成了许多重要发现并在欧洲予以发表。他们的继承者——E.G.斯奎尔、T.J.哈钦森、查理·威纳和E.W.米登多夫等，又继续考察了秘鲁等地。

1890年以后，出现了一批新一代的田野考古学家：阿道夫·弗朗西斯·阿方斯·邦德利耶（1840~1914年）、威廉·亨利·霍姆斯（1846~1933年）、阿尔弗雷德·珀西瓦尔·莫兹利（1850~1931年，图

本页：
图1-60阿尔弗雷德·珀西瓦尔·莫兹利在奇琴伊察（1889年的玻璃板照片，H.N.Sweet摄；30岁那年，莫兹利在听说了科潘和基里瓜的遗迹后便决定前往美洲，以后又进行过多次考察，调查过的遗址包括帕伦克、科潘、基里瓜、奇琴伊察、蒂卡尔和亚斯奇兰等）

右页：
（上两幅）图1-61泰奥伯特·马勒（1842~1917年）及他1891~1892年拍摄的奇琴伊察修院组群南厅内景

（下）图1-62卡拉克穆尔 遗址总平面（图上罗马数字为主要结构编号）

1-60）、马克斯·乌勒（1856~1944年）和泰奥伯特·马勒（1842~1917年，图1-61）。他们的大量发掘报告奠定了有关前哥伦布时期美洲近代考古学的基础。与此同时，德国语言学家爱德华·泽勒对墨西哥和玛雅历史的原始文献进行了耐心的核对和考证，发表了诸多成果。

两次大战期间，美洲考古的职责完全由政府、基金会、公共博物馆和大学承担。像华盛顿卡内基基金会这样的机构所资助的团队研究，促成了数以百计的书籍和论文的出版，内容涉及玛雅文明的各个方面。但从1945年开始，大型社团机构对美洲考古的资金支持有所缩减，仅有少数项目上马，其中最重要的是费城大学博物馆赞助的危地马拉蒂卡尔的发掘。

蒂卡尔是古代遗址中保存最完好的一个，也是如今人们了解得比较充分的城址。实际上，只是在1956年，美国100多名考古专家经危地马拉政府同意前往进行考古发掘后，这座占地576平方公里，布局严谨的古代城市才得以重见天日。

这些考古学家在极其艰苦的工作条件下（住棕榈茅舍，睡吊床，吃玛雅人的食物，从玛雅先民设计建造的水库里汲水，用斧子和匕首砍去树枝，清理场地等）进行考察，摄影，并对那些依然保存完好的金字塔、祭坛和道路进行测绘，对发现的物品进行登记等。仅在城市中心区就发现了大型金字塔十余座，神庙50余座，各种建筑总数超过3000。[5]

蒂卡尔在公元8世纪时至少有5万人口。在玛雅地区，类似的大小城市发现了不下百座。随着考察的进行，惊人的发现还在不断涌现。卡拉克穆尔遗址的发现，就是其中一例。

这个城址的发现可上溯到1931年，是年12月，在墨西哥受聘于热带植物研究基金会（Tropical Plant Research Foundation）的美国生物学家赛勒斯·朗沃

Chichēn. Palacio-templo de las Inscripciones..2. Cuerpo.

Teobert Maler.

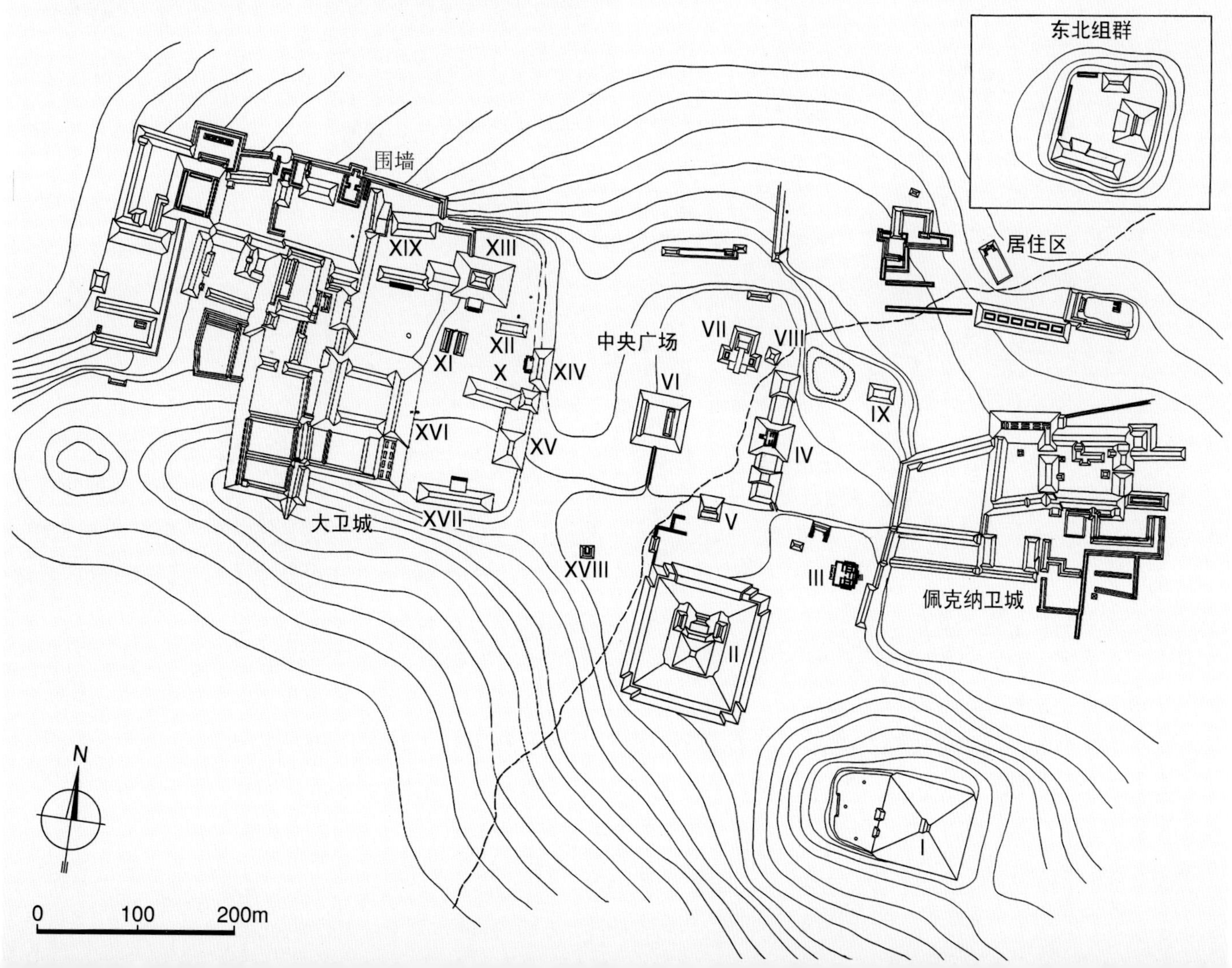
东北组群
围墙
居住区
XIX
XIII
XII
XI
X
XIV
中央广场
VII
VIII
VI
IX
XVI
XV
IV
XVII
大卫城
V
XVIII
III
佩克纳卫城
II
I
N
0
100
200m

（上）图1-63卡拉克穆尔 石碑群。外景（彩画，取自Nigel Hughes：《Maya Monuments》，2000年）

（下）图1-64卡拉克穆尔 石碑群。现状（一）

斯·伦德尔（1907~1994年）访问了一处邻近危地马拉北部边境，在丛林中隐藏了上千年的玛雅遗址，并向考古界报告了这一新发现。卡拉克穆尔（Calakmul）之名就是他起的（在玛雅语中，Ca表示两个，lak意为毗邻，mul则指一切人工构筑物或金字塔）。20世纪30年代，卡内基考古队对卡拉克穆尔遗址进行了发掘。此后这项工作中断了40多年，直到1982年，由W.J.佛兰主持的考古发掘才使这一遗址在玛雅学界具有了重要的地位（图1-62）。随着研究的深入，这一城址的重要意义开始显露出来。事实上，当年它曾是位于南面100公里处玛雅古典时期最伟大的城邦蒂卡尔在这一地区的主要竞争对手。在卡拉克穆尔发现了约120个碑刻，仅纪年碑就有103个（自公元514~830年，图1-63~1-66）。在面积25平方公里的城区，估计至少容纳了5万人口，已知建筑超过6250座（主要建筑及出土文物：图1-67~1-73）。

奇琴伊察的考古发掘也是卡内基研究所的资助项目，其主持人是著名的美国考古学家、铭文学家和玛雅文化研究专家西尔韦纳斯·格里斯沃尔德·莫利（1883~1948年），由他撰写的《古代玛雅》（The

（上）图1-65卡拉克穆尔 石碑群。现状（二）

（下）图1-66卡拉克穆尔 石碑群。现状（三）

（上）图1-67卡拉克穆尔 结构I（神殿I）。现状外景

（下）图1-68卡拉克穆尔 结构II（神殿II）。航拍景色（位于市中心，为一巨大的金字塔平台，基底每边超过120米，高45米。1999和2000年进行了发掘清理，内部深处发现了一个立面灰泥装饰保存甚好的建筑；至古典后建筑进一步进行了扩大）

Ancient Maya，1946年出版，1956年第三版经G.W.布雷纳德修订）一书是该领域的重要著作（1932年3月伦德尔曾专程到奇琴伊察考古现场与他会见，令其眼界大为开阔）。

尽管在玛雅地区已发现了一百多个城市遗址，被专家们记录在案的金字塔也有数万座，但对这片面积达几十万平方公里，地形复杂、林木繁茂的广大地域来说，进一步的深入考察恐怕还有一段相当长的路要走。

有关美洲印第安人城镇的观念，始于19世纪30年代，其时人们已知道古代遗址曾是人口稠密的聚居地；1911年以后，又进一步对其复杂的社会和政治组

（上）图1-69卡拉克穆尔 结构II。西北面俯视全景

（下）图1-70卡拉克穆尔 结构II。东北侧景色

织有所了解。但1930年后，在人种学的影响下，考古学家认为，这些残墟可能只是“礼仪中心”，也就是说，仅具有宗教用途，没有大量的常住人口。又过了25年，1956年之后，研究美洲问题的学者才开始探讨分布在广大地域内的这些居民点的人员职业构成、王朝统治者的世系和社会阶层。

本页：

（上）图1-71卡拉克穆尔 结构II。西北侧景色（左侧远处为结构I）

（下）图1-72卡拉克穆尔 结构II。南面现状

右页：

（上）图1-73卡拉克穆尔 结构VII。随葬玉石面具（古典后期，公元600~900年；高15厘米，宽13厘米，造型显然是模仿死者的面部）

（下两幅）图1-74佩滕地区 运河和渠道网络[上为美国国家航空航天局（NASA）采用专门技术拍摄的雷达探测照片，白色示沟渠；下为一般拍摄的景象，大地为密林覆盖]

与城镇的发掘同时，在水利工程等方面的探察也有了新的进展。1980年6月，美国卫星探测系统透过茂密的丛林发现了纵横交错、规模宏大的沟渠网络（图1-74）。为了求证图片上提供的线索，一批来自大学的学者亲往考察，他们或步行或乘独木舟，进入现今危地马拉和伯利兹两国境内的低地热带雨林，发现原来这些“网络”是玛雅先民的排水沟渠。它们的平均宽度1~3米，深0.5米。沟渠是用石锄刨挖而成的，用于排水，这显然是玛雅人在沼泽地进行排涝的设施。经科学方法测算，证明这些沟渠的开挖年代确系玛雅古典时期。这就为我们搞清公元3~9世纪玛雅人在这片低地上的耕作方式提供了线索。

二、历史分期

从20世纪初开始，考古学家就在致力于确定古代美洲的年代序列。托马斯·杰斐逊首先在比尔希尼亚采用了地层学的研究方法，如今，经进一步完善后它已成为人们普遍采用的方法。最早的年代序列就是这样确定的（主要根据陶器的类型和风格）。版本研究是另一个推算年代的方法；对有机物来说，有时还采用碳-14测定，但1947年开始采用的这种方法，本身

尚待完善，其精确度也不甚理想。

总的来看，在这几个地区中，玛雅研究处在领先地位，因为在建筑和浮雕上有不少题铭材料，通过和玛雅系列的比较，可进一步了解墨西哥的情况，同时还有一些文献可资利用（主要属哥伦布发现美洲前的几个世纪）。在编年序列的精确和可靠性上，问题较多的是安第斯山地区，目前人们只能廓清主要关系，中间许多过渡环节都不很清楚。

为了区分中美洲文化发展的主要阶段，我们将采用这一领域内人们普遍接受的分类法，即将美洲古代建筑和艺术分为三个主要时段：前古典时期（或曰形成期）[préclassique（formative），公元前2000~公元250年左右]、古典时期（classique，公元250~900年左右）和后古典时期（post-classique，公元900~1500年左右），这种分期一般也用于描述美洲印第安人的政治和经济生活。每个时期内还可进一步细分，增添某些中间（或过渡）阶段，如近古典时期（约公元前100~公元250年）、古典中期（middle classic period，相当于公元400~700年）。哥伦比亚大学教授埃丝特·帕斯托里认为这后一段时期相当于欧洲15~16世纪的文艺复兴，她还从建筑、艺术风格和画像等方面进一步对此加以阐述。这段时期甚至还可进一步细分为前期（公元400~550年）和后期（公元550~700年），前期特奥蒂瓦坎的影响占主导地位，后期表现更趋多样化。

在这里要说明的是，这只是总的阶段划分。具体到某个文明，时间上还可以有一些出入。如对历史进程更为清晰的玛雅文明来说，前古典时期约为公元前1500~公元317年，古典时期定为公元317~889年，后古典时期为公元889~1697年（即最后一批有组织的玛雅部族被西班牙人征服之时）。即使是这样的划分，不同的史家还可有不同的理解，相关的情况我们将在各章节里具体说明。

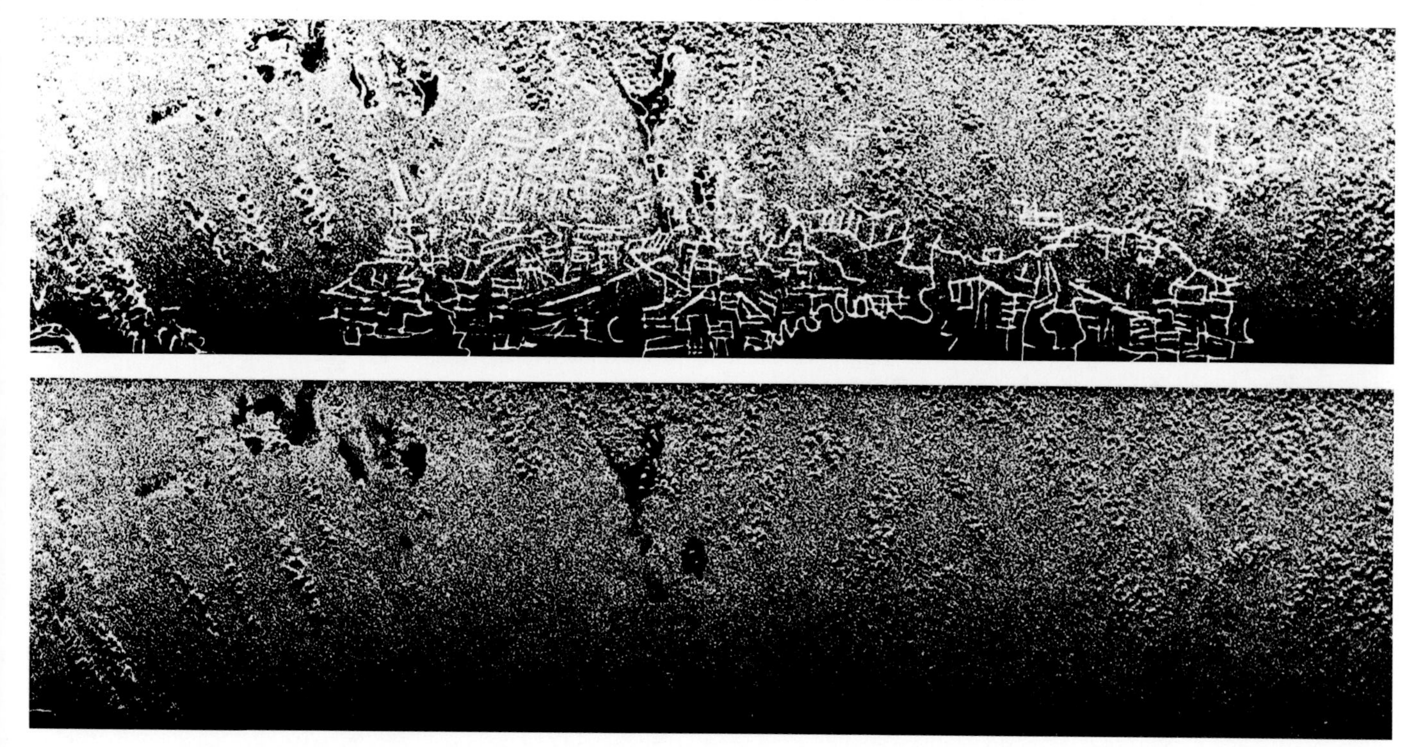

在被西班牙人占领之前，中美洲建筑给人印象最深的是有许多阶梯状的截锥金字塔。在保罗·基希霍夫列举的中美洲典型特色中，还包括敷设灰泥的地面，球场院，蒸汽浴室，用于种植农作物的人工浮岛（chinampas），专门的集市，象形文字，位值记数法，折叠式的手抄本，独特的历法等。

城市规划、建筑以及相关的雕刻、绘画，构成了印第安文明的主要内容。特奥蒂瓦坎城占地20多平方公里，居民总数达20万，超过了帝国时期的罗马。阿兹特克首都特诺奇蒂特兰面积约10平方公里，人口达30万；作为国内贸易中心的城北市场，据记载可容6万人交易货物，比西班牙的市场还大。玛雅蒂卡尔城尽管居民数量有限（4万左右），但城区面积已达50平方公里，遗址由数以百计的大小金字塔式台庙组成，景象极其宏伟。印加人为统治广大的国土，在首都库斯科与全国各地之间修建了许多相连的道路。两条主要大道自北向南纵贯全国：沿海的一条宽约7.3米，长4055公里；内地一条与之平行，宽4.6~7.3

本页：

图1-75表现球场院及比赛场景的泥塑（纳亚里特风格，周围观众似乎正在热切地预测比赛结果）

右页：

（上）图1-76表现球赛场景的彩陶画（古典后期，公元600~900年，出土地点不明；画面高23厘米，容器直径17.7厘米，圣路易斯艺术博物馆藏品；两队球员均带保护腰带和护膝，头冠标示不同的队：左面一队为鸟头，右面一队为鹿头；观众看台以水平线条表现，背景上的黑色波纹线和象形文字示球员的喊叫）

（左中及左下）图1-77阿兹特克球场院（正在进行比赛的场景：上、取自朱什-努塔尔抄本，14~15世纪；下、Ellen Cesarski据Magliabechiano抄本图绘制）

（右下）图1-78带保护腰带及护膝的球员（陶土塑像，出处不明；古典后期，公元600~900年，私人藏品）

米，长达5229公里；沿线还设有驿站和里程碑。

前殖民时期的美洲建筑延续了几千年，具有丰富的内容。早期的美洲居民生活在山洞中、悬崖下或露天的临时营地里（后者为用易腐朽的轻便材料搭建的草房或窝棚组群，其中有的可能是用较长、较结实的龙舌兰属植物叶片建造，如今日墨西哥某些地区的做法），之后发展为固定的村落。最初的所谓住宅只是上置屋顶的地坑，之后过渡到以木柱和树枝茅草搭配建造窝棚，最后发展为填乱石的土墙，屋顶均覆茅草。在许多地区，这类结构一直延续到今日。

（上）图1-79正在比赛的球员（陶土塑像，海纳岛出土，公元600~800年，左右两个分别高13和15厘米，墨西哥城国家人类学博物馆藏品）

（左下）图1-80表现球员的石碑（位于危地马拉的埃尔包尔，玄武石，高2.96米，7或8世纪；球员头戴郊狼面具，脚下为被击败的对手；下面的六个小人物可能是表现得胜的团队；左上角有象形文字，属玛雅南部邻近地区的这块石碑看来是受到墨西哥的影响）

（右下）图1-81浮雕：球赛的胜者处死对手（为许多浮雕表现的题材，败者的鲜血往往变为许多蛇或植物，似乎表明球赛也是某种祈求丰收的仪式）

在建筑上，能代表这一文明最高成就的无疑是神殿和宫邸。神殿是垂向展开的金字塔式结构，平面几近方形。在玛雅地区，金字塔数量惊人，据说仅在墨

图1-82钦库尔蒂克（恰帕斯州） 球场院标志石（直径55厘米，公元590年；中间示一带着护腰和头冠取跪姿的球员，前面为一硕大的实心树胶球；墨西哥城国家人类学博物馆藏品）

西哥境内就有10万座大小不一的这类建筑。其室内空间有限，通常仅有少数狭窄阴暗的房间，有的完全没有内部空间（如卡霍基亚、拉本塔、特奥蒂瓦坎的“城堡”和莫切的太阳神殿）。宫殿相对下部结构来说围括的面积要更大，通常由一系列相毗邻的狭长房间组成，如蒂卡尔的马勒宫殿。

和北美洲的建筑形式不同，在文明程度更高的中美洲（奥尔梅克、玛雅、萨巴特克、托尔特克和 阿兹特克各族），宏伟的纪念性建筑通常都按相对单一的模式，仅细节上随时间及地点而有所变化。建筑的上层结构和基层区分明显（见图6-62）。在玛雅乡间，这种构图方式至今仍在使用。[6]

球场院是前殖民时期美洲建筑的另一种特殊类型。其场地面积比现代足球场小，但比篮球场大，玩法有些类似于篮球，但作为篮筐的石圈装在球场两边墙上，不仅竖放且高得多，据16世纪的一则记载，球

图1-83 坎库恩（佩滕地区）球场院标志石（公元795年，画面上带护腰和护膝的两名球员站在实心树胶球两边；危地马拉国家考古及人类学博物馆藏品）

员只能用髋部或膝盖击球，不得碰手足（包括腿肚和胳膊）。比赛结果则有两种说法，一般认为是落败一方的队长要被得胜的队长作为祭品斩首，但也有人说是得胜的队长被斩首献祭，由于当时人们把为神牺牲视为一种荣耀，后面这一说法亦有可能（图1-75~1-84）。

发达的农业构成了古代美洲社会的主要经济支柱。在某些地区，由于大型猎物稀少，人们越来越依赖采摘种子果实和贮存它们以备食物短缺时应用。很可能正是这些贮存的种子因发芽或落地生根而催生了最初的农业种植。美国考古学家理查德·斯托克顿·麦克尼什博士（1918~2001年）在墨西哥的特瓦坎和塔毛利帕斯发现了一个具有9000年历史的农作物系列。当然，作物种植并不是定居的唯一先决条件，其他如野生果实的采集、狩猎、捕鱼和水资源，都在定居上起到了一定的作用。这首批种植作物中包括南瓜、西葫芦、菜豆、鳄梨、辣椒、玉米、苋菜、人心果、龙舌兰和仙人掌。但在这个农作物系列中，作为中美洲基本谷物的玉米却出现得相对晚后（公元前5000~前3000年）。在特瓦坎，除野生品种外，还发现了12个人工栽培的玉米品种。木薯和小米也是这样，在上千年间很少变化。为了将谷物磨成粉，公元前4800年，在特瓦坎已出现石磨（称metates、manos，系在一个石雕的浅盆里，手持一块长方形石块进行推拉压磨）。美国考古和人类学家迈克尔·道格拉斯·科（1929年出生）在谈到曾和麦克尼什合作过的哈佛植物学家保罗·克里斯托夫·曼格尔斯多夫（1899~1989年）时指出，人们总是津津乐道玛雅天文学、印加道路系统和特奥蒂瓦坎宏伟金字塔的伟大成就，实际上，没有什么能和科斯卡特兰阶段（公元前5000~前3500年，以麦克尼什于20世纪60年代发现的遗址科斯卡特兰命名）的成就相比，因为正是在这一时期，美洲印第安人完成了其历史上最重要的发现——种植玉米，从而创造和哺育了新大陆本地的文明。在中美洲生长的许多植物，之后又传播到欧洲和世界其他地方，如玉米、南瓜、西葫芦、棉豆、鳄梨、可可、西红柿、菠萝和烟草。家养动物则有火鸡、狗和蜜蜂等。

用于种植农作物的人工浮岛（称chinampas）构成了古代美洲农业的一大特色。通常做法是将木桩打

（上下两幅）图1-84球场院石环（墨西哥城国家人类学博物馆藏品）

入湖底，桩间沉入绑上石头的芦苇和树枝做地基，再在木桩上绑柳条席，内填湖底淤泥，形成长约100米、宽约10米的一块块浮岛，为防止土壤流失，有的还在边上种柳树。阿兹特克人利用特斯科科等湖泊发展人工灌溉系统，据说在首都特诺奇蒂特兰城南的霍奇卡尔科有1.5万条人工渠道，至今尚存900 条。印加人则长于修建梯田和建造远程水利灌溉工程，最长的水渠长达113公里。

玛雅文明的另一独特创造是象形文字体系，其文字以复杂的方块图形组成（图形上一部分为音符，一部分为意符，属“意音文字”），一般刻在石建筑物如祭台、梯道、石柱之上。刻、写显然需经长期训练，因而仅为少数高级祭司所掌握。经考古学家考证，已知的字符约800余个。文字写在榕树皮制成的纸或鹿皮上，形成折叠式的手抄本（图1-85），内容主要是历史、科学和仪典，但除年代符号及少数人名、器物名外，多未释读成功。

玛雅文明在数学、天文和历法制定上达到了很高的成就。在数学方面，他们创造了位值记数法，使用二十进制的记数系统，采用“0”的概念要比欧洲人

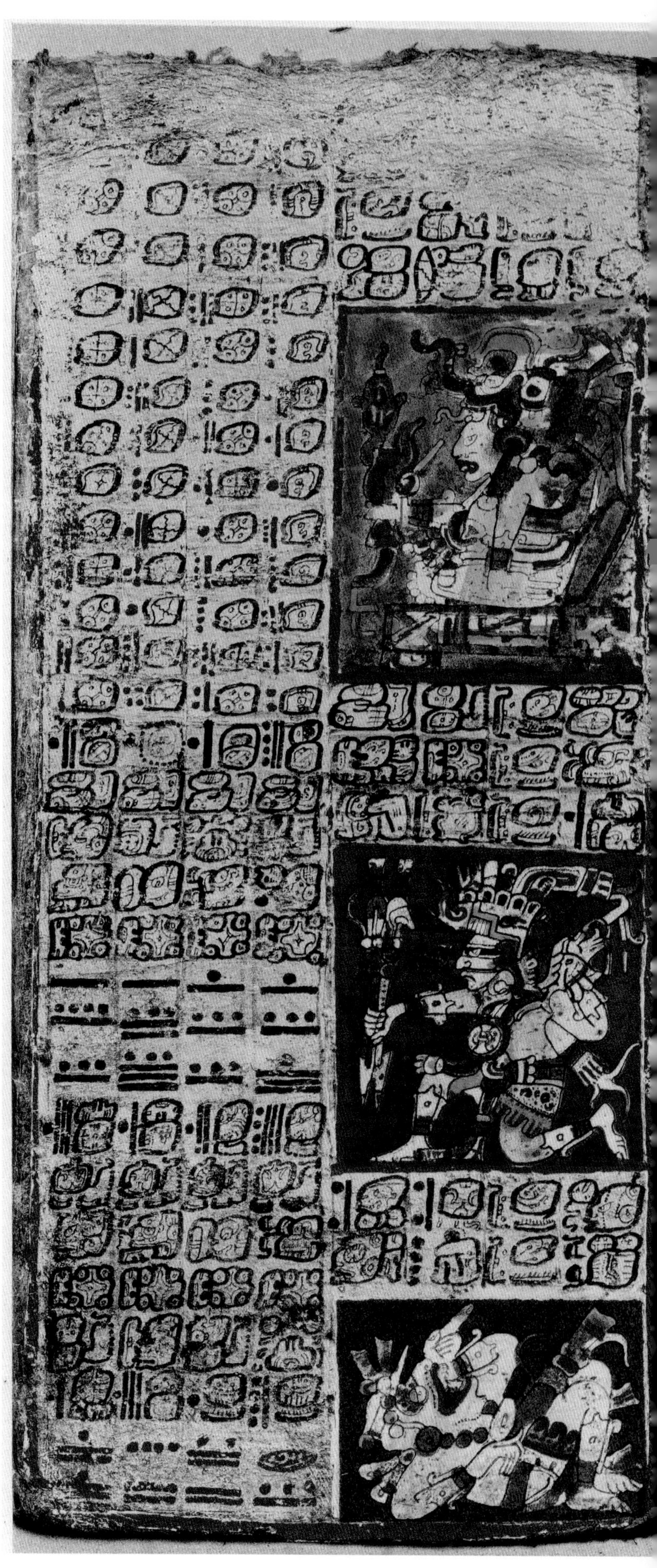

本页及左页：

（左）图1-85折叠式手抄本[图示大英博物馆内收藏的朱什-努塔尔抄本（Codex Zouche-Nuttall，其名称来自捐赠者Baroness Zouche和1902年首次发表抄本的Zelia Nuttall的名字），全长11.35米，14~15世纪]

（右）图1-86记录天象的德累斯顿抄本（后古典后期，1200~1500年，幅面高20.4厘米，宽9厘米，现存德累斯顿Sächsische Landesbibliothek）。图示第49页，记载了2920天周期内5个金星年及8个太阳年的关系

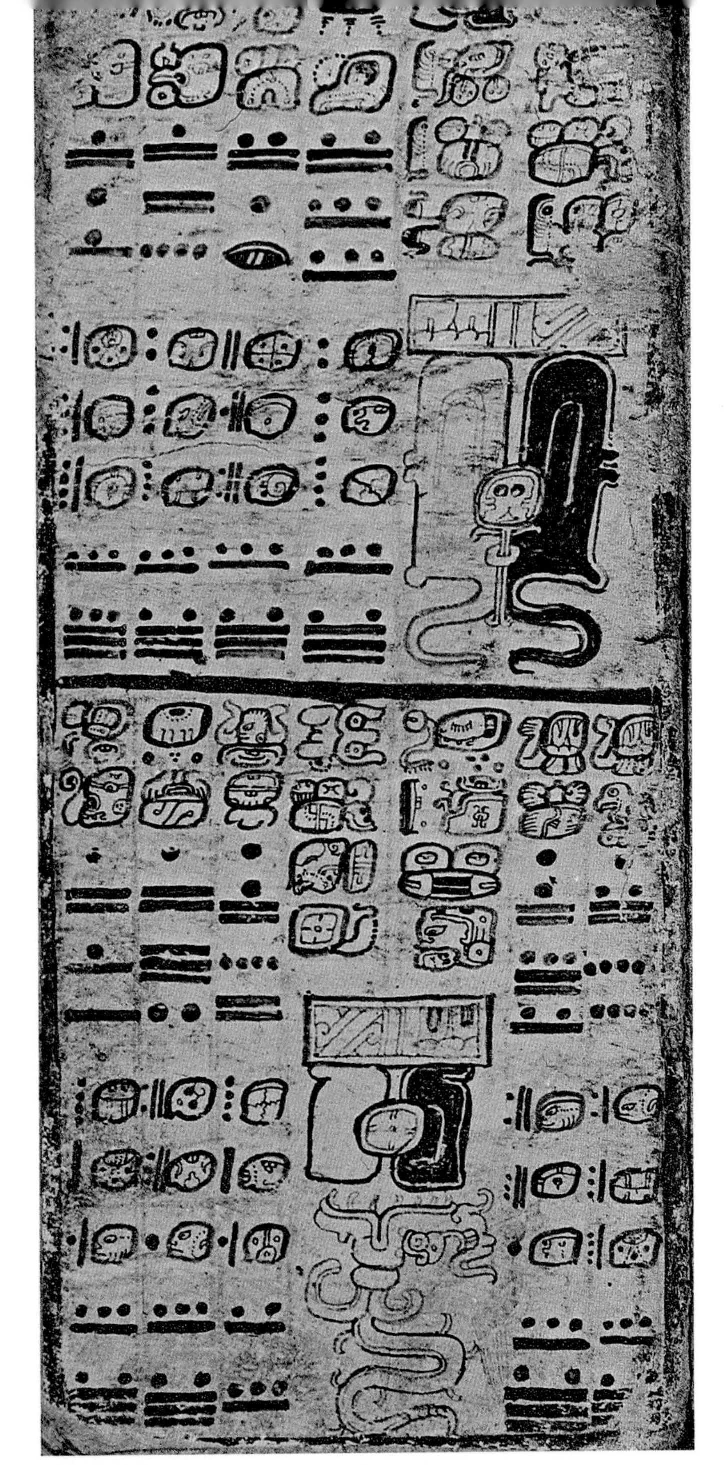
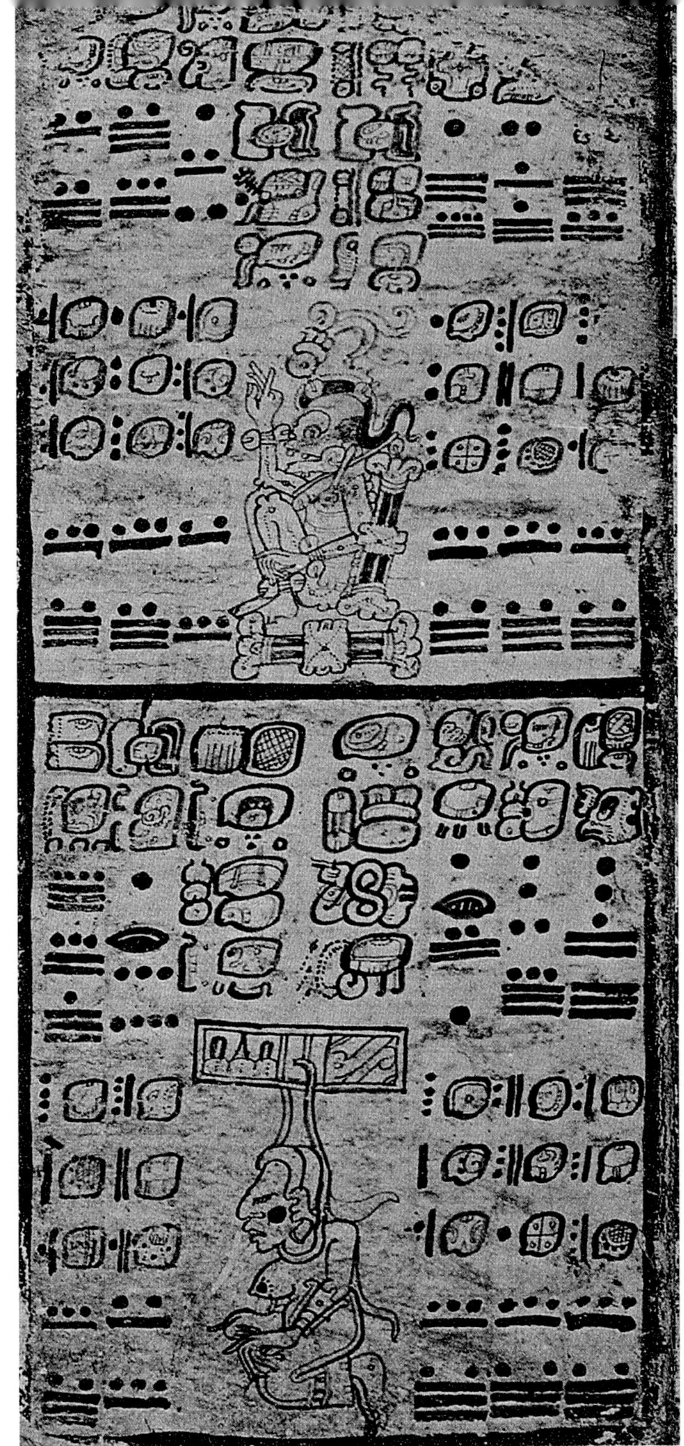

（左右两幅）图1-87记录天象的德累斯顿抄本（后古典后期，1200~1500年，幅面高20.4厘米，宽9厘米，现存德累斯顿Sächsische Landesbibliothek）。图示涉及日月食的篇章，该部分共8页，左图为53页，右图示57页

早800余年。通过长期观测天象，掌握了日、月、金星等天体的运行规律，能准确预测日食、月食这类事件（图1-86、1-87）。他们确定的金星运行周期（Venus cycle）为584天，和近代测量结果（583.92天）惊人地吻合。阿兹特克人根据天体的运行校正他们的日历，约在前古典期之末已创制出两种历法，即太阳历[xiuhpohualli，基切玛雅语称哈布历（Haab）]和圣年历（tonalpohualli，意为“日子的算法”）。

太阳历一年含18个月（veintenas），每月20日，年末5日为忌日（jours ‘infructueux’），故一年总共365天，每4年加闰1天。这种太阳历要比同时期欧洲（希腊、罗马等）用的儒略历（calendrier julien）[7]更为精确。它主要用在农业上，与农作节气相适应。另外，几乎所有的节日活动都按照太阳历来庆祝。

圣年历将一年（更准确的说法应是“圣期”，sacred period）分为20旬（trecena），每旬各有其守护神，一旬13日，故一年形成260天的循环。圣年历是宗教日历（卓尔金历，Tzolkín），对于决定宗教

图2-10奎奎尔科 神殿金字塔。遗址全景

期墨西哥和玛雅地区神殿的台阶显然是由此演化而来。结构为土坯砖加卵石，外台地面层已失，但尚存某些充当内衬的浮石。祭坛上的红色颜料（朱砂）暗示具有丧葬或献祭的功能。这种圆形结构在瓦斯特卡地区和海湾地带的森波阿拉均可看到（有的更早，有的较晚），公元1000年后，又再次出现在托尔特克、塔拉斯卡、奇奇梅克和阿兹特克等遗址处，可能是和羽蛇神魁札尔科亚特尔的祭仪相关的一种仿古表现。

奎奎尔科的这座建筑建于公元前500年后不久（B.弗莱彻认为属公元前400年左右），即墨西哥峡谷早期村落文明的最后阶段。它的年代不仅根据放射性碳测定，同时也考虑到了相邻墓构里黏土塑像和陶器的风格。如果不是因为公元前3或前2世纪的一次激烈的火山爆发使整个墨西哥谷地西南部分被熔岩掩盖的话，建筑或许还能完整地留存下来。这个遗址上最近发现的其他基础进一步烘托出了它在这类祭祀中心中起的作用，在这里，有许多呈截锥金字塔状的阶梯形基础，不久后它们就成为特奥蒂瓦坎普遍采用的形式，并于台阶两侧设典型的护坡（alfardas）。

特拉帕科扬的阶梯式基座可能是特奥蒂瓦坎之前保存较好的另一个结构。它背靠着一座巨大的山冈，这使它显得更为壮观。复杂的系列平台呈现出重叠建造的三个发展阶段。不同的标高通过多跑台阶相连，台阶巧妙地和厚重的墙体相结合，造型效果极为突出（图2-12）。

就这样，在一千年间（约从公元前1200~前200年），我们看到了首批中美洲建筑要素的诞生，从建立在黏土丘台上的奥尔梅克祭祀中心，到更先进的形式和技术（如制造日晒泥砖、开采及运输石料、使用灰浆作为粘合料、建造石板屋顶和采用灰泥作保护层、设台阶护墙及柱子等，另外还应加上墓寝建筑的演进）。在原始文化形态下，最简单的结构就能满足

本页：

（上）图2-11奎奎尔科 神殿金字塔。坡道近景

（下）图2-12特拉帕科扬 阶梯式基座。正在修复的场景（取自Paul Gendrop及Doris Heyden：《Architecture Mésoaméricaine》，1980年）

右页：

图2-13特拉蒂尔科 裸体女像（彩陶，高10.5厘米，墨西哥城国家人类学博物馆藏品）

人们的需求，但很快，人们就要求建造更为坚实耐久的神殿。中美洲的宗教建筑就这样围绕着一个如金字塔般的主体展开，阶梯状的塔身构成了最高平台处神殿的宏伟基座，并配有一处或几处通向它的台阶。

和所有先进的文化体系一样，中美洲也创造了它自己的建筑语言。乍看上去，中美洲的金字塔和美索

不达米亚的塔庙及埃及萨卡拉的阶梯金字塔似乎都很相像，其实它们所涉及的观念完全不同。埃及金字塔是法老的陵寝，是他“永垂不朽”的象征，这也是它唯一的功能；但在中美洲，金字塔基台内很少有墓室或陵寝（在这方面，最主要的一个例外是后面将要谈到的帕伦克地下墓室）。同时，中美洲的所谓“金字塔”，确切地说，并不是一个严格意义上的金字塔。它由逐级缩小的阶台叠置而成，形成方形或圆形的截锥体，乃至更复杂的形式。问题是，这种持续了25个世纪之久的原型究竟是在什么形势下通过怎样的灵感和启示被创造出来？其主要功能显然是希望以物质的形态表现神的象征物或造像，但不清楚的是，它们究竟是放在只有祭司可进入的神殿内部还是安置在外部平台上，使聚集在金字塔脚下的大量信徒都能很容易看到（实际上，中美洲的某些神殿空间极为狭窄，对广大民众开放的可能性显然很小）。

还有一些金字塔是用来祭祀天体的，大部分是供奉太阳。在阿兹特克太阳节庆期间，一名佩戴着徽章标志的战俘沿着金字塔的台阶一步步向上攀登，以此象征太阳自黎明到正午的行程（神殿顶部代表正午），到达顶部后，他面向太阳，宣读一份赋予他使命的文书。随后，一名祭司就在一块雕有太阳象征图案的石头（祭坛）上将他作为祭品杀死，并让尸体自台阶高处滚下，表示自正午到日落。

在中美洲的某些地域，带叠置形体的金字塔象征天堂，在人们的想象中，天堂由一系列层位组成（几乎总是十三重），每层均由几个神占据。顶层是至高无上的二元神（Dualité Suprême），其他诸神和人类本身则住在下面。

[雕塑]

表现人物、动物和鸟类的小型黏土塑像在美洲中部到处都可看到，从早期村落开始，一直延续到被西班牙人占领以后（前古典早期墨西哥中部的陶土雕像很多表现裸体造型，身躯着色，戴着头巾和首饰）。在西部某些州，部落居民从未制作过任何其他雕塑。在墨西哥峡谷，这些塑像如此丰富，以至该地区的考古史主要就是依据对它们的分类。其功用尚不清楚，惟足尺的样品很少。主要是坐着或站着的女像，常常是由三部分组成，烧制后再施色彩。

在墨西哥城西部，靠近塔库瓦的特拉蒂尔科发

现的一批塑像属最精美的实例（比奎奎尔科的早几个世纪）。特拉蒂尔科有一个很大的墓地，在不同层位上都发现了制作精致的雕像和陶器（图2-13）。死者埋在房间的地里，器皿、瓶罐和小雕像放在边上供他们在阴间使用（这时期宗教尚在形成阶段，主要是巫术活动）。陶像大都表现人们自己，包括戴面具或着奇装异服的祭司、舞者、杂技演员、乐

图2-14阿特利瓦扬 坐像（墨西哥城国家人类学博物馆藏品）

师和球员。前古典中期的雕像大都表现男性，其中有些带着孩童般的面容，和海湾南部奥尔梅克的所谓“娃娃脸”（baby-face）风格及秘鲁查文的美洲豹风格颇为相似，证实了第一次由H. J. 斯平登提出的“古风延续”（archaic continuum）的观念。女像极具魅力，被墨西哥画家和艺术史学者何塞·米格尔·考瓦路比亚（1904~1957年）称为《漂亮女人》（pretty ladies）。其中很多表现臀部肥大的妇女，有时有两个头，有时两个头共用三只眼，穿着展开如喇叭形的裙子或华丽的筒袜，粗大的腿很快收缩成尖头般的脚。和中欧臀部肥大的人物造型不同，特拉蒂尔科的塑像看上去呈舞蹈或跳跃的姿态。大腿的曲线止于细腰处，短臂的舞者保持着竖趾旋转的态势。

另一个来自阿特利瓦扬（莫雷洛斯州）的塑像表现一个按奥尔梅克传统以美洲豹姿态坐着的男人，穿着一个饰有羽毛的蛇皮斗篷，并带蛇口和牙齿装饰（图2-14）。这类题材通常用于宗教场合或相关的人物，几代人之后又见于阿尔万山或米特拉（见图5-77、5-114），只是越来越接近几何图案

陶器形式多样，表现各种动物形象，由此可知前古典时期人们的食物构成。还出现了像玉石、贝壳、棉花、绿松石和白陶土这样一些非墨西哥中部固有材料的制品，证明了在低地和高原之间贸易活动的增长。

和雨水及土地相关联的对美洲豹的崇拜、面具的使用、头部的变形处理和装饰陶器的猫科动物的母题，都明确表现出来自墨西哥海湾地区的奥尔梅克人的影响（下面我们还将更仔细地讨论作为整个中美洲"文化之母"和"美洲第一个文明"的奥尔梅克文化）。其影响范围广阔，在中部盆地许多前古典时期的文化中均有所表现（如普埃布拉、莫雷洛斯，自然还包括其发源地南部平原）。

第二节 古典时期：特奥蒂瓦坎

一、概况

古典时期（公元200~900年）的中美洲留下了蔚为壮观的建筑遗迹。这一文明在本节即将介绍的墨西哥高原的特奥蒂瓦坎和后面还要分别论及的瓦哈卡的阿尔万山及玛雅地区的蒂卡尔都得到了极致的表现。在达到顶点之前，紧接着前古典时期而来的是从初始的乡村文化到更具有城市特色的文化之间的过渡期。前面我们已看到，在墨西哥盆地，特拉帕科扬是一个具有前古典后期规模的典型世俗和宗教中心，但在这里，已具有了许多古典时期的特色，如陶器上的绘画和带斜墙的金字塔，后者很可能是特奥蒂瓦坎那些宏伟建筑的原型和灵感的来源。

古典时期最重要的标志是城市中心的建造，中心区根据天文定向组织空间，布置街道和各类建筑，充分体现历法、数学、书法和天文等方面的成就。特奥蒂瓦坎和蒂卡尔的宏伟神殿-金字塔建筑群，壁画、陶器和马赛克作品，可作为这个建筑和艺术黄金时代的典型代表。

[城市的创立及发展背景]

奎奎尔科附近克西特莱火山的爆发，将喷出的熔岩洒落到几乎整个盆地的南部，迫使其居民迁往特拉帕科扬和特奥蒂瓦坎。后面这一名称的含义是"诸神的诞生地"。据一个神话传说，在太阳死后，诸神会聚在一起，讨论如何创造一个新太阳（在古代的中美洲，一个"太阳"即相当于一个时代）。那时没有一个太阳还在发光，也看不到一线曙光，万物都沉寂在黑暗中。诸神会聚在这里，在特奥蒂瓦坎商议对策，认定需要有两个神跳入火中，化为日月……

一位穿着华丽服饰的富神特库希斯特卡特尔向前走去，另一个穿着纸衣的穷神纳纳瓦特辛也跟了上去，但在熊熊的火焰前，富神犹豫了，而穷神则奋不顾身地跳了进去成为太阳，对手的榜样鼓舞了特库希斯特卡特尔，他跟着跳进去成了月亮。

特奥蒂瓦坎是这时期新大陆发展程度最高的城市中心，其最活跃的年代当在公元前500~公元750年之间（总平面：图2-15~2-17；俯视复原图：图2-18~2-20；卫星图：图2-21；复原模型：图2-22~2-25）。城市创始于前古典后期，尽管其终结要比玛雅地区为早（建筑最后毁于大火，木料焚毁，土墙烧结），但后来的阿兹特克人继续利用这个祭祀中心作为埋葬其已故祖先及首领的圣地。尽管城市开始和终结的年代都无法精确判定，但就目前掌握的情况来看，其历史仍可分为早期、中期和后期几个阶段。早期（第一阶段）包括开始建造金字塔，其完成（第二阶段）约在公元1~3世纪，接着在公元400~700年左右，建设外围郊区（第三阶段），被大火焚毁和弃置可能是在公元700年前，此后，聚居地便迁到特斯科科湖西岸（第四阶段）。[3]

W.T.桑德斯和B.J.普赖斯根据他们对中美洲的研究指出，在特奥蒂瓦坎城市创建之前约1000年，谷地里已有一个定居的农业社团。这个类似部落的社会组织最初占据了谷地内地势较高的地方。近公元前300年，在那里已出现了一些小社团的统治者，在接下来的3个世纪里，每个世代居民都增加一倍。到公元100年，村落搬到了下面的冲积平原处，有一半居民聚集到宽敞的中央地带，由此发展出以后古典时期的城市。在特奥蒂瓦坎早期，散布在谷地周围的村落并没有修建大型礼仪建筑，也就是说，所有的居民都在单

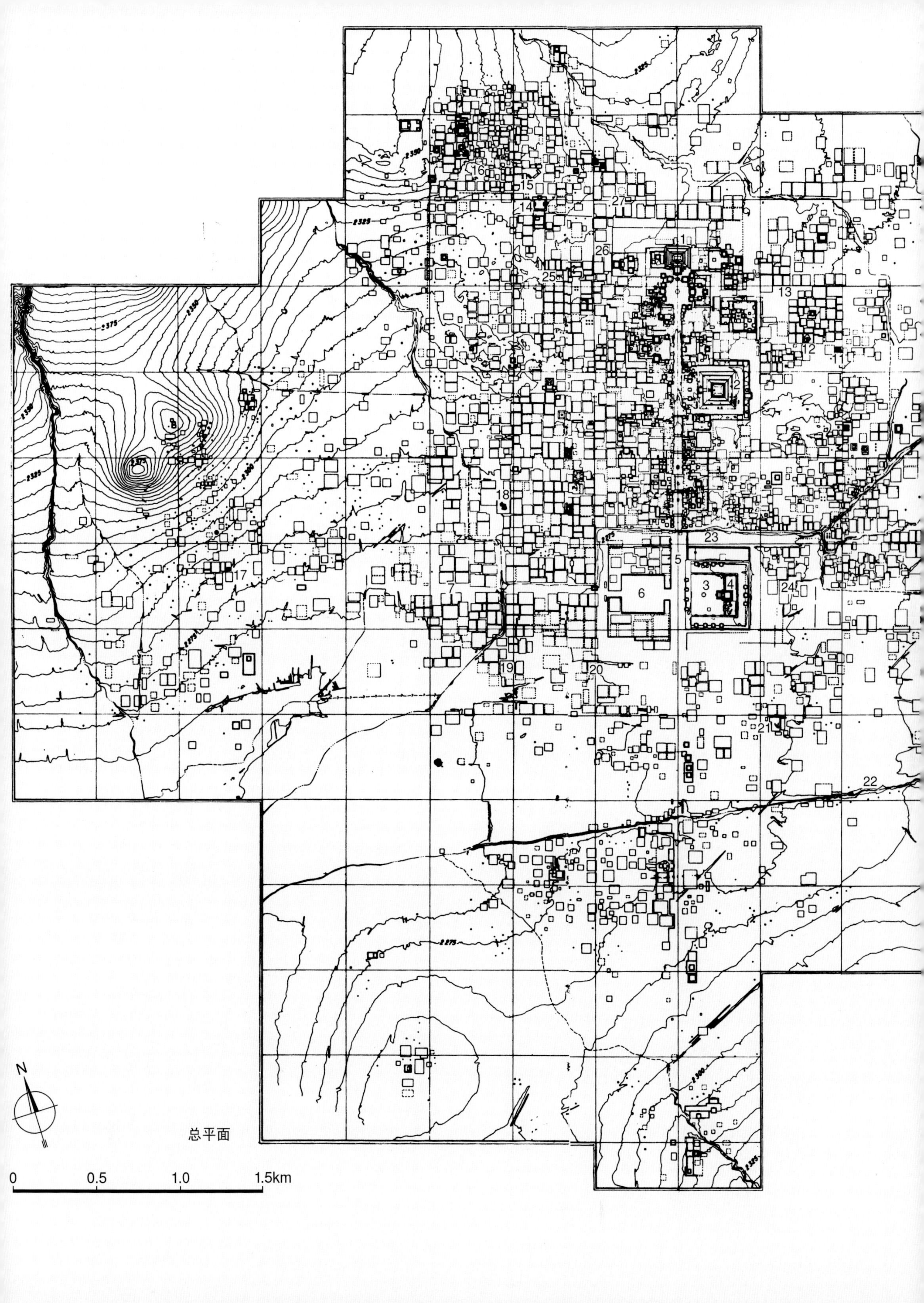
1
2
3
4
5
6
7
11
12
13
14
15
16
17
18
19
20
21
22
23
24
25
26
27
2325
2350
2375
2300
2275
N
0
0.5
1.0
1.5km

总平面

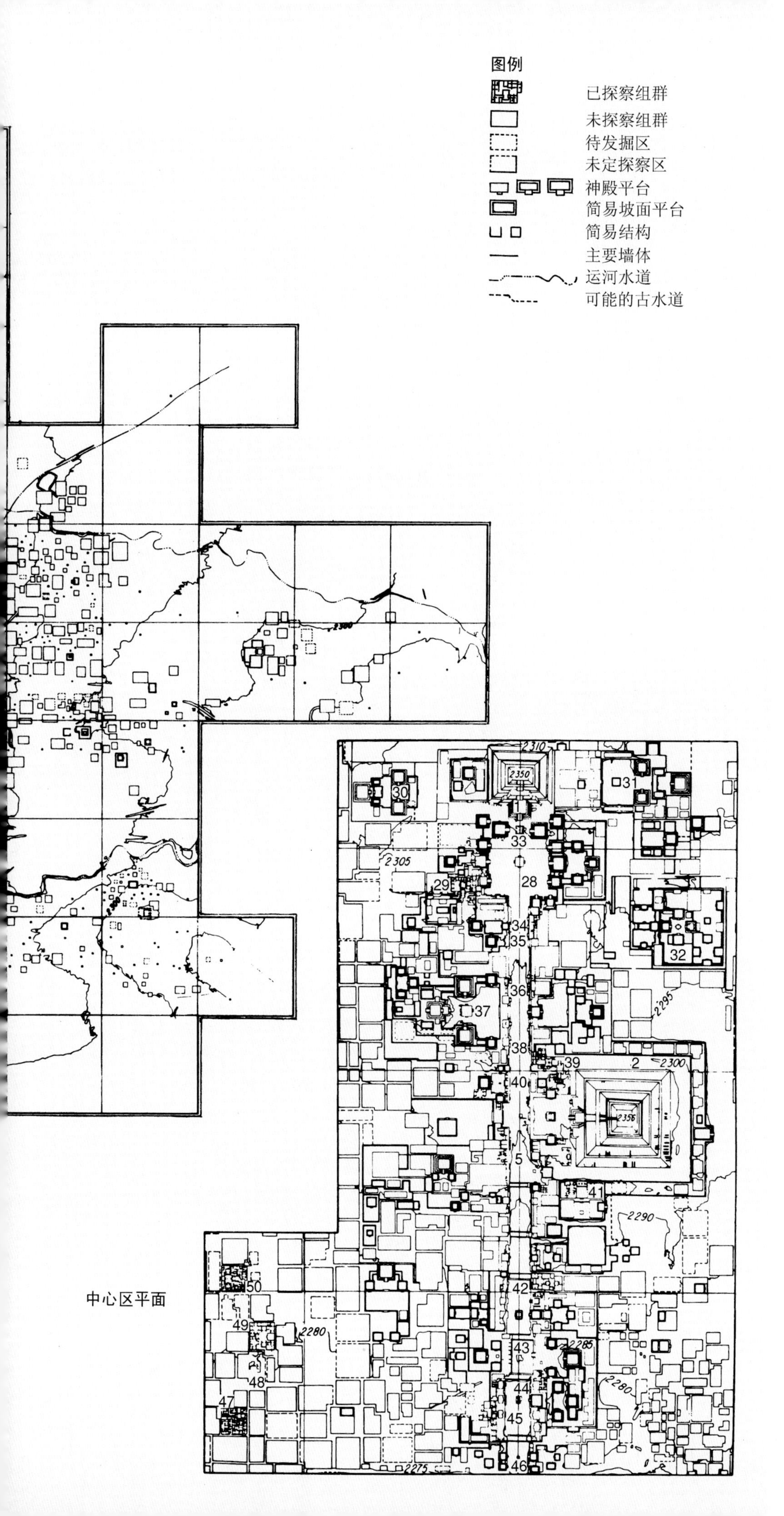

图2-15特奥蒂瓦坎 遗址总平面（公元前500~公元750年，图版据Millon，1970年）。图中：1、月亮金字塔，2、太阳金字塔，3、“城堡”，4、羽蛇金字塔（羽蛇神殿，南金字塔），5、“亡灵大道”，6、“大组群”，7、西大道，8、东大道，9、市场，10、特拉米米洛尔帕区，11、克索拉尔潘，12、特潘蒂特拉宫，13、祭司壁画，14、广场I，15、鹰宅，16、“老城”，17、瓦哈卡区，18、阿特特尔科宫，19、拉本蒂拉A区，20、拉本蒂拉B区，21、特奥潘卡斯科，22、圣洛伦佐河，23、圣胡安河，24~27、贮水池，28、月亮广场，29、魁札尔蝶宫，30、组群5’，31、组群5，32、四小殿组群，33、祭坛宅，34、“农业庙”，35、神话动物壁画，36、美洲豹壁画，37、“柱列广场”，38、1895年发掘部分，39、太阳宫，40、四小殿庭院，41、祭司宅邸，42、维金组群，43、“亡灵大道”，44、1917年发掘部分，45、叠置建筑，46、1908年发掘部分，47、特蒂特拉宫，48、萨夸拉宫邸庭院，49、萨夸拉宫邸，50、亚亚瓦拉

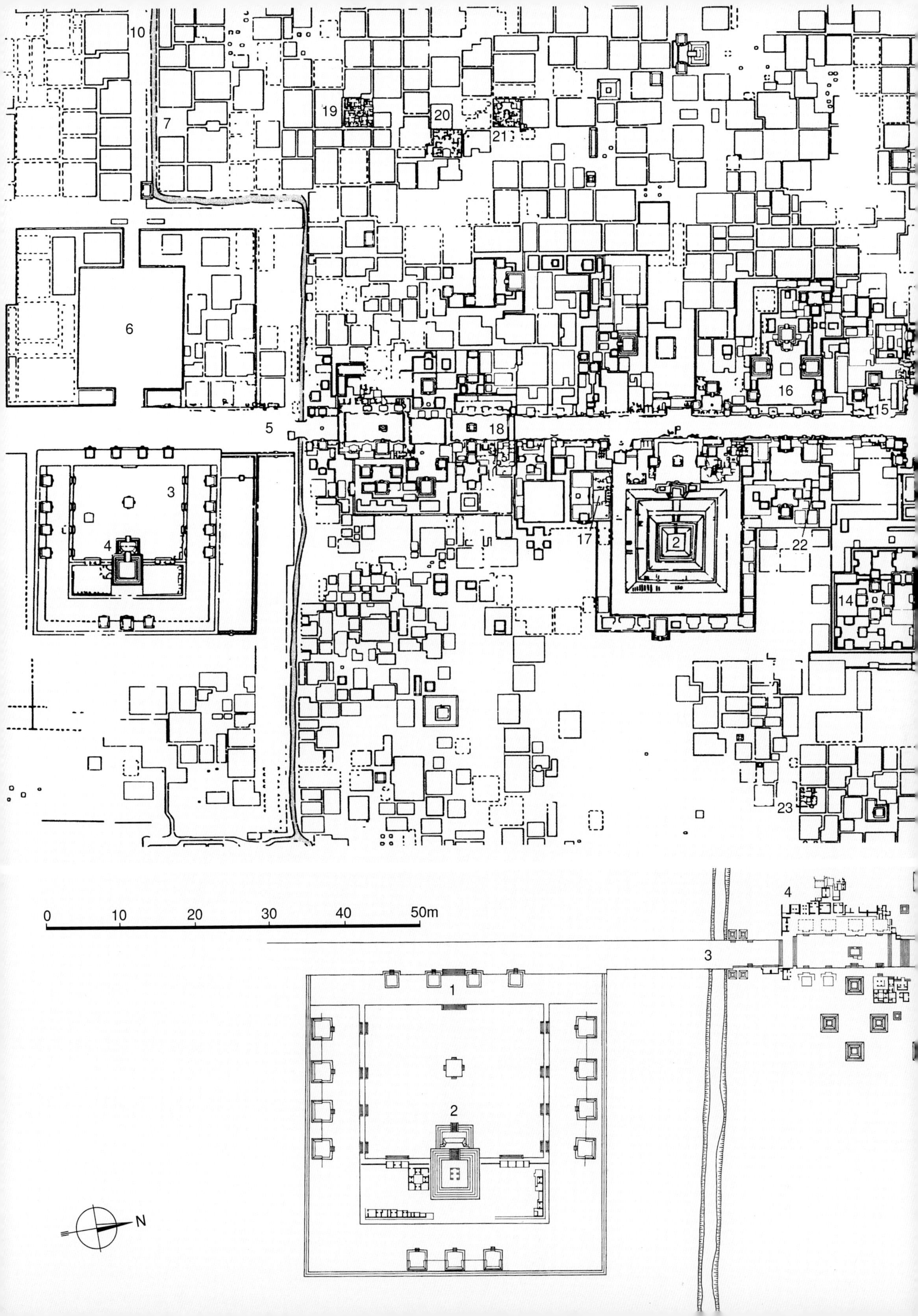

10
7
19
20
21
6
5
18
16
15
3
4
17
2
22
14
23
0
10
20
30
40
50m
N
4
3
1
2

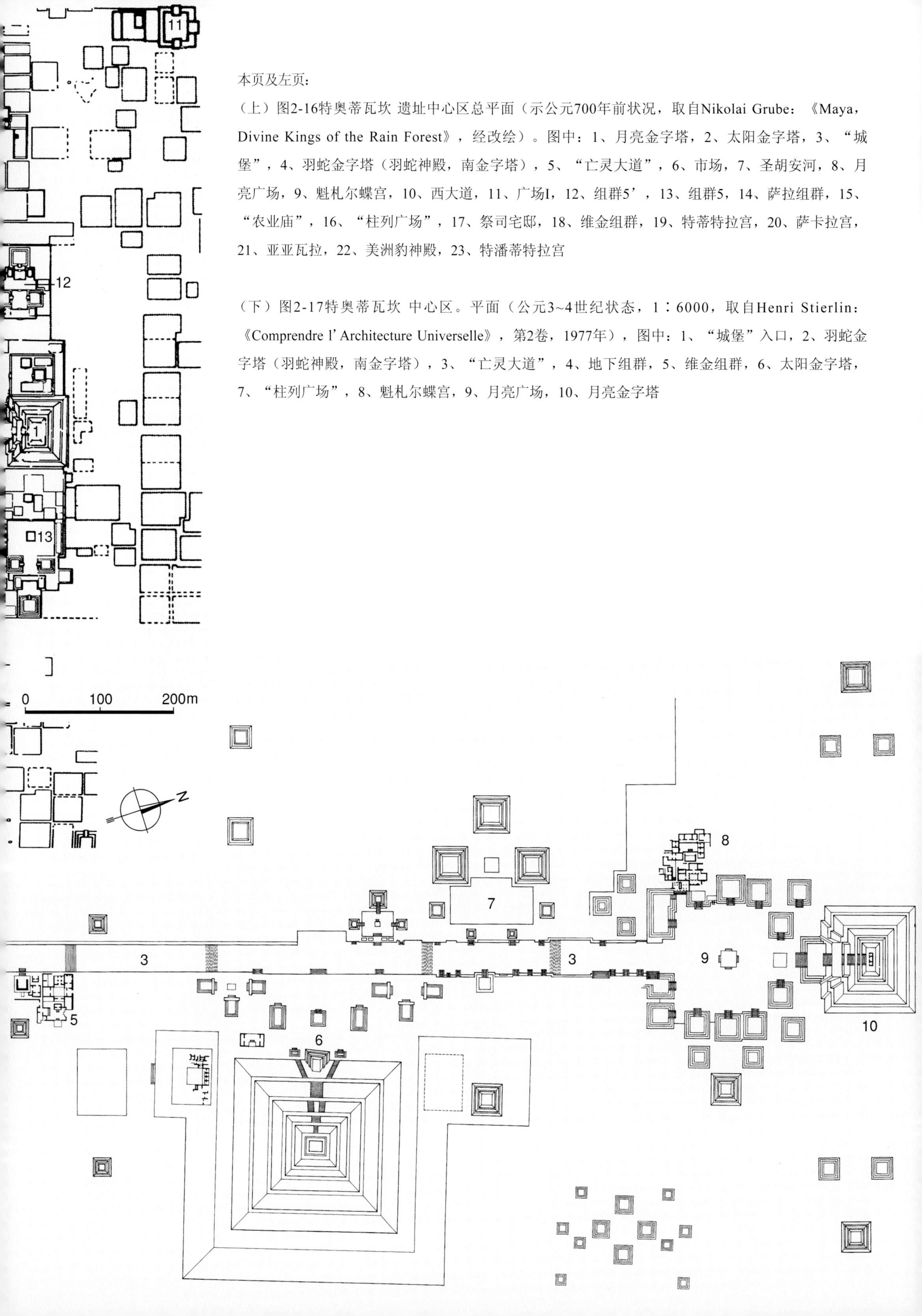

本页及左页：

（上）图2-16特奥蒂瓦坎 遗址中心区总平面（示公元700年前状况，取自Nikolai Grube：《Maya，Divine Kings of the Rain Forest》，经改绘）。图中：1、月亮金字塔，2、太阳金字塔，3、“城堡”，4、羽蛇金字塔（羽蛇神殿，南金字塔），5、“亡灵大道”，6、市场，7、圣胡安河，8、月亮广场，9、魁札尔蝶宫，10、西大道，11、广场I，12、组群5’，13、组群5，14、萨拉组群，15、“农业庙”，16、“柱列广场”，17、祭司宅邸，18、维金组群，19、特蒂特拉宫，20、萨卡拉宫，21、亚亚瓦拉，22、美洲豹神殿，23、特潘蒂特拉宫

（下）图2-17特奥蒂瓦坎 中心区。平面（公元3~4世纪状态，1：6000，取自Henri Stierlin：《Comprendre l’Architecture Universelle》，第2卷，1977年），图中：1、“城堡”入口，2、羽蛇金字塔（羽蛇神殿，南金字塔），3、“亡灵大道”，4、地下组群，5、维金组群，6、太阳金字塔，7、“柱列广场”，8、魁札尔蝶宫，9、月亮广场，10、月亮金字塔

本页：

（上）图2-18特奥蒂瓦坎 中心区。俯视复原图（自月亮金字塔向南望去的景色）

（中）图2-19特奥蒂瓦坎 中心区。俯视复原图（自西面望去的景色，取自Chris Scarre编：《The Seventy Wonders of the Ancient World》，1999年）

（下）图2-20特奥蒂瓦坎 中心区。俯视复原图（公元5~6世纪景色，取自Colin Renfrew等编著：《Virtual Archaeology》，1997年）图中：1、羽蛇金字塔（羽蛇神殿，南金字塔），2、“城堡”，3、“亡灵大道”，4、四殿宫，5、太阳金字塔，6、月亮金字塔，7、魁札尔蝶宫，8、美洲豹宫

右页：

图2-21特奥蒂瓦坎 遗址卫星图

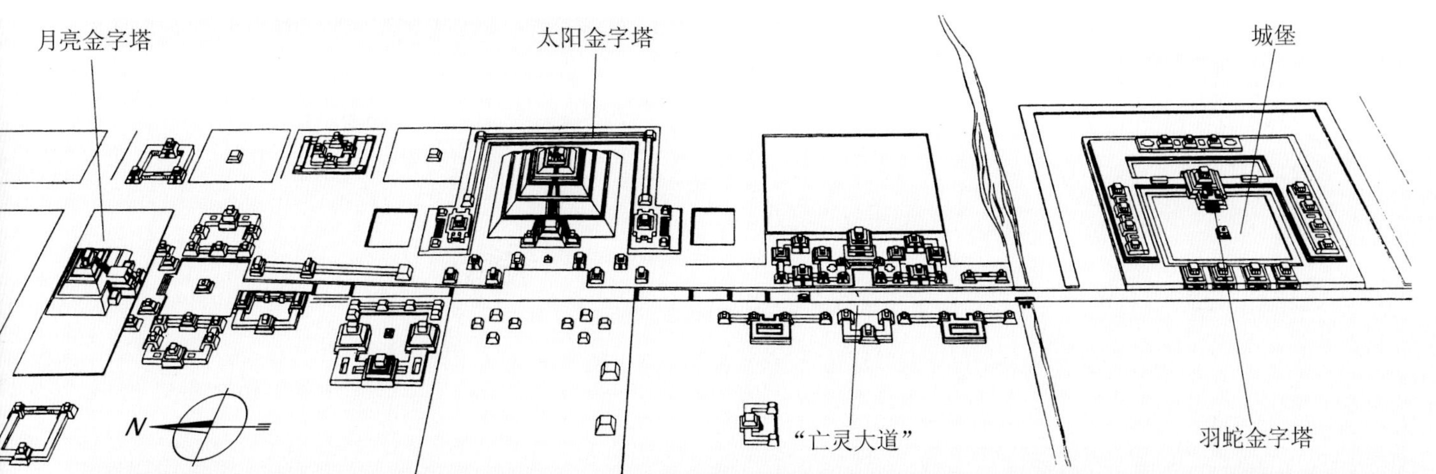

独的祭祀地内供奉他们的神祇。乔治·库布勒认为，在早期，特奥蒂瓦坎与其说是个城市，不如说是个为周期性的农历节庆服务的礼仪中心更为合适。金字塔是为周围广大地区散居的村落农民建造和服务的。多少个世纪以来，在这个礼仪中心本身，只有很少的居民。以后，周边的基址才开始有了自己固有的神殿-

左页：
（上）图2-22特奥蒂瓦坎 中心区。复原模型（一，“亡灵大道”，自南向北望去的景色）
（下）图2-23特奥蒂瓦坎 中心区。复原模型（二，太阳金字塔至月亮金字塔区段，自西南方向望去的景色）

本页：
（上）图2-24特奥蒂瓦坎 中心区。复原模型（三，太阳金字塔至月亮金字塔区段，自东南方向望去的景色）
（下）图2-25特奥蒂瓦坎 中心区。复原模型（四，南区，城堡及大组群）

（上）图2-26特奥蒂瓦坎 太阳金字塔（东塔，约公元50年）。地段总平面及立面（环绕金字塔的“U”形平台为墨西哥中部地区这类结构中最早实例之一；据Marquina，1964年）

（下）图2-27特奥蒂瓦坎 太阳金字塔。平面及剖面（剖面标明地下隧道位置；取自Chris Scarre编：《The Seventy Wonders of the Ancient World》，1999年）

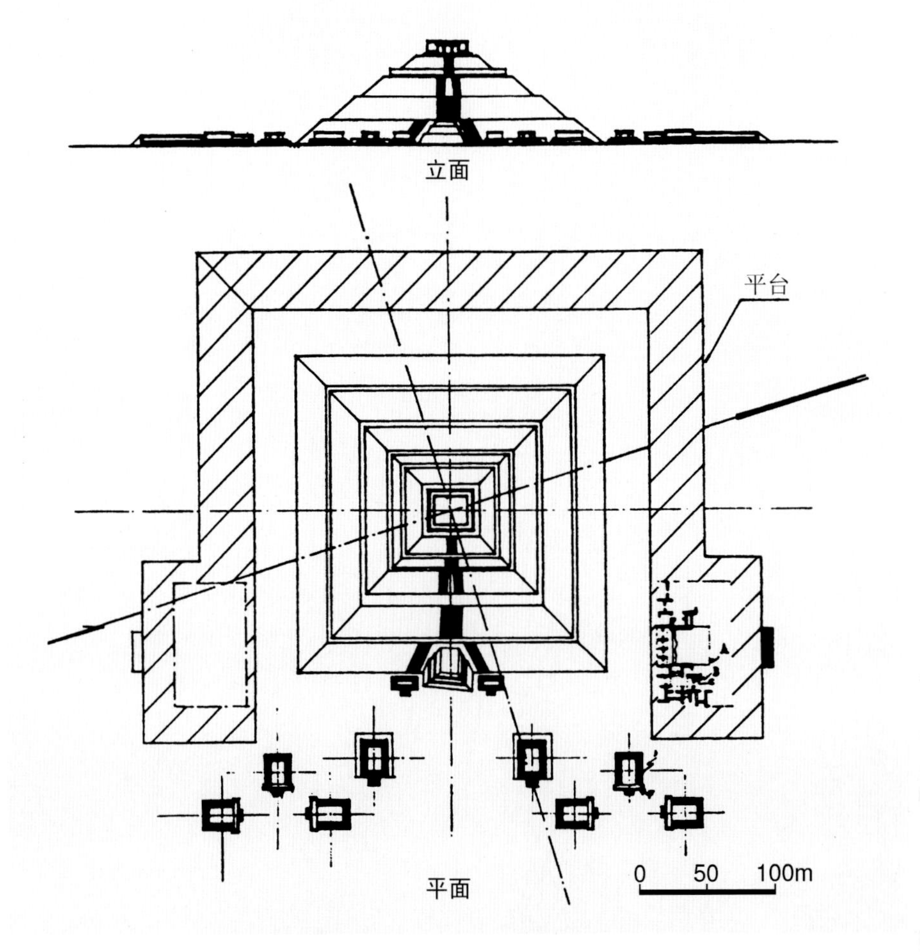

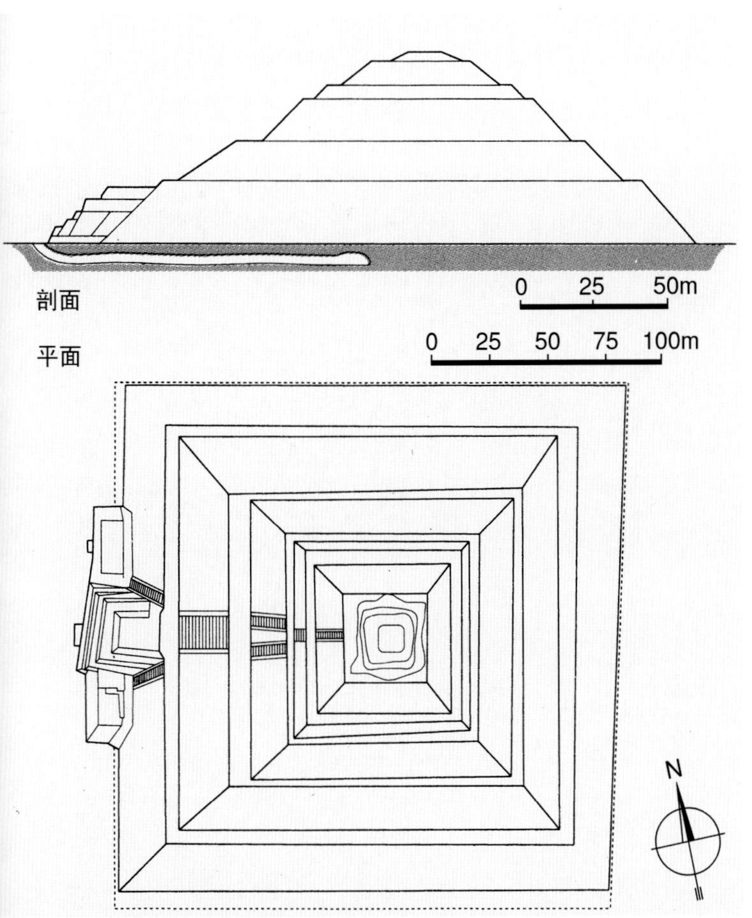

金字塔组群。W.T.桑德斯认为，由于谷地内已聚集了大量居民，因而已有可能建造太阳金字塔，并在大约一个世纪之后，建月亮金字塔和“亡灵大道”。事实上，这个宏伟的建筑群也可能是通过强制劳动建造的。

从很早开始，特奥蒂瓦坎在宗教上就具有强大的影响力，每个圣地都有大量的朝圣者和游客频繁造访，他们不仅进一步增加了人口的数量，同时也催生了为他们服务（提供食物及其他各类需求）的常住居民。和宗教吸引力相结合的还有优越的地理位置和最佳的生态及经济条件（位于一个富饶谷地内，靠近一个现已无存的湖边，附近有一个黑曜岩矿；谷地本身是高原地带和东部及南部低地之间的自然通道）。正是这些条件的综合效应使它成为一个围绕着圣地的大城市，成为周围所有谷地的宗教、政治、经济和世俗生活的中心，也是中美洲唯一集各项功能在一起的大都会。正如勒内·米隆所说，中美洲同时期的其他中心，如蒂卡尔或齐维尔查尔通，可能占有更大的面积，但看来没有一个能有如此高的城市化程度，能像特奥蒂瓦坎这样，在一个规模宏大、蔚为壮观的宗教中心和市场上，把来自广阔的地域、高度密集的大量人流

和成千上万的工匠及手艺人，汇集和组织在一起。

[社会组织和等级制，在城市中的表现]

特奥蒂瓦坎是个宗教和世俗生活相互交织，等级分明的神权政治社会。作为宗教仪式管理者和主持人的祭司最后登上了权力的宝座，他既是祭司也是君王，被视为具有神圣的血统。贵族——政府首领和官员，同样具有宗教职位，成为民众和神祇之间的中

(上）图2-28特奥蒂瓦坎 太阳金字塔。复原模型（自西南方向望去的景色）

(下）图2-29特奥蒂瓦坎 太阳金字塔。西北侧远景（自“亡灵大道”上望去的景色）

（上下两幅）图2-30特奥蒂瓦坎 太阳金字塔。西南侧远景

介。作为神祇的代表，在他们穿上了神的服装后便获得了神的秉性。因此，在特奥蒂瓦坎的壁画和陶器装饰上，我们可看到穿戴如雨神（特拉洛克）和母亲女神的祭司，有的还装扮成被奉为神明的美洲豹、丛林狼或鸟类的形象。在阿特特尔科、特蒂特拉、特潘蒂特拉、萨夸拉和特奥潘卡斯科，以及主要礼仪中心本身住房壁画所表现的场景中，可看到一个神职阶层的权势和财富，他们通过农历节庆控制着这个分散的农业社区，其数量可能也越来越多（按勒内·米隆于1966年的估计，在公元450~650年为85000人）。像古

代美洲的其他地方一样，在建筑上，大型金字塔为宅邸所取代，正是反映了他们执掌权力的这一进程。

在整个中美洲的艺术中，宗教的象征手法占有主导地位。然而，在特奥蒂瓦坎，却没有看到（至少是到目前为止尚没有发现）如米斯特克抄本和石碑上那种系谱图，也没有发现如博南帕克那种表现宫廷生活

（上）图2-31特奥蒂瓦坎 太阳金字塔。南侧远景

（下）图2-32特奥蒂瓦坎 太阳金字塔。北侧全景

的场景。在这里，宗教在古典社会中的重要地位似乎主要体现在各个建筑中央院落内布置的祭坛上。

尽管有可靠的迹象表明特奥蒂瓦坎社会存在军事组织（特别在后期），也发现了武器和同类相食的证据，但并不能因此推定军事在特奥蒂瓦坎文化中占据着主导地位。神权政治和军事霸权并不相互排斥。很难想象，如果没有友好的接待，人们能如此频繁地自远方来特奥蒂瓦坎朝圣和拜访。然而，由于在厨房废弃物中发现了下颌和在烧煮食物的陶器中找到了人骨，W.T.桑德斯认为，在这里，战争和与之相关的宗教仪式看来非常类似于西班牙人报告的阿兹特克人的习俗。[4]严格的社会等级通常总是伴随着压迫，有明显迹象表明，自公元5世纪开始，无论是在特奥蒂瓦坎还是在边界以外，军队的地位变得越来越重要。

左页：

图2-33特奥蒂瓦坎 太阳金字塔。西北侧全景

本页：

图2-34特奥蒂瓦坎 太阳金字塔。西北侧近景

从城市平面上可想象出这些等级序列。位于内部最核心小圈子和祭祀活动中心的为君王（最受尊崇的主神在人世间的代表）和最高层的祭司。接下来一个圈子是在世俗和宗教事务上发挥次级作用的贵族，建筑上包括小型宗教建筑、“宫殿”和政府建筑。第三个圈子对应商人、富豪，同样住在豪华的房子里，这一圈子里可能还包括诗人、乐师和演艺人员（后者在当时社会上很受尊重，是世俗和宗教典礼上不可或缺的角色）。接下来是有专业技能的匠师和手艺人，住在类似公寓的房子里，后者划分成几个房间组成的套房，各有自己的祭坛。最后是力工、仆人和奴隶，住在城市周边，主要从事农业劳动。

专业技术人员和工匠都有自己的行会，手艺人就在他们的单层套房里劳作。勒内·米隆将这类建筑和古罗马时期的中庭式住房相比，认为它们都是在一个人口稠密的城市里尽可能提供一个私密的环境。住在

这迷宫式的集体住房内的居民，或是具有亲属关系，或是由于共同的职业，或两者兼而有之。在城市里，这样的套房组群有2000处以上，每个家庭都有自己的一组房间、厨房和天井，几家合用一个院落，很可能还配有相应的卫生设施。在城市围墙内，已找到了500多个工场作坊的遗迹。

涌向特奥蒂瓦坎参加宗教典礼和仪式的大量朝圣者随身带来和带走了大量的食品和手工艺品。这些职业或非职业的商贩同样被组织在一起，来自各地的商品在精心安排的大市场里进行交换。市场和市政中心一起，位于城堡对面，大道的另一侧。在城市的各个街区，还有其他较小的市场。商人们在运走特奥蒂瓦坎的商品和货物时，也连带着把它的意识形态和观念传到了中美洲最边远的角落；返回时则满载着热带鸟类的羽毛、棉花、可可、玉石、绿松石及其他的珍稀物品。他们有自己的神祇，保佑他们在长途奔波中一路平安。

[居民]

人们尚不清楚特奥蒂瓦坎居民的构成，因为没有任何相关的书面文献留存下来。其历史或许能在将来通过解读陶器和壁画上的象征性书写符号加以揭示。特奥蒂瓦坎的手抄本，即便曾经有过，可能也被后来的部族毁坏了（托尔特克抄本就是这样被阿兹特克人毁掉的）。不过，我们依然可以设想，特奥蒂瓦坎居民中大多数和后期的托尔特克及阿兹特克人一样，属犹他纳瓦语系（utonahua）。这种语言发源于墨西哥西北地区，在中央谷地和奥托帕姆语言（otopame）

相混。特奥蒂瓦坎是个使用多种语言的城市。来自瓦哈卡、格雷罗、墨西哥海湾和玛雅地区的居民在明确限定的城市区段内生活和工作。此外还有大量的朝拜人流，看来特奥蒂瓦坎才真是一个名副其实的“通天塔”（巴别塔，Tour de Babel）。

陶土雕像、面具和壁画向我们展示了特奥蒂瓦坎居民的形象。除了某些带有明显海湾地区特色，胖乎乎的造型和戴面具的大头像外，都是些瘦长的、中等身材的形象，头部进行了变形处理。在早期，人们沿袭前古典时期的程式，以彩绘图案装饰躯体。到古典时期，服装更为华丽和多样。精美的纺织品和刺绣、奇特的羽毛装饰、带动物形象的复杂头巾，都变得非常流行，至少在特权人物中是如此。头发则如后古典时期的阿兹特克人那样部分剃光，头发样式同样是社会地位的象征。

[城市的衰退]

特奥蒂瓦坎的衰退（公元650~800年），部分是由于内在的原因。宗教凝聚力的衰退引发内部的争执不和；对建筑木材日益增长的需求导致林木的过度砍伐，引起水土流失、适用耕地锐减，乃至气候的变化，最后造成食物匮乏；越来越强大的军事独裁进一步激发了人们的反抗和叛乱。这一切都导致了特奥蒂瓦坎居民的衰减。近公元650年，部分城区被居民自己焚毁。缪里尔·波特·韦弗曾为此感慨道：“特奥蒂瓦坎的居民已经具有了崇高的地位，在中美洲历史上

本页及左页：

（上下两幅）图2-35特奥蒂瓦坎 太阳金字塔。正面全景（自“亡灵大道”上望去的景色）

左页：

（上）图2-36特奥蒂瓦坎 太阳金字塔。正面近景（自广场小平台望去的景色）

（下）图2-37特奥蒂瓦坎 太阳金字塔。西南侧全景

本页：

（上）图2-38特奥蒂瓦坎 太阳金字塔。西南侧近景

（下）图2-39特奥蒂瓦坎 太阳金字塔。东南侧全景

（中）图2-40特奥蒂瓦坎 太阳金字塔。塔基细部

没有哪个地域或时代能在威望和影响力上超越它。为什么在它的艺术和建筑被人们奉为楷模，它的陶器得到人们的高度赞赏并广为流行，它的宗教也得到广泛传播，其威望和势力如日中天之际，这个伟大的城邦却突然完全崩溃了呢？”[5]实际上，崩溃过程可能并不是如此突然。一种文化因一次简单的打击而毁灭的例证并不多见。很可能只是经济、政治和军事的权力转移到另外的中心，就特奥蒂瓦坎而言，这些新的中心无疑是乔卢拉、霍奇卡尔科和埃尔塔欣。

衰退的另一个原因可能是来自经济和贸易。特奥蒂瓦坎有两个地方黑曜岩矿，还有道路通向盛产绿色黑曜岩（一种品位更高的矿藏）的伊达尔戈，这使它有能力控制整个黑曜岩贸易。这种矿藏是火山熔岩迅速冷却后形成的一种天然玻璃。在古代中美洲（在那

本页及右页：

（左右两幅）图2-41特奥蒂瓦坎 太阳金字塔。塔身入口及砌体近观

左页：

（上下两幅）图2-42特奥蒂瓦坎 太阳金字塔。自塔上向西俯视景色（上下两图分别示向西南和西北方向望去的情景，下图右侧远处为月亮金字塔）

本页：

（上）图2-43特奥蒂瓦坎 太阳金字塔。塔前广场俯视景色（沿东西轴线望去的景观）

（下）图2-44特奥蒂瓦坎 太阳金字塔。下部隧道平面及塔体剖面（据Millon，1993年）

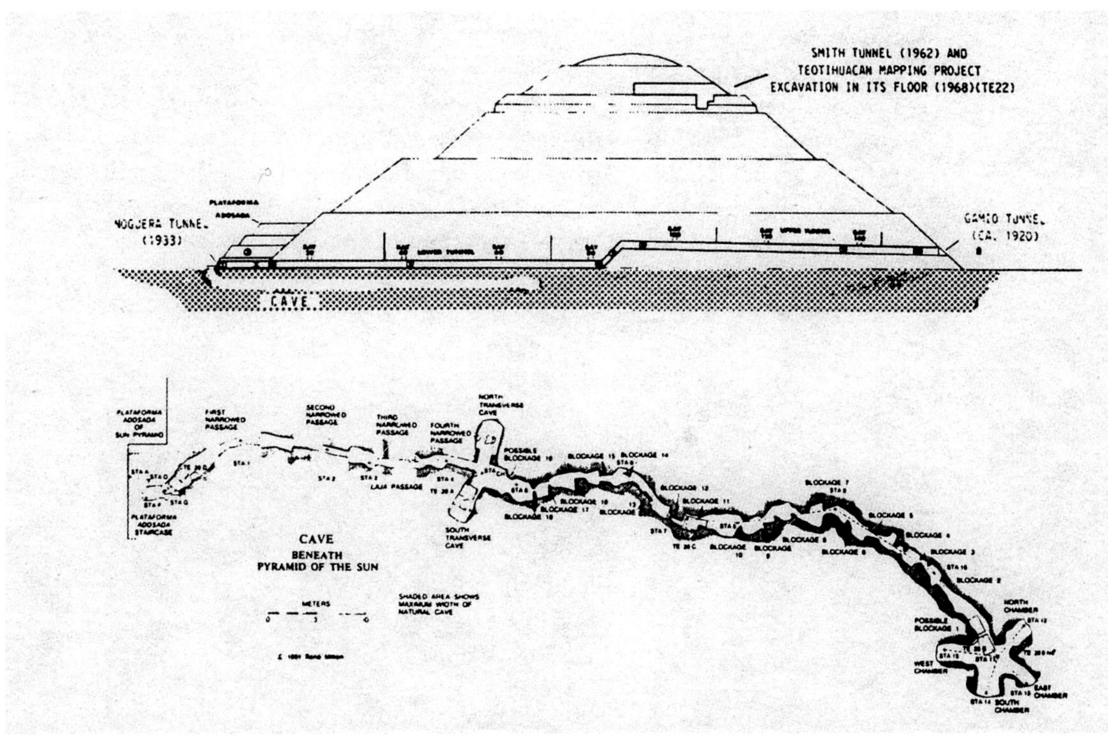

里，直到公元900年才开始使用金属），黑曜岩在经济上的重要性犹如钢铁之于近代工业化国家，因为最锋利的工具和武器都是用这种材料制作。自公元前1200年开始，它就从这里输往南方奥尔梅克人居住的地区。控制了运送黑曜岩的道路就意味着控制了中美洲商贸经济的大部分份额，这也是特奥蒂瓦坎能够得到发展的另一个要素。在城市内乱的时刻，这一控制大为削弱：黑曜岩商人直接转向位于乔卢拉附近普埃布拉的矿藏，同时利用穿过霍奇卡尔科直到格雷罗和东方的运送棉花的道路。失去这一控制，对这个已开始衰落的国家来说，无疑是另一个致命的打击。

对这个美洲当时最强大国家的消亡同时存在着另外的理论和说法。罗曼·皮尼亚·尚相信，有关神祇投身火焰的神话实际上是象征特奥蒂瓦坎社会结构的转

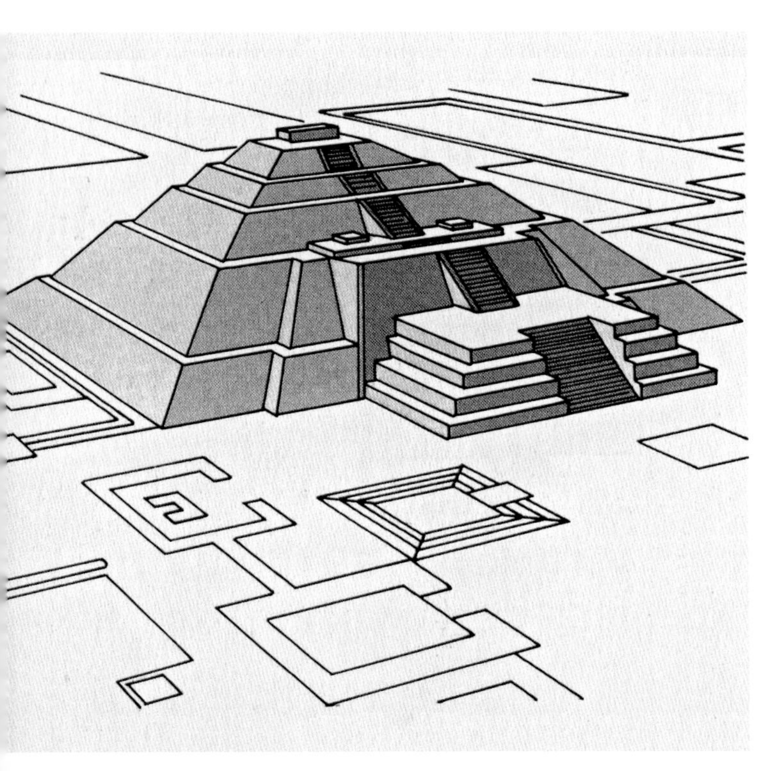

化。[6]温和平静的农业神祇最后舍弃了对火焰、太阳和战争的崇拜占据主导地位的城市（按照这位学者的说法，大祭司不仅是民事头目，同时也是军事首领）。

尽管在古典末期特奥蒂瓦坎的城市人口有所下降，但还有邻近的一个部族，即以后的托尔特克人（toltecatl，意为“工匠、手艺人”）和他们待在一起。在托尔特克时期（公元1000~1200年），特奥蒂瓦坎市中心实际上已处在消亡状态，但令人惊讶的是，同一时期特奥蒂瓦坎谷地仍然人口密集，在阿兹特克时期（1325~1521年）甚至还要更多。W.T.桑德斯认为，太阳金字塔和月亮金字塔很可能从未停止过使用，尽管在后古典时期，礼仪和祭祀中心的使用可能仅限于很小的范围。[7]虽说阿兹特克建筑规模较小，建造技术也更为简陋，但仍然和早期更精美的建筑连在一起。位于特奥蒂瓦坎谷地内的阿兹特克城镇同样拥有它们自己的市政和宗教中心。到古典末期，

特奥蒂瓦坎的殖民地或卫星城，如阿斯卡波察尔科区，已经发展成独立实体，一如近代城市的郊区，在必要时即和母体城市分开。

二、城市规划和建筑

[早期（第一阶段）]

太阳金字塔

在原始古典时期（période protoclassique，相当于纪元早期）的特奥蒂瓦坎，第一次出现了宏伟的纪念性建筑——太阳金字塔（即东塔，约公元50年；平面、立面、剖面及模型：图2-26~2-28；远景：图2-29~2-31；全景及近景：图2-32~2-39；细部：图2-40、2-41；广场及环境：图2-42、2-43）。这是特奥蒂瓦坎诸建筑中最大和最古老的一座，也是整个中美洲最宏伟的工程之一。它建在一个很早以来即被视为圣迹的洞穴上。新近在塔下发现的这个圣穴可通过一个自西向东的自然隧道进去（有人为整治的痕迹，图2-44）。它不仅与佛罗伦萨抄本关于阿兹特克君王陵寝的叙述相合（“君王死后，将葬在特奥蒂瓦坎，然后在墓上建一座金字塔……”）[8]，同时也使我们相信，正是这个洞穴确定了太阳金字塔的基址（和许多世纪期间墨西哥各地的洞穴一样，它显然也是个祭祀中心）。其端头靠近金字塔中心处为一个四叶形的房间（1971年由豪尔赫·阿科斯塔发现，1972年多丽

左页：

（上）图2-45特奥蒂瓦坎 月亮金字塔。透视复原图（取自John Julius Norwich主编：《Great Architecture of the World》，2000年）

（下）图2-46特奥蒂瓦坎 月亮金字塔。自东北侧望去的地段俯视全景

本页：

（上）图2-47特奥蒂瓦坎 月亮金字塔。向南沿城市主轴线望去的地段俯视全景

（中）图2-48特奥蒂瓦坎 月亮金字塔。向北望去的地段俯视全景

（下）图2-49特奥蒂瓦坎 月亮金字塔。自东南侧望去的远景

本页：

（上）图2-50特奥蒂瓦坎 月亮金字塔。自东南侧望去的地段全景

（下）图2-51特奥蒂瓦坎 月亮金字塔。自西南侧望去的地段全景（前景为魁札尔蝶宫）

右页：

（上下两幅）图2-52特奥蒂瓦坎 月亮金字塔。东南侧全景

（上）图2-59特奥蒂瓦坎 月亮金字塔。塔前平台构造细部

（下）图2-60特奥蒂瓦坎 月亮金字塔。塔前平台顶部及上层台阶

位于早期建筑北面的月亮金字塔建于同一阶段，时间稍后，为仅次于太阳金字塔的第二大塔（底面长、宽分别为156和130米，高43米）。其结构形体向前凸出，体量上更为复杂和富于变化。其形式颇似太阳金字塔，但南面有一个凸出的附加平台。结构本身尺寸要比太阳金字塔小，但由于位于谷地北面，一个地面逐渐升起的地段上，顶部平台和太阳金字塔差不多位于同一海拔高度（透视复原图：图2-45；地段俯视：图2-46~2-48；外景：图2-49~2-55；近景及细部：图2-56~2-60）。

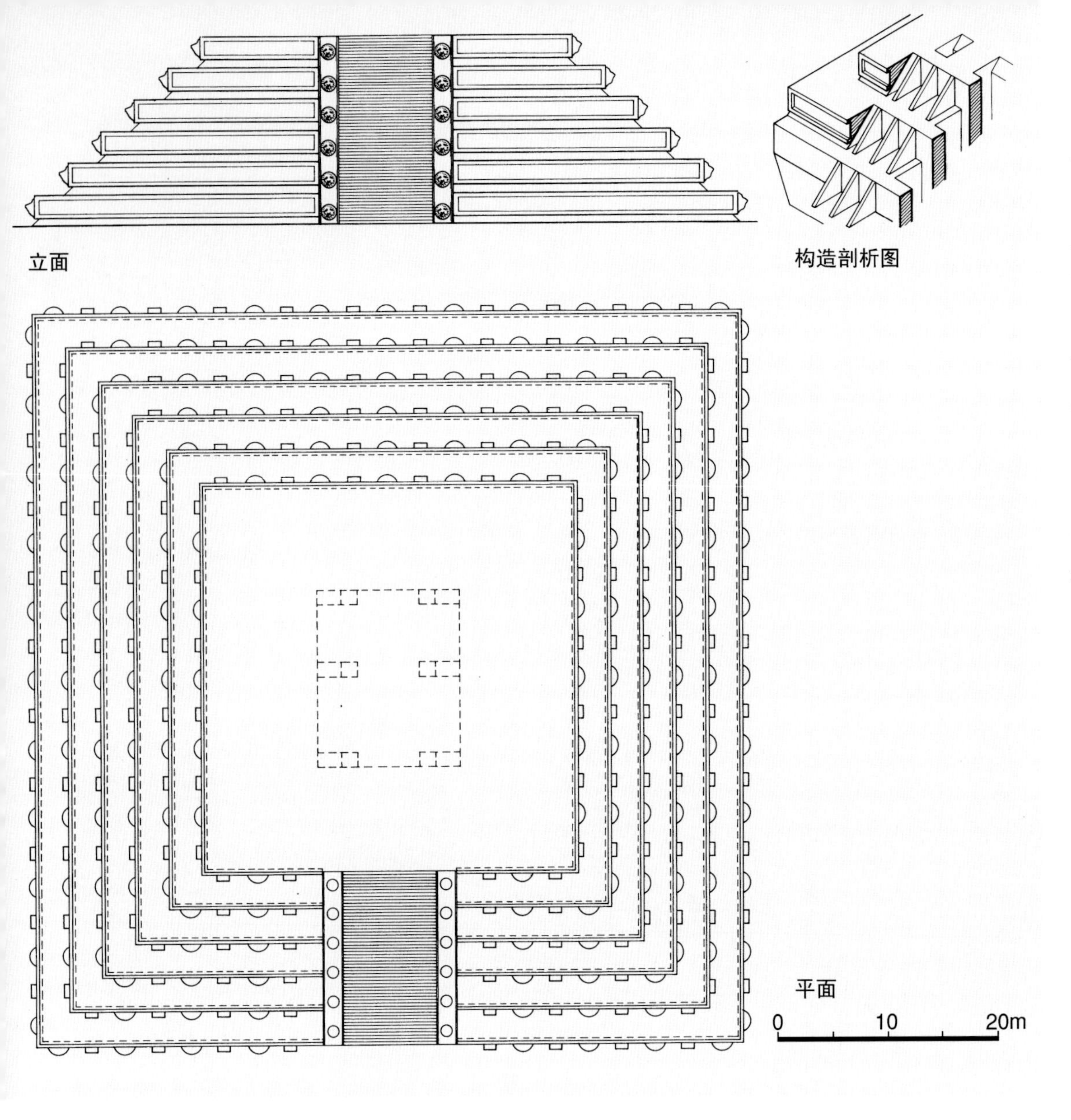

（上）图2-61特奥蒂瓦坎羽蛇神殿（羽蛇金字塔，南金字塔）。平面、立面及构造剖析图（平面及立面1∶600，取自Henri Stierlin:《Comprendre l'Architecture Universelle》，第2卷，1977年，经改绘）

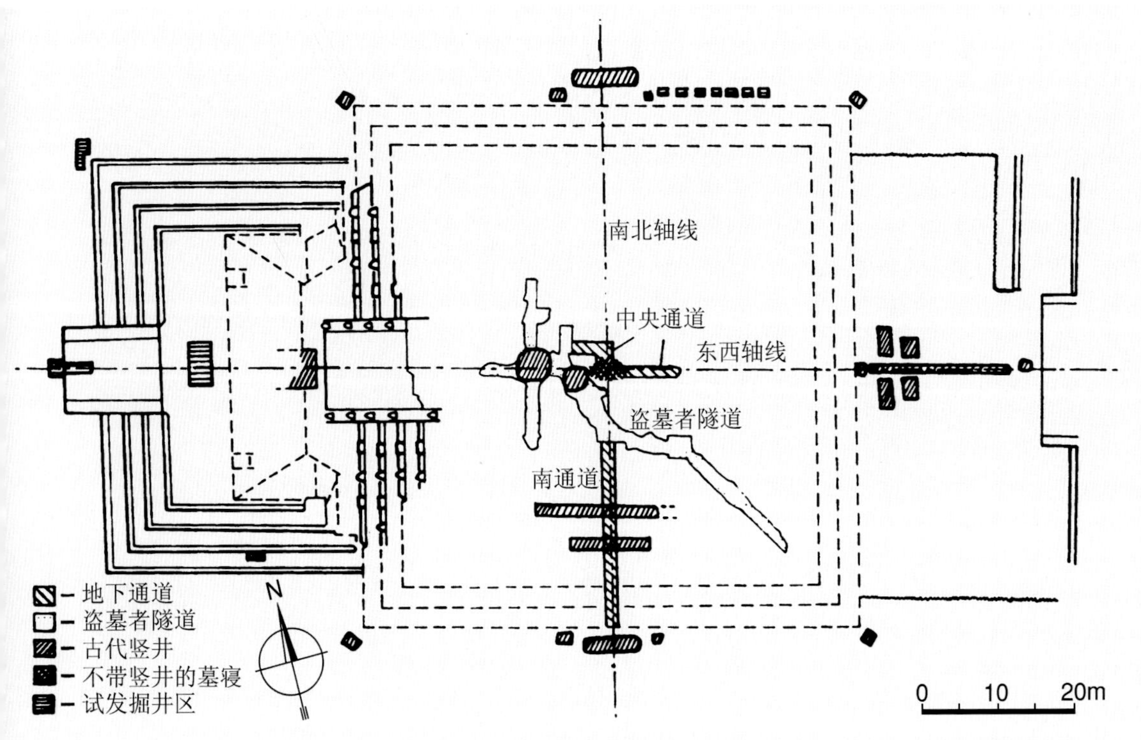

（下）图2-62特奥蒂瓦坎羽蛇神殿。平面（据Cabrera、Sugiyama和Cowgill，1991年；图示发掘区及当时已发现的墓葬和盗墓者的隧道）

（上）图2-63特奥蒂瓦坎 羽蛇神殿。基台立面（局部，据Jeff Kowalski和Coggins，1993年）

（下）图2-64特奥蒂瓦坎 羽蛇神殿。基台与前平台侧景（向北望去的情景，远处为太阳金字塔）

这两座建筑朴素的轮廓线和远处群山的天际线形成了协调的整体，也确定了未来城市发展的基本特色。尽管之后成为城市主干道的“亡灵大道”当时尚未修建，但城市的发展轨迹已初见端倪。大量的事实表明，规划具有明确的意图，例如太阳金字塔精确地朝向太阳达天顶那天地平线的落日方向。“亡灵大道”的放线和太阳金字塔主立面严格平行，正好位于月亮金字塔及广场的轴线上。这条轴线端头以位于戈多峰顶上一个稍稍凹陷的地方作为结束，在那里可看到一个神殿的遗迹（见图2-98）。从月亮金字塔顶上，越过太阳金字塔顶部，视线刚好可达天际线上一座山的顶峰（见图2-85）。

所有这些都表明，在特奥蒂瓦坎的两座大金字塔完成之后，一个庞大的城市规划设计已开始成形，其中既反映了流行的天象观念，也显露出了把城市纳入到这个平和、安宁，处于半干旱状态的墨西哥高原景观环境中去的愿望。在这里可以看到一个真正按精确平面建造的大城市的逐渐演化过程，其规模和复杂的程度更是超过了已知美洲大陆的所有古代城镇。

[中期（第二阶段）]

羽蛇神殿

特奥蒂瓦坎建筑的第二阶段始于公元2~3世纪（即中美洲古典时期即将开始之时），从这时开始城市得到迅速扩展。继两座大金字塔之后修建的羽蛇神殿（又称羽蛇金字塔，南金字塔）是古代墨西哥最富有魅力的建筑之一（平面及立面：图2-61~2-63；现状外景：图2-64~2-70；雕饰及细部：图2-71~2-83）。它可能建于自原始古典到古典的过渡期即将终

本页：
图2-65特奥蒂瓦坎 羽蛇神殿。台阶全景

右页：
图2-66特奥蒂瓦坎 羽蛇神殿。台阶基部近景

结之时，由于被后期建筑部分掩盖而得以幸存。金字塔最初平面方形，由六个带“斜面-裙板”的台地组成，顶部葬仪平台上可能有一个神殿（于石墙上承木架茅草屋顶）。现仅西台阶边上四个台地的中央部分尚存，埋在第三期扩建工程下（其时，采用“斜面-竖板”剖面的台地已着红色）。主要立面和太阳金字塔一样朝西，但雕饰之丰富则为特奥蒂瓦坎其他建筑所不及。

除了在图像表现和艺术上的价值外，羽蛇金字塔的结构技术在当时也很先进。它和月亮金字塔均采用

了新的更坚固的建造方法（其使用约在公元300年之前）。塔体的整个核心用石灰石砌筑成墩墙（见图2-110），在平台上，通过垂直隔墙形成坡面。在墩墙的格网框架和垂直隔墙建成以后，用泥土及石头进行充填，这种做法显然要比早期分层堆积的施工方法

左页：

图2-67特奥蒂瓦坎 羽蛇神殿。台阶雕饰近景

本页：

（上）图2-68特奥蒂瓦坎 羽蛇神殿。台阶及基台上部

（下两幅）图2-69特奥蒂瓦坎 羽蛇神殿。台阶南侧基台及前平台

本页：

（上）图2-70特奥蒂瓦坎 羽蛇神殿。台阶南侧基台（背景为城堡东南角）

（下）图2-71特奥蒂瓦坎 羽蛇神殿。台阶及南侧基台雕饰

右页：

图2-72特奥蒂瓦坎 羽蛇神殿。台阶南侧基台雕饰（一）

更为坚固和省时。巨大的头像则深深地锚固在裙板形体内。在尚不知使用坚硬金属的情况下，仅靠原始工具令石块之间达到如此精确的吻合，不能不说是个工程奇迹。同样，在台阶侧面（见图2-67），为了防止滑动和把重量直接传到地面上，建造者想出了一套类似真券的石块加工和砌合技术，尽管在哥伦布之前的美洲，人们尚没有掌握这种更先进的结构形式。随着这座金字塔的建设，特奥蒂瓦坎终于跨入了中美洲建筑的所谓“古典时期”。和整个城市建筑群的节制和朴实相比，人们在这个建筑上所花费的精力可说是独一无二，因而完全可把它看作是繁荣阶段的代表。

“亡灵大道”

上述三座主要金字塔在城市发展的第二阶段通过

（上）图2-73特奥蒂瓦坎 羽蛇神殿。台阶南侧基台雕饰（二）

（下）图2-74特奥蒂瓦坎 羽蛇神殿。台阶北侧基台雕饰（俯视）

（上）图2-75特奥蒂瓦坎 羽蛇神殿。台阶及北侧基台雕饰

（下）图2-76特奥蒂瓦坎 羽蛇神殿。台阶北侧基台雕饰（近景）

左页：

图2-77特奥蒂瓦坎 羽蛇神殿。基台雕饰细部

本页：

（上）图2-78特奥蒂瓦坎 羽蛇神殿。羽蛇雕饰细部（一）

（右中）图2-79特奥蒂瓦坎 羽蛇神殿。羽蛇雕饰细部（二）

（左中及右下）图2-80特奥蒂瓦坎 羽蛇神殿。羽蛇雕饰细部（三）

“亡灵大道”（Miccaotli，如此命名是因为在特奥蒂瓦坎衰落后到来的阿兹特克人相信，他们看到的祭坛是墓葬）连为一体。这是条宽40米、长约2.4公里的南北向大道，两侧建有几百座小型平台和带房间的建筑组群（俯视景色：图2-84~2-88；道路台阶及路侧景观：图2-89~2-98）。在现已成残墟的最高层位下，至少还有两个更早的建筑层位。南端的最深，可知目前地面逐渐下降100英尺的基址，要比早期平坦得多。

围绕着这条圣路建造的几组礼仪建筑，多属典型的“三连式”布局（图2-99），这种布局方式具有鲜

本页及左页：

（右上）图2-81特奥蒂瓦坎 羽蛇神殿。雨神特拉洛克雕饰细部

（右中）图2-82特奥蒂瓦坎 羽蛇神殿。雕饰色彩复原图（电脑图，取自Colin Renfrew等编著：《Virtual Archaeology》，1997年）

（左及右下）图2-83特奥蒂瓦坎 羽蛇神殿。博物馆内的复原造型

明的特色，一般取对称形制，在特奥蒂瓦坎极为流行。在这期间，太阳金字塔完成了阶梯状塔身的最后一层并在基部建造了若干新平台。居住区原来主要集中在两座大金字塔西北部分，一块不太适合农业种植的地段上，如今开始从亡灵大道和与之垂直的东面及西面各干道边向四外扩展（见图2-15、2-16）。就中美洲城市规划而言，按规则方格网布局向外扩展的这种做法堪称一场真正的革命。在当时世界的这一地区，这种极其不同寻常的表现似乎映射出一种和谐美满的社会体制：一方面，定期举行宗教盛典的大型礼仪中心及神殿以其特殊的地位和重要意义吸引着大量来自远方的朝圣者；另一方面，有专业特长的手艺人制作的大量产品满足了由此产生的市场需求。勒内·米隆还给它起了一个专有的名称："朝圣-神殿-市场综合体"（ensemble pèlerinage-temple-marché）。

"斜面-裙板"形式的综合运用及推广

在特奥蒂瓦坎中期（第二阶段），作为古代建筑

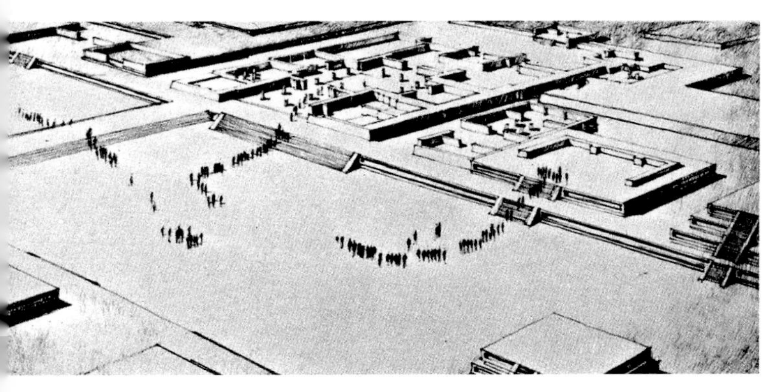

本页及右页：

（左上）图2-84特奥蒂瓦坎"亡灵大道"。维金组群及相应区段俯视复原图（据Pedro Dozal）

（右上）图2-85特奥蒂瓦坎"亡灵大道"。从月亮金字塔上向南望去的全景

（下）图2-86特奥蒂瓦坎"亡灵大道"。向北沿轴线望去的俯视全景

延续的大型金字塔的建造已经停止。这时期，出现了一种建筑上值得注意的细部处理手法，即影响到中美洲建筑许多方面的所谓“裙板”（tablero）构造。这种形式很可能是几个世纪前在特拉兰卡莱卡创造出来的，在乔卢拉主金字塔内部始建于公元前200年左右的早期平台最上层也发现了这种剖面（见图2-283，D）。近公元2世纪时它已成为特奥蒂瓦坎所有宗教建筑——从简单的祭坛、礼仪平台、小型神殿，直到宏伟的阶梯金字塔——的一个固有特色。在特奥蒂瓦坎和相关的遗址里，平台基部通常都有一段斜面（称talus，见图2-110）。在这个斜面顶部安置向外挑出的石板，上部的竖直面板（即“裙板”，tablero）被围在粗大的矩形边框线脚内，形如嵌板，其效果好似在角锥体上挑出的盒子。无论是斜面还是裙板，往往都饰有雕刻或彩绘。斜面常常处在竖板的阴影里，因此，从远处望去，后者好似漂浮在暗影上。其水平延伸的形体打断了连续的倾斜表面，强烈的阴影突出了基部每个阶台的造型。在这种特殊的“斜面-裙板”（talus-tablero，或talus-and-tablero）组合里，一般裙板都占主导地位，至少在特奥蒂瓦坎是如此（在那里，其高度通常为斜面的2~3倍）。这种组合特别适合建造典型的阶梯状基台（这也是礼仪中心的基本建筑要素），它使特奥蒂瓦坎的宗教建筑具有一种鲜明的特色，在确保整体统一的同时大大突出了水平构图要素和划分效果（图2-100、2-101）。不过，在某种程度上它也是一种欠稳定的形式，当悬臂板断裂时，裙板也会倒塌。裙板越大，结构的稳定性越差。

这种成熟裙板的早期实例见于特奥蒂瓦坎第一个“三重组群”的所谓“地下建筑”（塔前平台亦采用了这种形式，见图2-117）和形成魁札尔蝶宫下部结构的羽螺神殿。羽蛇金字塔的裙板可能是这类作品中最优美的实例。

特奥蒂瓦坎建筑对周边地区的影响在许多部件上均有所表现，如倾斜的墙体下部（talud）、由台阶两侧护坡上伸出的蛇头（在纳亚里特地区的一个奇特的陶土模型上可看到其表现，其上神殿形如南瓜，图2-102），但对中美洲其他地区的建筑影响最为深远的仍属裙板的创造。不仅在同时期的一些边远遗址中可看到明显借鉴特奥蒂瓦坎风格的裙板实例（如西面的埃尔伊斯特佩特、蒂卡尔等重要玛雅城市以及尤卡坦半岛的奥斯金托克，在后者，除主要金字塔外，其

本页及左页：
（左上）图2-87特奥蒂瓦坎“亡灵大道”。向北望去的景色，可看到横跨道路的一道道堤路
（下）图2-88特奥蒂瓦坎“亡灵大道”。自太阳金字塔上拍摄的全景图（道路应为直线，因广角拍摄产生变形）
（右上）图2-89特奥蒂瓦坎“亡灵大道”。道路南区堤道上的台阶
（右中）图2-90特奥蒂瓦坎“亡灵大道”。道路边侧台地

（上）图2-91特奥蒂瓦坎“亡灵大道”。道路东侧南区建筑残迹（一）

（下）图2-92特奥蒂瓦坎“亡灵大道”。道路东侧南区建筑残迹（二）

他建筑均采用了更简略的形式，图2-103~2-107），这种极具特色的凸出部件还进一步推动了一些重要的地方变体形式的发展，如人们在霍奇卡尔科、埃尔塔欣和阿尔万山等地所见（图2-108）。在中美洲，裙板用得如此普遍，几乎可视为古典样式的同义语。

[后期（第三阶段）]

在特奥蒂瓦坎的两个主要金字塔和壮美的羽蛇神殿完工之后，城市开始向水平方向发展以求创造宏伟的效果。在整个古典时期（约自公元3世纪末至8世纪中叶），祭祀中心经多次改造并最后完成。在

（上及中）图2-93特奥蒂瓦坎“亡灵大道”。道路边平台建筑

（左下）图2-94特奥蒂瓦坎“亡灵大道”。道路西侧平台建筑（后面可看到横跨道路的堤道）

（右下）图2-95特奥蒂瓦坎“亡灵大道”。道路西侧平台建筑（左面可看到道路对面的太阳金字塔）

图2-96特奥蒂瓦坎“亡灵大道”。道路东侧北区平台建筑

图2-98特奥蒂瓦坎“亡灵大道”。道路北区向北望去的景观，对面为月亮金字塔，两侧为各平台建筑

公元600年左右，城区已发展成为一个充满活力的实体，且处在不断地更新当中。住宅区则属城市有序扩张时的产物，同时开始的还有大型市政工程，包括疏通河道，开凿运河，整治穿过城市的水系和建造大型露天水库等。此时城市总面积已达20平方公里，人口在7.5万至20万之间（据勒内·米隆的资料，1970年）。

"城堡"及"大组群"

特奥蒂瓦坎后期建筑包括两种主要建筑类型。第一类是后面要介绍的住宅；第二类是许多低矮宽阔的典仪平台，采用通常的斜面和垂面相结合的剖面形式（即所谓"斜面-裙板"），只是没有中期特有的雕刻装饰。后面这类的主要实例现被称为"城堡"（Ciudadela，约公元200年；总平面及构造图：图2-109~2-112），尽管这个名字并不很确切。

这个出于未知缘由建造的"城堡"实为一个配有平素的"斜面-裙板"剖面，规模宏大的金字塔式神殿，其施灰泥并绘图像的阶梯状平台几乎完全覆盖了羽蛇神殿（南金字塔）的主立面，盖住了早期的雕刻（图2-113~2-117），围绕着它建了一系列高的平台，上面布置次级神殿。它们和带四个台阶的中央平台及其他辅助建筑一起，构成了特奥蒂瓦坎最重要的纪念组群之一（复原模型及俯视全景：图2-118；现状景色：图2-119~2-123；院中央平台：图2-124、2-125）。通过这些外形简朴、对称配置的平台，大的入口台阶和阶梯状的基座以及已具有古典韵味、显露出精细线条的裙板，建筑群创造了一种庄重威严的效果。组群基底约375米见方，平均高度6米左右。宏伟的下沉式院落（长、宽分别为265和195米）可容大量信徒聚集，堪称前殖民时期整个美洲（包括北美洲及南美洲）最大的神殿。作为中美洲的"麦加"（在

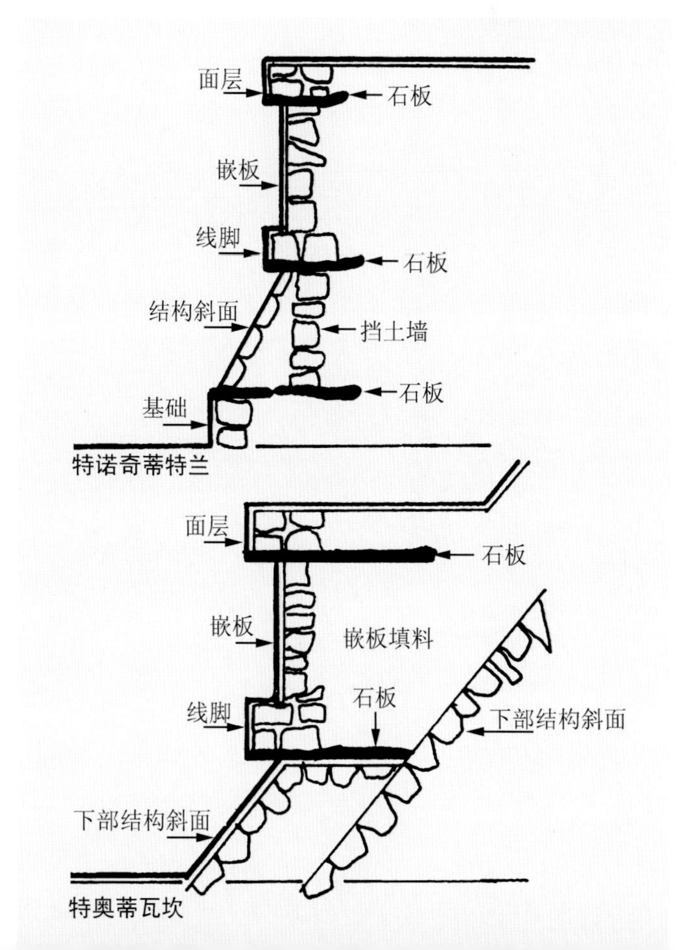

（上）图2-97特奥蒂瓦坎"亡灵大道"。道路东侧北区建筑残迹（位于太阳金字塔西北）

（中）图2-99特奥蒂瓦坎"亡灵大道"。道路西北区"三连式"建筑复原图（前景为四小殿组群，中心区为"柱列广场"）

（下）图2-100典型"斜面-裙板"式平台剖面（上、特诺奇蒂特兰，下、特奥蒂瓦坎；据Jeff Kowalski、Matos和López，1993年）

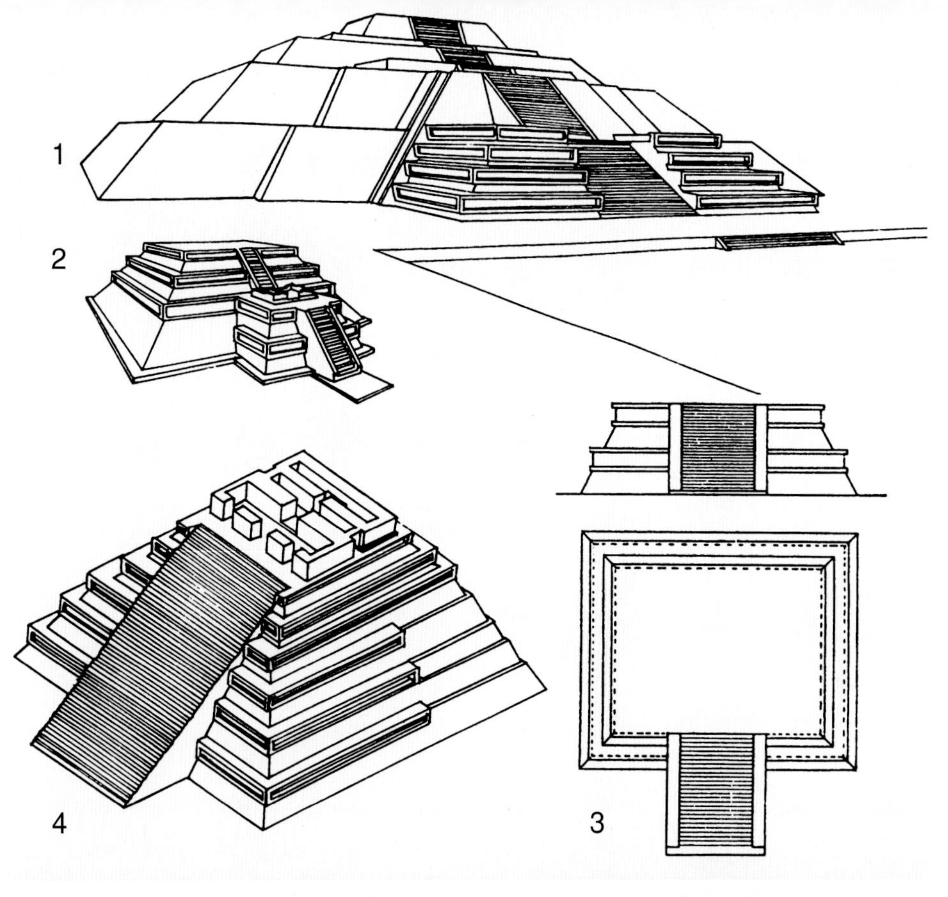

（上）图2-101各类采用斜面-裙板的建筑（古典早期及中期）。图中：1、特奥蒂瓦坎 月亮金字塔，2、卡米纳尔胡尤 结构B4（以上据Jeff Kowalski和Kubler，1984年），3、马塔卡潘 丘台2（平面及立面，据Coe及Valenzuela，1945年），4、蒂卡尔 “遗世”组群，结构5C-49第4阶段（据Jeff Kowalski及P.Morales，1985年）

（左下）图2-102阿马帕（纳亚里特地区） 陶土神殿模型

（中）图2-103奥斯金托克 金字塔。全景

（右下）图2-104奥斯金托克 金字塔。“斜面-裙板”构造

许多个世纪内，特奥蒂瓦坎都扮演着这样的角色），起祭祀中心作用的这个庞大复杂的组群正好位于特奥蒂瓦坎的中心，主要南北向和东西向轴线相交处，是城市真正的心脏所在。其轴线不仅和东、西面干道相合，同时也和亡灵大道另一侧的所谓“大组群”（Gran Conjunto）相合，后者可能同时是城市的行政

（上）图2-105奥斯金托克 金字塔。“斜面-裙板”构造（公元300~500年，早期奥斯金托克风格）

（下）图2-106奥斯金托克 平台金字塔。全景

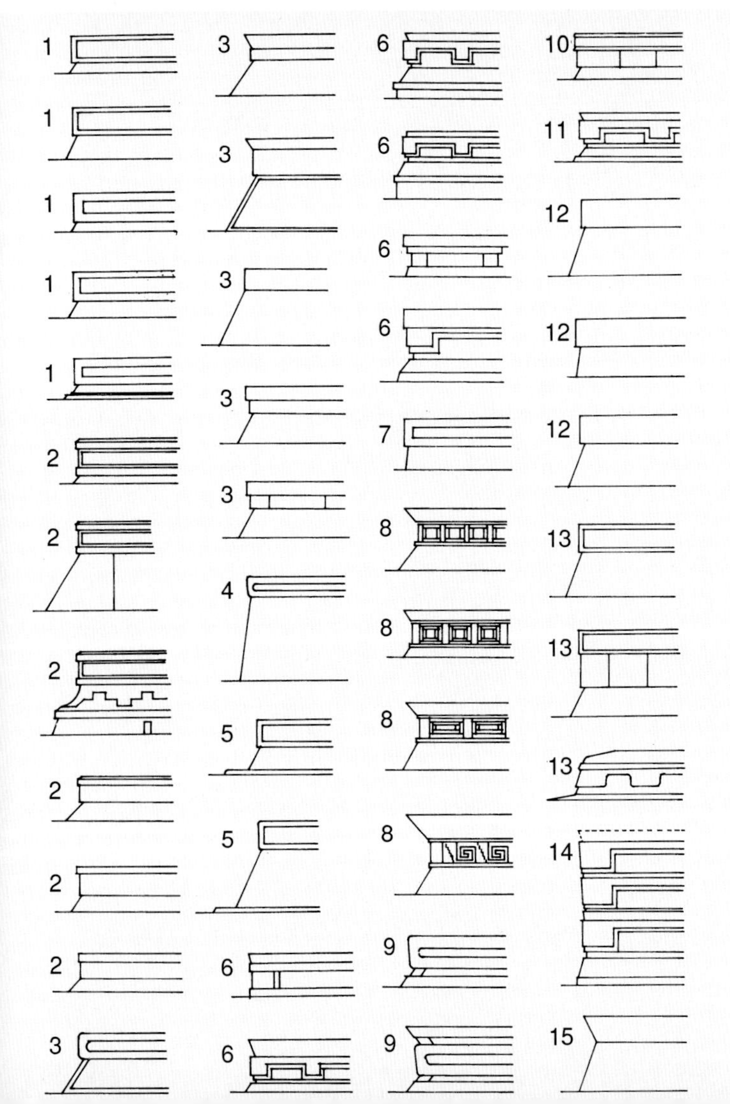

中心和一个重要的露天市场的基址。按勒内·米隆的说法，“大组群”、“城堡”以及它们周围的大干道，构成了“前哥伦布时期美洲居民历史上最杰出的建筑作品之一”[10]。

亡灵大道后期工程及月亮广场

在城堡北面，位于圣胡安河和太阳金字塔之间的地面由于坡度加大（北高南低）而形成一定的高差，建筑师遂将亡灵大道分成一个个大的区段，并用类似桥的堤道联系圣路两边的高平台。由如此形成的某些小广场中心的建筑可知，它们本身又构成了新的纪念组群。除亡灵大道上这一系列横向区段外，对沿着大道行走的无数队列来说，这些平台同样形成了道路上的某种障碍。按马修·瓦尔拉特的说法，这些都是为了控制和调节朝圣人流而有意采取的措施，有助于使人们在接近太阳金字塔时具有良好的秩序，静下心来，集中思绪，保持虔诚的心态。[11]J.E.阿尔杜瓦更以诗歌的语言暗示，这样一些过渡元素可对朝圣者构成一种精神和心理上的冲击。当人们行走在自城堡到月亮金字塔的路上，太阳金字塔将以不同角度展现在他们面前，轴线端头作为终极目标的月亮金字塔时隐时

左页：

（上）图2-107奥斯金托克 古迷宫。外景

（下）图2-108“斜面-裙板”构造在各地的表现（据Paul Gendrop）。图中：1、特奥蒂瓦坎，2、乔卢拉，3、霍奇卡尔科，4、埃尔伊斯特佩特，5、卡米纳尔胡尤，6、阿尔万山，7、亚斯阿，8、埃尔塔欣，9、蒂卡尔，10、图拉，11、拉姆比铁科，12、卡利斯特拉瓦卡，13、奇琴伊察，14、米特拉，15、米桑特拉

本页：

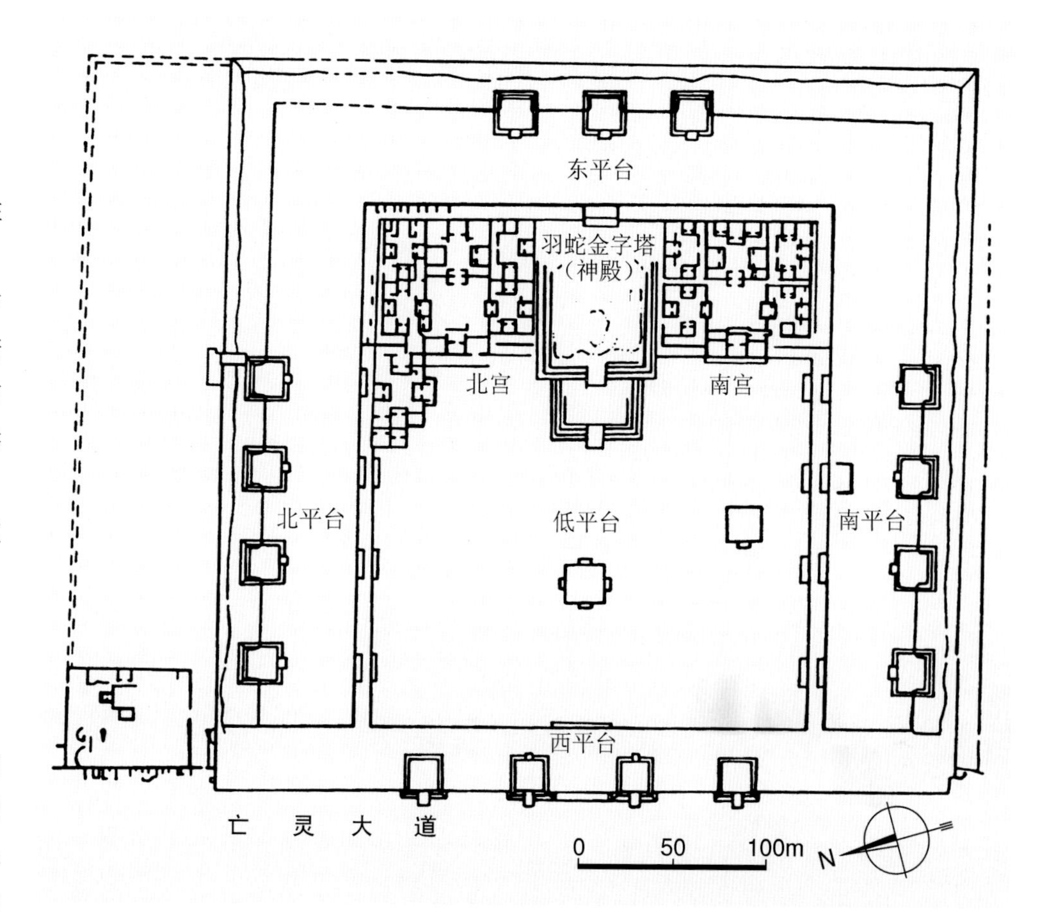

（上）图2-109特奥蒂瓦坎“城堡”（约公元200年）。总平面（据Jeff Kowalski、Pasztory和Cabrera Castro；图中标示出羽蛇神殿及南北两宫殿位置）

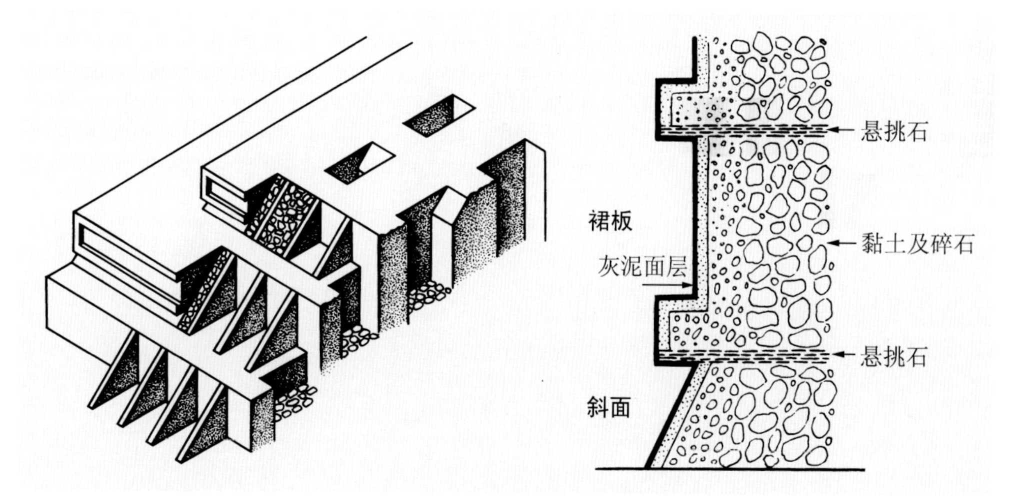

（下）图2-110特奥蒂瓦坎“城堡”。中央平台内核剖析图及裙板构造剖面

现，令人产生无限遐想。[12]在到达太阳金字塔附近时，各个队列或向右转，在登上一个入口平台后到达位于金字塔脚下的广场，或沿亡灵大道继续前行，欣赏大道边上另一组由高平台及次级神殿组成的“三重组群”之一——壮观的“柱列广场”（见图2-99）。随着向月亮金字塔前进，远处作为背景的戈多峰也逐渐隐没到巨大的塔身后面（见图2-52，2-55）。

经过长途跋涉来到这里的朝圣者，置身于这样的环境之中[带铺砌的大道，两侧满布笼罩在树脂（即印第安人的焚香）烟雾里的神殿，盛大的宗教庆典]，想必都能留下深刻的印象。精心策划的祭祀中心的巨大尺度，使人联想到神的威权和自身的渺小。直至今日，尽管大部分建筑已沦为残墟，人们仍然能感受到它那种超人的景象。由于月亮金字塔构成了大道的终点，成为这个建筑形体大合唱的最后音响，因而它很可能在当时扮演着主要的宗教角色。严格按对称形制安排的月亮广场，构成了这最后一幕的理想舞台（图2-126~2-133）。保罗·根德罗普和多丽丝·海登指出，太阳金字塔附加的基台显得太小，羽蛇金字塔的又嫌过大，只有月亮金字塔脚下的基台尺度恰到好

处，不仅和主体部分完美协调，同时成为后者和广场边其他金字塔之间的自然过渡（见图2-57）。[13]

在广场中心的仪式平台和月亮金字塔台阶之间，接近台阶脚下处有一个尺寸不大、样式奇特的祭坛，突出了遗址"至圣之地"（sanctum sanctorum，拉丁文，字面意义"圣中之圣"）的地位。它由一个围

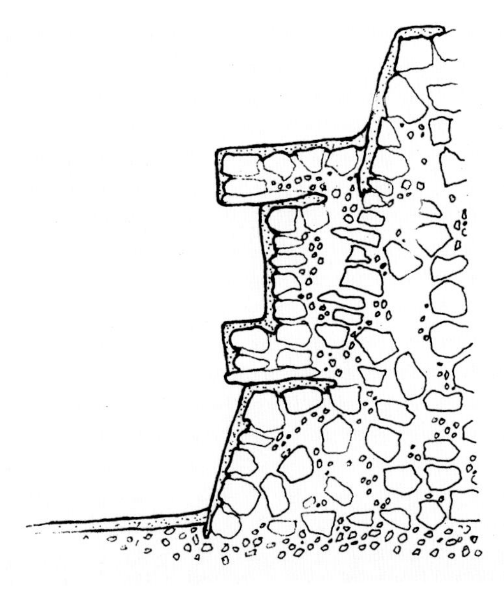

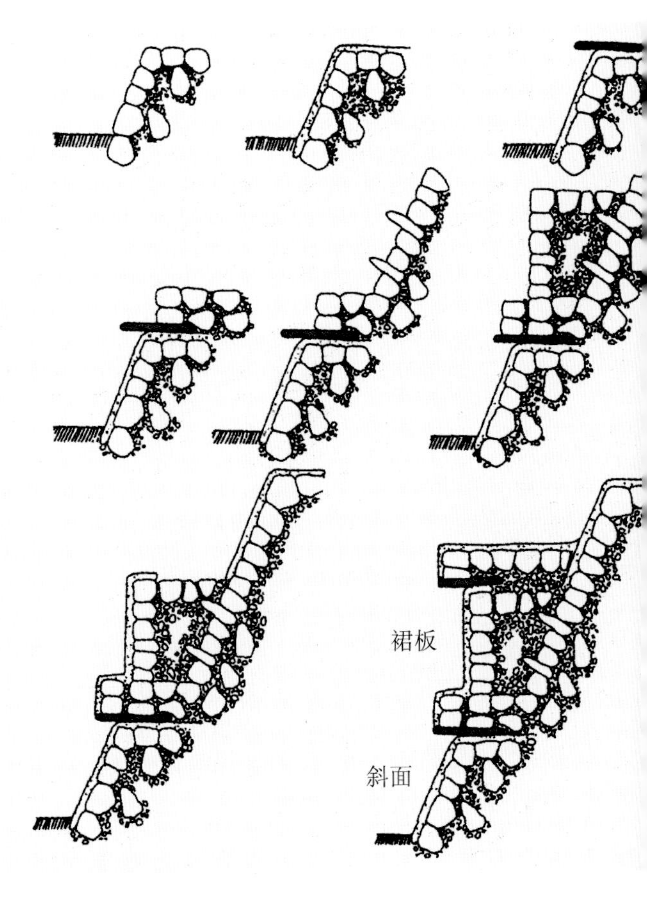

（左上）图2-111特奥蒂瓦坎"城堡"。斜面及裙板构造图（据Acosta，1964年）

（右上）图2-112特奥蒂瓦坎"城堡"。"斜面-裙板"式结构建造过程示意（取自Colin Renfrew等编著：《Virtual Archaeology》，1997年）

（左中）图2-113特奥蒂瓦坎"城堡"。羽蛇金字塔前平台地段全景

（下）图2-114特奥蒂瓦坎"城堡"。塔前平台正面全景

（上）图2-115特奥蒂瓦坎“城堡”。塔前平台东南侧全景

（下）图2-116特奥蒂瓦坎“城堡”。塔前平台台阶近景

地组成，仅西面设入口，内置一系列采用“斜面-裙板”构造的祭坛。奥托·舍恩杜贝指出，围地内呈折线形的各角使人想起费耶尔瓦里-迈尔抄本（Codex Fejérvary-Mayer）里绘制的世界五大区（每个神都占据着一个区段，图2-134），考虑到广场和金字塔本身的尺度，看来这不仅仅是形式上的简单类似，而是

明确表明，这里是特奥蒂瓦坎最神圣的处所之一。[14]

如今，从月亮金字塔顶上望去，尽管大部分遗址已被田野和耕地掩盖，但人们仍然能感受到特奥蒂瓦坎城市规划的明确和气势，从下方的大广场开始，亡灵大道一直向南延伸到5公里外的山侧，太阳金字塔那宏伟的外廓和远方帕特拉奇克山的背景遥相呼应（见图2-85）。从这里也可明了，何以在城市被弃置5个世纪后来到这里的阿兹特克人，尽管只看到已成残墟的城市，但仍然在他们的神话中为它保留了一席之地，称特奥蒂瓦坎为“神的城市”，他们很难相信，这样一座城市能由普通的凡人建成，因此才出现了阿兹特克有关第五个太阳的美丽传说。正是从这个阿兹特克传说中我们知道，诸神如何在特奥蒂瓦坎聚会商议创造这个如今仍然照耀着我们的太阳。

左页：

（左上）图2-117特奥蒂瓦坎“城堡”。塔前平台裙板构造细部

（右上及下）图2-118特奥蒂瓦坎“城堡”。整体复原模型及现状俯视景色

本页：

（上）图2-119特奥蒂瓦坎“城堡”。西北面外侧景色

（中）图2-120特奥蒂瓦坎“城堡”。西侧入口处平台

（下）图2-121特奥蒂瓦坎“城堡”。场院北侧全景（左边远处可看到太阳金字塔）

（上）图2-122特奥蒂瓦坎“城堡”。场院西侧全景（中央平台后为塔前平台，背后为羽蛇金字塔）

（下）图2-123特奥蒂瓦坎“城堡”。自塔前平台上望场院内部

居住区

住宅通常都位于平台上，围绕着方形或矩形下沉式院落，按约57米（190英尺）见方的模数网格布置。位于月亮广场西南角的所谓魁札尔蝶宫属特奥蒂瓦坎最后一批建筑，可能是一位大祭司的宅邸。建筑于1961~1964年在墨西哥考古学家豪尔赫·阿科斯塔（1904~1975年）的领导下进行了发掘和清理（平面及剖面：图2-135、2-136；门廊及院落景色：图2-137~2-141；壁画：图2-142、2-143）。和广场西南角相邻，配有柱廊的巨大前室两侧，是位于广场边的两个金字塔。规划师通过这种灵巧的布置方式确立了礼仪空间和通向住宅区街道之间的联系。从平面图上可知，在这里，前室分两部分，主要部分构成魁札尔蝶宫的前厅，另一部分则作为前厅和相邻建筑的过渡空间，同时（这点尤为重要）也在月亮广场台阶和通向一条城市街道的台阶之间形成了一个联系环节。不过，在这座宫邸里，最令人感兴趣的是柱廊边上的中庭，这种封闭的院落颇似西方中世纪修道院的回廊

（上）图2-124特奥蒂瓦坎“城堡”。场院中央平台全景

（中）图2-125特奥蒂瓦坎“城堡”。场院中央平台近景

（下）图2-126特奥蒂瓦坎 月亮广场。发掘清理及整修前广场区及前方“亡灵大道”俯视照片

院，和中美洲传统的角上敞开的居住小院显然不同，可能是托尔特克时期图拉和以后阿兹特克时期军事社团的先兆。其三面为上置平屋顶（为最常用的形式）的宽敞房间，另一面为通向其他建筑的走廊。中庭几乎被豪尔赫·阿科斯塔全面改造，表面全部覆以石浮雕的沉重柱墩呈现出一种不同凡响的华美。西走廊柱墩上的雕刻表现正面的猫头鹰，其他廊道柱墩上表现神话中的魁札尔蝴蝶（Quetzalpapálotl，Quetzal-papillon，见图2-141）。其他值得注意的就是形如“裙板”的上部檐壁，典型的石雕阶梯状雉堞和柱墩内表面上的一系列圆圈（或陷在石盘中，或嵌在砌体内）。这些圆环系用来承挂帷幔的绳索，在特奥蒂瓦坎，帷幔往往起着近代门窗的作用。

在西南方向，有一片居民密集的居住区，在一块相当规则的57米见方的街区中央，发现了一栋可能属富商或高官的豪华宅邸——萨夸拉宫邸（图2-144~2-146）。墨西哥考古学和人类学家劳蕾特·塞茹尔内对它进行了仔细的考察和研究，这座宫邸最引人注目的特色是构图明确、空间宽敞（无论是露天空间还是室内都是如此），具有良好的私密性，表现出很高的城市生活水准（特别是和中美洲其他地方相比）。相互交织的狭窄街巷和死胡同本是城市的典型特色，但这些街巷在到达宫邸入口时进行了扩展并部分侵入了相邻的街区。穿过大的门廊后，便进入了一个带柱廊的宽阔前厅；向右进入第二个长前厅，从那里可迂回通向一组套房和直接进入宽大的中央院落，这也是建筑中最主要的空间。三个带柱廊的大房间（可能是接待室）朝向这个院落。同时朝向大院的还有一个中等规模的神殿（相当于宫殿中的私人“礼拜堂”），后者和许多特奥蒂瓦坎圣所一样，入口朝西。大院其他三个角上布置另外的套房（为城市传统特色的表现），交替布置露天及室内空间。这种以各种房间和“庭院-廊道”相结合的布局方式，在基本上不知道开窗的中美洲建筑里，较好地解决了采光和通风的问题。

本页及左页：

（上）图2-127特奥蒂瓦坎 月亮广场。自月亮金字塔上沿城市主轴线向南望去的全景

（下）图2-128特奥蒂瓦坎 月亮广场。东区俯视景色

（上）图2-129特奥蒂瓦坎 月亮广场。塔前祭坛及广场中心平台，俯视景色

（下）图2-130特奥蒂瓦坎 月亮广场。东北侧平台，俯视景色

在特奥蒂瓦坎的某些建筑里，如特蒂特拉宫，“采光庭院”缩小到类似天窗。

在许多更复杂的住宅里（如西部地段的阿特特尔科或特蒂特拉），可看到特奥蒂瓦坎建筑师擅长的一种布局方式，即利用次级庭院、廊道或布置在主要庭院四个露天角落里的台阶来保证建筑各部分之间的联系（见图2-150~2-153）。这些建筑群里拥有的“礼拜堂”数量表明它们具有寺院的性质（可能为修

（上）图2-131特奥蒂瓦坎月亮广场。东北侧平台，全景

（下）图2-132特奥蒂瓦坎月亮广场。广场东南角平台组群，俯视景色

院、宗教养老院或朝圣者的集体住房等）。主要庭院中央布置的大祭坛好似微型神殿，其基座采用的古典裙板为特奥蒂瓦坎宗教建筑的固有特征，圣所平屋顶的冠戴线脚亦和蒂卡尔陶罐上绘制的神殿形象（图2-147）一致，所有这些都进一步加深了人们的这一印象。这些线索，和小的石构神殿模型（图2-148）以及陶器、石雕及壁画表现的形象一起，多少能使人们对当年特奥蒂瓦坎神殿的外貌有一个大致

（上）图2-133特奥蒂瓦坎 月亮广场。广场东侧平台组群，现状

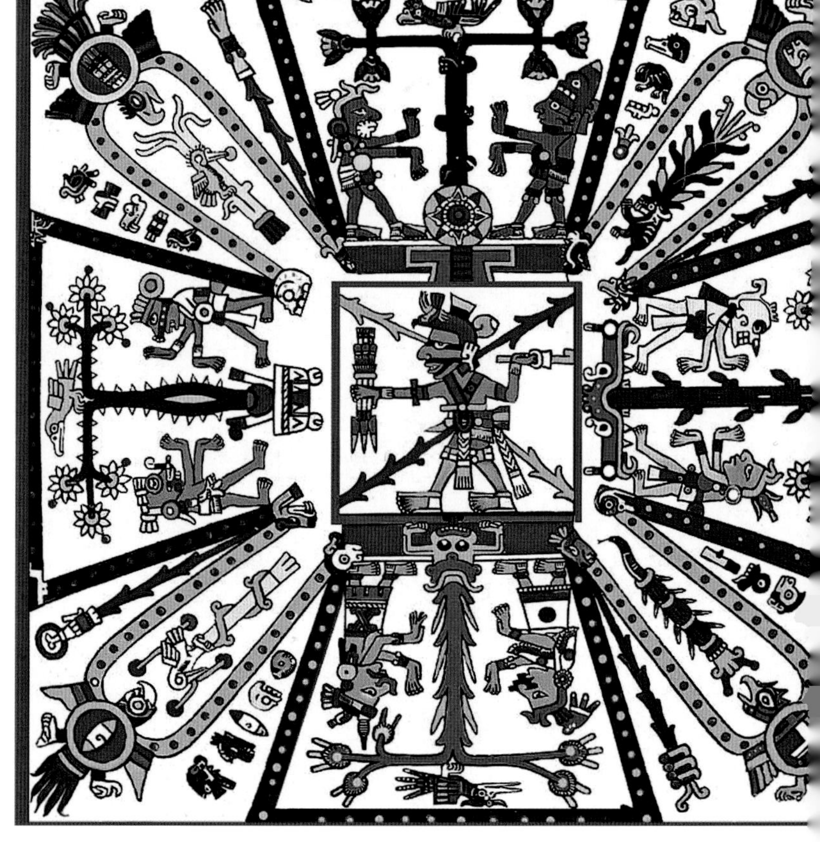

（右下）图2-134费耶尔瓦里-迈尔抄本：世界五大区（可能为1350年前，利物浦Free Public Museum藏品。画面中每个区段均由诸神占据）

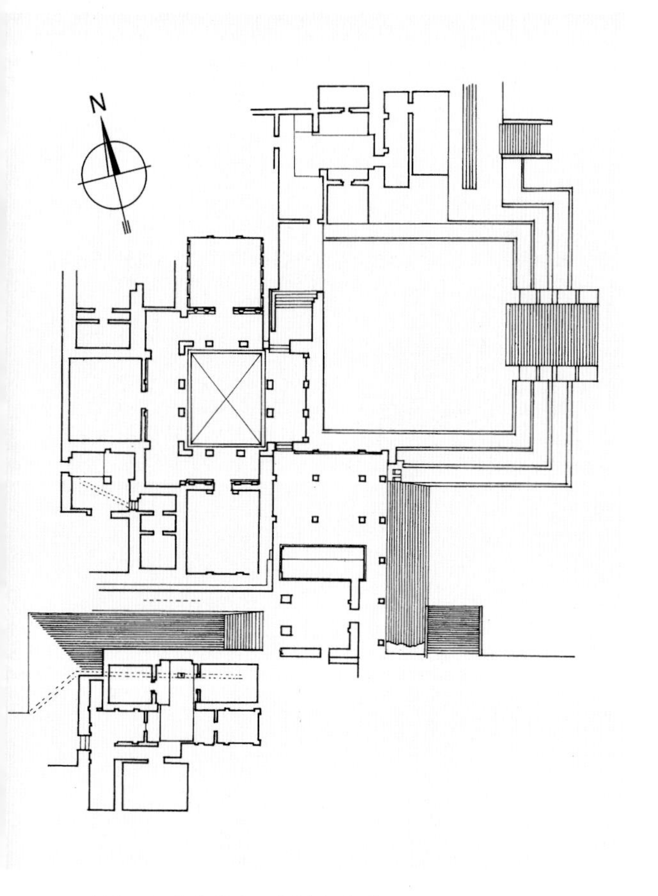

（左下）图2-135特奥蒂瓦坎 魁札尔蝶宫（约公元500年）。平面（含毗邻建筑，据Acosta，1964年）

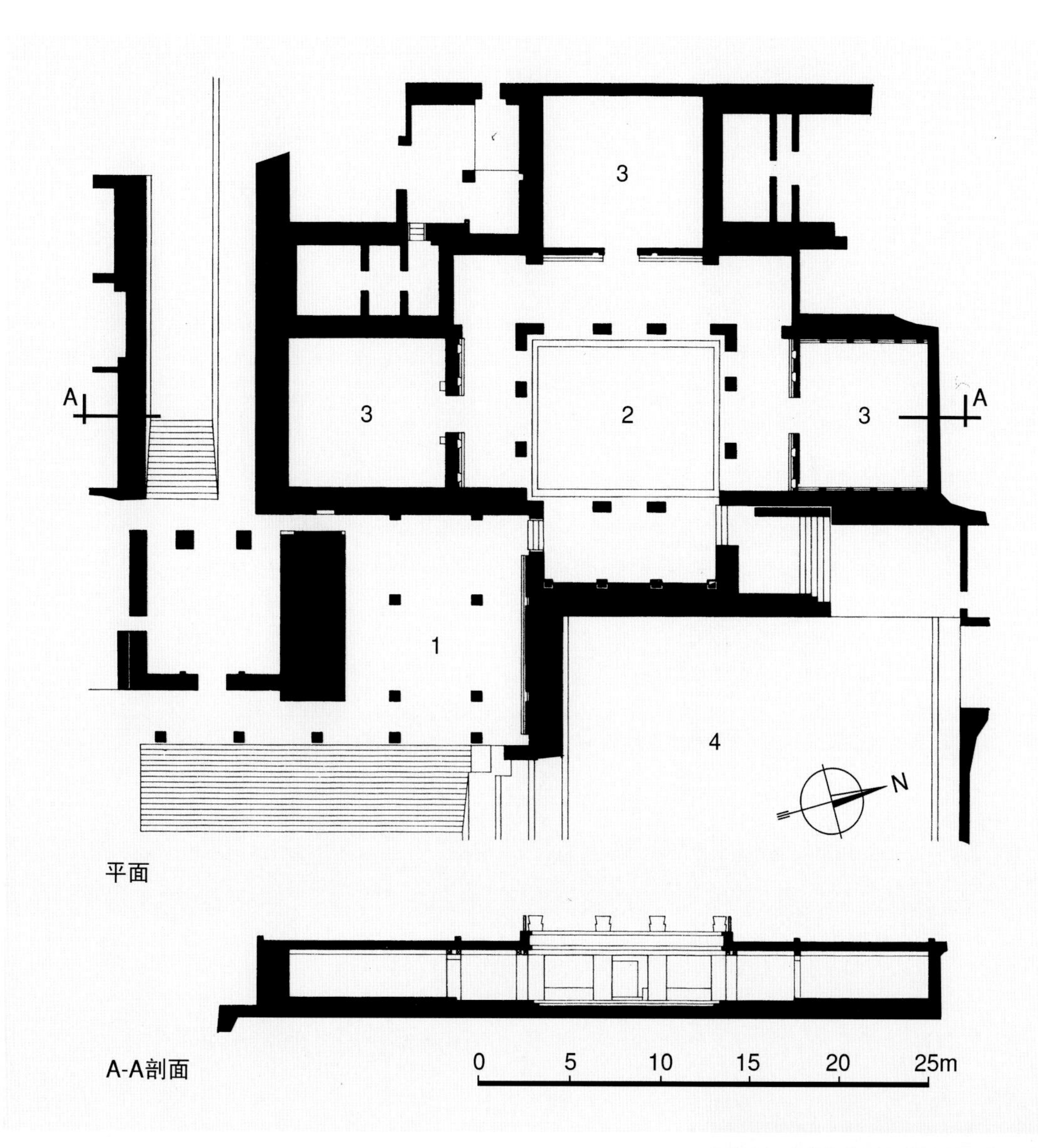

（上）图2-136特奥蒂瓦坎魁札尔蝶宫。平面及剖面（1∶400，取自Henri Stierlin:《Comprendre l' Architecture Universelle》，第2卷，1977年），图中：1、柱列前厅，2、中庭，3、居室，4、月亮广场平台

（下）图2-137特奥蒂瓦坎魁札尔蝶宫。门廊现状

的概念。尽管遗址上的建筑大部分仅存一堆残石，但通过仔细的研究，仍然可发现其精美的饰面。墙体下部通常都是斜面。据编年史作者、出身于西班牙但在孩提时即移居墨西哥的传教士和历史学家弗赖·胡安·德托克马达（约1562~1624年）的记述，其地面覆灰泥，然后刷成白色，再用卵石和光滑的石头压光，使表面光亮如银盘，并称如此处理过的地面光亮干净到可不用桌布在上面吃饭也不会倒胃口云云。[15]

祭祀中心东面的特拉米米洛尔帕区，是人口稠密的工匠居住区，一个由通道、小院和房间组成的名副其实的“迷宫”（图2-149），和萨夸拉宫那种豪华和宽敞的空间形成了鲜明的对比。在这块3500平方米的地面上，除了巷道外，共有176个房间，5个大院和21个小院，在这里生活和工作的匠人可能属若干大的家族。

[特色分析]

总体构思和模数的运用

如今人们很容易从空中摄影图片上了解建筑群的

本页：

（上）图2-138特奥蒂瓦坎 魁札尔蝶宫。中庭俯视（背景处为月亮金字塔）

（下）图2-139特奥蒂瓦坎 魁札尔蝶宫。中庭院落（下部为年代更早的羽螺神殿）

右页：

图2-140特奥蒂瓦坎 魁札尔蝶宫。中庭院落（柱墩上浮雕表现猫头鹰及魁札尔蝴蝶）

本页：

（上两幅）图2-141特奥蒂瓦坎 魁札尔蝶宫。柱墩雕饰细部

（下）图2-142特奥蒂瓦坎魁札尔蝶宫。院落西侧壁画（美洲豹的口中逸出声音的象征符号）

右页：

（上）图2-143特奥蒂瓦坎魁札尔蝶宫。壁画（头上戴羽饰的美洲豹正在捕获一只蜗牛）

（下）图2-144特奥蒂瓦坎萨夸拉宫邸。平面（据Acosta，1964年）

总体构思（见图2-86），就特奥蒂瓦坎来说，尚可参照在勒内·米隆主持下精细绘制的城市平面总图（见图2-15），对这些图纸的研究似能说明更多的问题。总面积20平方公里的城市由亡灵大道及东、西两面的干道形成四个象限，甚至是外围和周边的居住区也都和城市街道对齐。规划地段的严谨规则和某些居住区的密度，都达到了令人吃惊的程度。此外还有河网系统及大型水库的规划，以及蒸汽浴室、专门的工场作

坊、露天市场、行政建筑、剧场、球场院及其他公共设施的安排。从下面的分析中不难看出，在前哥伦布时期的美洲城市规划中，特奥蒂瓦坎究竟取得了怎样的进步。

位于城市中央的巨大祭祀和礼仪中心，自然是占主导地位的要素。大量宗教要素的聚集使它在历史上具有特殊的地位。此外，还需要指出的是，位于城堡上层平台、围绕着月亮金字塔及其他场地的那种厚重的墙体，亦属大型礼仪建筑群的组成部分，它们将重要的建筑群围括在内并因此形成独立的单位。

通过对城市平面的分析，J.E.阿尔杜瓦把特奥蒂瓦坎的城市规划概括为三个基本方面：沿轴线的布局方式；组群要素的对称配置；简单形体的运用（或独立布置，或通过不高的平台相连）。所有这些都以最纯净的方式表现出来。[16]规划系依据57米的模数，从这里也可看出放线的严格。在居住区许多"标准"地块的比例上，同样可看到这样的表现。在城堡区，同样的量度（可能是更小模数的倍数）出现在分开各阶梯状基台的轴线间距上。布鲁斯·德鲁伊特进一步指出这些模数如何在总体构图上重复使用：从月亮广场中心平台开始到太阳金字塔轴线，用了10次；自后者到城堡和"大组群"共用轴线，用了21次；在它们北面圣胡安河床疏通长度上用了24次等。[17]

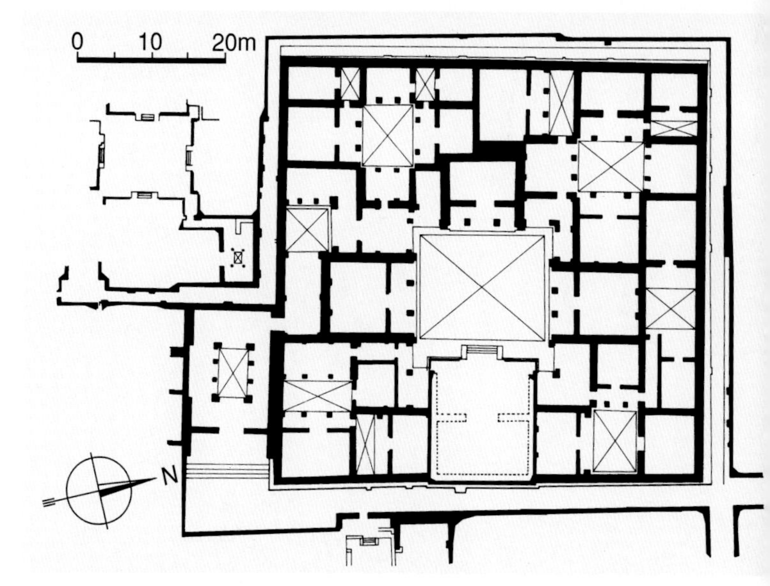

作为模数基本单元的格网不仅用于谷地，同样用于邻近的山坡；甚至是穿过谷地的河道也为了配合57米见方的格网而绕行。勒内·米隆还指出了一些具体的测量方式。

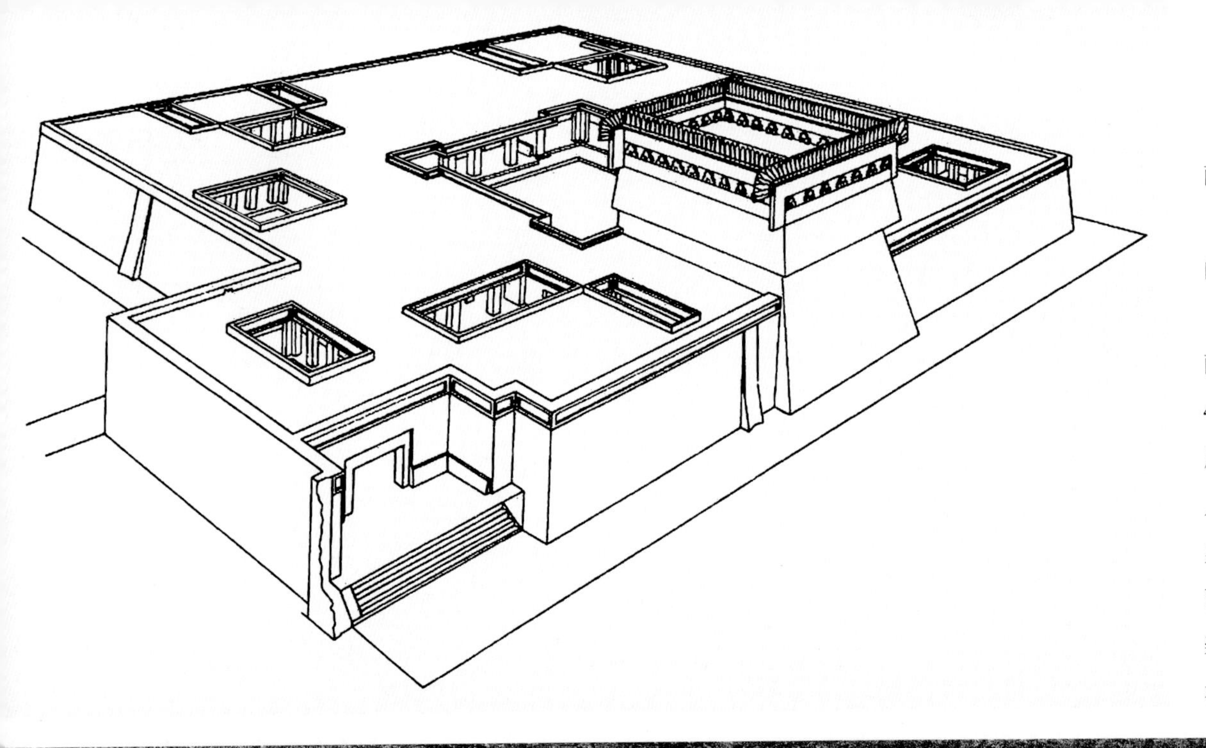

（上）图2-145特奥蒂瓦坎萨夸拉宫邸。透视复原图（墙面上有许多色彩鲜丽的壁画，多表现宗教题材）

（下）图2-146特奥蒂瓦坎萨夸拉宫邸。壁画（公元400~600年，幅面56×40厘米，现存墨西哥城国家人类学博物馆；农业是特奥蒂瓦坎经济的基础，画面上，雨神——也可能是装扮成雨神的祭司——正在收获玉米）

这些模数的运用，和城市的可控发展及上面提到的其他要素一起，表明存在着一个强有力的领导集团，可同时操控宗教和世俗事务。所有这些似乎都说明，在几个世纪期间，特奥蒂瓦坎不仅是商业都会，也是中美洲这一大片地区的宗教和文化中心。有些作者甚至认为可能存在着一个特奥蒂瓦坎"帝国"，不过这种说法大概仅限于宗教、文化和经济方面。

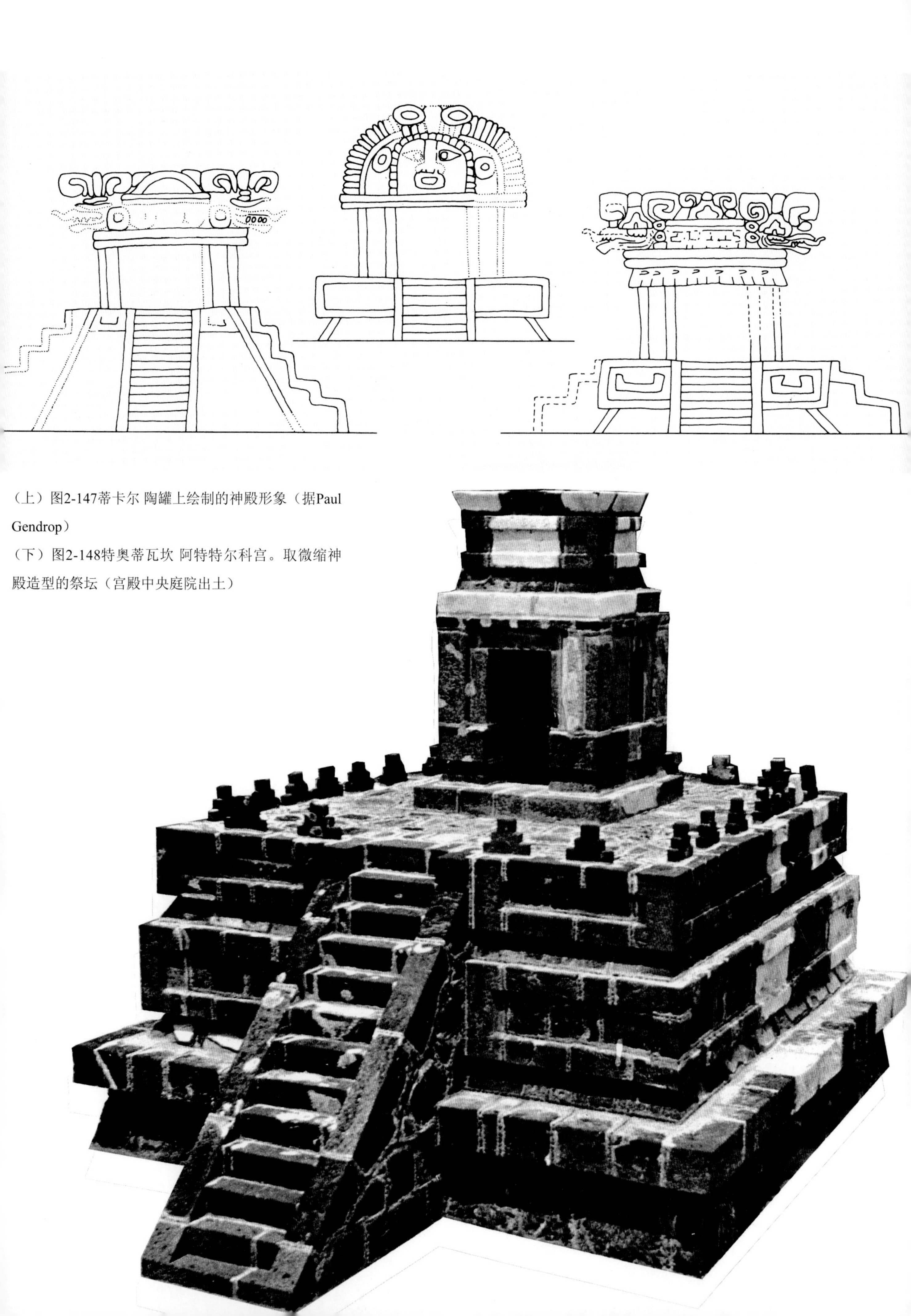

（上）图2-147蒂卡尔 陶罐上绘制的神殿形象（据Paul Gendrop）

（下）图2-148特奥蒂瓦坎 阿特特尔科宫。取微缩神殿造型的祭坛（宫殿中央庭院出土）

空间构图

和欧洲同行相比，古代美洲的建筑师更注意各要素之间的空间布局，更擅长大尺度的群体构图。特奥蒂瓦坎的礼仪中心是古代美洲所有这类组群中最大和最规整的一个。其构图明确的中心区长2.5 公里，宽1公里，规模上仅次于它的蒂卡尔和奇琴伊察在面积上尚不及它的一半。

乔治·库布勒指出，特奥蒂瓦坎的一个颇具创意的特色是通过天象定位体现太阳和地球的关系（每年6月21日太阳居最高位置时正好在最大金字塔轴线上）。由太阳金字塔（东塔）所主导并沿道路有序分布的几百个小平台就这样服从于宇宙的序列和关系，整个空间布局反映了宇宙的节律。主要金字塔的主轴线横穿主干道，道路北端由较小的金字塔封闭，南端则没有纪念性建筑明确界定。道路端头既然无终极目标，也就无所谓连接对象，它只是提供了轴线序列，并不是从一处通向另一处。沿道路布置的每个单元主要和宇宙而不是和它的相邻单元发生关系。南院和东塔面对着落日，北金字塔则孤立于道路轴线端头（见图2-52）。

除了共同的宇宙定位外，环绕每个主要单元的围地同样突出了这种组群的隔绝状态。在空间体量构图上，能和金字塔均衡的要素是围地边界，金字塔体现重点，边界确定组群范围。在特奥蒂瓦坎，随着时间的流逝，主要金字塔的规模逐渐缩小，但围地的边界却越来越大（见图2-16）。在东金字塔，面向西面的一个低矮的“U”形平台，在巨大的方形金字塔基部

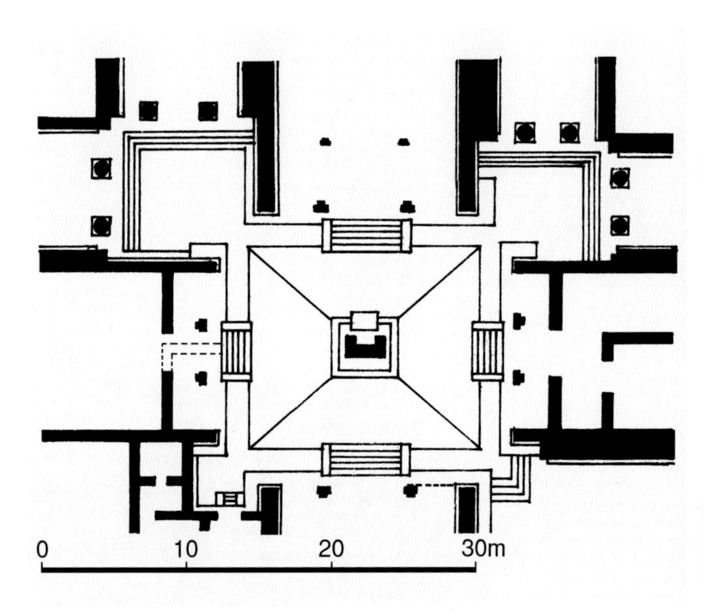

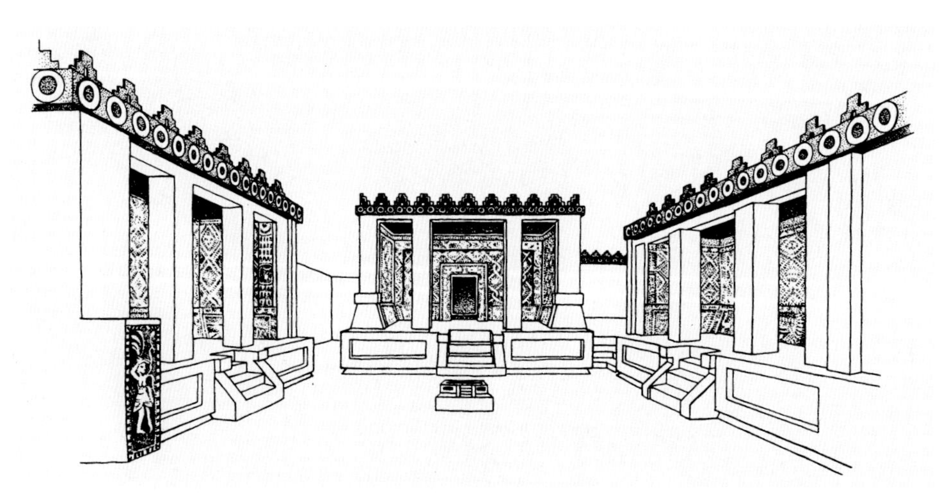

（左上）图2-149特奥蒂瓦坎 特拉米米洛尔帕区。平面（据Hardoy，1964年）

（右上）图2-150特奥蒂瓦坎 阿特特尔科宫（约公元400~500年）。中央部分平面（据Marquina，1964年）

（下）图2-151特奥蒂瓦坎 阿特特尔科宫。院落透视复原图

（上）图2-152特奥蒂瓦坎 阿特特尔科宫。遗址现状

（下）图2-153特奥蒂瓦坎 阿特特尔科宫。现状内景

确定了一个壕沟般的地盘。北金字塔则在长约半英里的横向轴线上，在两侧对称地布置了形成三角形的两组平台。北部边界进一步以一个由22个平台组成的方形院落界定。道路另一端的南侧金字塔则占据了一块由连续延伸的早期平台构成的封闭矩形地段（见图2-121、2-123），上承15个方形的次级平台（彼此相隔约80英尺）。矩形围地内部尺寸为270×235米。在金字塔后面布置了一个进深不大、配有住宅群组的后院。面积235×195米的前院可能用于举行历法上确定的各种仪式，其西侧要比北侧和南侧更低，可通过一段宽30米的台阶下去，在那里的早期平台要比西平台高一倍。

左页：

（左上）图2-154特奥蒂瓦坎 阿特特尔科宫。灰泥壁画

（右上及下）图2-155特奥蒂瓦坎 阿特特尔科宫。壁画细部，现状及复原

本页：

图2-156特奥蒂瓦坎 水神雕像（II期，公元300年前；玄武石，高3.19米，墨西哥城国家人类学博物馆藏品）

在空间形体构图上，这组设计可说是建筑史上给人印象最深刻的实例之一。在如此巨大的尺度上，组群所有部分关系都很明确，各个组成元素尽管不是很大，但都在形式乐章的合成中充分发挥了自己的作用。南院的壮观主要凭借其比例控制和构图要素的俭省，各组成部分变化适度，相互关联（如南北平台倍增），既可起到激活构图的作用，又没有破坏其简朴的基本特色。

南院组群四面敞开，可从各个方向进入，没有任何设防或军事的考虑。环绕着东塔和南塔的围地平台同样具有这种非军事的特点，显然只是为了满足礼仪而不是防卫的需求。遍布地区各处的古典时期的住宅也没有防卫设施。位于金字塔群西南阿特特尔科（拉普雷萨）的那组最为典型：围着一个下沉的矩形院落布置四个梯道，各自通向一个门廊带双柱墩的建筑（平面及透视复原图：图2-150、2-151；现状：图2-152、2-153；壁画及细部：图2-154、2-155）。在这个十字形布局敞开的角上，另形成小的内院，每个都在相邻两侧布置第二组台阶和另外的前廊式房间。

建筑及构造

除了采用直的轴线、夸张的比例及尺度外，在构图和造型上，和前期建筑相比，特奥蒂瓦坎风格最大的特色还表现在平台的使用上。在考察这种类型时，我们首先需要研究这种实体平台在古代的实际功能。事实上，平台是许多早期文明的共同特征。在美索不达米亚和尼罗河流域，最初的村落就是建在沼泽地或漫滩的土筑平台上；同样，墨西哥中部某些早期村落也是建在湖水浅处的人工土丘（tlateles）上并因此付出了大量的人力和物力，在霍奇米尔科，至今还有这样的遗存仍在使用中（称chinampas）。奎奎尔科、特奥蒂瓦坎和特诺奇蒂

（上）图2-157特奥蒂瓦坎石雕美洲豹容器（II期，公元150~250年，高33厘米；太阳金字塔出土，现存伦敦大英博物馆）

（下）图2-158特奥蒂瓦坎缟玛瑙面具（公元400~600年，高20厘米，墨西哥城国家人类学博物馆藏品）

图2-159特奥蒂瓦坎 石面具（公元400年，高22厘米，最初可能有贵重材料的镶嵌）

特兰都继承了古代的这种做法，在湖边浅水处或河道漫滩上建造土丘，这种做法无疑是为了确保地基的干燥。但另一方面，我们也看到，在美洲，所有古代建筑，不论是用于居住或服务于宗教，都建在这类土筑或砌造的坚实平台上，甚至在像阿尔万山或霍奇卡尔科这种不曾有过洪水灾害的山顶基址上，也同样延续了古代建造基台的传统，显然在实用之外还另有其他的考虑。另一个值得注意的地方是，在古代美洲的这些建筑里，神殿和住宅平台往往采用同一种形式语言（多为矩形），两者之间的差异只是在规模和数量上，而不是类型。

在构造上，特奥蒂瓦坎和形成期建筑的区别在于采用了烧石灰制作的灰泥和悬臂石板（自平台基部斜面上向外挑出，见图2-110）。从特奥蒂瓦坎的漫长建造历程中可看到，人们开始越来越多地使用烧石灰制品，如地面（可达到水泥般的效果）、灰泥墙，同时以此创造壁画所需要的精细的抹灰面层。烧石灰技术可能是自尤卡坦和危地马拉引进，在这些地区，不仅盛产石灰岩，同时还有繁茂的热带森林。有人认为，在墨西哥，气候的干燥与烧石灰毁林显然有一定的关系。到公元750年前，这片基址终被弃置。在周围地区，以后再没有大的文明中心兴起，想必早在公元500~600年，其生态环境的破坏已无法逆转。如今，特奥蒂瓦坎周围的郊野，仅能供养当年建造金字塔的大量居民中的少数后裔。

三、雕刻及壁画

[雕刻]

从功能上看，特奥蒂瓦坎的雕刻有三种类型：建筑部件、葬礼面具、家庭雕像或塑像。

在北金字塔脚下院落内发现的一个由玄武石制作高3.19米的巨大水神（或雨神）像可能是已知最大的人物雕刻（图2-156），柱墩般的造型表明它可能是建筑支承，即作为人像柱，支撑木梁屋顶（梁柱式体系是特奥蒂瓦坎各处最常见的结构形式）。其外廓接近立方体，身体部分自表面成直角向外凸出。这个水神像被认为是特奥蒂瓦坎风格的最早实例，但由于它是在月亮金字塔处发现的，其年代估计在古典时期的中间阶段。雕像胸部的洞口是为了插入一个象征心脏的石块，是这种做法的墨西哥早期实例。把它鉴定为水神（阿兹特克语：查尔丘特利奎），仅仅是因为其外衣下部和披肩处刻有蜿蜒曲折的褶边，在壁画和瓶画上，这类重复的涡卷形式往往用来表示流水。椭圆

图2-160特奥蒂瓦坎 香炉（彩陶，公元600~700年，高57厘米，墨西哥城国家人类学博物馆藏品；上部表现一个造型华丽的神殿，中央为魁札尔蝴蝶的形象）

图2-161特奥蒂瓦坎 三足陶罐（公元400~600年，高20厘米，墨西哥城国家人类学博物馆藏品；外表面饰交织的涡券）

形带框的眼睛和突出的嘴，使人想起费城艺术博物馆内一个较小的雕像。在大英博物馆收藏的一个美洲豹造型的容器里，也可看到这种抽象得近似几何形体的表现（图2-157）。这类独立雕刻大都是神像，只是一般没有水神像这样巨大的尺度。

葬礼面具用黏土烧制或用较贵重的石料制作，薄板边缘穿孔，固定在木乃伊上（图2-158、2-159）。用黏土时，于焙烧后着色。用石料时，眼睛和嘴巴镶彩色材料，面部同样着色或拼成几何图案。这种类型显然是起源于特奥蒂瓦坎。在制作上，还能区分出大城市和地方的风格。和后期的相比，特奥蒂瓦坎的这批面具构图更为抽象，几何特征更为明显，显然是因为受制于加工石料的技术。在某些方面，和希腊古风时期的雕刻颇为类似。

在特奥蒂瓦坎，陶土制品非常流行，包括具有各种造型的容器（图2-160~2-162）和塑像（主要是人物和神祇，也有动物和鸟类，图2-163~2-165）。墨西哥考古学家阿方索·卡索-安德拉德（1896~1970年）相信这些陶像是各个家族里受尊崇的祖先塑像，其他人则认为是神像，是肥沃和丰产的象征，放在地里以保证每年的收成。最早的特奥蒂瓦坎塑像（I期）和奎奎尔科及蒂科曼的颇为相近。接下来的类型（II期）则具有葬礼面具那种略呈方形和扁平的头形。到中期（III期），制作技术上已有所改变，头部由手工制作改为翻模，采用几种标准形式。这种技术上的变化大致与金字塔采用墩墙式格网框架（即图2 -110所示那种）和“斜面-竖板”式平台剖面的时间大致吻合。特奥蒂瓦坎塑像的最后阶段（IV期和V期）可能已到遗址本身毁灭之后，因为这些服饰考究、姿态丰富的样品同样来自特斯科科湖西侧的阿茨

（上）图2-162特奥蒂瓦坎 容器盖（彩陶，公元6~9世纪，墨西哥城国家人类学博物馆藏品；中央饰神像）

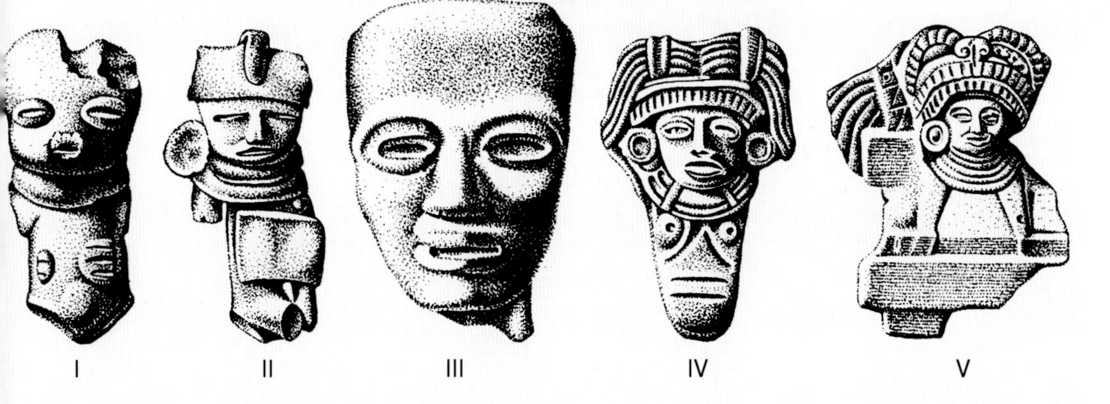

（下）图2-163特奥蒂瓦坎 塑像（陶土，I~ V期，约公元前300~公元700年，纽约美国博物学博物馆藏品）

卡波察尔科和圣米格尔-阿曼特拉。

陶土作品中特有的某些表现手法，在中期的雕刻中同样起到了主导作用。南金字塔（“羽蛇神殿”）台地的浮雕，明显地汲取了陶土艺术的这些技术特色，其柔顺的造型和水神巨像那种方棱方角的形式形成了鲜明的对比。中期浮雕已演化成一种效果突出的石饰面（见图2-71~2-77），接缝处以着色灰泥掩盖。在每层斜面处，低浮雕的羽蛇造型向内面对着台阶，各种各样的海生贝壳和波动起伏的线条象征水体环境，其中很多还留有最初的灰泥和颜色痕迹（当初整个立面均施色彩，主要为红色和绿色）。斜面之上，厚重的裙板处饰有同样的母题：羽蛇头部装饰着形如光环的一圈羽毛，弯曲的身躯覆盖着程式化的羽状花纹，尾部以响尾蛇特有的环状图案作为结束，背景上同时配有尺度更大的波状线和贝壳等各种海洋生物的浮雕形象。除了浮雕装饰外，另有巨大

的羽蛇头像自台阶两边栏墙（alfardas）上向外凸出（见图2-65、2-66）。在裙板处，每隔3米，就有一个向外伸出的立体头像（总计有366个，可能具有太阳年历法的象征意义）。头像有两种类型，除羽蛇外，另一种由立方形体构成，具有几何特色，可能是雨神（在晚后得多的阿兹特克人的宇宙观中称特拉洛克）。它们在起伏的蛇形浮雕上交替布置（因而建筑准确的名称应是魁札尔科亚特尔和特拉洛克金字塔），并和海洋生物的象征图案组合在一起，颇似古典早期某些壁画和彩绘陶器上的纹章构图。其他带雕饰的陶土装饰（如陶瓦饰面），效果也很突出。

在中美洲，对羽蛇神的尊崇始自前古典时期（约公元前1200年）奥尔梅克人的水蛇崇拜，之后各部族分别发展出不同的变体形式，还有把羽蛇神和留胡子的形象相联系的，如西班牙人占领期间各类神话中所见。特拉洛克是掌管水源及雨水的神祇，对它的崇拜在特奥蒂瓦坎同样非常流行。

图2-164特奥蒂瓦坎 雨神像（陶土）

[壁画]

概况

采用巨大的结构是早期作品的主要特色，但除了“城堡”处（羽蛇神殿，即南金字塔）的大型雕刻饰带（公元300年前）和其他类似的同时代残迹（如太阳金字塔附近的一个基台或羽螺神殿，图2-166）外，祭祀中心的大部分建筑仅有壁画遗存。在公元700年前的几个世纪里，壁画已很盛行。可能是城市建设的巨大规模迫使特奥蒂瓦坎的建造者放弃彩绘雕刻转而采用这种施于光滑表面，制作简便且对比效果强烈的装饰形式。考古学家在现场找到了许多仍在原位的彩色灰泥痕迹（图2-167~2-174）。事实上，从特奥蒂瓦坎的最初几个世纪开始，彩绘外墙就用得很普遍，主要采用红色、黄色、灰色和绿色的几何回纹、条带及方格图案，或在湿灰泥面上绘制壁画。中期则在干灰泥面上绘彩色的表意符号和表现水、贝壳及海中植物的大幅形象，并以黑色勾边。到后期，场景上绘有许多小的人物，还有道路、建筑和动物的形象，并用各种程式化的象征性图形表现演说和歌唱、宗教牺牲和来世等（见图2-181、2-185、2-186）。

图2-165特奥蒂瓦坎 鸟（陶土，公元3~7世纪，墨西哥城国家人类学博物馆藏品）

图2-166特奥蒂瓦坎 羽螺神殿。雕刻细部

总之，当年城市可能到处都有彩绘，包括街道和广场。人们甚至知道在礼仪街区，占主导地位的色彩是红色和白色。

事实上，正是留存下来的这一文化的小型艺术品和绘画，为这座仅余残垣的城市注入了丰富的精神内涵。从某些墙体的壁画残段上可看到特奥蒂瓦坎的人物形象，如穿着华丽服饰的祭司。在雕刻、陶器绘画、塑像，特别是壁画上可欣赏到诸神的形象，如水神查尔丘特利奎（雨神特拉洛克的女伴，图2-175）、老火神韦韦特奥特尔（头上顶着火盆，图2-176、2-177）、羽蛇神魁札尔科亚特尔（图2-178）以及掌管商业、孪生、晨星、春天、鲜花、音乐和死亡的各类神祇，甚至是雨神特拉洛克的各种形象[分别表现它的各种职能，如手持闪电，播种或收获玉米，散播雨滴，或是慷慨地散发财宝（首饰、玉器等）]。同时，还可看到各种奇特的神话动物，如长着羽毛，伸着像蛇那种分叉舌头的美洲豹（见图2-155）以及海生贝壳及其他水栖动物的象征图案。

（上）图2-167特奥蒂瓦坎 表现放血仪式的壁画（公元600~750年，幅面82×116.1厘米，现存克利夫兰艺术博物馆；作为祭神仪式的一项内容，画面上一位祭司正在用龙舌兰的刺给自己放血）

（下）图2-168特奥蒂瓦坎 表现统治者形象的壁画（约公元65~75年，残段高70厘米，宽97厘米，旧金山艺术博物馆藏品；壁画原位于特奥蒂瓦坎市中心附近一个建筑组群内，画面上的脚印表现这位君主走过的路，嘴里冒出的螺旋线可能是一首歌）

（上）图2-169特奥蒂瓦坎 特蒂特拉宫。壁画（表现仪式上带羽蛇头饰的祭司）

（下）图2-170特奥蒂瓦坎 特蒂特拉宫。壁画（表现神祇，约公元300年，幅面高83厘米）

左页：

图2-171特奥蒂瓦坎 表现商人或武士的壁画（公元5~7世纪，幅面55×86厘米，墨西哥城国家人类学博物馆藏品）

本页：

（上）图2-172特奥蒂瓦坎 “亡灵大道”。表现美洲豹形象的壁画

（下）图2-173特奥蒂瓦坎 壁画：《动物的天堂》（公元400~600年，残段，幅面25×30厘米，墨西哥城国家人类学博物馆藏品）

和水及新生植物相联系的玉器则象征着最珍贵事物的复活和再生。[18]

在特奥蒂瓦坎，图案和书法往往混杂在一起（如图2-180所示那种三足容器）。象形文字已接近艺术图形，它们是否具有文字交流的功能，看来还是个问题。除了某些象征家族和血统的图像标记外，在特奥蒂瓦坎艺术中，大多数象征图形都具有宗教意义。某些历史学家认为，蝴蝶代表火，另一些专家则认为它代表灵魂，即“内在的火”；美洲豹则表现对土地的崇拜，某些露天火盆的铺面板还以色彩指示方位。

特奥蒂瓦坎艺术中大量采用的象征手法和安第斯山地区南岸纳斯卡人的隐喻体系有许多相近之处。总的来看，这时期美洲的雕刻和绘画大都表现安静、平和的农业生活，人和大自然的和谐相处，很少像西亚浮雕那样，一味宣扬战争和杀戮；人物中虽说有男有女，但并没有像庞贝壁画那样，露骨地表现性事；面部表现抽象、程式化，缺乏古罗马雕刻那种个性刻画，在这点上，倒是和希腊艺术颇为相近。

实例

各壁画严格的年代顺序尚不清楚，但带有几何和条带图案的彩绘墙面装饰始于古典早期大体可以确定。

新近在乔卢拉发现的一幅属II期（公元300年前）的壁画（图2-179），风格上和特奥蒂瓦坎的（如图2-181、2-185、2-186）有一定关联。由红色、赭石、黑色和蓝色绘制的画面装饰着内金字塔朝东的平台，位于一个被掩埋的中央台阶侧面。画面上下叠置，残段总长32米，表现正在喝酒的或坐或倚靠的人们和一些醉酒后的姿态。尽管饮者男女均有，但并没

左页：
图2-174特奥蒂瓦坎 羽螺神殿。表现鸟类形象的壁画

本页：
图2-175水神查尔丘特利奎头像（为雨神特拉洛克之妻，1450~1520年，像高28厘米，现存伦敦大英博物馆）

有性的表现。画面中还有仆人及狗等形象。

到古典后期，普遍采用装饰性的纹章条带，或重复象形文字般的图案，或表现仪式活动的行进队列（人物多取侧面形象）。同时，许多风景画的程式也固定下来。在边远地区，表现宗教象征题材和风景的大型壁画也大受青睐。

在把南金字塔和其他建筑分开的一条小溪的西北，有一个葬仪平台，上面的壁画显然属早期。这个平台属于一个较低的层位，很早就被填埋充当上部建筑的基础，壁画也因此被保存下来。其裙板框架上绘有圆盘，于红色底面上表现绿宝石。裙板本身绘交织的涡卷，类似古典时期韦拉克鲁斯的雕刻。上部板面的纹章图案重复三叶形垂饰（可能是表现鼻饰）。在南金字塔的浮雕中，画师们再次采用了这种重复象征图形或标志物的做法，显然是希望人们从任何视角都能看到它。这种构图方式实际上是来自同时期陶器的

本页：

（上）图2-176老火神韦韦特奥特尔雕像（特奥蒂瓦坎出土，头上顶火盆，公元250~600年，像高及直径约为65厘米，墨西哥城国家人类学博物馆藏品）

（下）图2-177老火神塑像（陶土，高12厘米，约公元前600年，墨西哥城国家人类学博物馆藏品）

右页：

（上）图2-178羽蛇神魁札尔科亚特尔头像

（下两幅）图2-179乔卢拉 内金字塔。壁画（表现饮酒场面，约公元200年）

雕刻和彩绘装饰，如圆柱形的三脚容器（图2-180，在这里，采用这种重复同一主题的做法在很大程度上是由于人们很难同时看到所有的表面）。

特奥蒂瓦坎郊区特奥潘卡斯科的壁画同样和陶器装饰有一定的关联。祭坛上绘有穿职业服装的祭司，手持带花饰的卷轴，自两侧对称地向太阳光盘行进。这种面对面的形象同样可在圆柱形的三脚陶器上看到。

特蒂特拉是位于礼仪中心西南的一个郊区，其彩绘裙板的边框上绘有彼此交织的蛇，裙板上重复表现正面的雨神形象，水从他们伸展的手臂上流出来，水流上漂浮着各种各样的象形文字。另一块裙板上表现美洲豹和丛林狼的侧面形象。

从类型上看，已知最早的风景壁画是1884年发现的北金字塔附近所谓“农业庙”的献祭场景（现仅存当时一个复制件，图2-181）。画面下方为两条表现

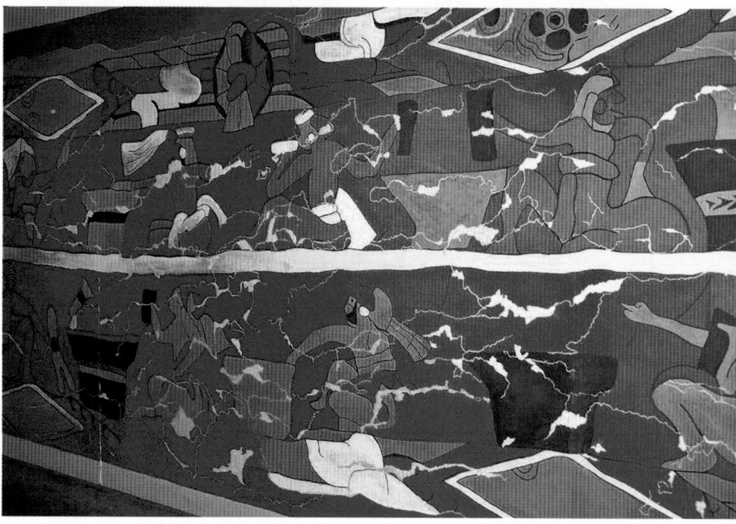

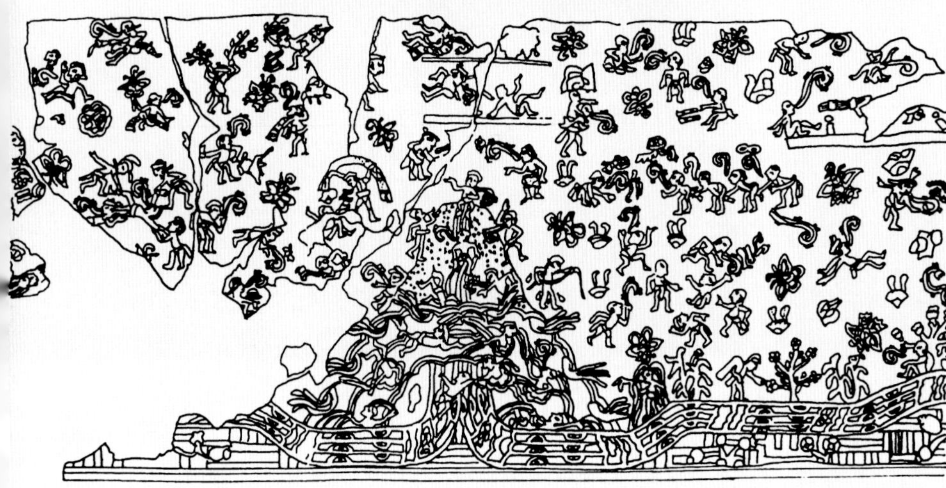

本页及左页：

（左上）图2-180圆柱形三脚容器（特奥蒂瓦坎风格，公元300年后，图版取自George Kubler:《The Art and Architecture of Ancient America, the Mexican, Maya and Andean Peoples》, 1990年）

（右上）图2-181特奥蒂瓦坎“农业庙”。壁画（II期，可能公元300年前）

（左下）图2-182特奥蒂瓦坎 特潘蒂特拉宫。壁画（IV期，公元700年前，已在墨西哥城国家人类学博物馆内修复；上板主要轴线上表现作为流水和肥沃之源的女神，下板中轴上为一座山，从它的洞中流出浇灌农田的水；线条图据Jeff Kowalski、Delgado Pang和Pasztory）

（右下）图2-183特奥蒂瓦坎 特潘蒂特拉宫。壁画（博物馆内的复原，中庭墙面）

水波的条带，两侧由同样的柴堆状图案封闭，柴堆周围是表现烟和火的涡卷，后面巨大如柱墩般的雕像类似前面提到的水神。雕像之间有上下三列较小的人物形象，如埃及绘画那样，以抽象的透视表现空间层位。人物带着贡品，或跪、或坐、或走动，三个祭司般的人物身着华丽的服装，顶着带动物形象的头饰。

作为“祈祷祭献”（按乔治·库布勒的说法，这是特奥蒂瓦坎艺术的特色之一）的实例，位于主要金字塔东面特潘蒂特拉宫的壁画特别值得一提。它以一种清新亮丽的神奇风格，表现特拉洛克天堂乐园的景色，其表现更为自由，更富有生气，年代可能也较晚。墙面由两个条带组成。上半部面对面的祭司中间

153

为水神，流出的水中有各种海洋生物。一个由交织的蛇构成的框架将这个更程式化的上部条带和更富有生气的下部风光场景分开（图2-182~2-186）。从山上水源处引出的两条河流，向不同的方向穿过绿色的田野，通向为树木所环绕的湖中。在那里，幸福的精灵们（阿方索·卡索-安德拉德将他们理解为在阿兹特克雨神的土地上祈福的精灵），在地神和水神的庇护下，在水源充足，到处开满鲜花、蝴蝶翻飞的伊甸园里，手舞足蹈，尽情地消遣游乐（人物的动作颇似特奥蒂瓦坎III期风格的陶土塑像）。对居住在半干旱的墨西哥高原上的人们来说，这个具有原始生态环境的热带乐园，不啻是一个至福极乐的世界。

左页：

图2-184特奥蒂瓦坎 特潘蒂特拉宫。壁画（博物馆内的复原，内室）

本页：

图2-185特奥蒂瓦坎 特潘蒂特拉宫。壁画（上部女神细部）

这些场景中有一个残段，表现一场生龙活虎的球赛，这是在特奥蒂瓦坎和墨西哥西部某些地区的一种运动（和中美洲几乎所有其他地区不同，采用球棍）。值得注意的是，尽管经过仔细勘察，但在特奥蒂瓦坎，始终未能在地面上发现任何“I”形球场院的痕迹，而在几乎所有其他中美洲城市，都有许多专为这类重要的仪式比赛修建的场地。可能是该地区农业的集约耕种毁掉了这类场地的所有痕迹，也可能根本没有建过这类场院，比赛只是在由界碑（所谓marcadores，类似在拉本蒂拉南区发现的那种，图2-187）限定的普通场地上进行。

不过，在这里，需要指出的是，在邻近的普埃布拉谷地的曼萨尼拉（图2-188，在这里，陶器和石雕深受特奥蒂瓦坎的影响），礼仪中心内已发现了两个

（上及左下）图2-186特奥蒂瓦坎 特潘蒂特拉宫。壁画（下部条带细部）

（右下）图2-187特奥蒂瓦坎 拉本蒂拉石碑（现存墨西哥城国家人类学博物馆）

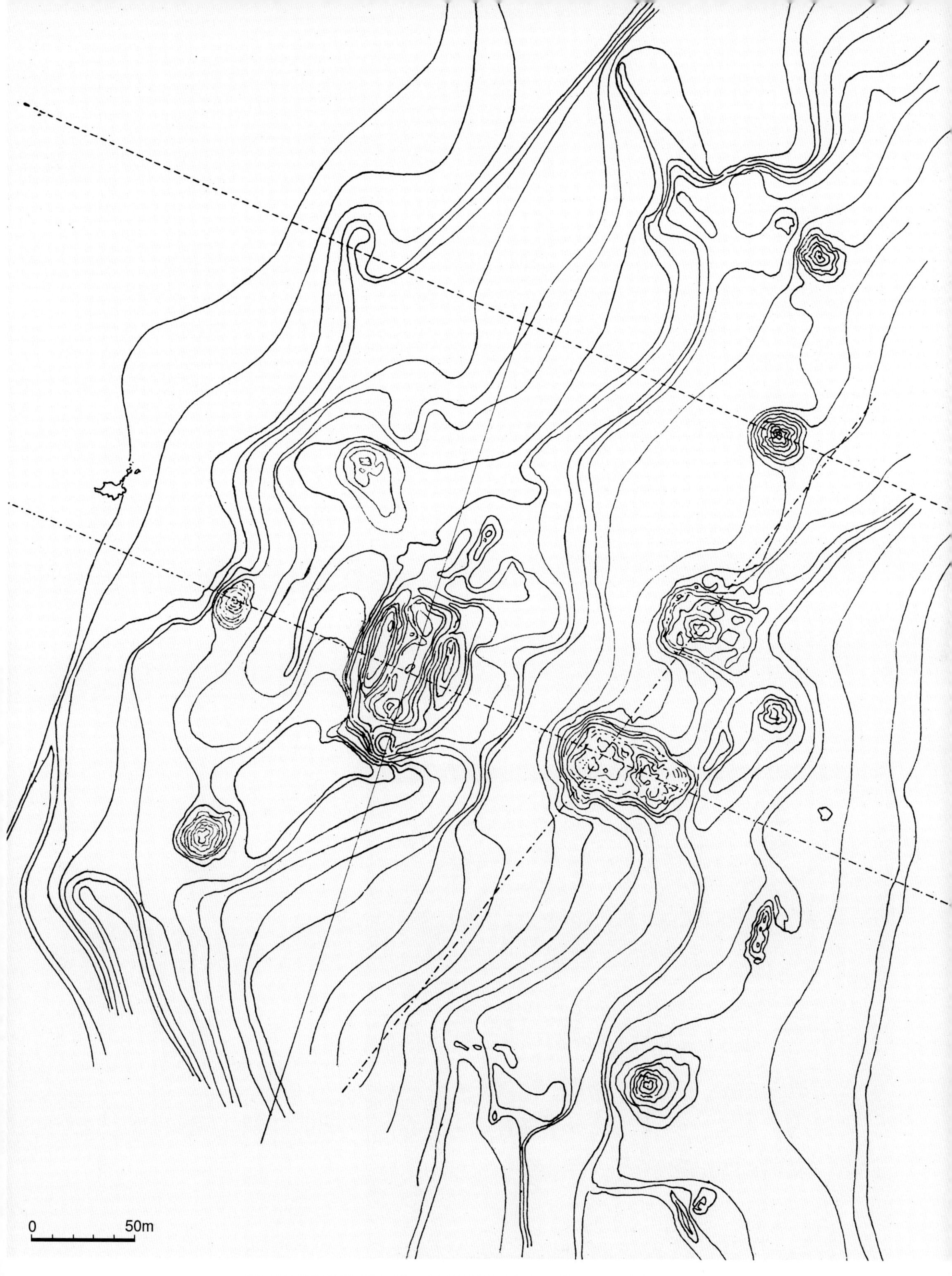

图2-188曼萨尼拉 考古区。东区总平面（据González，1973年）

重要的“I”形球场院（其中一个配置了效法特奥蒂瓦坎的裙板），它可能是墨西哥高原第一个引进这类设施的中心。这表明，它们很可能是受到外来的影响。在它的陶器上，除了瓦哈卡的影响外，还可看到效法玛雅的形式和韦拉克鲁斯中部地区特有的要素（如拉本蒂拉石碑上清晰可辨的交织涡卷）。认为中美洲其他地区的文化对特奥蒂瓦坎没有任何冲击，显然缺乏依据。看来是当特奥蒂瓦坎将其“斜面-裙板”组合传播到埃尔塔欣时，海湾地区将交织涡卷风格和这种球类运动推广到了特奥蒂瓦坎。这种运动逐渐传到整个墨西哥中部地区，并具有了宗教仪式的内涵。

当然，所有这些，都无法否认这样的事实，即在公元初的几个世纪期间，特奥蒂瓦坎的影响一般都占主导地位。活跃的商贸往来将特奥蒂瓦坎的产品带到中美洲最边远的地区，在这些地方，特奥蒂瓦坎的理念和建筑形式均成为效法的对象。特别是在图像方面，特奥蒂瓦坎的母题甚至出现在拥有完全不同艺术语言的地区。我们将在某些具有纯玛雅风格的建筑里看到这样的例证。

第三节 古典时期：霍奇卡尔科及乔卢拉

乔治·库布勒曾从艺术表现的角度评介古典末期中美洲文化的特色和变化，他指出：“在特奥蒂瓦坎，每幅壁画或瓶饰都是颂扬自然要素的祈祷文，在这点上，它既不同于埃尔塔欣（在那里，绘画集中表现球场竞技），也不同于阿尔万山（在那里，公共雕刻主要用于纪念胜利和颂扬队长，如古典后期玛雅艺术和整个中美洲后古典艺术那样）……特奥蒂瓦坎可能是一个古老神权政治体系的最后表现，这一体系同样见于奥尔梅克后期艺术和玛雅古典早期艺术。它和玛雅古典后期王朝共有的少量艺术特色主要属特奥蒂瓦坎IV期。对个人、战功和王朝世系的崇拜和颂扬均为公元500年后若干世纪新社会的特征”[19]。总的

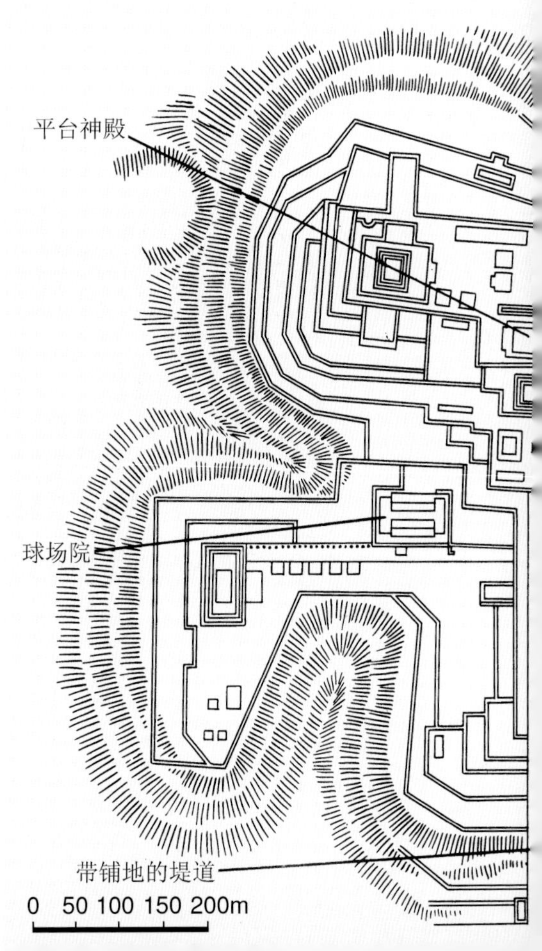

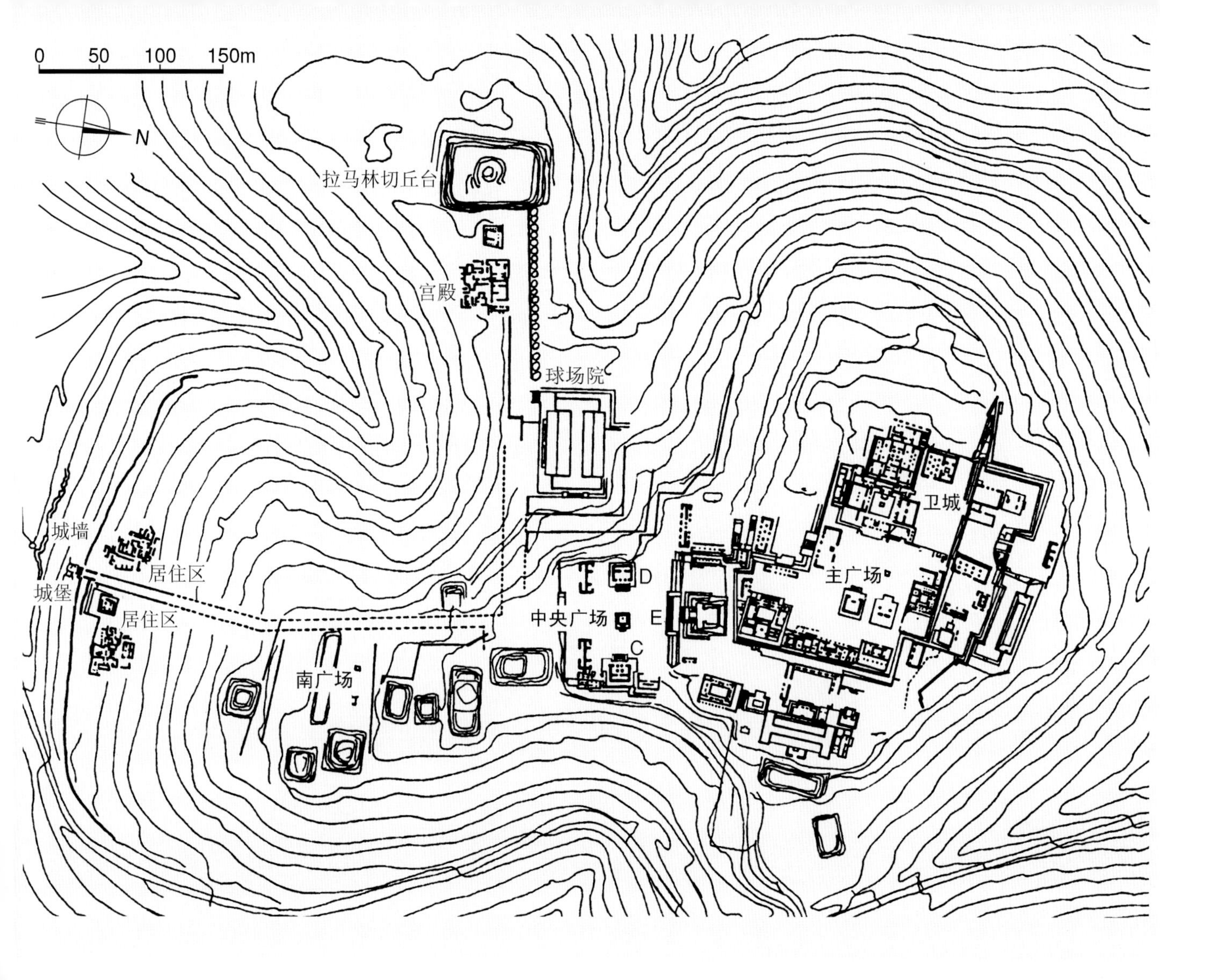

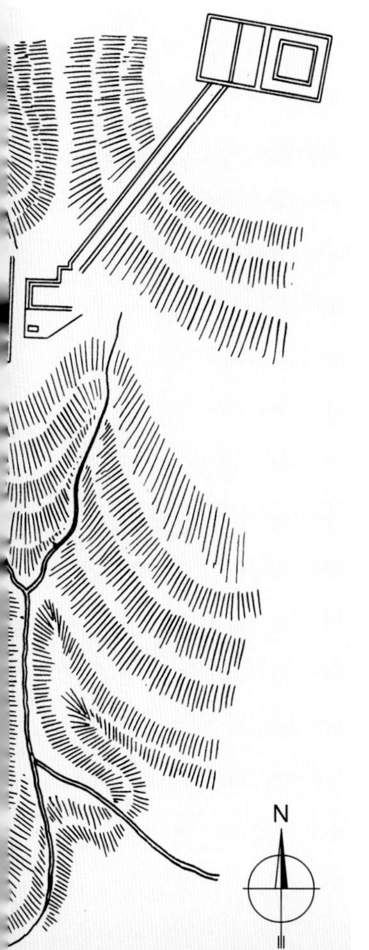

本页及左页：

（左下）图2-189霍奇卡尔科“四符石”（约50厘米见方，由四个符号构成日历）

（右下）图2-190霍奇卡尔科 遗址总平面（公元900年前，取自George Kubler：《The Art and Architecture of Ancient America，the Mexican，Maya and Andean Peoples》，1990年）

（上）图2-191霍奇卡尔科遗址总平面（示主要山头建筑位置，据Augusto Molina，1996年）

来看，社会基础是从神权政治向军事独裁转换，尽管两者之间从一开始就有不可分割的联系，实际上是你中有我，我中有你。经济因素可能影响到不同类型社会的发展，但不至于造成相互之间如此大的差异。

社会转型在大的古典中心表现得尤为突出。其中大部分活动几乎完全中止，但周围的农耕地区继续保持繁荣。正如前面所说，这一情况在特奥蒂瓦坎表现得特别明显：谷地内的居民密度并没有减少，但政治和宗教中心的活动已缩减到最低程度。显然，当精英集团丧失了他们最初的权力后，民众的势力开始增长。不过，当一个大的中心因动乱被弃置后，通常都有附近地区的另一个中心取而代之。特奥蒂瓦坎衰退后，其地位为霍奇卡尔科、乔卢拉、埃尔塔欣及更为晚近的图拉取代。有些中心从没有完全弃置，而是一直延续下去，或没有多大变化，或更加繁荣，如墨西哥中部高地的乔卢拉，玛雅地区的科瓦和齐维尔查尔通。

在本节里要重点介绍的霍奇卡尔科及乔卢拉，和

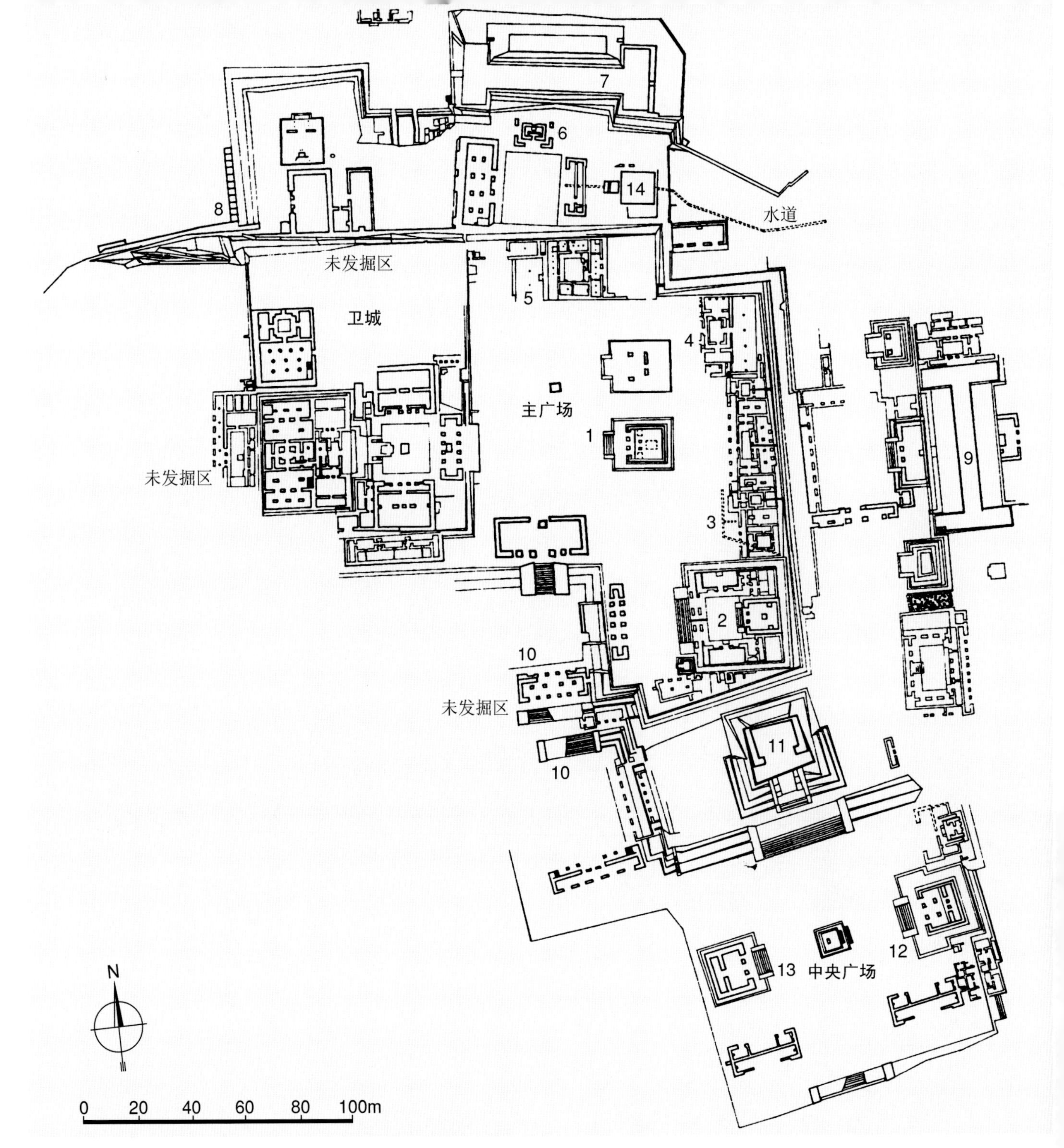

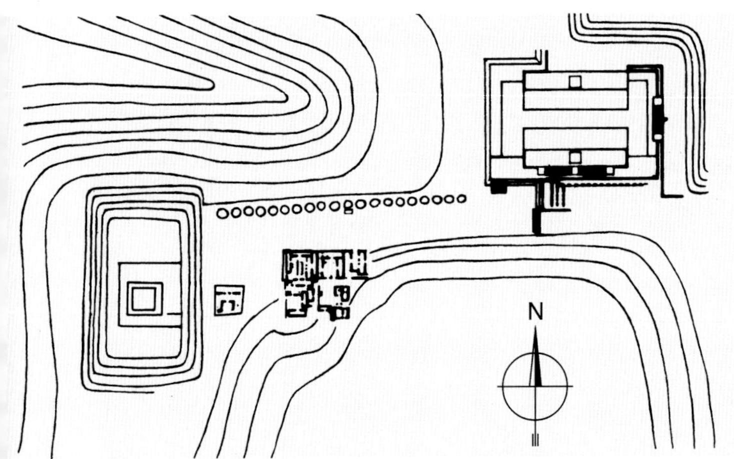

（上）图2-192霍奇卡尔科 北面组群平面[自南向北，可依次看到中央广场（双字碑广场）、礼仪广场（主广场）和卫城；据Norberto González Crespo，1994年]，图中：1、羽蛇神殿（主金字塔），2、石碑殿Temple des Stèles，3、结构6，4、结构7，5、结构4，6、蒸疗浴室，7、北球场院，8、“天象台”入口，9、东球场院，10、至主广场的门廊及台阶，11、大金字塔（结构E），12、结构C，13、结构D，14、水池

（下）图2-193霍奇卡尔科 西南组群及球场院平面（取自George Kubler：《The Art and Architecture of Ancient America，the Mexican，Maya and Andean Peoples》，1990年）

（上）图2-194霍奇卡尔科 防卫工程示意（据Hirth，1989年）

（下）图2-195霍奇卡尔科复原模型（自东南方向望去的景色）

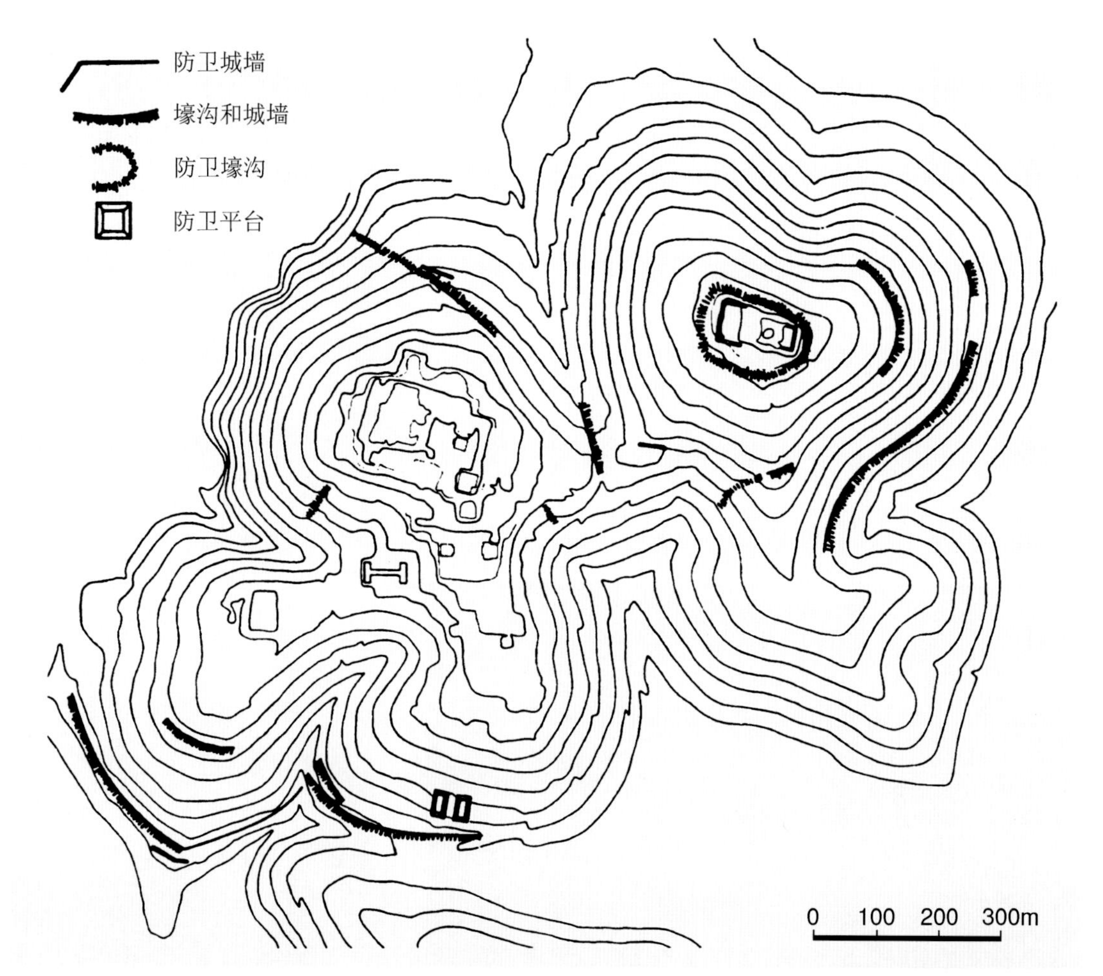

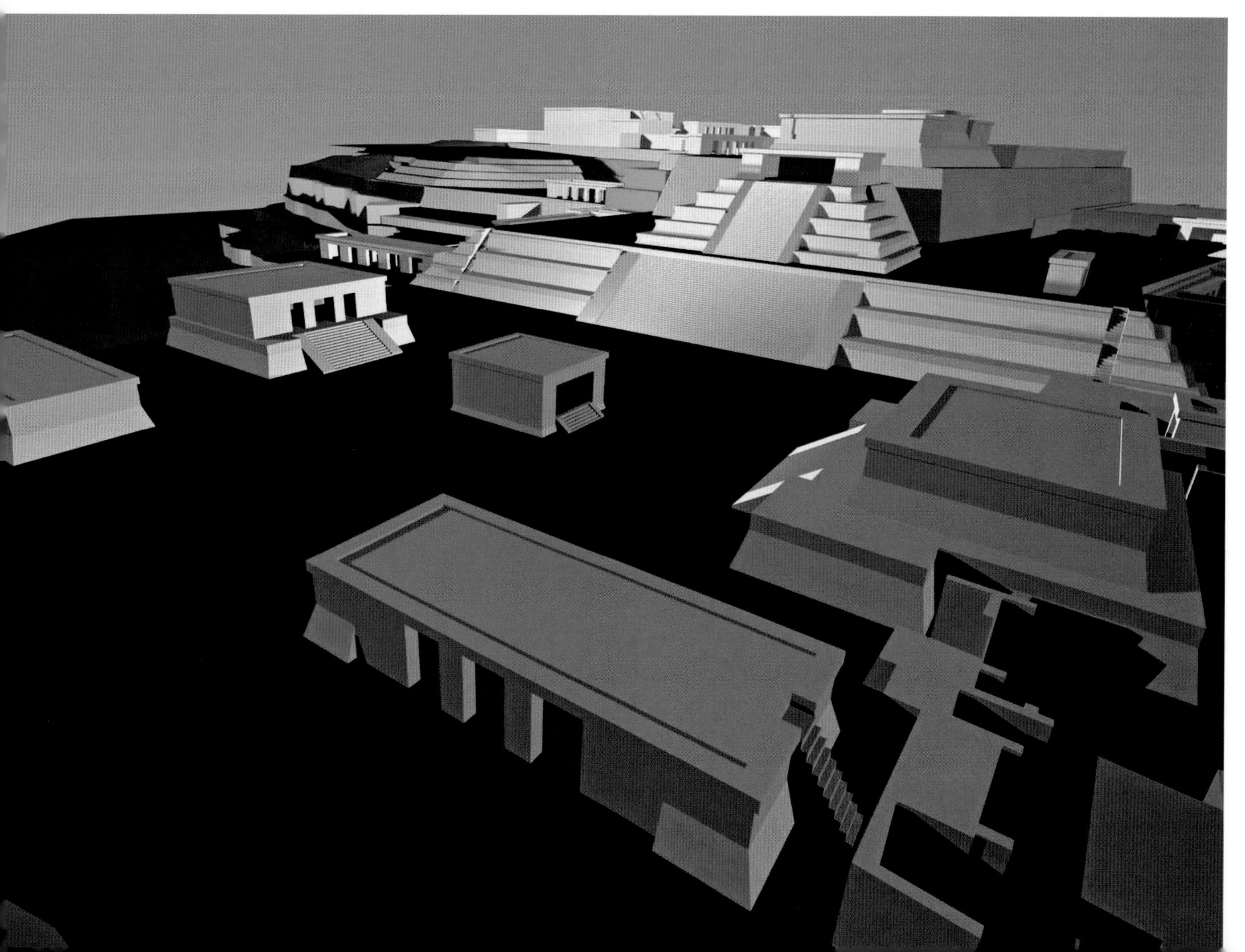

特奥蒂瓦坎一样，均为古典时期主要的城市中心，它们都有自己的传统和附属组群。霍奇卡尔科在很多方面都是移植了年代晚于特奥蒂瓦坎的玛雅古典文明的特色。而乔卢拉则如其他墨西哥中部遗址那样，有着漫长且连续的历史，其繁荣从形成期开始一直保持到现在，在古典时期，还曾和特奥蒂瓦坎一比高低。

一、霍奇卡尔科

莫雷洛斯州位于南面墨西哥中部高原边界处，格雷罗州位于更靠南面的地方。这两个州均位于海拔较低的地域，气候要比特奥蒂瓦坎或乔卢拉更热。16世

（左上）图2-196霍奇卡尔科复原模型（自西北方向望去的景色）

（右上及下）图2-198霍奇卡尔科 遗址俯视全景（自东南方向望去的景色）

（上）图2-197霍奇卡尔科 遗址卫星图

（中）图2-199霍奇卡尔科 遗址俯视全景（自南面望去的景色）

（下）图2-200霍奇卡尔科 遗址俯视全景（自东北方向望去的景色）

纪的编年史家弗赖·迭戈·杜兰（约1537~1588年）在谈到莫雷洛斯地区（今称马克萨多）时说："这肯定是世界上最美的地区之一，如果不是如此热的话，它将成为另一个伊甸园。这里有美味的泉水，鱼类资源充足的大河，繁茂的林木和出产各种水果的果园……这里盛产棉花，各地区的居民都到这里来从事这项产品的贸易"[20]。莫雷洛斯地区在考古学上具有重要地位，如查尔卡钦戈等地前古典时期的石雕，只是最著名的某些遗址上建筑遗迹不多。格雷罗地区同样以其原始文化遗迹称著，如胡斯特拉瓦卡、奥斯托蒂特兰、科洛特利帕和阿卡特兰等地山洞中的岩画。尽管

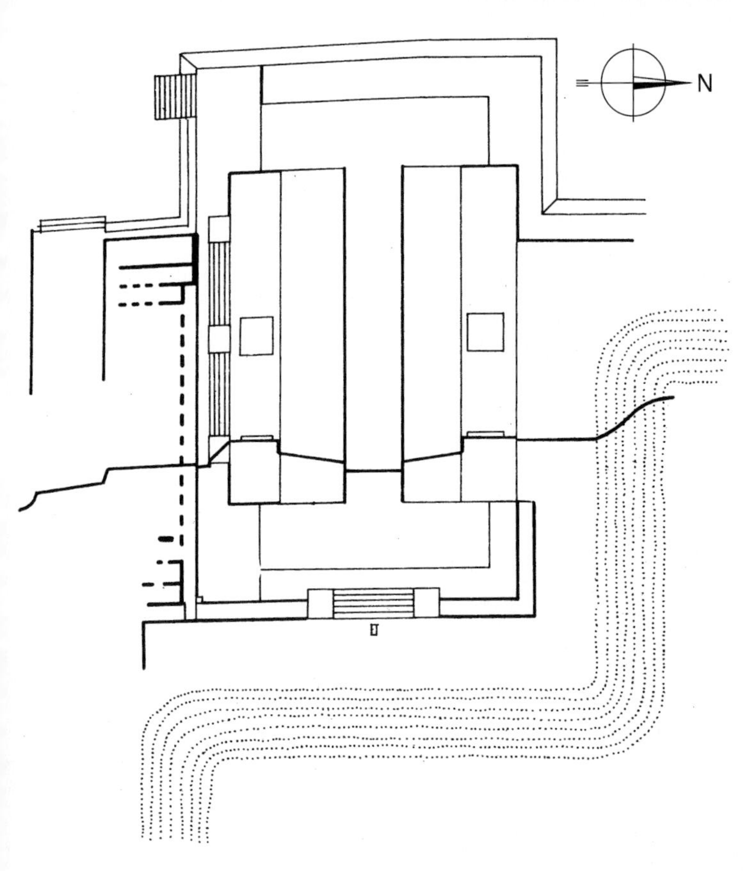

在勘察墨西哥中部这片地区上近来有了很大进步，但总的来看，这两个州仅有很少部分进行了考察和研究。位于莫雷洛斯和格雷罗两州边界上的奇马拉卡特兰（其建筑由精心加工的巨大石块建造）可能是前古典时期和古典早期重要的商业中心。在格雷罗州的霍奇帕拉，人们制作了许多优美的陶土雕刻，在叠涩拱顶的形式上显露出玛雅的影响。

位于莫雷洛斯首府库埃纳瓦卡西南的霍奇卡尔科（来自纳瓦特语，意 “花宅”，Maison des Fleurs）是这个地区的主要遗址。这是个大商业城市和数学及天文学研究中心（图2-189），可能是趁特奥蒂瓦坎没落和被弃置之机崛起。城市位于一个盛产棉花的地区（在西班牙人到来之前的中美洲，棉织品尚属奢侈品），本身也是战略要地，位于连接墨西哥盆地和西南巴尔萨斯河流域的商业大道上。在这条大道上往返运送的商品包括可可、棉花、宝石、羽毛和黑曜石等。位于墨西哥高原上的这条玛雅道路在特奥蒂瓦坎

左页：

（上）图2-201霍奇卡尔科 西南区球场院。平面及剖线（据Marquina，1964年）

（下）图2-202霍奇卡尔科 西南区球场院。自东北方向望去的俯视景色

本页：

（上及左下）图2-203霍奇卡尔科 西南区球场院。自东面望去的俯视景色

（右下）图2-204霍奇卡尔科 西南区球场院。球环细部

兴起之前已很繁忙；在后者衰退前，霍奇卡尔科已经掌控了商业，其影响力正向各方扩展，向南直到瓦哈卡州和玛雅地区，向东达墨西哥海湾沿岸，向北到黑曜岩矿床丰富的瓦帕尔卡尔科和图拉附近。

有关霍奇卡尔科在古典后期的崛起，海梅·利特瓦克写道："……由于霍奇卡尔科和特奥蒂瓦坎的共同之处不多，倒是和玛雅地区、瓦哈卡州和墨西哥海湾地区有一定的关联，其角色是这个古典时期大城市的竞争对手而非属国；它力求削弱特奥蒂瓦坎在南方

（上）图2-205霍奇卡尔科 东球场院及西侧院落现状

（中）图2-206霍奇卡尔科 北球场院。全景

（下）图2-207霍奇卡尔科 北球场院。近景

（上下两幅）图2-208科瓦 球场院-1。全景

的实际统辖区，阻断（至少是减少）墨西哥谷地和其他地区的来往，后者大致相当于莫雷洛斯和格雷罗州、巴尔萨斯河流域，即在西班牙人到来之前，墨西哥传统上棉花、可可和绿宝石的供应地。霍奇卡尔科的存在，强大的乔卢拉和埃尔塔欣的兴起，图拉的诞生，都起到了削弱特奥蒂瓦坎影响范围的作用，使它从一个泛中美洲的霸主沦落到仅能控制墨西哥谷地……结果是它的权势大幅缩减，很快衰退直至崩溃……作为其统治基础的构成要素在新形势下也跟着改变。地区的联系得到强化，权力中心从一个转向另一个，古典和后古典期间的某

（上下两幅）图2-209科瓦球场院-1。端头近景

些过渡现象正是由此而来”[21]。

霍奇卡尔科位于半干旱地区，该地区及其附近的居民可能对公元9~10世纪托尔特克文明的形成做出了重要贡献。这是个位于山顶的宗教礼仪中心，重要遗迹位于几个大小不等的山头上，原来还有大道相连。城址是设防的，但发掘中并没有武器出土。山顶较为平坦并修整成台地，形成由一系列阶梯状平台、院落和空地组成的相当规则的网格（总平面：图2-190~2-194；复原模型：图2-195、2-196；卫星图及俯视全景：图2-197~2-200）。主要建筑群布局如巨

（上）图2-210科瓦 球场院-1。边墙近景

（中及下）图2-211科瓦球场院-2。边墙全景

大的卫城，南北向延伸约1200米，东西向700米。主要轴线正向布置。北部、西部和东部三个不同的组群占据了山肩部位，其间通过带铺地的堤道和空地联系。北边最高处为一带雕饰的平台。东部一组沿着一条向南带铺砌的道路排成一列（地面向南逐渐下降）。

（上下两幅）图2-212 科瓦 球场院-2。端头近景

（上）图2-213科瓦 球场院-2。边墙近景

（下）图2-214霍奇卡尔科 博物馆内展出的球环

位于西面的拉马林切丘台为一个庞大的截锥基台，该组建筑包括一个球场院、一个配有发汗浴室的住宅组群和一个金字塔平台（后者沿着平坦的东西空场布置）。球场院是依前古典时期中叶习俗举行游乐竞技活动的场所。霍奇卡尔科和曼萨尼拉，均属中部高原地区最早建造"I"型球场院的城市。在中美洲其他地区，这是从前古典时期开始就通用的形式，但直到现在，在墨西哥高原古典时期的大都会特奥蒂瓦

（上）图2-215霍奇卡尔科鹦鹉头像（可能856~1168年，高56.5厘米，宽43.5厘米，厚3.8厘米；现存墨西哥城国家人类学博物馆）

（下）图2-216霍奇卡尔科建筑C。平面及剖面（据Marquina，1964年）

坎尚未发现这类场地，因而霍奇卡尔科的这个球场院很可能是墨西哥中部留存下来的这类建筑的最早实例（图2-201~2-204）。在遗址的东面和北面，还引人注目地布置了另两个球场院（东球场院：图2-205；北球场院：图2-206、2-207）。自前古典末期便和玛雅地区保持着文化联系的霍奇卡尔科，显然是从那里学会了建造这种场地。它已很接近古典时期玛雅的球场院[后者位于科瓦（图2-208~2-213）、彼德拉斯内格拉斯和科潘各地，配有竞技所需的倾斜墙面；在托尔特克统治时期的图拉，人们再次采用了这样的形式并具有同样的规模]，但在尺寸上有别于彼德拉斯内

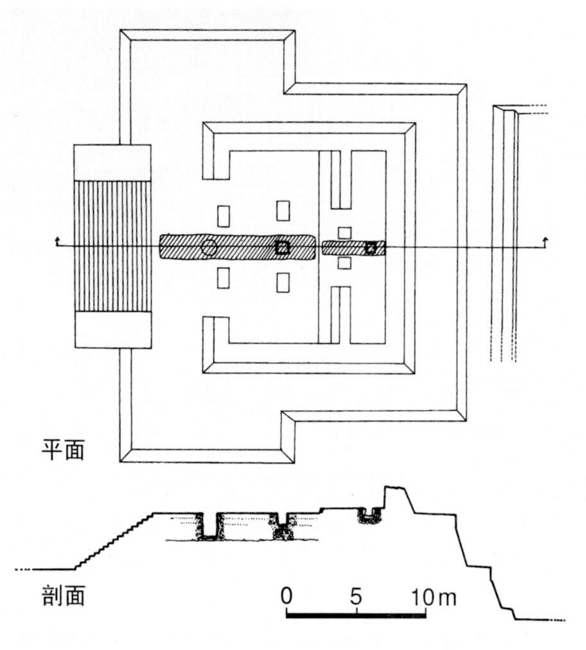

（上）图2-217霍奇卡尔科 建筑C。现状外景（西北面俯视景色）

（下）图2-218霍奇卡尔科 中央广场及建筑D。东北面俯视全景（广场中央为“双字碑”，右侧即建筑D）

格拉斯和科潘的类似场院（尽管霍奇卡尔科场地上一对石环的雕刻和作为科潘标志的优美鹦鹉雕像完全不同，但在霍奇卡尔科可看到另一种同样优美的鹦鹉头像，很可能和科潘的有一定的联系，图2-214、2-215）。

连接球场院和西部金字塔平台的是一条宽20米的堤道，其北侧有一排圆柱形平台结构的基础，共20个，可能是祭坛或台柱（见图2-193）。靠近中部为

（上）图2-219霍奇卡尔科 建筑D。东北侧俯视景色

（下）图2-220霍奇卡尔科 建筑D。东南侧地段全景

一组采用方形网格并由四个院落组成的住宅基础（其地面向东南方向倾斜）。组群内包括带平台凳的内部房间，类似玛雅中部发汗浴室的配置。在卫城脚下，还发现了一些可能通向其他城市的道路遗迹；与中心相连的朝东和朝南的主要道路可能还有防卫设施。

位于主要轴线上自南面穿过城市的笔直大道，在越过几个不同高度后，抵达一个小广场，按J.E.阿尔杜瓦的说法，它是“构成建筑群最后要素的主要广场的‘前室’”。和阿尔万山建筑师所创造的那种封闭的透视景色不同（见图5-16~5-24），霍奇卡尔科的

（上下两幅）图2-221霍奇卡尔科 建筑D。自广场东面望去的地段全景（前景为“双字碑”，广场因此又名“双字碑”广场）

建设者“利用山坡地带创造富有变化的景观和一系列通向主要广场的建筑。几乎所有的建筑都布置在朝人工旷场内部并退后的地段上……像看台那样，可欣赏位于下面的城市和乡村其他区段的壮美全景”[22]。图2-203所示即自东北方向望去的拉马林切丘台和宏伟的球场院景色。

除了一个简单的天文台和几个围绕着拉马林切巨大基台的宫殿外（其中一座宫殿内有一个令人感兴趣的公共蒸汽浴室），霍奇卡尔科的众多神殿都已经过考察和部分修复。它们通常都有一个简单的截锥金字

（上下两幅）图2-222霍奇卡尔科建筑D。东侧全景（上图前景为“双字碑”）

塔式的基座，基座下部墙体倾斜，上部从与台阶交会处开始几近垂直，如中央广场（实为前广场）上的建筑C（图2-216、2-217）。和它相对的建筑D具有宽阔的内部空间，后者通过两根砌造的柱墩朝向外部（图2-218~2-222）。立面仅存基部，倾斜的下部墙体显然是与基座部分呼应。霍奇卡尔科一些纪念碑上雕刻

的程式化的神殿形象，使人们可以相当准确地复原这类建筑的外观。

大金字塔（结构E）坐落在中央广场北面，俯瞰着整个组群（图2-223~2-229）。城市主要广场位于它后面更高的台地上。广场南端布置了一座比建筑C和建筑D规模更大、在各类要素的配置上也更为复杂的所谓石碑殿（因1961年在它的地下和壕沟里发现埋着的三块雕饰丰富的石碑而得名，图2-230、2-231）；它围着一个高起的庭院布置，后者通过一个由柱墩支撑的廊道朝向外部；圣所位于基座上，其线脚显然是来自阿尔万山习见的形式（见图5-51）。这种线脚看来是一种过渡形态，介于古典萨巴特克建

（上）图2-223霍奇卡尔科 大金字塔（结构E）。东南侧全景

（下）图2-224霍奇卡尔科 大金字塔（结构E）。南侧全景

（上）图2-225霍奇卡尔科 大金字塔（结构E）。西南侧近景

（下）图2-226霍奇卡尔科 大金字塔（结构E）。西北侧近景

筑的裙板和后古典早期托尔特克和玛雅-托尔特克建筑中流行的一种变体形式之间。

石碑殿北面主广场东侧为一些重要宅邸建筑（图2-232）。它们和广场对面地势更高处卫城上的建筑（图2-233、2-234）遥相呼应，形成广场的东西边界。

广场上最引人注目的建筑无疑是北部轴线相交处带雕饰平台的羽蛇神殿（平面及立面：图2-235、2-236；外景：图2-237~2-242；近景：图2-243~2-250；浮雕细部：图2-251~2-256；内景：图2-257）。这是霍奇卡尔科最令人感兴趣的圣殿，也是整个墨西哥高原前哥伦布时期建筑的瑰宝之一。它在地势最高的主要广场上占据了一个关键位置，构成了人们注意力的中心，在规划上显然有独到的考虑。在面积为19.6×21米的坚实平台上尚存一个方形内殿的墙体（屋顶已失），入口位于西侧，通向它的台阶栏杆上

（上）图2-227霍奇卡尔科 大金字塔（结构E）。顶部平台（自北面望去的景色）

（下）图2-228霍奇卡尔科 大金字塔（结构E）。自顶部向西南方向望去的景色（台地角上可看到建筑D）

（上）图2-229霍奇卡尔科 大金字塔所在台地西侧廊道残迹

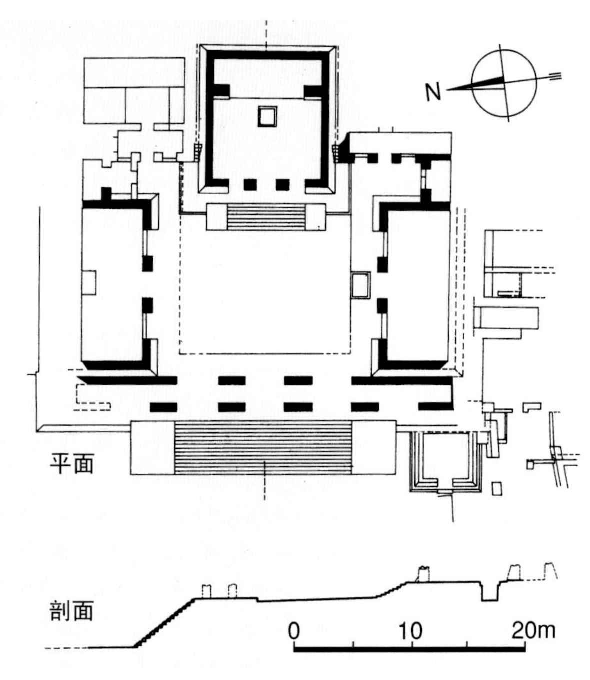

（下）图2-230霍奇卡尔科 石碑殿。平面及剖面（据Marquina，1964年）

雕有蛇的形象。由岩石和泥土构成的平台外覆切割精细及带雕刻的安山岩块体。平台剖面的设计考虑到远视的效果，虽然包含了通常的斜面和裙板部分，但通过一个断面向上倾斜的优雅檐口加以扩展。由此形成的比例关系和特奥蒂瓦坎建筑完全不同。在霍奇卡尔科，裙板和斜面的比值是4∶9，而在特奥蒂瓦坎，通常的比例接近3∶8。更高的斜面和在它们之间的倾斜檐口将裙板降格为檐壁。由于取消了特奥蒂瓦坎那种造型极为突出的裙板框架，斜面的地位得到进一步的增强。这种不同寻常的形体组合赋予建筑独特的外廓，成为霍奇卡尔科乃至整个中美洲的惟一例证。从远处望去，平台的凹面垂向廓线表现得极为清晰，雄浑粗大、充满力度，和特奥蒂瓦坎那种位于阴影层上的长条平板效果完全异趣。在霍奇卡尔科，雕刻被赋予了更重要的地位；造型突出的雕饰进一步为外墙注入了生气和活力。而在特奥蒂瓦坎，雕刻从来没有干预或降低建筑的构造效果。在这里，主要的造型构图占据了斜面而不是裙板，后者仅展现小的矩形场景。内殿外部按同样的方式布置，只是如今已严重残毁。

浮雕的空间序列有些类似折叠式手稿的页面。浮雕上尚有着色的痕迹（有红色、绿色、黄色、蓝色、黑色和白色），在这点上，也颇似手稿。之后它们又被涂上了一层单一的红色。平台斜面划分得好似八个页面，每个均为长方形，内置一条饰有羽毛、身体呈波浪状沿斜面行进的响尾蛇（见图2-236，其后背凹下处有六个戴动物头饰、取坐姿的人物）。斜面上的檐壁板分成好似页面的30个长方形隔间，每个内部雕一坐着的武士和一些图案符号，自背立面中央开始，分别面向左方和右方，形成两个序列围绕平台，直至

（上）图2-231霍奇卡尔科 石碑殿。西北侧俯视景色

（下）图2-232霍奇卡尔科 结构6（位于主广场东南角）。残迹现状

（上下两幅）图2-233 霍奇卡尔科 卫城。宫邸，主要厅堂残迹现状

台阶两侧中止。内殿斜面处布置一系列类似的坐像，自后墙处起始，至台阶两侧结束。只是在这里，人物成对布置，每对之间以历法符号分开。这20个祭司（也可能是神祇）每个都戴着球根状的头巾，手持一扇形物（可能如玛雅和阿兹特克图像那样，用于标示高贵的身份）。在各区，坐着的人物可能都是相应时

（上）图2-234霍奇卡尔科 卫城。宫邸，西部辅助房间现状

（下）图2-235霍奇卡尔科 羽蛇神殿（主金字塔，公元900年前）。平面及侧立面（1∶200，取自Henri Stierlin：《Comprendre l' Architecture Universelle》，第2卷，1977年）

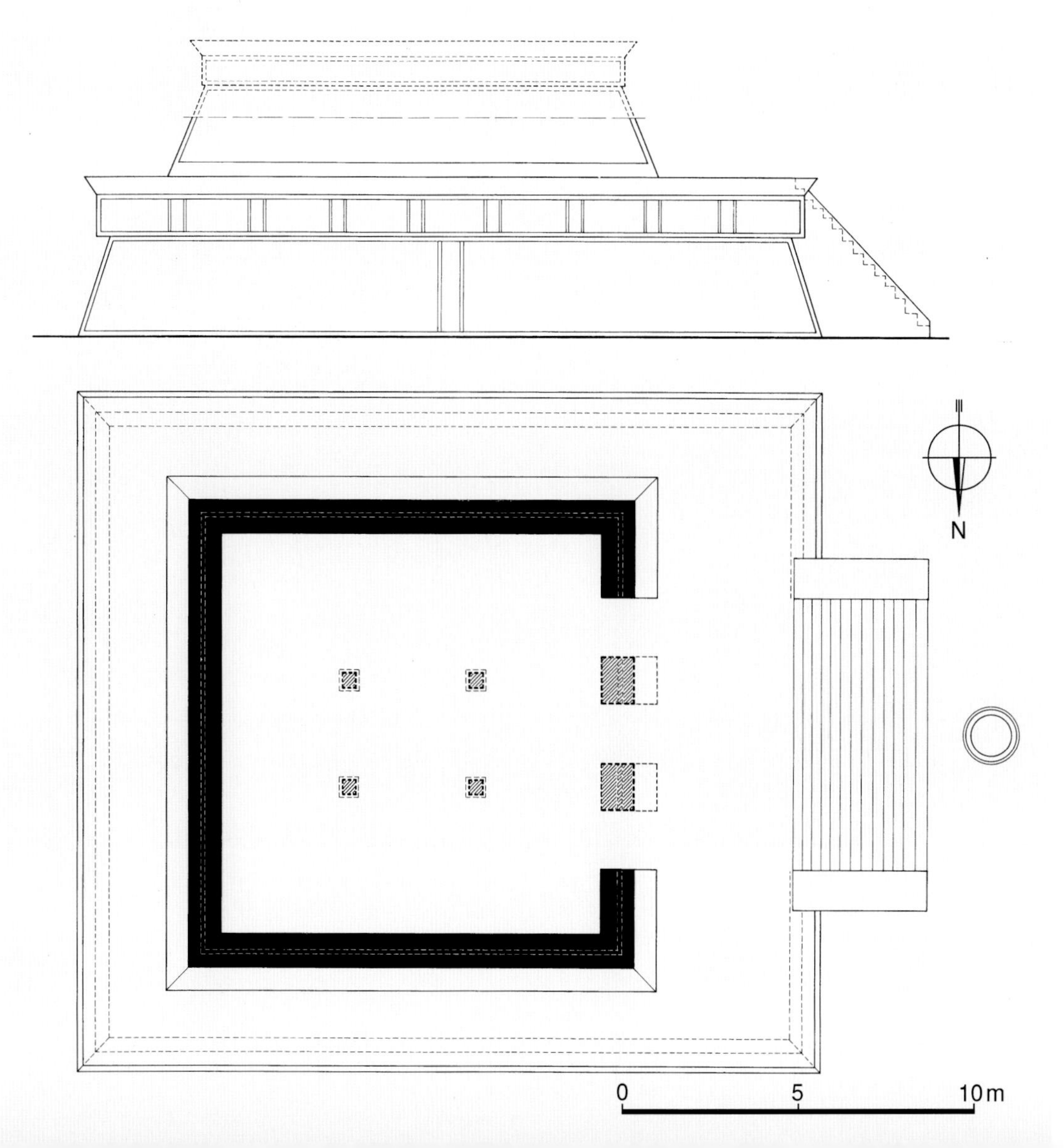

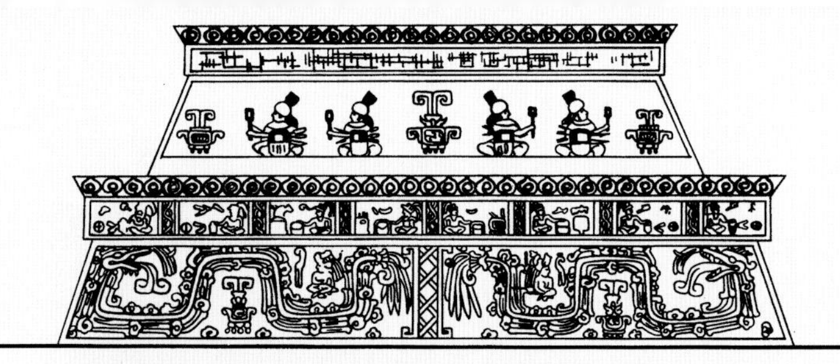

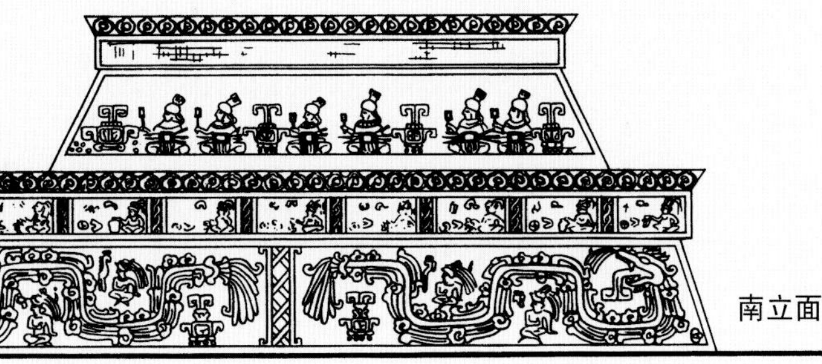

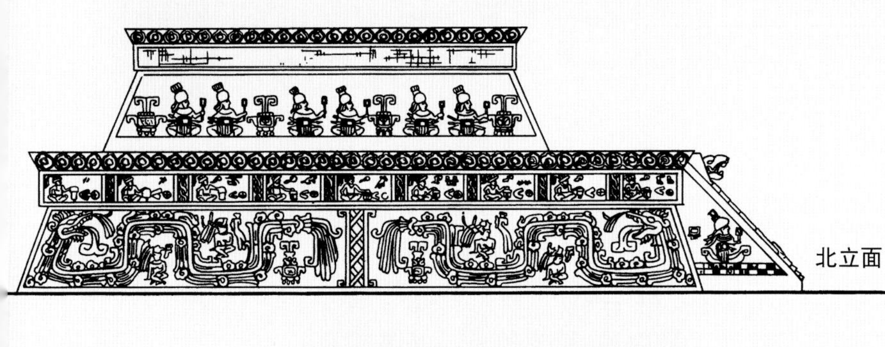

（左上）图2-236霍奇卡尔科 羽蛇神殿。立面图（取自George Kubler:《The Art and Architecture of Ancient America，the Mexican，Maya and Andean Peoples》，1990年）

（右上）图2-237霍奇卡尔科 羽蛇神殿。外景（局部，版画，取自J.G.Heck:《Heck's Pictorial Archive of Art and Architecture》，1994年）

（下）图2-238霍奇卡尔科羽蛇神殿。西侧全景（自卫城上望去的景色）

间区段的保护神（各区段由边上的象形文字标示）。内殿墙面上戴头巾的人物和科潘2号祭坛上的众多形象颇为相像。

这座神秘的建筑可能是在标志着中美洲两种历法（即365天的太阳历和260天的宗教历）相重合的52年周期节庆时为举办新火仪式而建（和羽蛇相伴的有祭

（上）图2-239霍奇卡尔科 羽蛇神殿。西北侧全景

（下）图2-240霍奇卡尔科 羽蛇神殿。南侧景观

司兼天象学家，以及象形文字和新火仪式的象征符号等）。它标志着混沌宇宙中一次生命的新轮回，人类社团则背负满足诸神需求的重任，需要以不断的苦行和牺牲来供养他们，以避免随时可能降临的末日灾难。据铭文记载，霍奇卡尔科的统治者为了庆祝这新的轮回，约公元750~800年，在这里召开了一次有中

美洲所有部族重要天文学家代表参加的大会，集中了玛雅的各路精英（这些人物在版面构图上占有重要的地位）。许多证据表明，在会议结束的时候，通过了一种新的历法（主立面上的一位重要人物出示了一份显然经过修改的历法）。

由于处在各种文化潮流相汇合的独特地理区位，

本页及左页：
（上两幅）图2-241霍奇卡尔科 羽蛇神殿。东南侧景色

（下）图2-242霍奇卡尔科 羽蛇神殿。东侧全景

霍奇卡尔科的石碑雕刻具有重要的价值。这类碑刻在玛雅人那里非常普遍，瓦哈卡地区也经常可见，但在特奥蒂瓦坎则很难看到。在石碑殿出土的三块石碑（图2-258、2-259）被认为是墨西哥中部地区已知最早的真正石碑（可能早至霍奇卡尔科II期，即在公元700年前）。它们直观地表明了霍奇卡尔科在古典后期和后古典早期作为各地区文化联系纽带的作用。其中1号和2号碑以特奥蒂瓦坎、图拉和奇琴伊察习见的美洲豹-蛇的面具构成框架，其内置人像。3号碑表现戴护目镜的雨神（特拉洛克）。在这里，既可看到特奥蒂瓦坎古典时期的图像、玛雅及萨巴特克铭文中习用的神像及其他象征图案，也可看到后古典时期墨西哥高原、瓦哈卡和墨西哥湾沿岸地区居民特有的象形文字及符号（每块碑在侧面及背面均刻这类象形文字，记载名称、地点、缘由及日期，使人想起古典时期的玛雅及阿尔万山的铭刻）。

在霍奇卡尔科，还有些纪念碑主要用于矫正历法。当所用的历法经过重要修改，石碑上的数据不再被认为有用的时候，这些石碑就被涂成红色（代表死亡的颜色），然后被打碎和埋葬（所谓“杀死”仪式，以避免它继续发挥效用）。

由于在危地马拉高原的卡米纳尔胡尤，和古典早期的玛雅遗迹一起，同样发现了特奥蒂瓦坎风格的建筑（根据放射性碳测定，建于公元500年前；见图8-343、2-101之2），说明在古典时期前半叶，在美

本页及左页：

（左上、中上及左下）图2-243霍奇卡尔科 羽蛇神殿。西北侧近景

（右上）图2-244霍奇卡尔科 羽蛇神殿。北侧东端近景

（右下）图2-245霍奇卡尔科 羽蛇神殿。东北侧近景

洲中部，特奥蒂瓦坎已占据了主导地位（同时期的陶制品也证实了这一点，如危地马拉埃斯昆特拉地区蒂基萨特的陶器，图2-260）。然而，出人意料的是，在霍奇卡尔科，人们看到的情况却相反，它和墨西哥峡谷地区的关系并不密切，反而和韦拉克鲁斯及古典时期的玛雅建筑（特别是彼德拉斯内格拉斯）有一定的关联。早期居民所用的古代陶器，是在墨西哥整个南部和东部以及在玛雅南部和中部地区均可看到的一种类型。从这些陶器上看，霍奇卡尔科似乎是玛雅文化西北边界的前哨，和它既有历史的渊源又有地理的

（上）图2-246霍奇卡尔科羽蛇神殿。东侧北部近景

（中）图2-247霍奇卡尔科羽蛇神殿。东侧南部近景

（下）图2-248霍奇卡尔科羽蛇神殿。南侧东端近景

关联，完全不同于特奥蒂瓦坎。和玛雅地区的联系通道看来主要是通过格雷罗州和沿着海湾岸线。

从类似科潘的球场院，小金字塔上表现蛇、玛雅人物和象形文字的精美浮雕以及显露出各种外来影响的石碑（碑上有象形文字和来自纳瓦特尔、玛雅和萨巴特克文化的大量浮雕）上，同样可觉察到来自玛雅地区的这种影响。鉴于其风格类似瓦哈克

（上下两幅）图2-249霍奇卡尔科 羽蛇神殿。南侧西部近景

本页：

（上）图2-250霍奇卡尔科 羽蛇神殿。西侧南端近景

（下）图2-251霍奇卡尔科 羽蛇神殿。南侧东部浮雕细部（从坐像华丽的羽毛头饰上可看到玛雅风格的影响）

右页：

图2-252霍奇卡尔科 羽蛇神殿。南侧西端浮雕细部

通、埃尔塔欣和彼德拉斯内格拉斯这样一些低地遗址，说明在公元500~900年左右，低地玛雅风格已在这里占据了支配地位。也就是说，在墨西哥中部和古典时期玛雅地区的关系中，出现了一种倒流的现象。遗址上出土的韦拉克鲁斯物品则进一步证实了它和墨西哥海湾地区的联系。

[附：卡卡斯特拉的壁画]

和霍奇卡尔科类似的另一个山顶聚居地是位于特拉斯卡拉西南的卡卡斯特拉，它是普埃布拉-特拉斯卡拉地区西部一个重要建筑遗址，位于连接特拉斯卡拉和墨西哥谷地的交通大道上（建筑群平面：图2-261、2-262；遗址区现状：图2-263~2-266）。1975年，在这里发现了一批重要的壁画（图2-267~2-278）。神殿门道和相邻平台基部的绘画成于公元750年前，表现超自然的生灵和48个几乎足尺大小的人物之间的战斗（见图2-269）。相关残片属特奥蒂瓦坎II期，根据放射性碳检测和图像考证，其年代应在公元800年左右。表现战争的壁画上可看到战胜者与牺牲者两类形象（见图2-270）。壁画采用了八种颜色，包括蓝色的底面，参与绘制的至少有四人。

这些壁画（特别是南墙和侧柱上的）给人的印象是些极为纯正的古典玛雅风格作品，由于某种无法解释的原因被移植到墨西哥内地。尽管通过深入的研究尚能辨认出一些来自其他传统的要素，但这第一印象无疑占有最大的份额。和特奥蒂瓦坎那些因循守旧的做法不同，这些壁画中呈现出来的玛雅“情趣”包括：力求再现真实的视觉形象和使画面充满动态和活力，特别表现在灵活、优雅和自然的体态，明显效法玛雅艺术的外形轮廓以及像仪式棍杖（两端头饰蛇头）这样一些细部上。画风颇似古典后期乌苏马辛塔地区的花瓶和壁画。是否有玛雅的画师参与工作尚无法确定，但从其折中和调和的特征上看，想必参照了玛雅和一些其他地区的范本（该地长期以来和普埃布拉谷地来自海湾地区的奥尔梅克-希卡兰卡人有所联系）。

（上）图2-253霍奇卡尔科 羽蛇神殿。西侧北端浮雕细部

（下）图2-254霍奇卡尔科 羽蛇神殿。北侧西端浮雕细部

（上下两幅）图2-255霍奇卡尔科羽蛇神殿。东侧中部浮雕细部

在霍奇卡尔科我们已经看到，在古典时期的这个最后阶段（大体和特奥蒂瓦坎的衰落相吻合），除了其他一些特色外，特别值得注意的是还可觉察到一种来自中美洲各地区文化要素的融会现象。在同一时期（约公元750年）卡卡斯特拉的这些壁画上可看到类似的表现（尽管方式有所不同），其中包含了可在霍奇卡尔科、韦拉克鲁斯、特奥蒂瓦坎和玛雅低地见到的各种风格。门廊壁画使人想起同时期博南帕克的风格并用了特奥蒂瓦坎样式的框架，象形文字类似霍奇卡尔科和阿尔万山的表现，门侧的红色灰泥浮塑则与

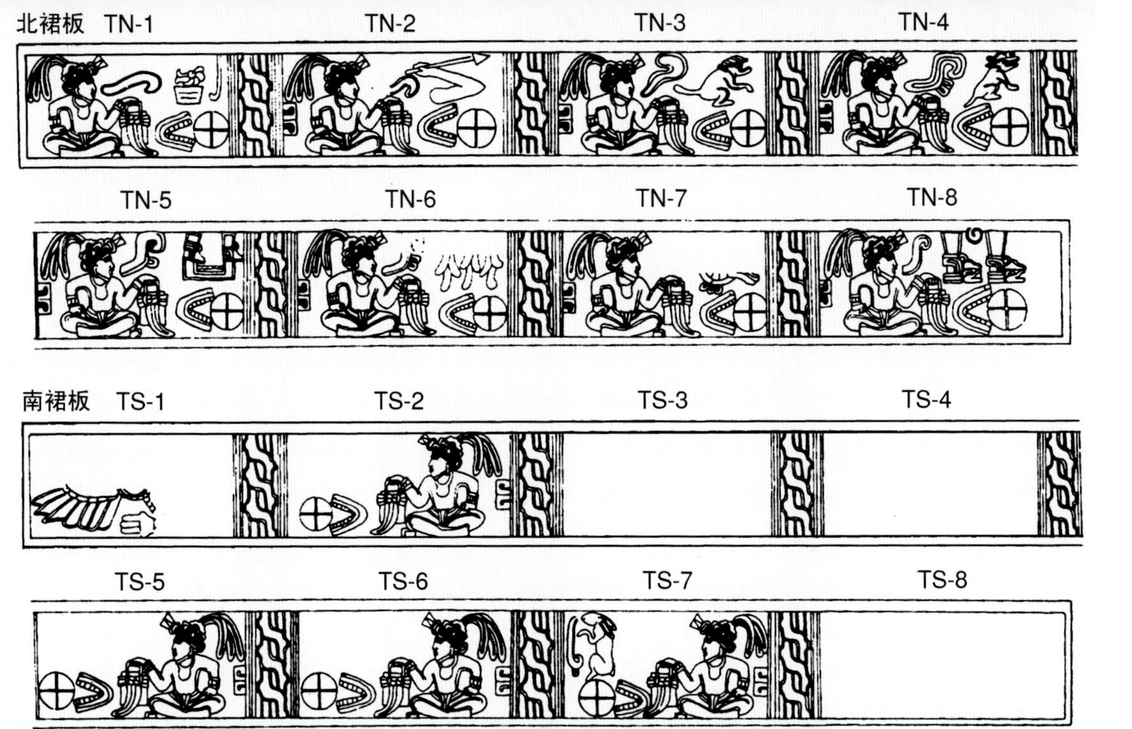

（上）图2-256霍奇卡尔科 羽蛇神殿。南北裙板雕刻（据Peñafiel，1890年；坐着的人物手持口袋并具有风雨神特拉洛克的特征，面前的符号可能是被霍奇卡尔科征服的地名）

（中）图2-257霍奇卡尔科 羽蛇神殿。现状内景

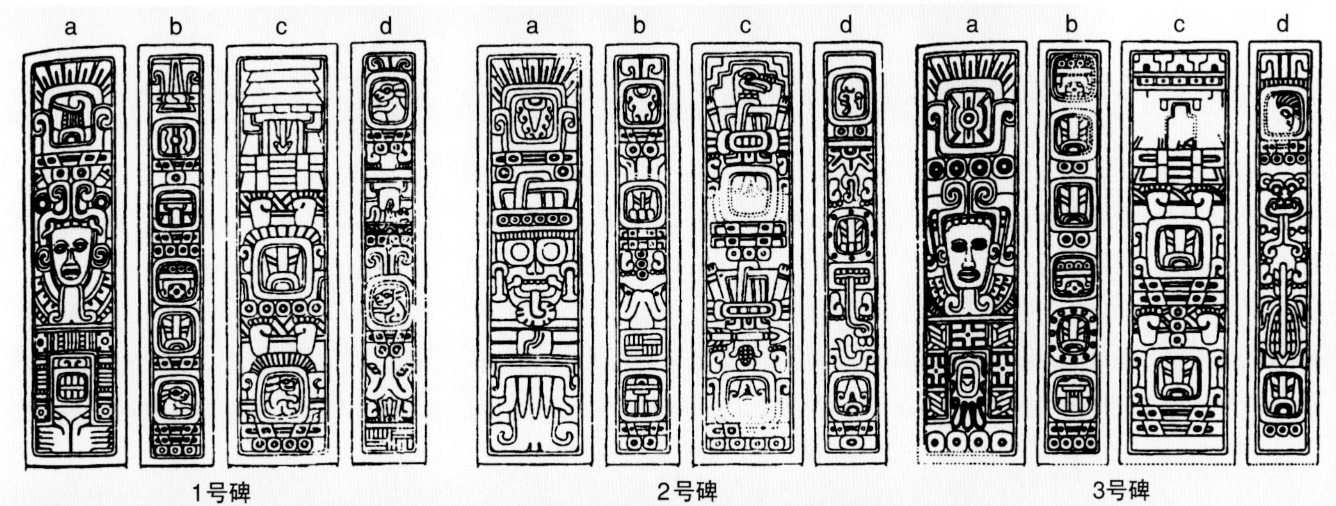

（下）图2-258霍奇卡尔科 石碑殿（结构A）。石碑组群，雕刻立面图[分别表现霍奇卡尔科的三位神祇；据Sáenz（1961年）和Berlo（1989年）]

（上）图2-259霍奇卡尔科石碑殿。石碑组群（现存墨西哥城国家人类学博物馆，自左至右分别为1号、2号及3号碑，背景处为霍奇卡尔科羽蛇神殿复原模型）

（下）图2-260蒂基萨特 香炉盖（彩绘陶土，公元400~600年，高48厘米，宽52厘米，私人藏品；可明显看到特奥蒂瓦坎对危地马拉高原地带和临太平洋山区的影响）

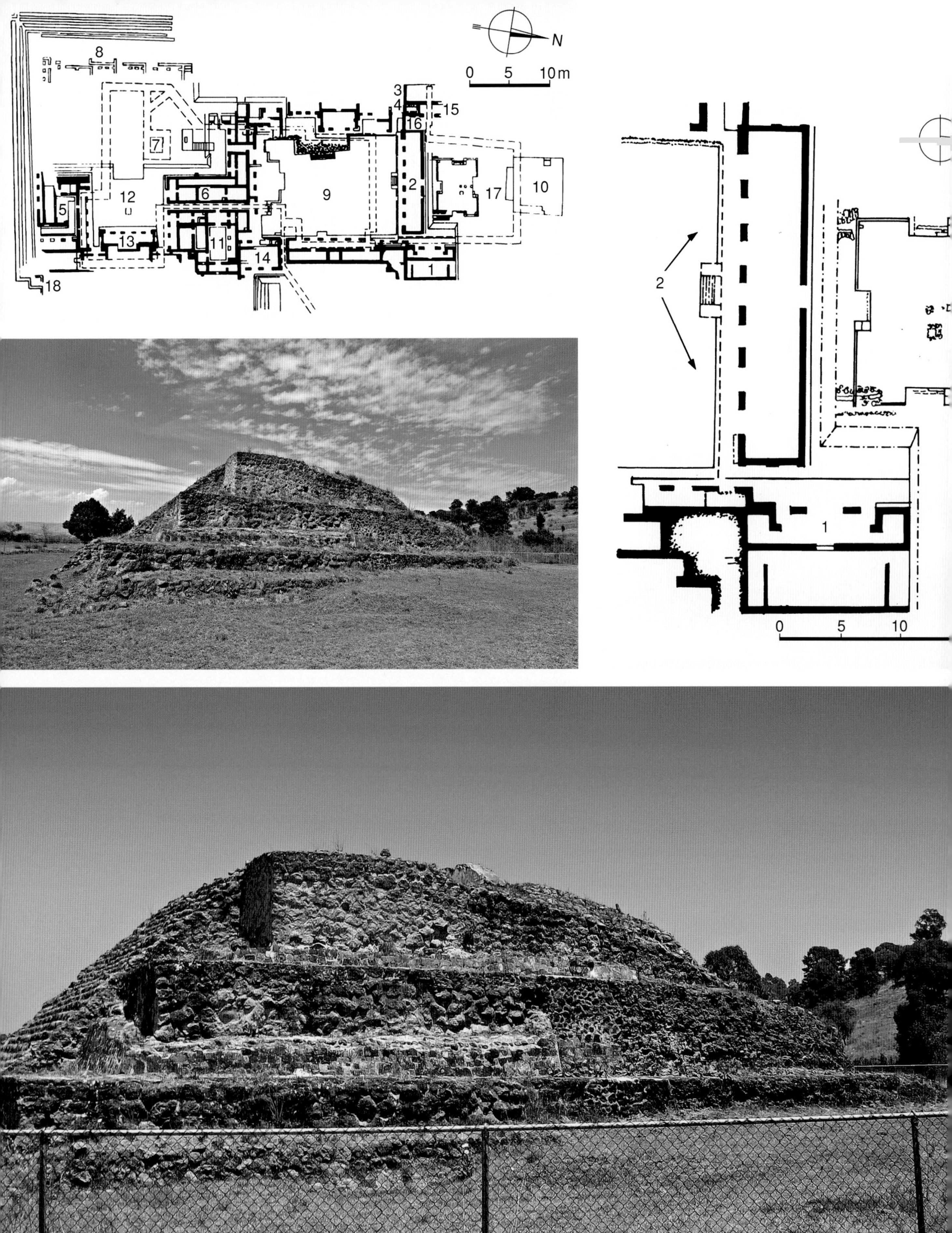
N
0 5 10m
1
2
3
4
5
6
7
8
9
10
11
12
13
14
15
16
17
18
0 5 10

左页：

（左上）图2-261卡卡斯特拉 遗址总平面，图中：1、建筑A，2、建筑B，3、建筑C，4、建筑E，5、建筑F，6、宫殿，7、红神殿，8、金星神殿，9、北广场，10、丘台Y，11、菱院，12、祭坛院，13、柱廊，14、柱厅，15、“兔堂”，16、嵌板廊，17、下沉式院落，18、台阶

（右上）图2-262卡卡斯特拉 带壁画的神殿A（图中1）和坡面（2）平面（公元900年前，图版取自George Kubler:《The Art and Architecture of Ancient America，the Mexican，Maya and Andean Peoples》，1990年）

（左中及下）图2-263卡卡斯特拉 遗址区现状（金字塔）

本页：

（上）图2-264卡卡斯特拉 遗址区现状（台阶）

（下）图2-265卡卡斯特拉 遗址区现状（图示为保护残迹及壁画而建造的遗址棚）

埃尔塔欣的石雕交织图案相当接近。

为了更好地识别卡卡斯特拉壁画受到的各种影响，同样需要考察这个城市在这一时期和其他城市的联系，其中最主要的有下面即将介绍的乔卢拉城（其影响辐射到整个普埃布拉-特拉斯卡拉地区）和后面还要提到的瓦哈卡地区，可能还包括墨西哥海湾地带（在那里，埃尔塔欣正处于巅峰时期）。

二、乔卢拉

位于现普埃布拉州的乔卢拉，在墨西哥城以东约129公里处，两千年期间一直有人居住，年代上和特

（上）图2-266卡卡斯特拉 遗址棚内景（对面为建筑B，近景为建筑D）

（下）图2-267卡卡斯特拉 建筑B。基台部分壁画

奥蒂瓦坎部分重叠。它原是一个前古典时期的居民点，到古典时期，发展成一个充满活力的城市（遗址复原模型：图2-279~2-282）。其艺术和建筑在很大程度上受到特奥蒂瓦坎的影响，尽管在古典繁荣期，后者和普埃布拉地区的关系主要是在东面更远处的城镇有所表现（如曼萨尼拉和特卡马查尔科，在这些地

（上）图2-268卡卡斯特拉 建筑B。基台部分壁画，近景

（下）图2-269卡卡斯特拉 表现战斗场面的壁画（局部，位于台阶东面，公元900年前；图版取自George Kubler：《The Art and Architecture of Ancient America，the Mexican，Maya and Andean Peoples》，1990年）

方，发现了许多为特奥蒂瓦坎固有的产品）。这些城址均位于瓦哈卡州米斯特克人居住区的道路上，在特奥蒂瓦坎亦经常可看到瓦哈卡的陶器，这些事实进一步证实了这两个地区的紧密联系。

墨西哥人类学院陶瓷系前主任、考古学家弗洛伦西亚·米勒（1903~1985年）在论及乔卢拉的历史时指出，到公元前800~前500年，虽说仍有更新世的猎人在这个当时还是沼泽地的谷地内游猎（在那里已发现了猛犸的骨骼），但已出现了最早定居的居民，他们就住在现美洲大学所在的地方。乔卢拉的陶器类似莫

雷洛斯的奥尔梅克风格。位于后期特帕纳帕大金字塔附近的其他古代遗址，同样揭示了和墨西哥盆地特拉蒂尔科的奥尔梅克文化的密切联系。稍后（公元前200~前100年）的居住模式表明，已形成了一种村落文化，只是祭祀中心类似特拉帕科扬的形式，尚未城市化。在这个时期之后，公元100~200年间，开始出现了有组织的建筑活动。

到古典早期（公元200~450年），已有了城市化的表现，建造了包括金字塔-神殿在内的祭祀中心、广场及市政建筑。城市平面类似特奥蒂瓦坎，两条主

本页：

（上及中）图2-270卡卡斯特拉。壁画[约公元750年，位于建筑A门道南墙处，于红色底面上表现一个身体涂黑、踩在羽蛇身上戴鸟状头盔和长着鸟爪的人物（可能是风神），从面相上可看到玛雅人的明显特征]

（下）图2-271卡卡斯特拉博物馆内展出的建筑A壁画残段（复原）

右页：

图2-272卡卡斯特拉 壁画（墙头残段）

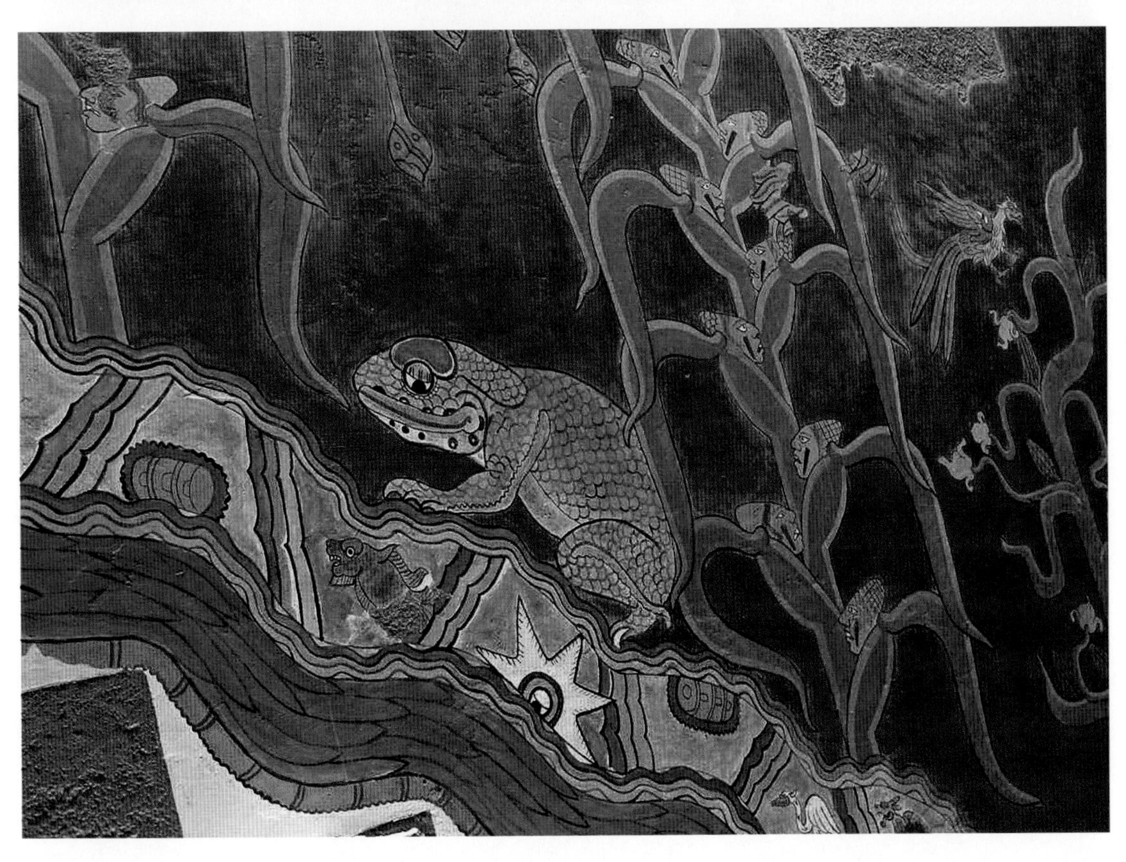

（上下两幅）图2-273卡斯特拉 壁画（楼梯口残段）及局部复原

要干道穿过市中心建造金字塔的地方。但和自中心向周边扩展的特奥蒂瓦坎相反，乔卢拉是随着新的建设项目从东向西发展，这是因为金字塔及其附属建筑建在早期湖泊的沼泽底部；当沉重的石头和黏土结构沉降越来越明显的时候，又采取了一些补救措施和局部填高；到古典中期（公元450~500年），新的祭祀中心搬到了西面，近代乔卢拉城所在的地方。

至公元700~800年，金字塔（弗洛伦西亚·米勒博士将它比作配有建筑、广场和宏伟台阶的卫城，和真正的金字塔相比，其平面显然更接近希腊的卫城）被祭司们遗弃，逐渐变为居住区，坚实的墙体被人们用来作为住宅的支撑。16世纪初西班牙人到来的时候，

遗址上尚有供奉魁札尔科亚特尔的大殿（现被圣方济各修道院占据）。在这个“卫城-金字塔”的一个建筑里，有一幅表现奠酒仪式的壁画，长50米，属古典早期。

城市如特奥蒂瓦坎那样，分为几个街区（barrios，在特奥蒂瓦坎，最初为四个）。农民利用运河及水渠进行灌溉，可能还建了覆盖湖泥的人工浮岛（chinampas）。早期乔卢拉的建筑和陶器主要以特

图2-274卡卡斯特拉 壁画（残段，表现一个踩在蛇身上、戴着美洲豹面具手持华丽权杖的人物）

（本页上）图2-275卡卡斯特拉 壁画（表现战斗场景，全画）

（本页中及右页上）图2-276卡卡斯特拉 壁画，图2-275细部

（本页下及右页下）图2-277卡卡斯特拉 壁画，残段及复原

（上及左下）图2-278卡卡斯特拉 壁画，细部

（右中）图2-279乔卢拉 遗址区复原模型（自西侧俯视景色：左为大金字塔，右上为祭坛院）

（右下）图2-280乔卢拉 遗址区复原模型（大金字塔及其西南侧建筑组群）

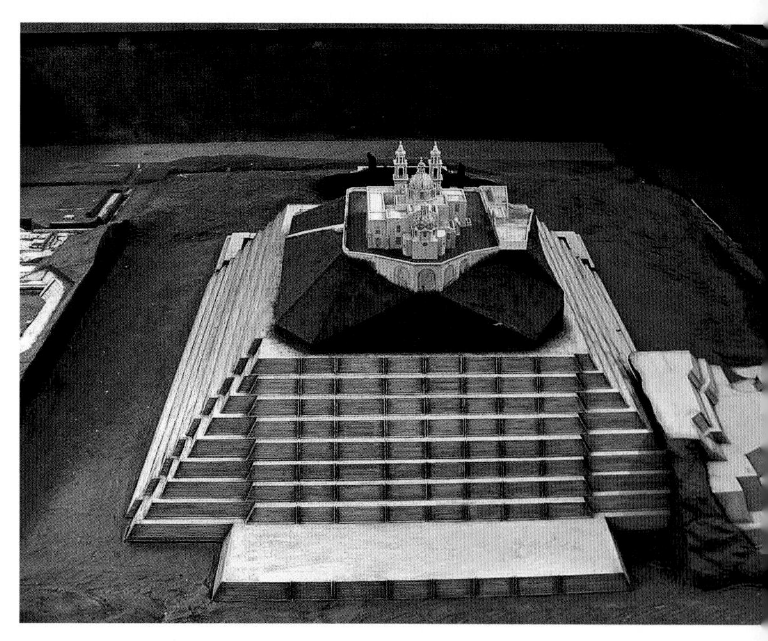

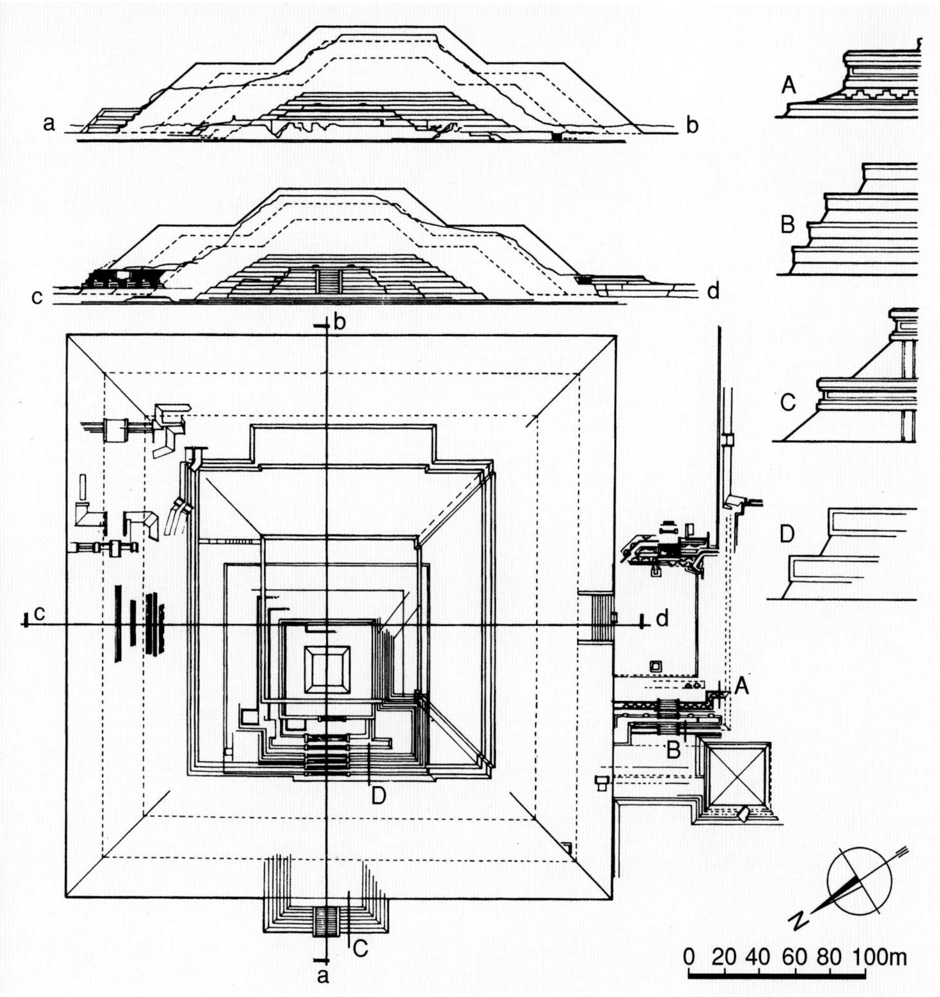

（左上）图2-281乔卢拉 遗址区复原模型（自南面望去的景色，左侧前景为祭坛院）

（右上）图2-282乔卢拉 遗址区复原模型（大金字塔背面，自东南方向望去的景色）

（下）图2-283乔卢拉 特帕纳帕大金字塔（卫城，约公元900年）。平面、剖面及核心部位裙板细部（取自George Kubler：《The Art and Architecture of Ancient America，the Mexican，Maya and Andean Peoples》，1990年）

奥蒂瓦坎为范本，但到公元500~700年，来自其他地区（墨西哥海岸的埃尔塔欣、瓦哈卡地区的阿尔万山和玛雅）的影响逐渐增大，如交织涡卷状的雕刻母题来自韦拉克鲁斯，某些基座的齿形装饰系效法瓦哈卡。玛雅的影响主要表现在广场的布置上：中心区逐渐扩大，在广场边上建造了礼仪、市政和居住建筑，为联系不同高度地面设置了台阶。在广场上，垂直的石碑和水平方向扩展的祭坛组合在一起，如蒂卡尔的样式。玛雅的影响同样表现在某些奢华的作风和葬仪习俗上：在霍奇特卡特尔附近的特拉斯卡拉，出土了

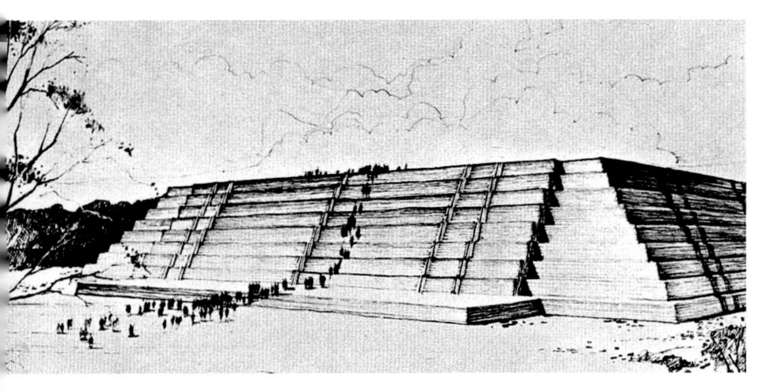

（左上）图2-284乔卢拉 特帕纳帕大金字塔。复原图（示最后阶段之一，据Pedro Dozal）

（左中）图2-285乔卢拉 特帕纳帕大金字塔。外景（约1834年的版画，上部为殖民时期建造的教堂；图版取自Mary Ellen Miller:《The Art of Mesoamerica，from Olmec to Aztec》，2001年，经改绘）

（下）图2-286乔卢拉 特帕纳帕大金字塔。现状远景（原属世界上体量最大的金字塔之一；由于乔卢拉人设伏袭击了自韦拉克鲁斯来的科尔特斯，后者下令拆除了金字塔和神殿，在基址上建造了一座教堂）

（右上）图2-287乔卢拉 特帕纳帕大金字塔。自西面望去的景色（前景为祭坛院西北侧建筑残迹）

一些镶嵌和锉过的牙齿，和前古典时期（约公元前600年）瓦哈克通和彼德拉斯内格拉斯等地的习俗类似。

到古典末期，乔卢拉地区发生了激烈的变化。卫城-金字塔几乎完全弃置（有迹象表明曾遭受大火）。近公元800年时，在陶器制作上，特奥蒂瓦坎传统的表现式微，而玛雅地区、墨西哥湾沿岸，特别

（左）图2-288乔卢拉 特帕纳帕大金字塔。基础近景

（右上）图2-289乔卢拉 特帕纳帕大金字塔。前塔（位于西北侧主立面前方，经修复），自东北方向望去的侧面景色

（右中）图2-290乔卢拉 特帕纳帕大金字塔。前塔，北侧转角近景

（右下）图2-291乔卢拉 特帕纳帕大金字塔。前塔，中央大台阶，自北面望去的景色

是瓦哈卡州的米斯特克人居住地区的影响则开始显露出来。

尽管弗洛伦西亚·米勒博士在她的陶器排序中将公元800~900年设为后古典时期的起点，但由于在中美洲的大部分地区，这一阶段仍然被认为属于古典时期，因此我们仍然将这一阶段放在本章中论述。在这一个世纪期间，在乔卢拉出现了两个新的传统：在希科滕卡特尔、特拉斯卡拉，其陶器类似墨西哥北面的大卡萨斯和美国西南的霍霍卡姆；另一种可能来自塔瓦斯科，具有高原米斯特克（haut-mixtèques）的特征。许多迹象表明，该地曾被奥尔梅克-希卡兰卡人

征服。有关这个部族的许多知识都是来自其葬仪习俗。在乔卢拉古典时期的祭坛内部，已发现了孩童的骸骨。这表明祭祀对象是雨神（很可能是特奥蒂瓦坎万能的特拉洛克神），因为孩童被认为是祭祀雨神的最佳供品。在奥尔梅克-希卡兰卡时期，第一次出现了把遗骸装进瓮里埋葬的做法，死者同样被埋在自家房屋的地下。这后一种习俗在墨西哥的某些地区仍然存在，如拉坎东斯人首领的墓就在他们自己的房屋下，此后，房子很快就被弃置。除了在特佩阿普尔科这样的边缘城市和危地马拉高原卡米纳尔胡尤这类遥远的殖民地，建筑仍然表现出纯粹的特奥蒂瓦坎风格外，在其他地方，这个神之城对建筑的影响已呈现出多种样式。在普埃布拉谷地，除了像卡卡斯特拉和曼萨尼拉这样一些遗址外，乔卢拉已发展成可和特奥蒂瓦坎媲美的大城市。作为宗教中心，其地位和重要性一直在不断提升，直到被西班牙人征服。

如今已成为废墟的乔卢拉特帕纳帕大金字塔，在公元2~8世纪期间经历了无数次扩建和加高，基底已扩展到400米见方（平面、剖面、细部及复原图：图2-283、2-284；外景版画及现状：图2-285~2-296）。在它的各个改建阶段[在发现的墙体残段中，包括被称为“嗜酒者”（Los Bebedores）的一段]，可看到来自特奥蒂瓦坎的那种古典“斜面-裙板”的综合运用。不过，占主导地位的仍是地方的变体形式，下面的斜面不仅更高，有的还呈内凹面（在中美洲，这样的形式很少见，详图2-298），在特奥蒂瓦坎式的裙板框架上额外加一个内线脚，形成两个粗大的线脚。这种形制可在新近发掘的与“人工山”（纳瓦特语Tlachihualtepetl）南翼相邻的祭坛院看到（图2-297~2-304）。在这里，三块刻有埃尔塔欣涡卷

左页：
（左上）图2-292乔卢拉 特帕纳帕大金字塔。前塔，西侧全景
（左中）图2-293乔卢拉 特帕纳帕大金字塔。前塔，西侧转角近景
（左下）图2-294乔卢拉 特帕纳帕大金字塔。前塔，西侧转角细部
（右上）图2-295乔卢拉 特帕纳帕大金字塔。前塔，西南侧转角与主体结构交接部分

本页：
（上）图2-296乔卢拉 特帕纳帕大金字塔。地下廊道，现状
（中）图2-297乔卢拉 祭坛院（东广场，公元200年前）。自西南方向望去的正面景色
（下）图2-298乔卢拉 祭坛院。正面东南侧近景（嵌板位于呈凹曲线并加内线脚的斜面上）

（Tajín scroll）的大石板形成构图中心，各面围以平台。曲线斜面上带阶梯状图案，这种做法同样可能来自海湾地区的建筑装饰（见图4-126），类似的曲线斜面在院落台地的连续重建中出现过好几次，显然是一种地方特色。在西面，裙板显然属古典时期的增建工程（按特奥蒂瓦坎风格，早期金字塔平面为矩形，面对落日方向）。在乔卢拉的下一个扩建阶段，采用了埃尔塔欣和托尔特克剖面（见图2-283，B）。

在乔卢拉建筑的各种表现中，需要特别指出的是地方建筑师在解决排水问题上的技巧（下大雨时，水会侵蚀到阶梯状的基台）。在特奥蒂瓦坎，月亮金字塔通过位于金字塔和靠着它的新基台之间的两条巨大的管沟排水（参见图2-53）。在乔卢拉，除了偶尔采用陶管外（其形式如无底的陶瓮，两头对接，埋在基部斜面内），还可看到布置在外部面层上清晰可见的一系列明沟，它们沿着倾斜的立面平行布置，把立面分成规则的区段并形成饰面的组成部分。在特帕纳帕大金字塔西面同样可看到这类管沟（见图2-290~2-293）。明沟所在基部的垂直裙板上采用了朴素的绠带饰，由大石块砌筑的基部在施工质量上完全可和特奥蒂瓦坎的羽蛇金字塔媲美。构成大金字塔中央主体

的上部叠置层位也采用了类似的明沟，突出了完全由阶台构成的基台的斜面（见图2-284）。

随着特奥蒂瓦坎的衰落，乔卢拉的权势迅速增长，很快成为中美洲最重要的市场和朝圣中心之一。到古典后期（公元700~800年），由金字塔-卫城构成的祭祀中心最后被弃置，在如今乔卢拉城所在的地方重建了宗教和世俗建筑。在前述目前圣弗朗索瓦修道院所在的地方建造了魁札尔科亚特尔圣所。

[附：乔卢拉后古典时期概况]

考古发掘证实，在后古典早期，乔卢拉已发生了许多变化。前述陶器上引进的两种新传统（一种来自墨西哥西北的希科滕卡特尔，另一种发源于塔瓦斯科和墨西哥海湾地区）显然和大量的可可贸易相关联。在尸骨的处理和葬仪习俗上同样可看到一些变化（如骨灰瓮的流行）。所有这些变化都表明乔卢拉此时已为奥尔梅克-希卡兰卡人征服，后者直到12世纪图拉陷落，托尔特克人入侵时方失去对这一地区的控制。

在后古典后期（1325~1519年），人们继续自最初的传统中汲取营养，但更为突出的还是来自米斯特克和墨西哥海湾其他地区的影响。大量的人祭证据（包括集体屠杀和残缺的尸骨）即属这一时期。身体各部分分葬的仪式也很盛行（在特拉特洛尔科可看到同样的做法）：头颅、手或脚、部分脊椎或身

（上）图2-299乔卢拉 祭坛院。北角现状（自东面俯视景色）

（中）图2-300乔卢拉 祭坛院。东南翼现状（自西北向俯视景色）

（下）图2-301乔卢拉 祭坛院。南角残迹现状（自南面场外望去的景色）

驱，均分开埋葬；死者通常都是18~30岁的青年。西班牙征服军首脑埃尔南·科尔特斯（1485~1547年，图2-305）及其随从于1519年从通向特诺奇蒂特兰的大道抵达乔卢拉时开始受到怠慢。虽说这位西班牙船长最后被邀入城，但他的主要部队只能待在城外。这些欧洲人很快就收到当时和他们结盟的特拉斯卡拉居民的警告，谓乔卢拉的邀请是城市首脑奉蒙特祖马二世（约1475~1520年）之命预设的圈套。科尔特斯当即攻城，占了奇袭的便宜，屠杀了上千居民。当时在科尔特斯麾下供职的贝尔奈·迪亚斯·德尔·卡斯蒂略（1492~1584年），在他记载征讨史的著作中如此描写这次屠杀前西班牙人看到的城市景色："位于肥沃平原上的乔卢拉城颇似（西班牙城市）巴利亚多利德，人口极为稠密；城市周围种植着玉米、辣椒和龙舌兰。城内有一个非凡的陶器作坊。陶器有三种颜色（黑、白和红），表现各种题材，它们被送往墨西哥和邻近的所有地区，如同（西班牙）卡斯蒂利亚地区塔拉韦拉和普拉森西亚的产品那样。在这个时期，市内有一百多个充当偶像崇拜神殿的白色高塔，其中有一个特别受到尊崇。主神殿要比墨西哥城的更高，各个建筑均布置在一个开敞院落上"[23]。

羽蛇神魁札尔科亚特尔可能是通过托尔特克人引进到乔卢拉，是城市的保护神，在这里（也只是在这里），可能还被视为商人的保护神。16世纪时，弗赖·迭戈·杜兰曾就这一问题写道："（羽蛇神，魁札

（上）图2-302乔卢拉 祭坛院。南角残迹现状（自西北方向望去的景色）

（中）图2-303乔卢拉 祭坛院。西角残迹现状

（下）图2-304乔卢拉 祭坛院。西北翼现状

图2-305埃尔南·科尔特斯（1485~1547年）像

尔科亚特尔）……是乔卢拉人的保护神，受到高度赞扬和尊崇，在举行祭奉大典之日，作为成功的商人，乔卢拉人要为这个被称为魁札尔科亚特尔（即商人之神）的神祇组织花费巨大的盛大节庆活动。为了超过其他的城市和表现全盛时期乔卢拉的繁荣和富足，他们不惜把一年赚到的钱财全花在这上面……如今（按：指1576年左右），乔卢拉的当地人继续从事各种商品的贸易活动，把产品一直推销到危地马拉和霍科诺奇科这样偏僻的地方，一如他们在古代的作为。这个魁札尔科亚特尔神在这个国家的所有村落里，都受到尊崇，在乔卢拉尤甚，在那里，他被供在一座高大宏伟的神殿里。”然而，就是在这个神殿的院子里，弗赖·迭戈·杜兰继续说到，“第一任瓦哈卡谷地侯爵埃尔南·科尔特斯，曾下令屠杀了500个本地人。他要求他们提供食物，而他们带给他的是烧火的木材。如此持续了三天，第三天，所有的人都被杀死。在这以后，（印第安人）不仅要为男人提供食品，还要为马匹喂食……”[24]

在乔卢拉，古代圣所是如此之多，以致西班牙人如在每个圣所处建一教堂，一共要建365个，即相当于一年期间每天建一座。这种说法看来可能性不大。不过，位于古代金字塔顶上的圣母济世教堂，确实如以往几个世纪期间魁札尔科亚特尔神殿那样，在庆典那天吸引了整个地区的信徒前来朝拜。

第二章注释：

[1]见George Kubler：《The Art and Architecture of Ancient America》，1962年。

[2]见Paul Gendrop和Doris Heyden：《Architecture Mésoaméricaine》，1973年。

[3]在判定年代上做出重要贡献的有Manuel Gamio（其著作《La población del valle de Teotihuacán，II》发表于1922年）、P. Armillas（《Runa，III》，1950年）等。1960和1972年，Rene Millon又根据一些新的发现进行了修正。

[4]见William T. Sanders：《Life in a Classic Village》，1966年。

[5]见Muriel Porter Weaver：《The Aztecs，Maya，and Their Predecessors》，1972年。

[6]见Román Piña Chán：《A Guide to Mexican Archaeology》，1971年。

[7]见William T. Sanders：《The Cultural Ecology of the Teotihuacán Valley，A Preliminary Report of the Results of the Teotihuacán Valley Project》，1965年。

[8]引自Fray Bernardino de Sahagún：《Florentine Codex，General History of the Things of New Spain》，1950~1969年。

[9]Paul Gendrop和Doris Heyden提供的数据；另据B.Fletcher基底为217米见方。

[10]见René Millon：《Extención y Población de la Ciudad de Teotihuacán en sus Diferentes Períodos：un Cálculo Provisional》，1966年。

[11]见Matthew Wallrath：《The Calle de los Muertos Complex：a Possible Macrocomplex of Structures near the Center of Teotihuacán》，1966年。

[12]见Jorge Hardoy：《Ciudades Precolombinas》，1964年。

[13]见Paul Gendrop和Doris Heyden：《Architecture Mésoaméricaine》，1973年。

[14]见Otto Schöndube：《Teotihuacán，Ciudad de los Dioses》，1971年。

[15]见Fray Juan de Torquemada：《Monarquía Indiana》，编者Salvador Chávez Hayhoe，1943年。

[16]见Jorge Hardoy：《Ciudades Precolombinas》，1964年。

[17]见Bruce Drewitt：《Planeación en la Antigua Ciudad de Teotihuacán》，1966年。

[18]除了鲜丽的大咬鹃（quetzal）羽毛外，在西班牙人占领之前的美洲部族眼中，玉石是最珍贵的材料。

[19]见George Kubler：《The Iconography of the Art of Teotihuacán》，1967年）。

[20]见Fray Diego Durán：《The Aztecs：the History of the Indies of New Spain》。

[21]见Jaime Litvak：《Xochicalco en la Caída del Clásico》，1970年。

[22]见Jorge Hardoy：《Ciudades Precolombinas》，1964年。

[23]见Bernai Díaz del Castillo：《The True History of the Conquest of Mexico》，1927年版。

[24]见Fray Diego Durán：《Books of the Gods and Rites and Ancient Calendar》，1971年。

第三章 墨西哥中部地区（后古典时期）

第一节 托尔特克文明

一、概况

[相关背景及传说]

公元900年前，一个半游牧的托尔特克部族，在首领米克斯科亚特尔（Mixcóatl，来自纳瓦特尔语mixtli—“云”和cóatl —“蛇”，意“云之蛇”）的率领下，入侵墨西哥谷地，加速了已经衰颓的古典文化的消亡。据说，在入侵中部地区时，米克斯科亚特尔深入到莫雷洛斯谷地，有天他和一位年轻的女子发生了纠纷，这位女子用手使他发射的箭转向，因此得名为奇玛尔玛（Chimalma，意“手盾”）。她的魔力令米克斯科亚特尔倾倒，遂娶她为妻，但几个月后她却因难产而故，米克斯科亚特尔也被一个篡位者杀死。他们的儿子[名为托皮尔辛（Topiltzin，“王子”），又名“芦苇”（Ce Acatl，为生日象征物）和魁札尔科亚特尔（羽蛇神大祭司）]由在特波斯特兰的祖父母养育并在邻近的霍奇卡尔科城随祭司受教育。托皮尔辛成年后，杀死了篡位者伊维蒂马尔，为父亲报了仇，并将米克斯科亚特尔的遗骸移葬到库尔瓦坎圣山处。米克斯科亚特尔就这样被神化成为猎神。已成为托尔特克人首领的托皮尔辛将都城自库尔瓦坎迁往图兰辛戈，之后又迁到图拉。

到天文学家云集霍奇卡尔科开会之时，托尔特克部族已抵达墨西哥谷地。他们当时被称为托尔特克-奇奇梅克人，意为“游牧者”，大概在特奥蒂瓦坎城市衰落之际，和这个神之城的居民成为邻居。在艺术

本页：
图3-1表现托尔特克武士形象的浮雕

右页：
（上）图3-2弗赖·迭戈·杜兰：《印第安史》（Historia de las Indias，1588年）插图：印第安酋长向科尔特斯赠送礼品

（下）图3-3图拉 总平面（公元1200年前，取自George Kubler：《The Art and Architecture of Ancient America, the Mexican, Maya and Andean Peoples》，1990年）

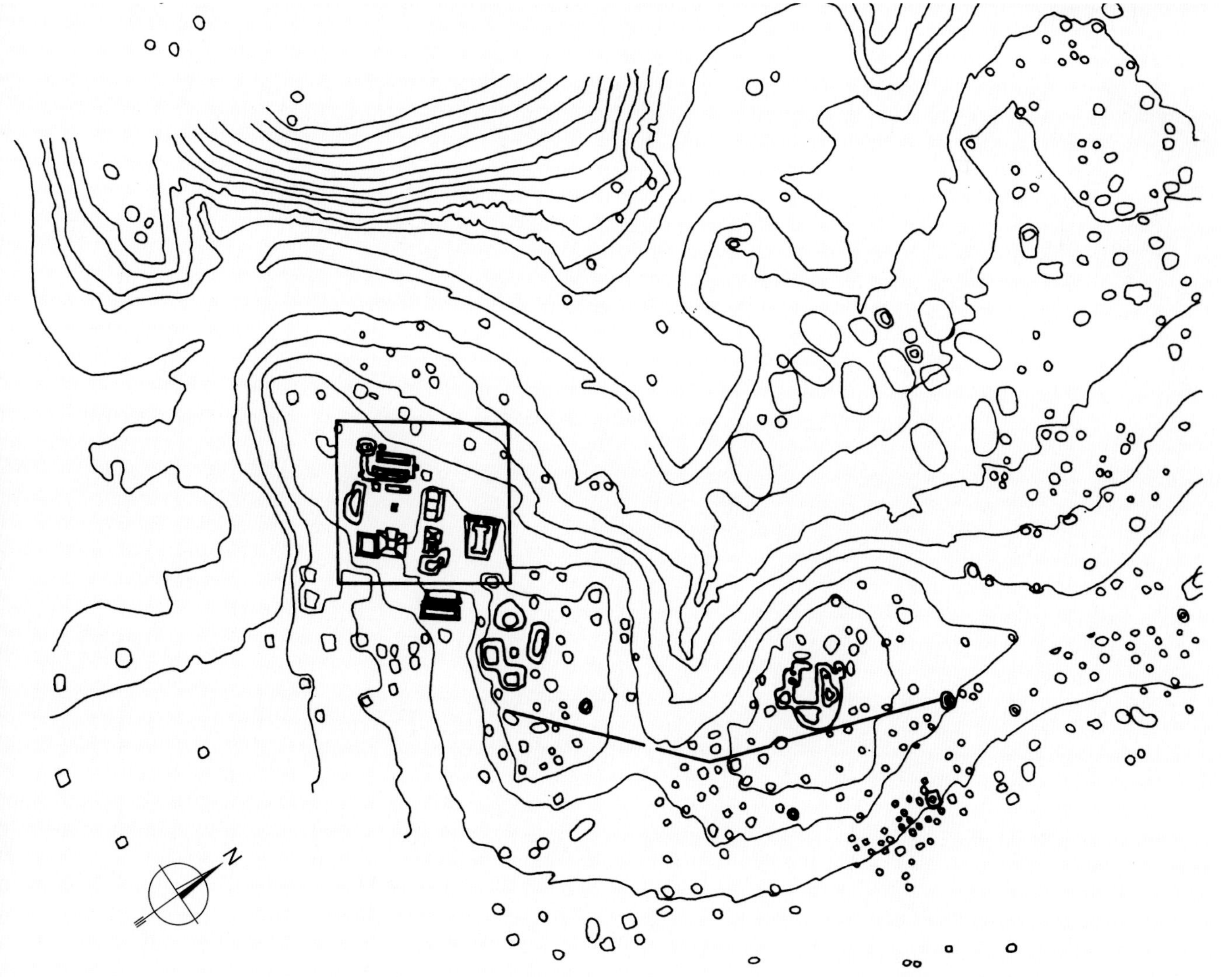

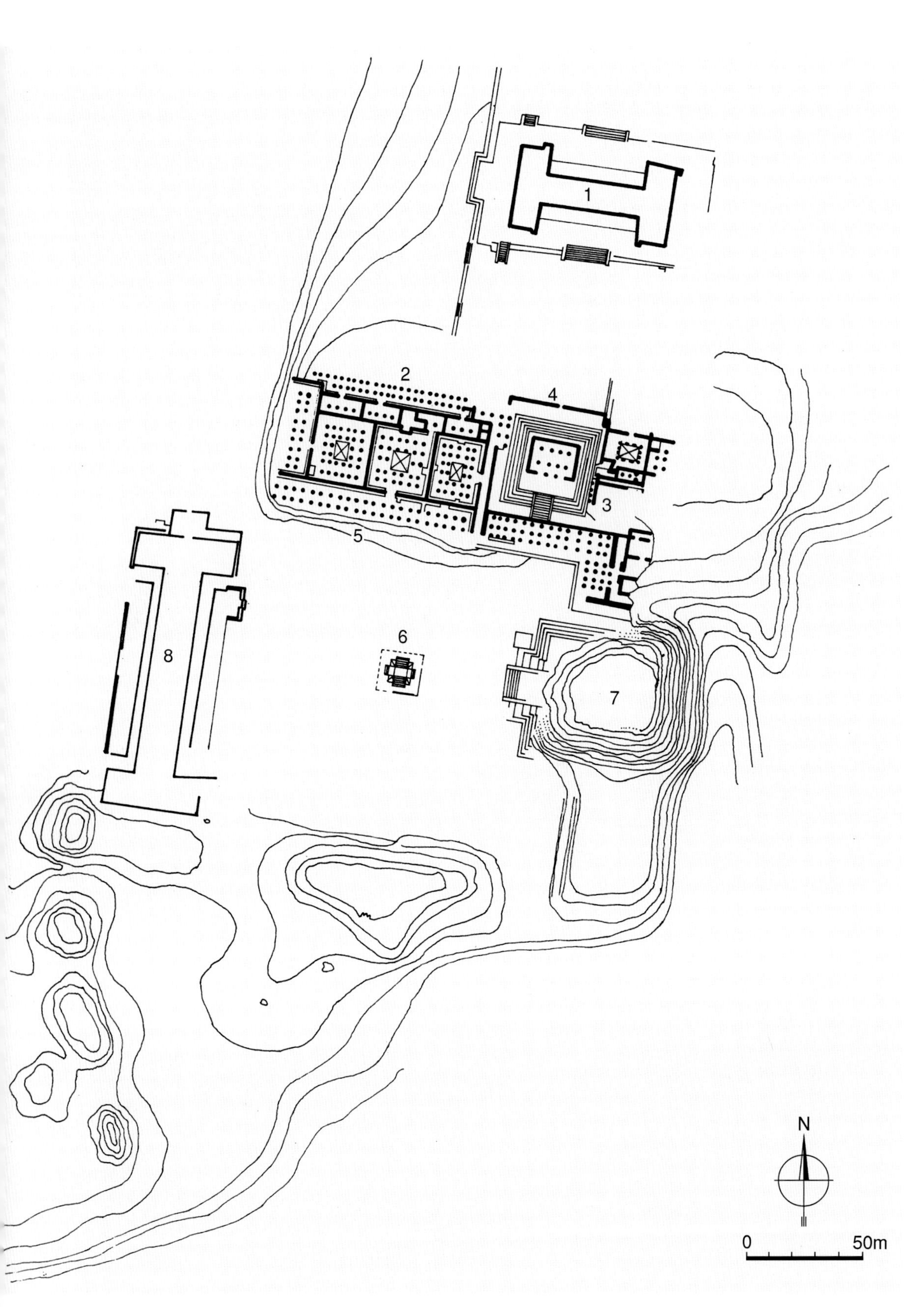

图3-4图拉 中央建筑群（祭祀中心，南组群）。平面（据Acosta和Eduardo Matos Moctezuma，1972年），图中：1、I号球场院（北球场院），2、“被焚宫殿”，3、北金字塔（羽蛇-晨星殿，金字塔B），4、“蛇墙”，5、柱廊，6、中央祭坛，7、大金字塔（东塔，太阳神殿，主神殿，金字塔C），8、II号球场院（南球场院）

被后者同化后，始得托尔特克之名，意“手艺人”、“建造者”。这个暗示能干的名称，之后即成为整个民族的名字。

随托尔特克人而来的是运用金属的知识、武士阶层和军事独裁的社会形态。军人集团占有举足轻重的地位（图3-1），他们崇拜战神特斯卡特利波卡——一个给人类带来灾难的神。而在文明程度较高且更为开化的莫雷洛斯谷地受教育的托皮尔辛自诩为羽蛇神的化身和在人间的代表。羽蛇是和平之神、创造之神（传说他给人类带来了玉米，并教他们学习艺术和耕

图3-5图拉 中央建筑群。主要建筑平面及北金字塔立面（9~10世纪，1∶1000，取自Henri Stierlin：《Comprendre l' Architecture Universelle》，第2卷，1977年），图中：1~3、带中庭的多柱厅（“被焚宫殿”），4、北金字塔（羽蛇-晨星殿，金字塔B），5、柱列前厅，6、带中庭的小柱厅，7、中央祭坛，8、大金字塔（东塔，太阳神殿，主神殿，金字塔C）

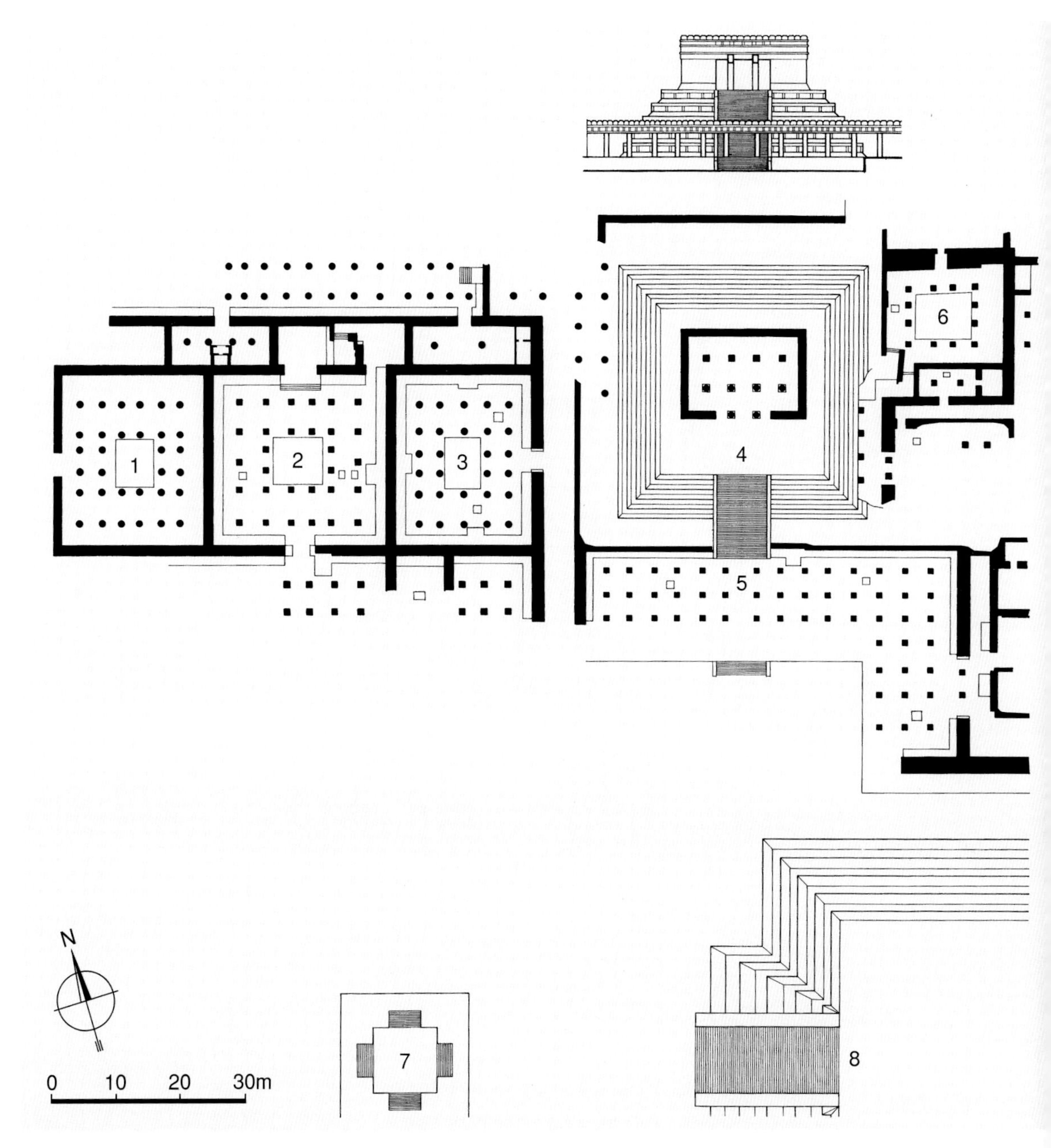

作），也是这位首领家乡的地方神。托皮尔辛禁止人祭，引导民众靠勤劳谋生和信奉宗教。这种理想的差异终于导致了军人集团对他的怨恨。

据传说，有一天，他的敌人——战神特斯卡特利波卡乔装成商人来到宫殿向他出示一面镜子。作为特奥蒂瓦坎的再生之神（即出身贫贱的纳纳瓦特辛），托皮尔辛身上长满了脓疱，看到自己的容貌后心情非常沮丧，于是接受特斯卡特利波卡的“劝告”，喝了一杯据后者说能治愈该病的龙舌兰酒，但病未治好，人却醉倒，次日清晨醒来后，他发现自己已经违背了独身的誓愿，引进了一位女祭司到房间里来，完全忘记了自己的神圣职责。自觉无脸继续统治图拉的这位羽蛇神的化身只好于公元987年被迫带着一批忠实的信徒离开了这座城市，来到特利兰-特拉帕兰（意“红黑之地”或“书法之乡”），即现在的乔卢拉或玛雅地区，军事集团就这样取得了胜利。但托皮尔辛临走时许诺终有一天要从东方回来，这一预言不幸导致了最后一批阿兹特克人的灭亡。因为当从东方来的西班牙人到达墨西哥时，凑巧对应他诞生的时辰和期望回归的年份，西班牙征服者头目科尔特斯就这样被当成了人们长期期盼的神祇（图3-2）。不过，也有另一种说法，称托皮尔辛-魁札尔科亚特尔向东进发，在火中牺牲化为晨星，魁札尔科亚特尔遂以这种形态在图拉建筑中占有最重要的地位（名特拉维斯卡尔潘特库特利，即“黎明之主”、“晨星”，大金字塔就是供奉这位神祇）。

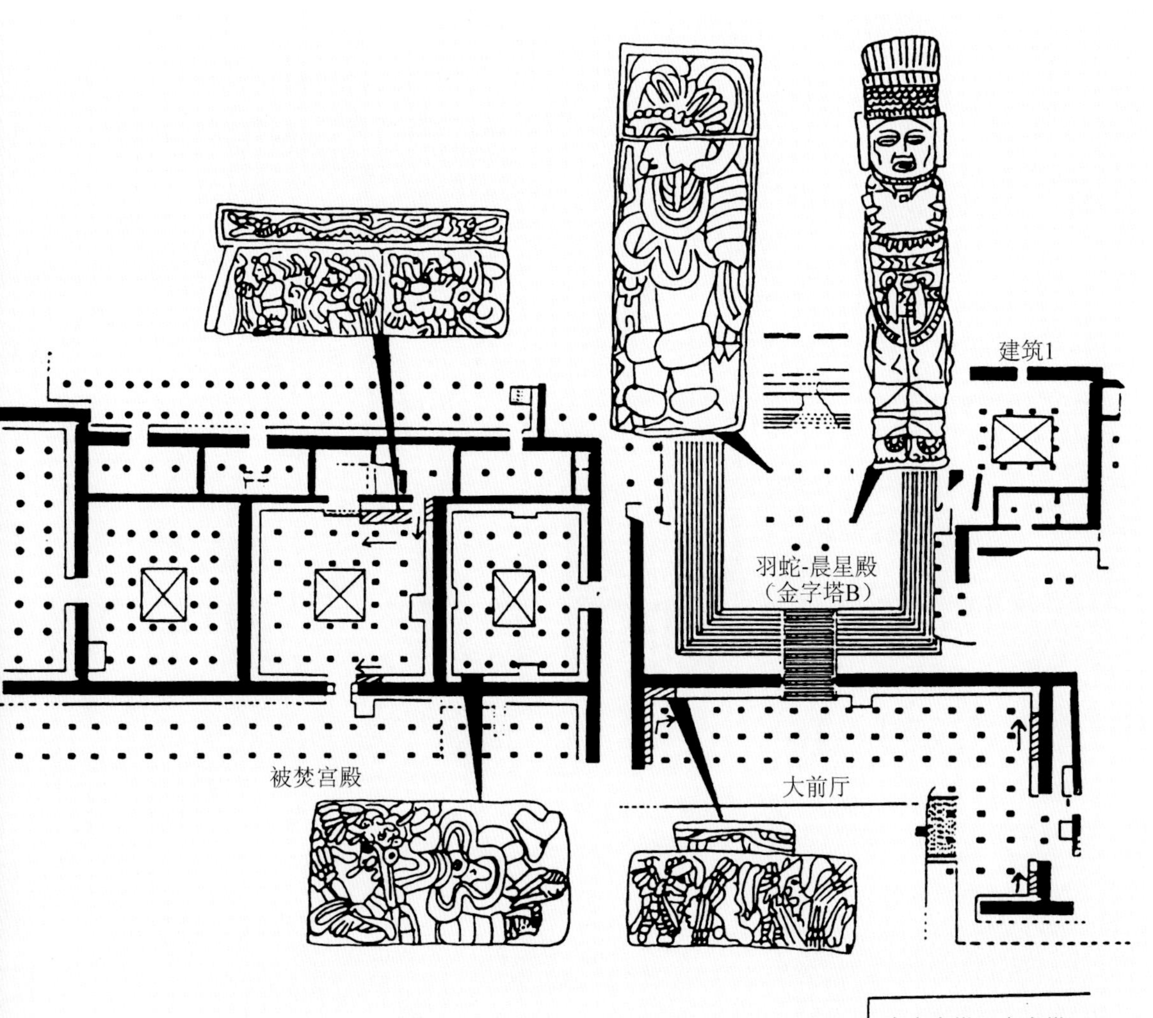

（上）图3-6图拉 中央建筑群。主要建筑平面及雕刻位置示意（据Baird，1985年，制图Cynthia Kristan-Graham）

（下）图3-7图拉 中央建筑群。透视复原图，图中：1、I号球场院，2、北金字塔（金字塔B），3、蛇墙，4、被焚宫殿，5、羽蛇宫，6、大金字塔（金字塔C），7、中央祭坛，8、头骨架，9、II号球场院，10、结构3，11、结构K

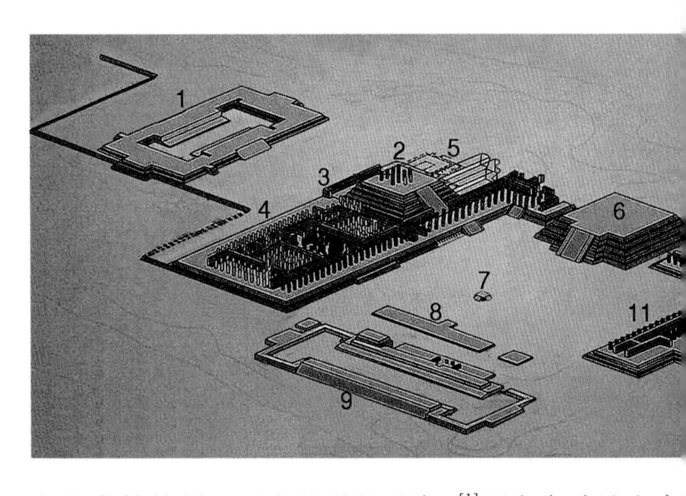

在图拉，最后一位托尔特克首领是韦马克，绰号“大手”（据称，他喜欢髋宽至少四手掌的女人）。到12世纪中叶，该地区遭受干旱，紧接着是饥荒。据编年史记载，雨神的助手、小特拉洛克和韦马克举行球赛，结果这位首领获胜，但作为奖赏，他不是要求小雨神给他玉米而是要玉石和珍稀的羽毛。结果托尔特克得到了奢华的礼品，但并没有解决饥饿问题，一部分居民只好离家出走到南方和东部地区。韦马克本人亦于1168年被放逐，逃到查普特佩克（即今墨西哥城地区），后不久便死去。在这期间，图拉受到蛮族（即所谓“游牧者”，奇奇梅克人）的破坏。这些部族中还包括约1200年到来的阿兹特克人。在被焚毁并被托尔特克人弃置后，城市由奇奇梅克族（蛮族）居民占据，这段历史似可从出土的14世纪特奈乌卡型（阿兹特克 II）陶器中得到佐证。

不过，对这段历史进行过仔细研究的保罗·基希霍夫相信，魁札尔科亚特尔和韦马克为同时代人，前者是宗教首领，后者是世俗君主。[1]两人在政治和宗教问题上均有分歧并于同一时间（12世纪）离开了这座城市。然而缪里尔·波特·韦弗指出，认为魁札尔科亚特尔于公元978年放弃了图拉看来更合乎逻辑，况且一个托尔特克部族（普彤-玛雅人）也差不多正好在此时来到塔瓦斯科或坎佩切，其首领名库库尔坎，在玛雅语中即相当魁札尔科亚特尔（羽蛇）。

[图拉，文明的来源和交流]

图拉位于墨西哥城和特奥蒂瓦坎西北约40英里、把富饶的墨西哥谷地和北面的沙漠平原分开的自然边界上。遗址的地层表明其年代当在公元750~1200年左右，即在特奥蒂瓦坎之后，奇奇梅克人入侵之前。其陶器遗存属特奥蒂瓦坎那种类型。如果说特奥蒂瓦坎可作为古典时期祭司主政的实例，图拉则是美洲中部约公元1000年以后军事贵族掌权的典型例证。作为托尔特克王朝的都城，图拉的繁荣自9世纪开始一直延续到13世纪，统治者主要是军人而非祭司，政治权

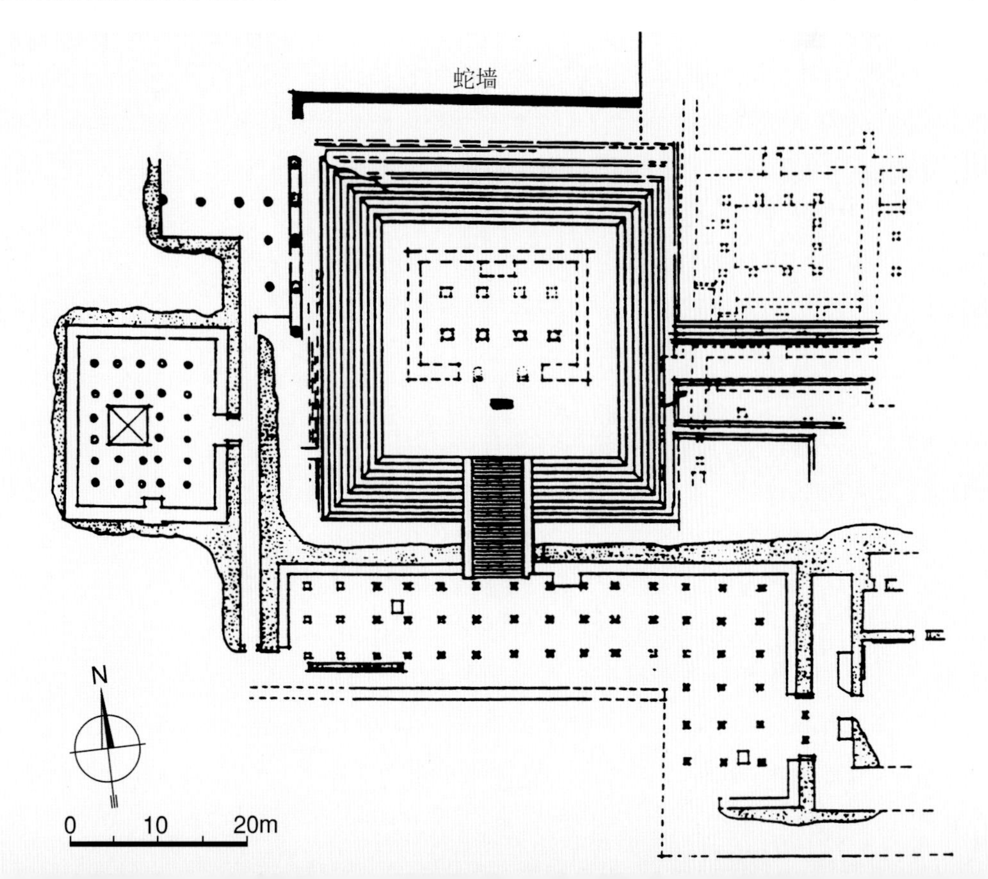

（上）图3-8图拉 金字塔群。地段全景[左为北金字塔（金字塔B），右为大金字塔（金字塔C）]

（中）图3-9图拉 大金字塔（东塔，太阳神殿，主神殿，金字塔C）。现状外景

（下）图3-10图拉 北金字塔（羽蛇-晨星殿，金字塔B，1000~1100年）。地段平面（据Marquina，1964年）

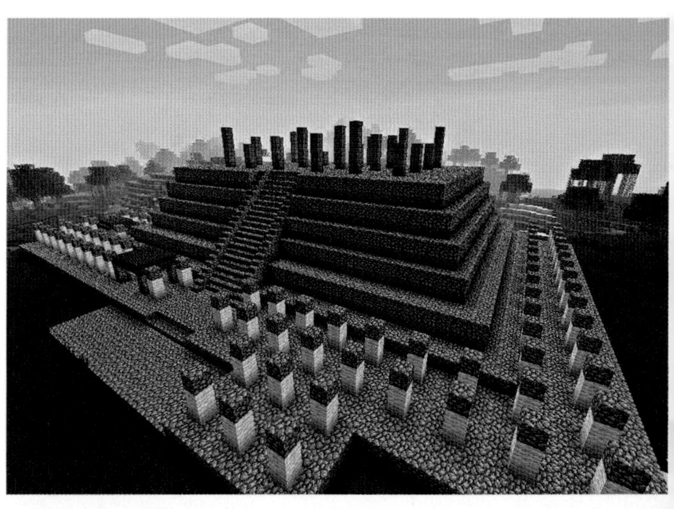

力集中在少数几个家族手中。其宗教实行人祭，对相邻部落采取了更具侵略性的扩张政策。他们所掌握的冶金工艺可能是来自安第斯山中部海岸地区，通过中美洲和瓦哈卡地区传入。

托尔特克文明的来源并不是很清楚。在神权政治倒台后，游牧军事贵族的形成可能在公元8~9世纪期间。在墨西哥南部米斯特克宗谱手稿中找到的一个军事家族早期历史的详细记录，提供了在8或9世纪开始的一个朝廷的历史。约在公元1300年后编撰的这些手稿，记载了米斯特克部族的早期习俗，它们和托尔特克雕刻中所见极为相似。要么是托尔特克的史籍编撰者模仿米斯特克的先例，要不就是米斯特克的史官在编史时效法托尔特克的样本。现在看来，前者似乎更为可能，因为从总体上看，米斯特克人在整个中美洲的扩张要早于托尔特克人，米斯特克人自己的图像编年史也支持这一看法。

托尔特克文明的建筑形式则有另外的来源。在金字塔形的平台、作为宗教礼仪中心的大型开敞空间的构图以及巨大的雕像中，都可以找到特奥蒂瓦坎风格的先例。与此同时，由于公元1000年后托尔特克人在尤卡坦地区的统治，玛雅文明对图拉艺术的直接影响也不容忽视。在墨西哥中部地区，霍奇卡尔科的作品为具有玛雅渊源的艺术提供了先例。托尔特克文明的政治扩张和10~13世纪墨西哥人在奇琴伊察对玛雅人的军事统治，都在这两个城市公元1000年后艺术和建

本页：

（左上）图3-11图拉 北金字塔。上部神殿剖析复原图

（右两幅）图3-12图拉 北金字塔。电脑复原图（上下两幅分别示自东南和西南望去的景色）

（左下）图3-13图拉 北金字塔。远景（自南面望去的景色，可看到前面的柱廊和左侧的所谓“被焚宫殿”）

右页：

（上）图3-14图拉 北金字塔。全景（自南面大金字塔上望去的景色）

（下两幅）图3-15图拉 北金字塔。东南侧全景

筑的紧密联系中得到了反映。而在其他地方，托尔特克人征服和扩张的表现则不是如此清晰，很多只是依靠文献记载，不仅经过多次修订，有的还来自相互矛盾的素材。

图拉风格中的许多要素是否自尤卡坦半岛的奇琴伊察移植而来是个至今学界仍在探讨的问题。长期以来，许多学者都注意到了图拉和奇琴伊察之间的类似，并以此作为魁札尔科亚特尔及其追随者这次迁移

及以后托尔特克人流动的明显迹象。不过，乔治·库布勒认为，迁移是按相反的方向，他指出：

“关键是要考察这些影响的方向……图拉北面的柱廊及金字塔类似武士殿；另一个围着柱廊院的建筑与市场相近。倚靠的武士、蛇和男像柱的形象都有所发现，但在图拉，并没有找到和奇琴伊察最早的托尔特克艺术相对应的作品。看来图拉应是奇琴伊察的殖民前哨而不是相反。

至今，人们普遍持有的观点仍是奇琴伊察的玛雅匠师处于一种外来艺术的影响下。但在图拉并没有看到这种艺术的形成阶段，而在奇琴伊察仅是没有得到充分的证实。在奇琴伊察，外来统治者主要是引进了新的思想理念而不是产品和工匠，艺术上可能还是依赖其玛雅臣民。因而，在图拉，引进的只是这种穿着玛雅外衣的墨西哥理念……

在墨西哥高原托尔特克艺术中得到复兴的羽蛇造型实际上很久之前已在特奥蒂瓦坎出现。墨西哥理念和玛雅形式的相互渗透至少和卡米纳尔胡尤的原始古典艺术具有同样悠久的历史。在霍奇卡尔科，古典后期以玛雅的形式表现墨西哥的象征观念是托尔特克-玛雅人将高原象征符号与低地艺术相结合的另一征兆”[2]。

既然玛雅的影响已经深入到格雷罗和莫雷洛斯地区，这一影响看来很可能继续向北直到图拉。在后古典初期，图拉已成为占主导地位的城市。在当时，它不仅借助商业来往，有可能还通过居住在玛雅地区

本页及左页：

（左）图3-16图拉 北金字塔。东南侧近景

（右）图3-17图拉 北金字塔。西侧远景

左页：

（上）图3-18图拉 北金字塔。西侧全景

（下）图3-19图拉 北金字塔。柱廊转角处台阶近景

本页：

（上下两幅）图3-20图拉 北金字塔。自塔上望柱列前厅、大金字塔及中央祭坛残迹

以后又转向北方的托尔特克部族，为这个托尔特克城市引进新的建筑形式。美国考古学家理查德·迪尔（1940年出生）新近在图拉进行的发掘表明，这个中心自后古典早期开始，直到被西班牙人占领后，一直有人居住，甚至直到今日，也未曾间断。尽管托尔特克人崇尚武功，但这座约10公里见方的城市并未设防，在特奥蒂瓦坎流行的那种多户住宅，在图拉同样用得很普遍，或许这种建筑本身就构成了一种防御类型。

图拉的繁荣在很大程度上是由于地区内拥有丰富的黑曜岩矿藏，况且还是西班牙人到来之前美洲人特别赏识的透明并带绿色的上等品种。这种黑曜岩不仅是地方税收的重要来源，也是和远方进行商贸活动的主要产品。在图拉发现的大量纺锤表明这里有过发达的纺织业，来自中美洲各地的商品和货物证实了商业的繁荣（也可能是征收的供品）。生活在图拉的阿兹特克人，可能同时带来了某些经商的习俗。在一个年代较早的托尔特克球场院里发现的阿兹特克风格的公共蒸汽浴室，可作为他们曾占领图拉的考古学证据。

二、图拉：建筑

托尔特克时期的图拉城址，位于现城市西面，在图拉河转弯处一个名特索罗的山上（总平面及复原图：图3-3~3-7）。最近的发掘表明，图拉可能有3万居民，靠近拉马林切山处还有一个大的工匠区。

中心区中央场院已经过发掘：这是个边长约220米、大体取正向的方形场地。北侧为一长的平台，自东角起设柱廊；其后东侧为台地式金字塔（北金字塔，亦称羽蛇-晨星殿，金字塔B，或“拂晓堂主”）；西侧为被焚毁的宫殿。东面为大金字塔（东

塔，亦称太阳神殿、主神殿、金字塔C）。广场中间的祭坛为配有四个台阶的平台，边上尚存地方风格的裙板残迹。主要场院西南和东北方向的住宅组群已于19世纪进行了发掘。W.T.桑德斯（1926~2008年）认为所谓“柱廊厅”和相邻的房间可能是图拉统治者宫邸的组成部分。

主要金字塔东塔底面为方形，边长约65米，类似特奥蒂瓦坎的南塔，但通过台阶两侧的锥形墩塔加以扩大（图3-8、3-9）。墩塔构成坡度较缓的台阶和更陡的台地之间的过渡。特奈乌卡的金字塔（见图3-55）在第五阶段（约1400年）增添了类似的墩塔，从这些实例中，可进一步了解这一设计进程。

现人们了解得更全面的是较小的北金字塔（实为一托尔特克神殿，1000~1100年），其平面为方形，边长38米[3]，下部结构高9米，由五个阶台构成，台阶位于南面（地段平面：图3-10；剖析及复原图：图3-11、3-12；现状外景：图3-13~3-25；柱墩及人像柱：图3-25~3-37；檐壁浮雕：图3-38）。由石头和泥土构成的核心带石护面，由此向外挑出榫头使形成外表面的薄石板固定就位。饰板后的台地里设圆筒形的石排水道。

神殿基台采用了一种新的、更复杂的托尔特克变体形式，可能是来自在阿尔万山和霍奇卡尔科可看到的某些造型。其剖面由大致相等的三部分构成：斜面（talus，高55~60厘米）、顶盘（entablature，由凸出和凹进的双方形板构成，高70厘米）和檐壁

左页：

（上）图3-21图拉 北金字塔。塔顶神殿残迹，自西南方向望去的景色

（下）图3-22图拉 北金字塔。塔顶神殿残迹，自南面望去的景色

本页：

（上）图3-23图拉 北金字塔。塔顶神殿残迹，自东南方向望去的全景

（下）图3-24图拉 北金字塔。塔顶神殿残迹，自东北方向望去的景色

（frieze，位于顶上，高60厘米）。顶盘和檐壁水平方向上由三道平直宽大的凸出线脚划分，类似特奥蒂瓦坎的裙板边框。基部装饰中，仅存一些面向后部的残段。斜板为简单的光面，浮雕装饰在上面两个不同高度和层面的嵌板隔间里展开。石浮雕上施厚厚的灰泥面层（最初施有色彩）。人物等形象显然是借鉴特

奥蒂瓦坎的墙面装饰，表现队列行进和纹章图案。例如饰美洲豹的檐壁，无论从构思还是从风格上看，都和阿特特尔科的壁画类似，而顶盘板块凹进和凸出的构图则和墨西哥南部阿尔万山和米特拉台地嵌板的明暗对比应和。图拉凸出和凹进的板块构图更具有线性的特点，和阿尔万山那种远视效果相比，更宜于近距离观察。在图拉，观测距离显然是由形象雕刻确定。

顶上神殿于12世纪遭到北方入侵者（奇奇梅克人）的严重破坏。目前，已毁的内殿仅有被掩埋的

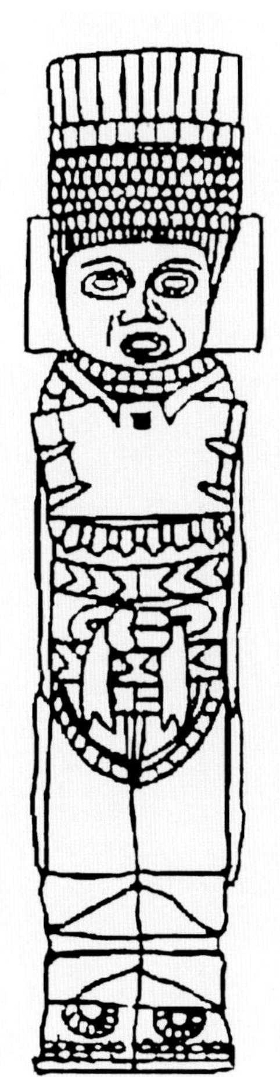

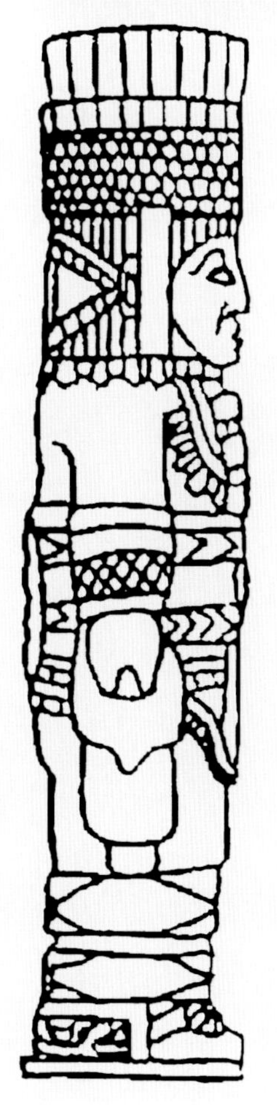

本页：

（左上）图3-25图拉 北金字塔。柱墩及人像柱，立面（人像柱据Acosta，1961年，制图Cynthia Kristan-Graham；柱墩展开图据Diehl，1983年，制图Dennis Campay）

（下）图3-26图拉 北金字塔。人像柱，立面

（右上）图3-27图拉 北金字塔。人像柱，自东南望去的景色

右页：

图3-28图拉 北金字塔。人像柱，自西南望去的景色

支撑部分得到了恢复（见图3-21~3-24）。它可能是个采用梁式屋顶的房间，木梁搁置在柱墩上，通过三个可能配置了蛇形柱的门道进入。内部柱墩两排，分别由四根巨人柱（所谓阿特拉斯柱，Atlantean column）和四根带雕饰的柱墩组成（见图3-25、3-26），每根高4.6米。巨人柱和柱墩均由带榫眼和榫头的鼓石组合而成。特奥蒂瓦坎北金字塔的巨大拟人支墩（见图2-156）可视为这种巨人柱的先声（在特奥蒂瓦坎，方形柱墩的采用相当普遍）。

在考察图拉建筑时，特别引起人们注意的是柱列的大量运用。正是在这里，成排的柱列第一次在中美洲建筑中取得了重要的地位（见图3-13~3-20）。在前面我们已经看到，独立的支撑（柱子或柱墩）自前古典时期起在瓦哈卡地区已经存在；到古典时期，除了瓦哈卡本身外，还普遍用于特奥蒂瓦坎、墨西哥湾沿岸，乃至尤卡坦半岛的许多玛雅城市。但除特殊情况外（如阿尔万山北平台入口处的宏伟柱廊和埃尔塔欣的柱廊楼），这类建筑部件只是用于增强立面效果（如尤卡坦半岛），或成对布置（沿纵深设1~3排）支撑柱廊及大型内部空间的屋顶（例如在特奥蒂瓦坎，就经常可看到这类表现）。在图拉，情况则不同，人们看到的是成行密集排列的砌筑柱子和柱墩。北金字塔（晨星金字塔，建筑B）基台南面的柱廊由三排柱墩构成（每排14根）。柱廊在广场东北角拐弯向南延伸成一短臂（长三开间），直至太阳神殿（大金字塔）侧面；向西和广场北侧另一组内部柱廊合为一体。

北金字塔东西两端的几个柱廊院建造年代要晚于金字塔，可能是相邻的住所。西面柱廊后的空间构成所谓“被焚宫殿”的各个厅堂（图3-39）。宫殿之名来自被烧毁的木梁残迹（木梁当初系支撑着半开敞空间的平顶）。这些残迹证实了1168年左右发生的一场大火，肇事者可能是托尔特克叛乱分子或以霍洛特尔为首的奇奇梅克入侵者。

左页：
图3-29图拉 北金字塔。人像柱，自西侧望去的景色

本页：
图3-30图拉 北金字塔。人像柱，东起第一、第二座近景

被焚宫殿的这些大厅仅由墙体划分，靠墙设长凳，屋顶中部开口露天，形成类似中庭的集水池。连接这些厅堂和相邻神殿的外部柱廊则提供了一个面向广场其余部分和围绕着它的其他建筑的宽阔视廊。除了连接所有这些建筑的作用外，这个带顶的大型空间还具有开展礼仪和世俗活动的功能。这种带柱廊和中

庭的建筑，想必在当时是一种值得注意的创新，标志着古代美洲建筑理念的一大进步。因为在中美洲，所有以前的设计都是露天的院落围地（有时于角上封闭），照例用外部实体围括开敞空间。只有图拉的设计师及其奇琴伊察的同代人，第一次如欧洲中世纪的回廊院那样，在墙体各面及角上布置开敞的室内空间。

中央场院西侧为一个长116米的巨大球场院（II号场院，图3-40、3-41），是中美洲第二个重要的这类建筑（仅次于奇琴伊察的大球场院，两者之间有许多共同之处）。在北金字塔后面远处另有一个较小的球场院（I号球场院，图3-42），在规模、形式、朝向、比例及几乎所有部件的配置上均和前述霍奇卡尔科球场院相似。这也从另一个角度证实了这后一个城市在后古典初期作为“文化桥梁”的作用。

最后，还有一个值得一提的半圆形基台，它位于距古代城市中心有一段距离现称埃尔科拉尔的一个遗址上（当年无疑是图拉的一个区）。除了靠台阶一侧一个小型头骨祭坛的遗存外（其檐壁饰带上头骨和交叉胫骨相间布置），这个结构在建筑上的重要性主要在于它不同寻常的基座外形（结合了截顶方锥和圆锥的形式要素，图3-43）。

在古典时期，像奎奎尔科（见图2-8）那样的圆形“金字塔”几乎完全被直角基座的形式取代。但值得注意的是，在后古典初期，出现了一种采用更复杂形式的新趋向。这种潮流可能始自图拉，总之，其发展导致了地方风格的多样化，直到西班牙人到来。

在评价图拉的成就时，需要指出的是，许多编年史著作都认为图拉的创建是墨西哥高原文化取得巨大进步的起始标志，这种说法或多或少地忽略了前古典时期各形成阶段和特奥蒂瓦坎古典时期文化的光辉成就。实际上，如今已部分修复的这个托尔特克祭祀中心的核心部分，和2~3个世纪前“神之城”特奥蒂瓦

本页及左页：

（左）图3-31图拉 北金字塔。人像柱（东起第二、第三座）及前方圆柱墩近景

（中左）图3-32图拉 北金字塔。人像柱（东起第三、第四座）及前方圆柱墩近景

（中右及右）图3-33图拉 北金字塔。人像柱近景（中右示东起第二座，右示第四座）

本页及左页：

（左上）图3-34图拉 北金字塔。人像柱，雕饰细部

（左下）图3-35图拉 北金字塔。人像柱，头部近景

（右）图3-36图拉 北金字塔。人像柱，背面近景

（中下）图3-37图拉 北金字塔。人像柱，背面细部

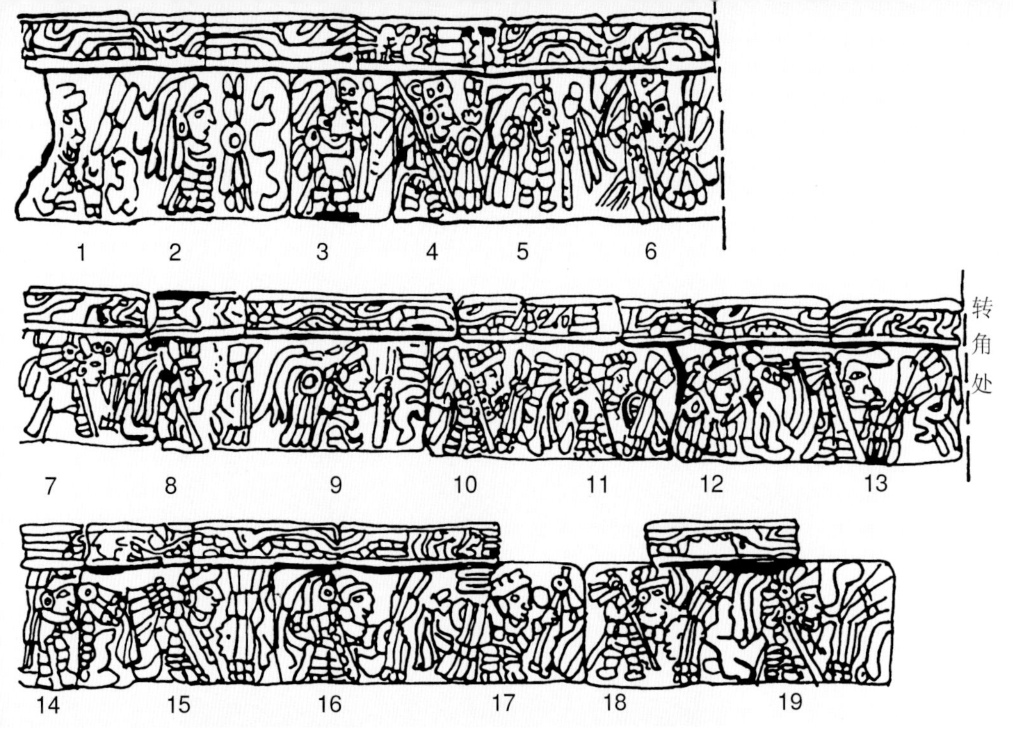

（上）图3-38图拉 北金字塔。前厅檐壁浮雕（据Moedano，1947年，制图Dennis Campay）

（中左）图3-39图拉 “被焚宫殿”。自北金字塔上望去的全景

（中右）图3-40图拉 II号球场院。遗址全景（背景处可看到北金字塔及大金字塔）

（下）图3-41图拉 II号球场院。发掘现场

（上下两幅）图3-42图拉 I号球场院。遗址现状

坎的建筑相比（见图2-15），只能说是一个中等规模的组群（见图3-4）。除了在结构形式和技术上的某些创新外，传说中的这个托尔特克新帝国的都城在部件制作和施工上应该说还是比较简陋的，和特奥蒂瓦坎相比显得更为原始、简单，既没有墩墙式格网框架结构，也不见悬臂石板。可能是因为建造者前不久还是蛮族，也可能是因为在这一地区“特奥蒂瓦坎式和平”（Pax Teotihuacana，希门尼斯·莫雷诺语）的缺失导致的文化衰颓。

另一个令人惊讶的地方是，在这里，完全没有防卫工程。和特奥蒂瓦坎的最后阶段一样，图拉也是一个为住宅建筑围绕和楔入的宗教礼仪中心。有的如罗马住宅那样，向内面对着中央院落。图拉和特奥蒂瓦坎之间的差异固然重要，但由于长期以来，德国研究美洲历史的学者在文献评注中将特奥蒂瓦坎和托兰（Tollan，即历史文本中的图拉）混同，人们对它们

之间的相似往往估计不足。这样的混乱或许只有在人们对这两个遗址进行更细致的区分后才能澄清，但目前至少可以肯定，在特奥蒂瓦坎这种神权政治国家退出历史舞台之后兴起的托尔特克霸主，在城市形态上仍然延续了前朝的某些做法，尽管在战争及和平取向上两者完全不同；中美洲的要塞城则属于比托尔特克时期更为晚后的层位。图拉的建筑可能是重复了特奥蒂瓦坎的历史，从金字塔开始，以住宅组群结束。

三、图拉：雕刻

由于崇尚武力，有意选取粗犷的造型、毛糙的表面而不求优雅，图拉雕刻师所取得的艺术效果和特奥蒂瓦坎的先辈完全不同。尽管在托尔特克时期，采用金饰已得到证实，但雕刻技术，和早期一样，还停留在新石器时代。和尤卡坦地区的同时代人相比，雕刻师更多地依赖深的线刻（见图3-34~3-37）。在建筑的装饰部件上，并没有重大的创新表现。或大或小的人像柱、蛇形柱、柱墩和嵌板浮雕均属常用的配件。

在北金字塔（晨星殿）基台的顶上，尚存当初支撑神殿屋顶的一些柱墩和柱子（见图3-25~3-37）。其中最突出的是前排的四根巨像柱，这也是目前遗址上最引人注目的作品。属图拉时期的这四个像柱几乎完全一样，每个像高4.6米，由四块精心雕刻的巨大坚硬鼓石组成，榫眼和榫头的结合亦极完美。这后一做法在特奥蒂瓦坎仅见于小型雕刻，而在图拉，人们尚可在原支撑门楣的蛇状柱子残迹中看到。以浅浮雕表现的这些全副武装的武士造像显示出强烈的托尔特克风格，创造了令人畏惧的“宫廷卫士”的形象，赤裸裸地表现出尚武的精神。显然，从这时开始，在中美洲，这种思潮已开始占据了上风。

在内殿后排，四根柱墩各面均有雕刻，可能是以浅浮雕的形式延续了“宫廷卫士”的母题。构图限定

在长方形的框架内，成捆的箭和站立的武士交替布置（见图3-25右）。武士取侧像，和巨人柱相比，更具生气和动态。

内殿入口处的三个门道由两根蛇形柱分开，但后者仅找到表现羽毛躯体的鼓石。它们想必和奇琴伊察的形式类似（参见图8-126、8-179），作为基础的蛇头张着带毒牙的大口，尾部弯曲用于支撑楣梁。作为构造支撑，这种形式完全突破了人们的惯常思路，柔软的形体演变成刚性的廓线，头朝下、尾朝上的逆向造型，在建筑史上更是独一无二，犹如将爱奥尼或科林斯柱式倒置使用，令柱头朝下。

在内殿下的基台部分，上层檐壁内表现正在行进的美洲豹和丛林狼的系列形象；中间顶盘内交替布置一对正在吞食人心的鹰鹫和象征金星（晨星）的纹章图案（头像自一个蹲下的怪兽——可能是美洲豹——的喉管和獠牙中伸出，怪兽为正面像，身上装饰着羽

左页：

（左上）图3-43图拉 埃尔科拉尔半圆形基台。外景

（左下）图3-44图拉“蛇墙”（公元1200年前）。端部外景

（右）图3-45图拉“蛇墙”。遗址现状

本页：

（上下三幅）图3-46图拉“蛇墙”。浮雕细部

毛并具有蛇的分叉舌头）。在这里，可能和阿兹特克人一样，武士的一半被认为是美洲豹和鹰鹫，其使命就是保证人祭为神祇提供食物，只有这样，才能维持宇宙的运行。表现怪兽和正面头像的纹章图案同样出现在奇琴伊察，在那里，根据附属的符号可知，这种形式确为金星的象征（其运行周期为584天，它和太阳年365天的关系是5×584＝2920＝8×365）。内殿的女像柱，可能和武士巨像一样，也和对金星（启明星）的崇拜有一定的关联。由此可见，图拉的北金字塔似乎是昭明这两种体系的结合，即将早期对雨水和丰收的泛灵崇拜（以羽蛇为代表）与对金星的崇拜结合在一起（以起源于游牧部落的猎神米克斯科亚特尔为代表，要求人祭）。

在北金字塔下面柱廊地面处，有一个雕有队列形象的台凳，和奇琴伊察的市场廊道（见图8-312）及武士庙柱廊极为相近。虽说图拉的队列比例上欠推敲，制作上也较粗糙，但表达的意义显然和奇琴伊察相同。这种队列构图在15世纪阿兹特克的雕刻中再次出现（如墨西哥城国家博物馆中陈列的檐壁和石板，特别是所谓蒂索克柱石，见图3-202）。自左右两侧向神像或象征血祭的图形会聚的队列人物，已成为习见的母题。

在图拉，另一个和建筑相关令人注目的雕刻作品是北金字塔北面约4.6米处的一段独立墙体，高2.6米、长约40米的这堵墙两面均有浮雕，因其装饰被称为“蛇墙”（图3-44~3-47）。作为神殿群的结束部分，它在背面绕金字塔基部而行，但和主体部分分开，围出一个露天廊道（可能是作为城市其他部分的独立圣区）。墙体基部为双斜面，至地面宽90厘米，高80厘米。在这个基座之上为双面浮雕带，中区的主要母题是一组追逐和吞食人类的响尾蛇。这组给人以深刻印象的死神之舞似乎是在暗示阵亡将士的灵魂。

左页：

图3-47图拉“蛇墙”。墨西哥城国家人类学博物馆内的复制品

本页：

图3-48图拉 北金字塔。小型人像柱（完成于1168年前，高83厘米，原用于承石台，尚存着色痕迹，墨西哥城国家人类学博物馆藏品）

图像饰带上下宽阔的镶边内饰有模仿纺织品的几何回纹。和这些镶边图案最接近的实例见于米斯特克人的手稿。[4]“蛇墙”上冠雉堞，以镂空的石板表现海螺的造型（为兼任风神的魁札尔科亚特尔的象征）。和纹章形式一样，它们也是来自特奥蒂瓦坎用作雉堞的石块。南侧工艺似乎更为粗糙：斜面上抹了灰泥，浮雕制作也比较马虎，和北面精细的制作形成了明显的反差。

除了这些和建筑相结合的整体式雕刻外，在图拉还可找到许多其他的雕刻部件，但大都脱离了最初的环境（在遥远的奇琴伊察可经常看到这类雕刻，且保存环境更好）。其中属典型托尔特克风格的有独石制作的小型人像柱（比主神殿的巨大像柱要小，有的双手举起充当祭坛支撑，图3-48），旗帜的支座（作形体矮胖的旗手状，有时安置在护墙上）以及取倚靠姿势的武士像（图3-49）。在图拉发现的这尊武士像以黑色玄武石制作。这种取半卧姿态的雕像在古代的名字已无法知道，现在它们均被称为“查克莫尔”（Chacmool或Chac-Mool），这个名字是1875年在奇琴伊察发掘出一个这类雕像的奥古斯图斯·勒普隆赫翁取的。他相信，埋在“鹰豹平台”下的这个雕像是表现奇琴伊察的一个前统治者。勒普隆赫翁遂将它极富想象力地命名为‘Chaacmol’（来自玛雅

左页：
（上下两幅）图3-49图拉 查克莫尔像（公元1200年前）

本页：
（上）图3-50奇琴伊察查克莫尔像（长156厘米，高80厘米，现存墨西哥城国家人类学博物馆）

（下）图3-51图拉 拉马林切山岩雕（可能托尔特克时期）

语，意“雷鸣之爪”），之后发表时，拼法又被改为‘Chac-Mool’。图拉的这个雕像再次证明了该地和奇琴伊察的密切关系。在奇琴伊察，这类雕像用得非常普遍，并和图拉的巨像有许多同样的特性（图3-50）。雕像呈现出一种不稳定的倚靠姿势，躯干和膝盖抬起，头部向左肩扭转，腹部放一个盛牺牲的容器。有人认为他是天国的信使，接受人们祭神的鲜血。图拉的这个可能如奇琴伊察的武士殿那样，放在内殿平台上，横跨门道轴线。

此外，自图拉过河在拉马林切山，尚存可能属托尔特克时期的岩雕，表现羽蛇（魁札尔科亚特尔）和城市创立者等形象（图3-51）。

一、概况

12~13世纪期间，从北方来的游牧民族（这些印第安部族统称为奇奇梅克人）到达富饶的中部高原地区并最终促成了图拉的倒台。约1168年，图拉被这些游牧部落破坏，此后，后古典世界的脆弱平衡再次被打破。奇奇梅克人在一段时期内登上了历史的舞台。他们在汲取被征服地区文化的同时，在1224年左右建立了自己的第一个都城特奈乌卡。这个新的奇奇梅克王国的所在地之后又迁往贤明的诗人国王内萨瓦尔科约特尔的出生地特斯科科。

实际上，王朝的更替可能是个持续了上千年的进程。当年特奥蒂瓦坎的终结和图拉的兴起可能也是由于这些来自北方的游牧民族（图拉的历史虽然也属托

本页及右页：

（上两幅）图3-52霍洛特尔抄本（Codex Xolotl，成于1542年前，1840年由法国学者Joseph Marius Alexis Aubin带往欧洲，现存巴黎法国国家图书馆）

（下）图3-53特洛特辛图录（Mapa Tlotzin，16世纪上半叶）

尔特克时期，但在文化上表现出许多游牧猎人的遗风）。现通常都把墨西哥中部地区自图拉终结到阿兹特克霸权确立这段部族历史称为奇奇梅克时期（约1250~1430年）。事实上，之后的阿兹特克人也认为他们自己是奇奇梅克人的后裔。这个词本身可能只是泛指“蛮族”，也就是说，还包括许多来自其他地域

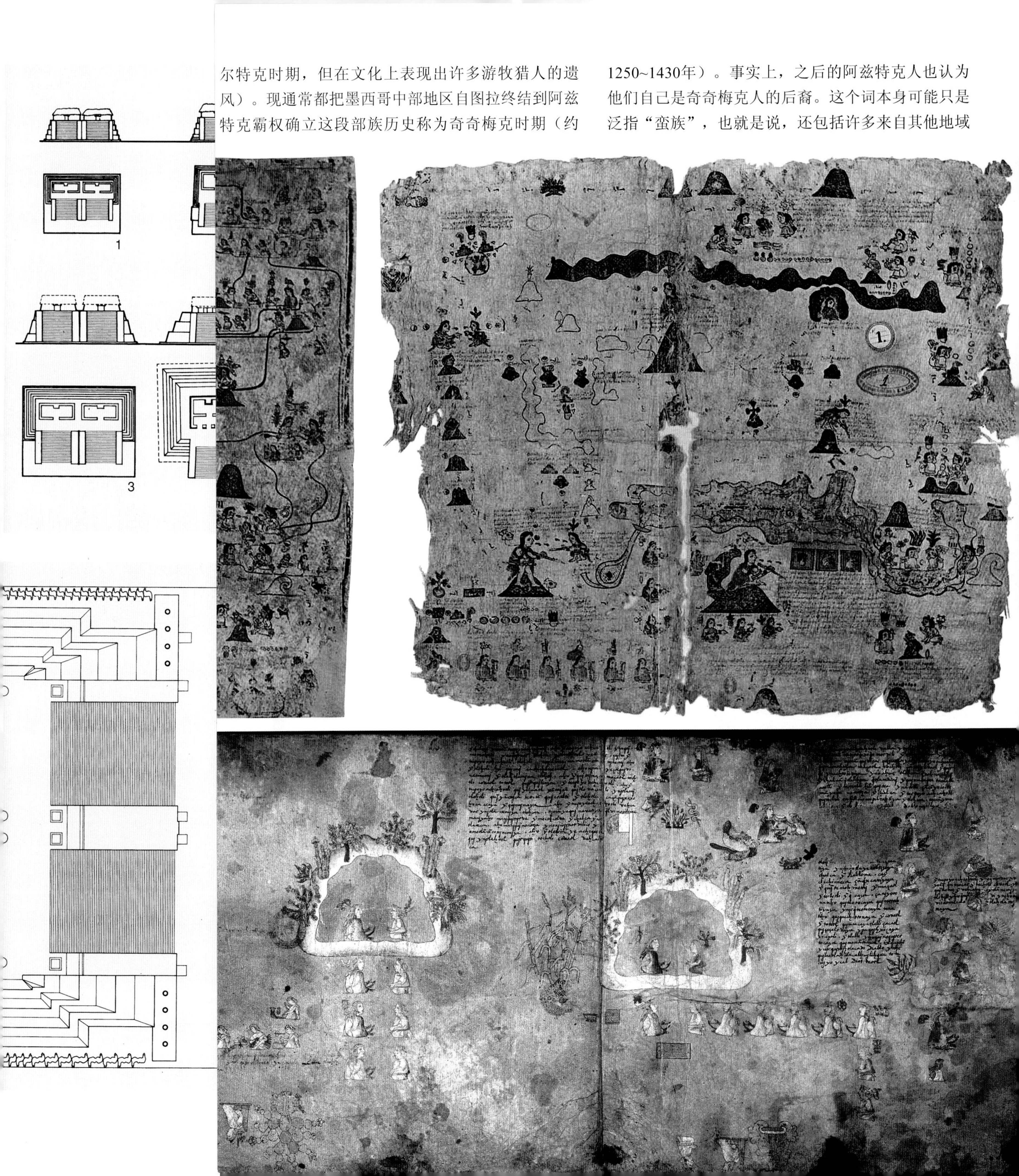

的民族。

现在看来，很可能是

下生活过的最后一代人，

期间，既没有出现如特诺奇蒂特兰那样强大的经济实体，也没有出现如托尔特克世系那样统一的军事王朝。在这个列强缺失的短暂时期，中部谷地成为或早或晚到来的许多部落的逐鹿之地，他们在这个托尔特

（左上）图3-57特奈乌卡 金字塔。模型（现存墨西哥城国家人类学博物馆，示倒数第二阶段的状况）

（右上及下）图3-58特奈乌卡 金字塔。现状外景（上下两幅分别示自西南和西北望去的景色，可看到不同阶段的扩建部分）

图3-59特奈乌卡 金字塔。现状俯视近景

图3-60特奈乌卡 金字塔。双台阶近景

本页及右页：

（左两幅）图3-61特奈乌卡 金字塔。背面墙体及蛇雕现状

（中上及右上）图3-62特奈乌卡 金字塔。侧面墙体及蛇雕现状

（右中及右下）图3-63特奈乌卡 金字塔。墙边蛇雕细部

（上下三幅）图3-64特奈乌卡 金字塔。火蛇休科亚特尔雕像

（上）图3-65特奈乌卡 圣塞西利亚-阿卡蒂特兰。阿兹特克金字塔-神殿（小金字塔，约公元500~900年），现状（一、自一侧望去的景色）

（下）图3-66特奈乌卡 圣塞西利亚-阿卡蒂特兰。阿兹特克金字塔-神殿，现状（二、自另一侧望去的景色）

本页：

（上）图3-67特奈乌卡 圣塞西利亚-阿卡蒂特兰。阿兹特克金字塔-神殿，现状，正面景色

（下）图3-68特奈乌卡 圣塞西利亚-阿卡蒂特兰。阿兹特克金字塔-神殿，上部近景

右页：

（上）图3-69特奈乌卡 圣塞西利亚-阿卡蒂特兰。阿兹特克金字塔-神殿，圣所入口及屋顶细部（经修复）

（左下）图3-70取阿兹特克神殿造型的陶土模型（供奉风神魁札尔科亚特尔-伊厄卡特尔，墨西哥城国家人类学博物馆藏品）

（右下）图3-71取阿兹特克神殿造型的陶土模型（供奉土地肥沃之神西佩，墨西哥城国家人类学博物馆藏品）

克文明的残墟上，圈占土地，寻找同盟。这就是墨西哥中部地区历史上所谓奇奇梅克时期的真实情况。

如今已成为墨西哥城西北郊区之一的特奈乌卡，直到约1300年首都迁往湖东岸的特斯科科之前，都是这时期主要的宗教中心。特奈乌卡金字塔的全面考古发掘，和奇奇梅克王朝的历史一起，成为人们主要的知识来源。事实上，从约13世纪中叶图拉衰落直到被西班牙人占领，这期间的历史和事件均可详细追溯。中央谷地所有主要聚居地的完整宗谱系列和主要事件的形象描述，都可在如地图般的霍洛特尔抄本（Codex Xolotl，图3-52）和被称为特洛特辛图录（Mapa Tlotzin，图3-53）和基纳特辛图录（Mapa Quinatzin，图3-54）的图像编年史上寻得。例如从霍洛特尔抄本上可知，书法和金匠技艺是公元1300年左右，由一支曾迁往墨西哥南部米斯特克领地后又返回谷地的部族引进的（部落之名为特莱洛特拉克，即

本页及右页：

（左上）图3-72圆形神殿模型（供奉风神魁札尔科亚特尔-伊厄卡特尔，墨西哥城国家人类学博物馆藏品）

（中上左）图3-73取阿兹特克神殿造型的陶土模型（墨西哥城国家人类学博物馆藏品）

（中上右）图3-74取阿兹特克神殿造型的陶土模型（供奉风神魁札尔科亚特尔-伊厄卡特尔，墨西哥城国家人类学博物馆藏品）

（右上）图3-75取阿兹特克神殿造型的陶土模型（带彩绘，墨西哥城国家人类学博物馆藏品）

（下）图3-76卡利斯特拉瓦卡"圆金字塔"（风神殿，阿兹特克时期，1476年以后）。平面、立面及剖面扩展示意（平面及立面示最后状态；1∶300，取自Henri Stierlin：《Comprendre l' Architecture Universelle》，第2卷，1977年）

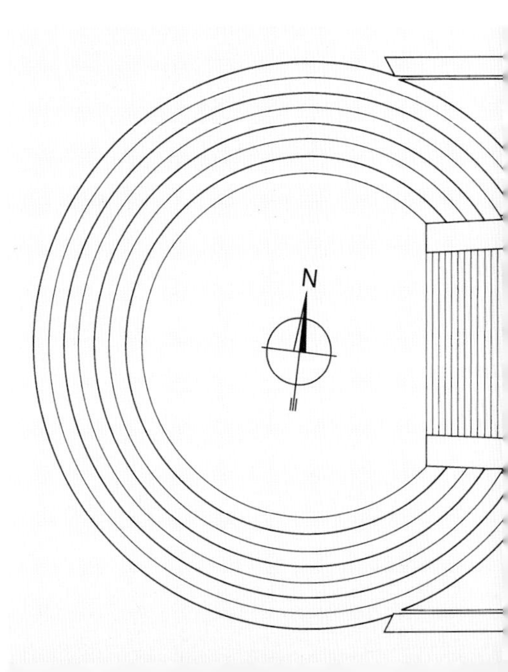

"回归者"），抄本上有关于此事的明确记载。

在中央谷地的历史上，奇奇梅克时期的主要线索要比此前所有时期都更为清晰。游牧猎人通过军事手段进驻谷地，通过将姑娘嫁给托尔特克人，成为谷地的居民，其文化深受墨西哥南部地区（主要是瓦哈卡西部）的影响。奇奇梅克的头三个统治者（霍洛特尔、诺帕尔特辛和特洛特辛）住在特奈乌卡，到第四个国王基纳特辛时才迁到特斯科科。在他的继承人特

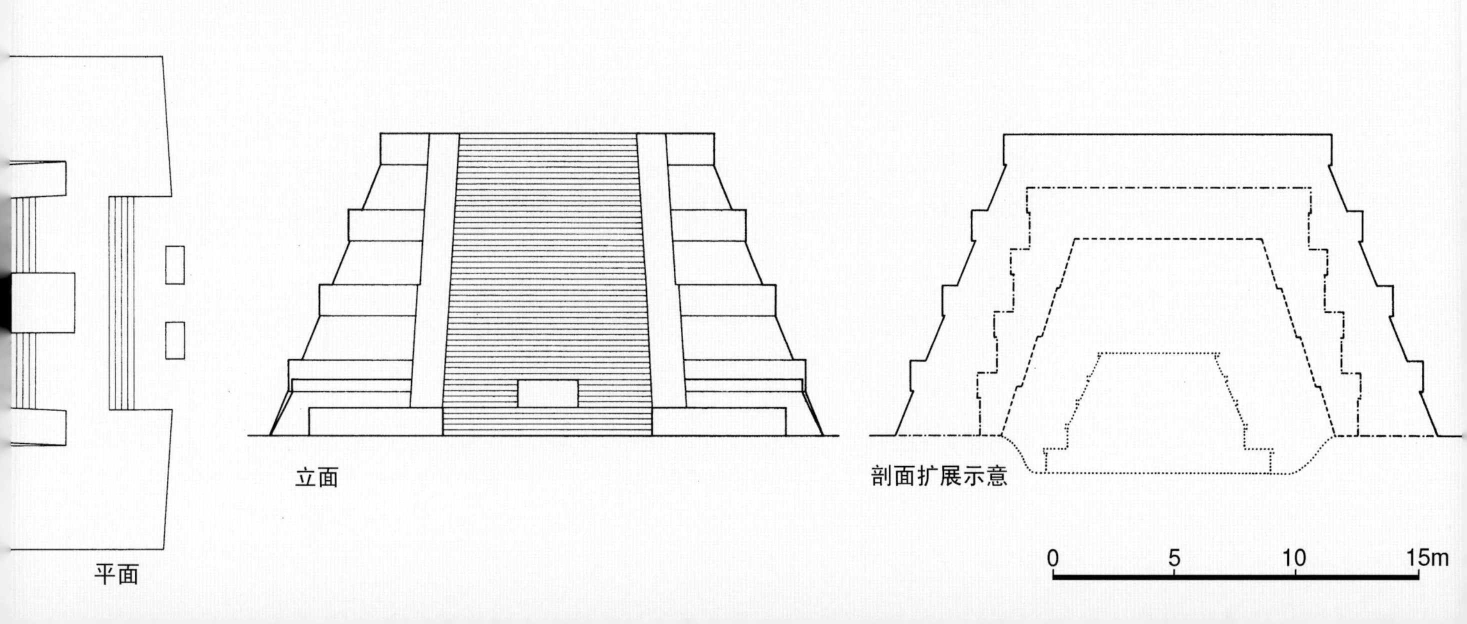

乔特拉拉的统治下，奇奇梅克国势开始衰退，并在1350年左右，特诺奇卡部族（即以后的阿兹特克人）崛起之际，并入阿茨卡波察尔科的特帕内克世系。

二、建筑

[特奈乌卡]

面向日落方向的特奈乌卡金字塔[休科亚特尔神殿（火蛇殿），约1300~1500年][5]，经历了八次扩建和改造，每次都压在前一个上面（平面、立面、剖面及模型：图3-55~3-57；外景：图3-58~3-60）。最早的建筑由四个垂直阶台组成（面积31×12米，高8米），上承两个相邻的神殿（而不是如传统做法只有一个），而且每个均有自己的台阶。这种布局一直维持到最后，在第八次扩建后，底面尺寸达到62×50米，高16米。[6]也就是说，在约3个世纪期间，宽度和高度扩展了一倍。主要的六次扩建均按中美洲部落习用的52年间隔周期。由此推算，仅表面稍事扩大的头两层属奇奇梅克早期，即政府中心迁往特斯科科之前，特诺奇卡部族尚未兴起成为谷地新主人之时。如果最早的两阶段属1350年之前，那么，第三层位可能就标志着奇奇梅克时期的结束，此时台地数量缩减为三个，体量扩大并采用了斜面，双神殿也沿用了这种倾斜的剖面。

位于平台上的双圣所（内殿）是阿兹特克联盟地区神殿的特色，用于供奉雨神特拉洛克和部落战神维齐洛波奇特利，通过这样的布置，既满足了谷地古代的泛灵崇拜，又照顾到新君主部落偶像的地位。这种布置起源于奇奇梅克时期，是构成阿兹特克社会基础的主要历史传统之一。特奈乌卡神殿可能是这种新类

本页：

（上）图3-77卡利斯特拉瓦卡“圆金字塔”。南侧俯视全景

（下）图3-78卡利斯特拉瓦卡“圆金字塔”。东南侧俯视全景

（中）图3-79卡利斯特拉瓦卡“圆金字塔”。东北侧全景

右页：

（上）图3-80卡利斯特拉瓦卡“圆金字塔”。西南侧全景

（下）图3-81卡利斯特拉瓦卡“圆金字塔”。西南侧近景

型的首例（尽管是处在最初始的结构阶段）。这种新风格很快就被阿兹特克人及其他民族采用，并在西班牙人到来前的最后几个世纪流传到像危地马拉这样遥远的地区（其“墨西哥化”进程主要通过危地马拉高原的最后一批玛雅城市）。

神殿的朝向则是延续了至少和特奥蒂瓦坎太阳金字塔（东塔）同样古老的宗教礼仪传统，即标示太阳至城市最高点那天（夏至）的落日方向（西偏北17度）。金字塔每侧安置两个上置鼻冠的火蛇休科亚特尔雕像，主体三面还布置了无数的蛇雕（图3-61~3-64）。这些也都说明这座建筑是为了尊崇太阳。每次扩建和增建刚好和52年周期结束举行新火节庆时间吻合无疑也是一个极有说服力的证据。

目前人们还无法准确知道每个阶段双圣所的建造实况，但从特奈乌卡境内的一座小金字塔（位于圣塞西利亚-阿卡蒂特兰，为该城市古代的一个区）的圣所可大致推想其外观。这是个墙体稍稍倾斜的建筑，上部有一个具有典型墨西哥风格并饰浮雕（“钉

头”、头骨或垂直条带）的高屋顶（图3-65~3-69）。这个小建筑已完全修复，作为依据的各种资料及原型中包括韦拉克鲁斯州的一个夸乌托奇科神殿（尚存大部分屋顶），西班牙占领期间编年史中相关

（左两幅）图3-82卡利斯特拉瓦卡“圆金字塔”。大台阶近景

（右）图3-83魁札尔科亚特尔-伊厄卡特尔神像（按佛罗伦萨抄本的记述，此神“会将山神经过的通道清除干净，并预言雨水的来临”；1400~1520年，伦敦大英博物馆藏品）

的简略记载和图版，特别是该时期生产的无数表现圣所的陶土模型（这些模型经常带有写实的细部，图3-70~3-75）。

[马特拉辛卡地区]

这时期建筑虽说相对较少，但在一定程度上逃脱了西班牙占领者的疯狂破坏。在幸存的建筑中，具有特殊历史价值的作品大都集中在与托卢卡相邻的马特拉辛卡地区。在地域内尚存的奇奇梅克时代的建筑中，只有托卢卡谷地内马特拉辛卡部落的平台和住宅组群得到了充分的发掘。

其中最重要的是卡利斯特拉瓦卡的一个所谓“圆金字塔”（图3-76~3-82）。它实为一个半圆形基座，有四个层位。核心部分属前托尔特克时期，第二和第三层位石头挑出以承灰泥面层，如图拉或特奈乌卡的做法。由红色和黑色浮石（tezontle）构成的第四（亦即最外）层位无疑属阿兹特克时期，在1476

年阿维措尔占领之前。在所有四次改造时，都保留了圆柱状的台地形式并于东部设台阶，仅第二次没有设置檐口。这类建筑通常都用于供奉风神魁札尔科亚特尔-伊厄卡特尔（图3-83），这种建筑形式如前所述可能是始于图拉。接下来是特奥特南戈的一系列宏伟的金字塔（位于人工台地上的这些阶梯形建筑俯视着宽阔的谷地）和部分或全部在壮阔的陡坡边上开凿出来的马利纳尔科的建筑，后者和国王内萨瓦尔科约特尔在特斯库辛科山里挖出的浴室一起，皆为中美洲这类建筑的孤例。

第三节 阿兹特克联盟

作为中美洲古代印第安文明的重要分支，阿兹特克文明（Aztec Civilization）因阿兹特克印第安人而得名，主要分布在墨西哥中部和南部，形成于14世纪初，直到1521年为西班牙人所灭。对其研究始于18世纪末，20世纪后重点发掘了首都特诺奇蒂特兰城的遗址，对这一文明的文化、艺术、宗教等有了较多的了解。

一、历史及宗教背景

[发展简史]

起源和迁徙

阿兹特克人原属奇奇梅克部族的一支，是一个发展水平较低的部落，据传说，其祖先来自北方一个叫

图3-84特诺奇蒂特兰的创立（墨西哥国旗上的图案，有关城市创立的这个仙人掌、老鹰和蛇的传说已成为墨西哥国家的标志）

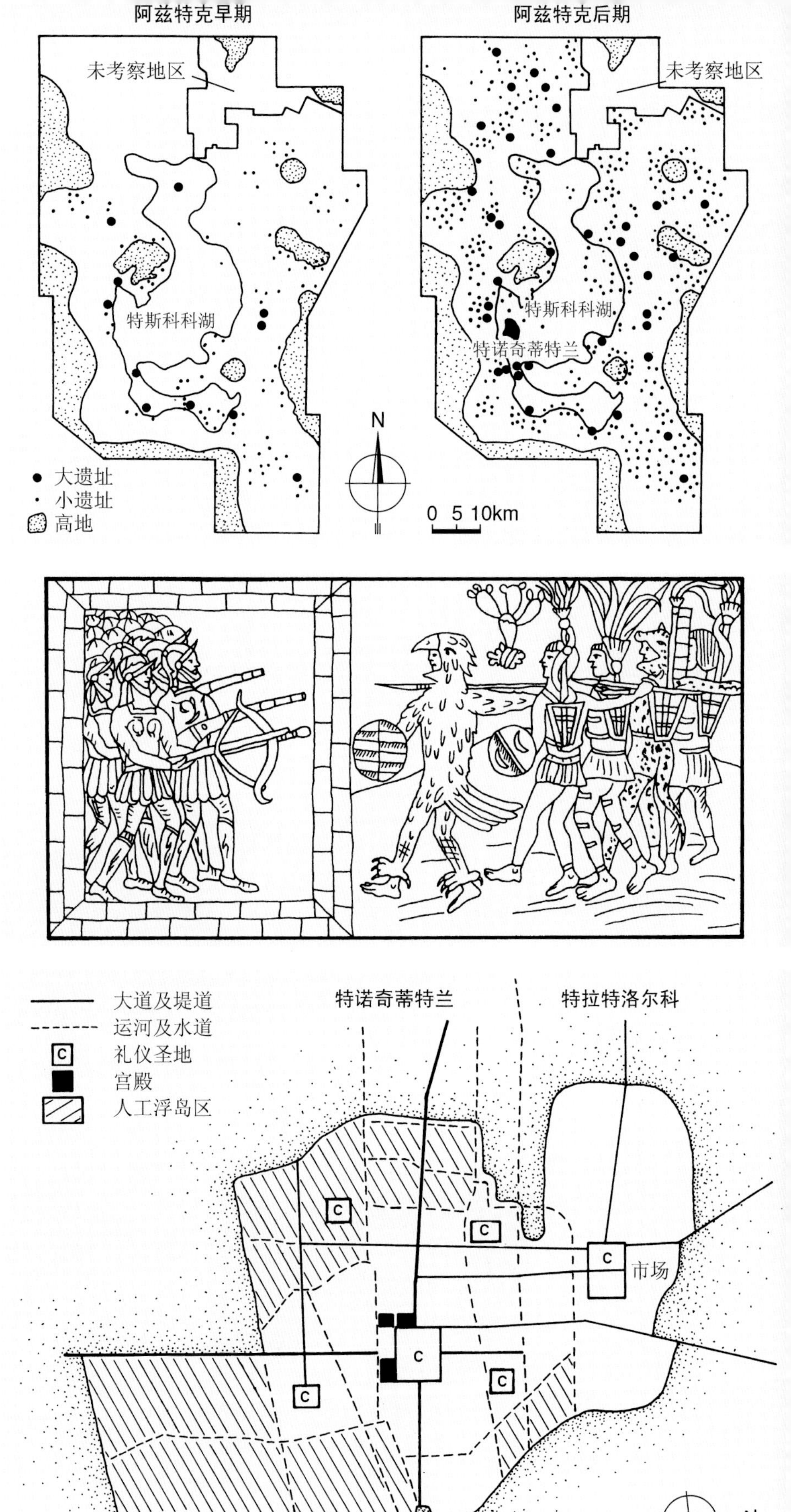

（左）图3-85特诺奇蒂特兰的创立（14世纪的石雕，表现有关城市创立的传说）

（右上）图3-86墨西哥谷地（特斯科科湖地区）居民点的扩展（阿兹特克时期，据Sanders等人，1979年，制图Ellen Cesarski）

（右中）图3-87阿兹特克武士攻击准备逃离特诺奇蒂特兰的西班牙人（据Fray Diego Durán，制图Ellen Cesarski）

（右下）图3-88特诺奇蒂特兰及其孪生城市特拉特洛尔科 总平面（据Calnek，1972年，制图Ellen Cesarski）

阿兹特兰的地方（Aztlan，意为“白地”或“苍鹭之地”，为一湖中小岛，可能在现纳亚里特州）。阿兹特克之名即“阿兹特兰人”，但他们自称墨西卡人（Mexica），即“墨西哥人”。不过，在这里，“墨西哥”一词本身亦有多种含义，诸如“月亮的肚脐”、“龙舌兰的中心”等，实际上是意味着“世界

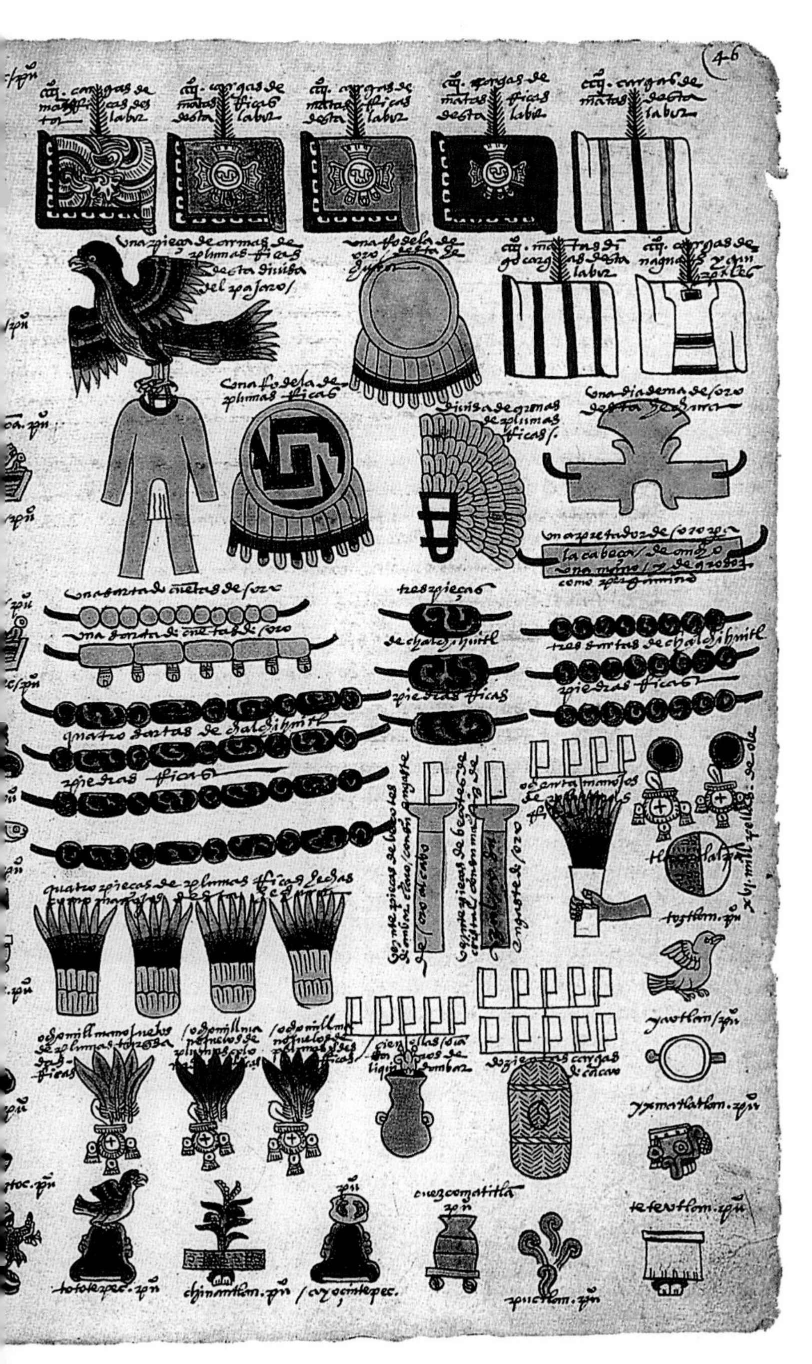

的中心”。他们同样是太阳的臣民，太阳神和战神（维齐洛波奇特利）是其主要崇拜对象。

1250年左右[7]，这个操纳瓦特语的游牧猎人家族，从北部进入墨西哥中央峡谷。据说，在阿兹特克人接近他们长途跋涉的终点时，其部族首领维齐洛波奇特利死在从阿兹特兰出发的途中，在被神化后骨灰被臣民置于袋中带走。这样，在人们心目中，他还可通过其祭司继续与民众沟通。

从他们离开故土阿兹特兰到在墨西哥谷地定居下来，这些阿兹特克人差不多已流浪了近一个半世纪。定居后，以拐骗周围部落妇女为习俗的这帮人遭到了其他部族的敌视。后者不久就将他们赶走，这些人只好像吉普赛人一样，逃到查普特佩克的湖边定居。该地属科尔瓦坎领主的地盘，在这里他们同样成为不受

（左）图3-89门多萨抄本：臣服城市向帝王交纳的贡品清单（城市名称见左侧和下方的象形文字，各文字边上的拉丁文是西班牙人标注的拼音）

（右）图3-90阿兹特克的神祇（制图Ellen Cesarski）：1、魁札尔科亚特尔（羽蛇神，据波旁抄本），2、特斯卡特利波卡（中央神，据波旁抄本），3、米克特兰堤库特里（冥界神，据波旁抄本），4、索奇奎特萨尔（性爱女神，据泰利耶-兰斯抄本），5、特拉洛克（雨神，据博尔贾抄本）

欢迎的人，最后只在蒂萨潘一个毒蛇出没的干旱山丘上获取了一块土地。当他们在那里生活了一 段时间后，科尔瓦坎的首脑遣密使去查看那里是否还有人幸存下来。让这些科尔瓦坎人大吃一惊的是，阿兹特克人非但没有被毒蛇灭绝，反而靠吃它们活得很滋润。

可能为了继续逃避科尔瓦坎的压迫，他们于1325年向南来到阿纳瓦克谷地的特斯科科湖，当他们来到湖西部的岛上时，看到一只叼着蛇的老鹰停歇在仙人掌上，这个景象告诉他们应该在这里建造都城[老鹰为太阳和维齐洛波奇特利的象征，都城之名特诺奇蒂特兰即来自仙人掌一词（tenochtli），图3-84、3-85]。通过开沟渠、造浮岛扩大领地，他们逐渐在这里站稳了脚跟，之后又通过联姻融入湖边城市社会，一步步走向繁荣。不过，直到这时，谷地里最强大的城邦国家仍是湖西岸的阿斯卡波察尔科，它占有大部分土地，其中即包括这个甚至没有活水的泥泞小岛。这些定居特斯科科湖畔的阿兹特克-墨西卡人还需要按时向阿斯卡波察尔科交纳贡品。

联盟的组成和帝国的崛起

不过，这些祭拜羽蛇神并自认为是图拉托尔特克王朝传人的阿兹特克-墨西卡人很快就通过吸收、融合这个地区其他印第安优秀文化传统而迅速崛起，从一个名不见经传的部族，一个以特诺奇蒂特兰为基地的地区政权，发展成为古代墨西哥的一个政治、经济

本页及左页：

（左）图3-91雨神特拉洛克头像（1400~1520年，高22厘米，大英博物馆藏品）

（右）图3-92玉米神希洛内雕像（特诺奇蒂特兰主神殿出土，14~16世纪，墨西哥城国家人类学博物馆藏品）

（中）图3-93风神伊厄科特尔（为墨西哥最老神祇之一，高41厘米，墨西哥城国家人类学博物馆藏品）

和军事的霸权国家。在这期间，特斯科科湖地区的居民点也在不断增加和扩展（图3-86）。

作为扩张的第一步，1427年，这些岛民，在伊兹柯阿特尔（1427~1440年在位）的领导下，联合德斯科科和特拉科潘（塔库瓦）组成了中美洲当时最强大的三城邦联盟（“阿兹特克联盟”），一举击败原先统治墨西哥谷地并要求它纳贡的主要城邦国家阿斯卡波察尔科，建立了阿兹特克帝国，奠定了谷地的霸主

（左上）图3-94火神修堤库特里（石雕着色，高37厘米，14~16世纪，墨西哥城国家人类学博物馆藏品）

（右上）图3-95火神修堤库特里（石雕，高32厘米，1450~1520年，伦敦大英博物馆藏品）

（右下）图3-96火蛇休科亚特尔（石雕，特诺奇蒂特兰出土，高76厘米，可能为建筑的组成部分，1400~1520年，伦敦大英博物馆藏品）

（上及中）图3-97马德里抄本：血祭图（上下两图页码编号为95a和96b，分别表现通过穿耳与穿舌取血，后古典时期）

（左下）图3-98血祭仪式：1、中央神特斯卡特利波卡和战神维齐洛波奇特利用尖头骨锥给自己穿耳（石雕图案，据Nicholson和Quiñones Keber，1983年），2、两个正在用龙舌兰的棘刺为自己穿耳和穿舌的祭司[据波杜里尼法典抄本（Codex Magliabechiano），16世纪，制图Ellen Cesarski]

（右下）图3-99在神殿-金字塔上举行的心祭仪式（据波杜里尼法典抄本；羽毛旗幡边上为祭祀太阳的心脏，台阶下为前一个牺牲者）

地位。作为帝国的主导力量，他们继续将领土扩展到东海岸，墨西哥南部和中美洲。[8]其继承人、号称蒙特祖马大帝的国王蒙特祖马一世（1440~1469年在位）及其后的国王不断对外用兵，开疆拓土，在军事

图3-100阿兹特克心祭容器（称cuauhxicalli，用来盛献给神明的心脏和血；1400~1520年，高57厘米，伦敦大英博物馆藏品）

扩张的同时，发动一系列所谓“鲜花战争”（纳瓦特尔语xōchiyāōyōtl，在阿兹特克的图像中，鲜花代表心脏和鲜血，亦即太阳运转需要的养料），以获取战俘来祭祀太阳神。1481年，第六任国王阿哈雅卡特尔（1469~1481年在位）的儿子提佐克（1481~1486年在位）继位，随后被他的弟弟奥伊佐特（1486~1502年在位）取代。在奥伊佐特的统治下，阿兹特克帝国进入兴盛时期，控制了33个省份的371个部落。首都特诺奇蒂特兰曾经有20万人居住[9]，是当时世界最大城市之一。

之后，帝国继续通过商业和军事征讨不断扩大势力，并于蒙特祖马二世在位时（1502~1520年）进入鼎盛时期，其辽阔的国土北至中美洲边界，与奇奇梅克为邻，向南远达危地马拉和萨尔瓦多，东抵墨西哥

（左右两幅）图3-101特诺奇蒂特兰 城图（示特斯科科湖周围的形势）

湾，西达太平洋，人口约300 万。但帝国主要不是靠大量驻军统治占领区，而是在被征服的城市里安插友善的统治者，或通过王朝之间的联姻，推广帝国的意识形态等手段进行统治和收取贡品。

帝国的覆灭

1519年，以埃尔南·科尔特斯为首的西班牙人从墨西哥湾登陆。蒙特祖马二世误以为白种人的科尔特斯是印第安人预言中的白皮肤神明（羽蛇神）归返，因此未加防备，邀请西班牙人进入特诺奇蒂特兰并待如上宾，结果被轻易软禁，成为西班牙殖民者的傀儡。西班牙人在城内搜刮黄金，并屠杀阻止他们的祭司，导致后来的暴动；蒙特祖马二世于1520年6月在向民众劝降时被群众以石头击中头部死去，西班牙人

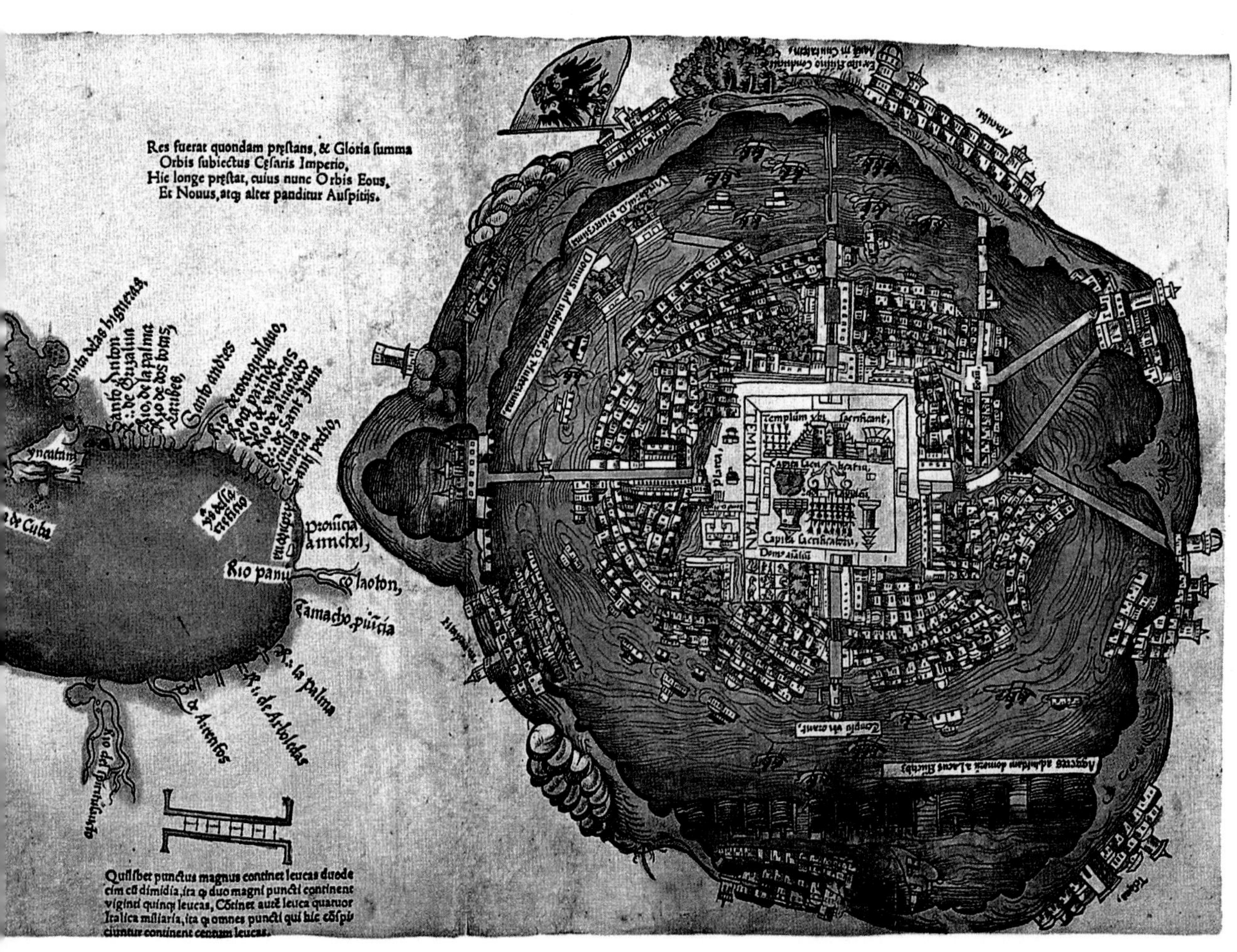

也被迫暂时放弃特诺奇蒂特兰城（图3-87）。

这次侥幸逃命的科尔特斯于1521年卷土重来，并利用印第安人的内部矛盾，设法联合了几个阿兹特克历史上的敌人（主要是操纳瓦特语的特拉斯卡尔特卡），再次进攻特诺奇蒂特兰。阿兹特克人在新国王、年轻的夸乌特莫克（1495/1496~1525年，1520~1521年在位）率领下，与围城的西班牙殖民者展开殊死搏斗。1521年4月28日，西班牙人及其盟军开始最后的围攻。由于长时间围城导致粮食和水源断绝，加之天花肆虐，抵抗终于失败，1521年8月13日，夸乌特莫克被迫投降。西班牙人占领特诺奇蒂特兰后，在城中大肆屠杀，并将该城彻底毁坏（后在其废墟上建立墨西哥城）。夸乌特莫克本人亦于4年后（1525年2月28日）被西班牙人处以绞刑。至此，阿兹特克帝国在历经12位帝王（包括传说中的创建者特诺奇）后，退出了历史舞台。

[社会、经济和国家組织]

阿兹特克的最高首领由部落会议从特定的家族中推举，事实上是最高军事酋长，无世袭权，并可被部

本页及右页：

（左）图3-102特诺奇蒂特兰 城图[一般认为是出自埃尔南·科尔特斯之手，取自Praeclara de Nova maris oceani Hyspania narratio（纽伦堡，1524年），图右侧为北]

（右）图3-103特诺奇蒂特兰 上图细部[方向转了90°，可看到自中央祭祀区向外伸出四条主要干道，通向位于北面、南面和西面的堤道以及东面的港口；但位于祭祀区西面的主神殿位置不确（在双神殿之间可看到一个小的太阳头像）]

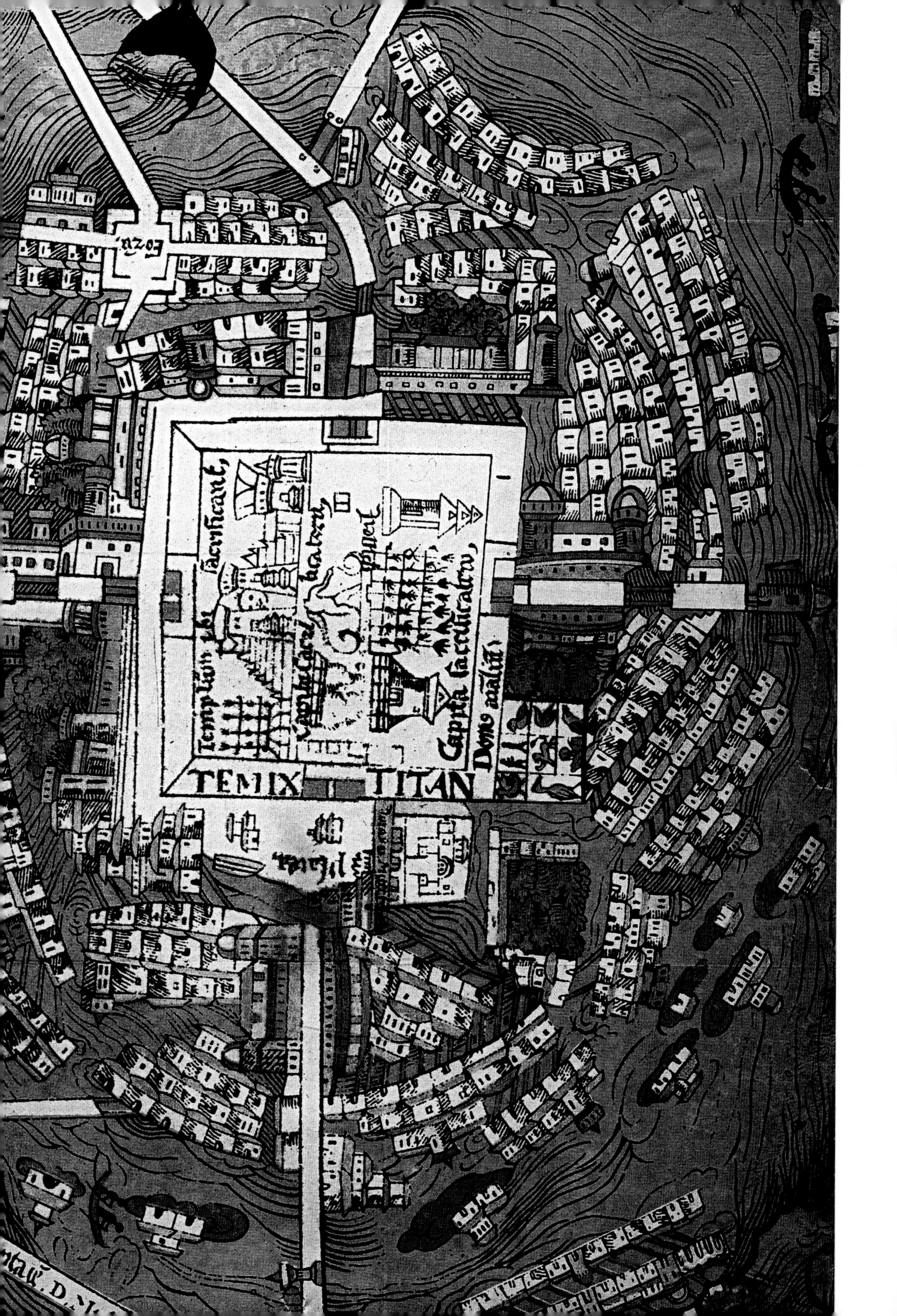
TEMIX TITAN

落会议罢黜。阿兹特克人同与之结盟的部落结成统一的政治和文化共同体，最高军事酋长即为联盟统帅。联盟所征服的部落需向联盟割让土地和纳贡，但可保有自己的部族神和习俗，由自己的酋长管理。特诺奇

本页及右页：

（左四幅）图3-104特诺奇蒂特兰 城市全图（电脑图，可看到城市所在特斯科科湖的总体形势及通向这座岛城的堤道）

（右上）图3-105特诺奇蒂特兰 城市及湖区俯视全图（被西班牙人占领前的复原图，自西面向东望去的景色）

（右下）图3-106特诺奇蒂特兰 城市及湖区俯视全图（复原图，自东南方向望去的景色）

（中上及右中）图3-107特诺奇蒂特兰 城市俯视全景（复原图，自西面望去的情景，Miguel Covarrubias绘；中上图为墨西哥城国家人类学博物馆内展出的该图及中央祭祀区模型）

（中中及中下）图3-108特诺奇蒂特兰 城市俯视全景（自西面望去的情景，在图3-107复原图基础上发展出来的另两个变体方案）

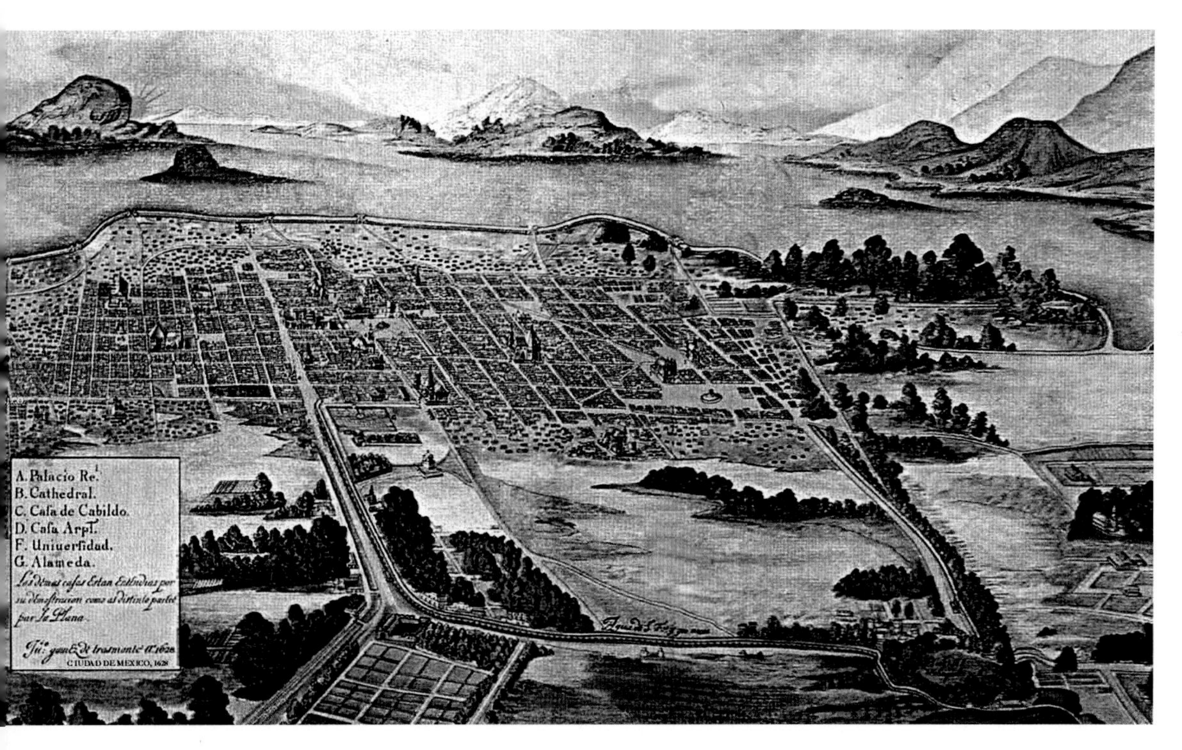

本页：

（上）图3-109特诺奇蒂特兰 城市俯视全景（1628年情景，湖面水域减少，如今城市已和陆地相连）

（下）图3-110特诺奇蒂特兰 中心区平面(约1510年)，粗线示古代市中心相对位置，图中：I、主神殿，II、蒙特祖马宫；1~5为主要街道，6、7为运河（图版取自George Kubler：《The Art and Architecture of Ancient America，the Mexican，Maya and Andean Peoples》，1990年）

右页：

（左下）图3-111龙舌兰图（16世纪，图示特诺奇蒂特兰城阿茨卡波察尔科区平面细部，墨西哥城国家人类学博物馆藏品）

（上及右下）图3-112韦霍特拉 祭祀中心。围墙遗存

蒂特兰城分为四大区，分属四大胞族。下面共分为20个氏族，各氏族有自己的氏族神、祭司和寺庙，享有处理内部事务的权利。各氏族选出代表出席酋长会议。

阿兹特克的社会组织以民族为基础，实行公社土地所有制，但已开始出现等级划分，贵族、祭司、武士和商人构成社会的统治阶级。贵族拥有土地和自己的姓氏，子女可受到特殊教育。平民接受农业、技工和军事等专业教育，是军队的主体。最下层是奴隶，

主要来自战俘和罪犯。

特诺奇蒂特兰（包括其附属的孪生城市特拉特洛尔科，图3-88）集市上丰富的商品和奢侈品主要来自被征服部族交纳的贡品。据门多萨抄本（Codex Mendoza）的一个贡品清单（图3-89），特诺奇蒂特兰每年收到玉米7000吨、豆类4000多吨、奇亚籽（chía，一种鼠尾草属植物，可榨油及制作清凉饮料）4000吨、千穗谷（huauhtli）4000吨、可可21000多公斤、干辣椒36000多公斤、蜂蜜4000罐及大量的盐、棉布2079200 尺（longueurs，下同）、植物纤维

织物296 000尺、裙子和罩衫240 000件、短裤144 000件、天然棉花100 000多公斤。这数量巨大的贡品可能占据了被特诺奇蒂特兰征服的这些城市居民劳动时间的1/3。[10]

在经济领域，巡回商人（pochteca）起到了重要

左页：
(左上及左中上）图3-113韦霍特拉 考古区。平台及台阶，残迹现状
(左下）图3-114韦霍特拉 圆形神殿（结构4）。复原图
(左中下）图3-115韦霍特拉 圆形神殿（结构4）。东南侧全景
(右上）图3-116韦霍特拉 圆形神殿（结构4）。东南侧近景
(右中）图3-117韦霍特拉 圆形神殿（结构4）。南侧现状
(右下）图3-118韦霍特拉 结构1。东北角残迹现状

本页：
(上）图3-119特诺奇蒂特兰 圣区。早期西班牙人绘制的复原图（据弗赖·贝尔纳迪诺·德萨阿贡的手稿，16世纪中叶），图中：1、主神殿（双神殿，顶上左右分别为特拉洛克和维齐洛波奇特利神殿），2、维齐洛波奇特利神殿大样，3、供奉羽蛇神魁札尔科亚特尔的圆祠堂，4、头骨架，5、球场院，6、角斗士牺牲石及其平台，7、西佩托提克（“剥皮之主”）神殿，8、武士宅邸，9、贵族学校
(下）图3-120特诺奇蒂特兰 圣区。平面（取自Colin Renfrew等编著：《Virtual Archaeology》，1997年；该区至20世纪80年代才开始发掘），图中：1、神殿，2、主神殿，3、特斯卡特利波卡神殿，4、魁札尔科亚特尔神殿，5、祭司区，6、球场院，7、头骨架，8、太阳神殿，9、蒙特祖马二世宫遗址，10、大广场

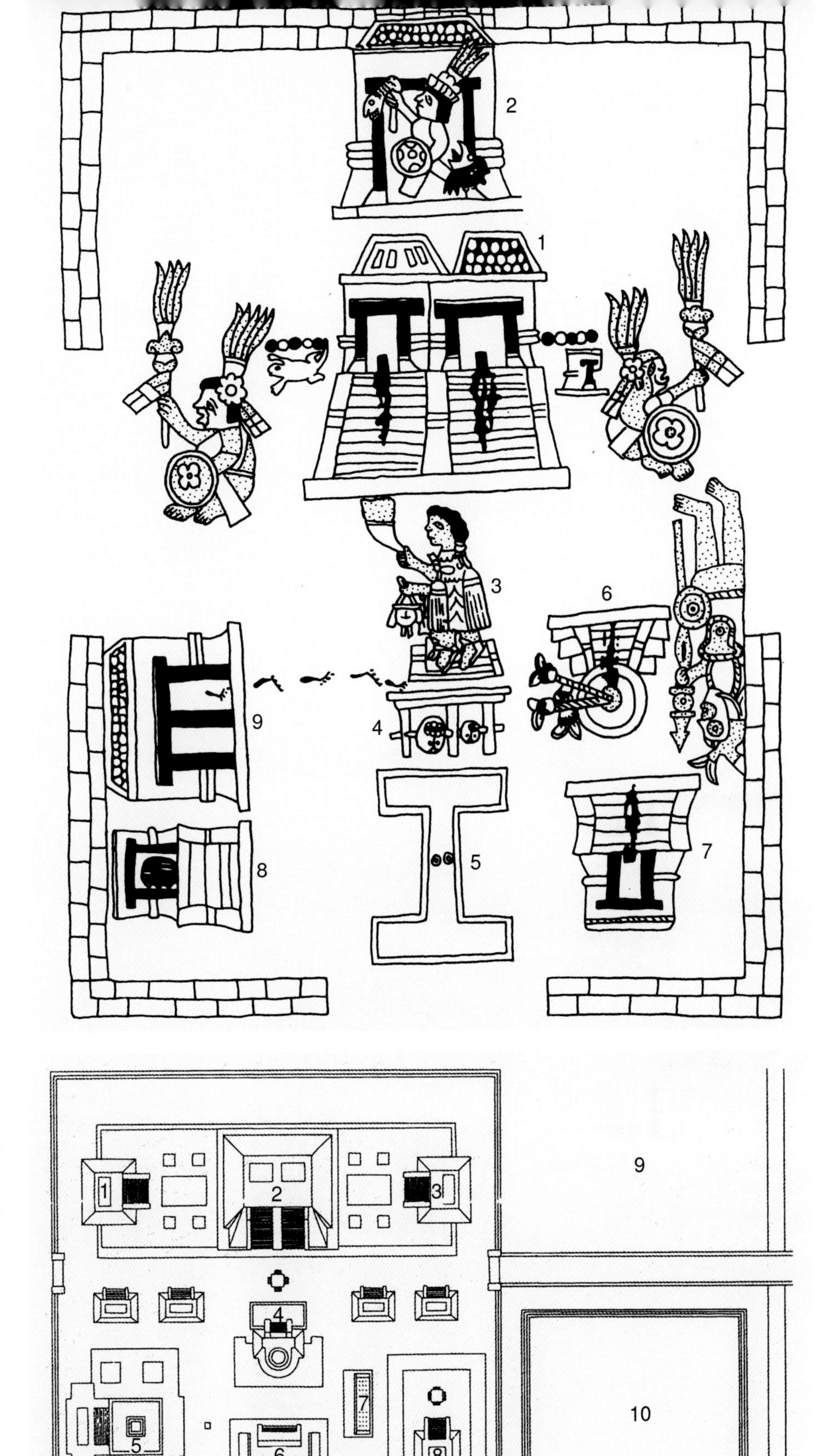

的作用。通过复杂的商业交通网（既有上千的地面道路，也有水路，乃至海运）和供他们使用的旅站，其足迹遍及整个中美洲，和他们同行的还有运送贵重商品的脚夫。成功的商人往往获得贵族的称号。由于他们能直接考察外域和看到军事部署，因而常常充当间谍。每当这类具有双重身份的商人被抓或被谋杀（这种事在当时时有发生），就可以以报复为名进行宣战，进犯他国领土。

[宗教]

阿兹特克人信奉多神教。生命的各个时段均由神主宰，这些神既管天（星球、天体），又管地，从播种、栽培，直到洗浴、剃头、游戏无一不和他们有关；人们还相信，在纺织器械、烹调用具以及手艺人和农民的工具中，都可以看到这些神灵的影子（图3-90）。弗赖·迭戈·杜兰指出，这些工具和器械上均雕有"猴子、狗或守护神……这一习俗是如此普遍，没有一个印第安人不曾用过这类雕像……"[11]

阿兹特克人崇拜自然神，主神威济洛波特利（维齐洛波奇特利）被视为太阳神和战神，其他的神主要有：创造神特洛克-纳瓦克、太阳神托纳蒂乌（托南辛）、雨神特拉洛克（图3-91）、玉米神希洛内（图3-92）、羽蛇神魁札尔科亚特尔（克查尔科阿特尔）、风神伊厄科特尔（图3-93）、火神修堤库特里（图3-94、3-95）、火蛇休科亚特尔（图3-96）、"双头神"奥梅特库特利及其妻子奥梅奇瓦特尔等。[12]

阿兹特克人的宗教信仰和祭祀活动最能体现其文化特色。为了更好地了解阿兹特克帝国的迅速崛起及扩张、其艺术的表现和动力，需要讨论一下阿兹特克社会生活中的一项重要仪式：人祭。历法上的节庆需要无数的牺牲，战争固然是提供牺牲的一个主要来源，但绝非惟一。作为祭祀的牺牲，除战俘外，同样包括阿兹特克本邦人。在阿兹特克文化中，作为祭品牺牲和战死疆场，都是高贵的死，都可以升入天堂。从出生到成年，人们被教育要随时准备作牺牲。为献祭而牺牲成为人们期望乃至是最满意的结局。所以一旦有谁被选为牺牲，对于个人和家庭来说并不是灾难而是一种最高的荣耀。国内被选作牺牲的男人和女人，亦顺从仪式安排毫无怨言。艺术、诗歌和宗教均为此造势。在每年一次的托斯卡特（Toxcatl）太阳节

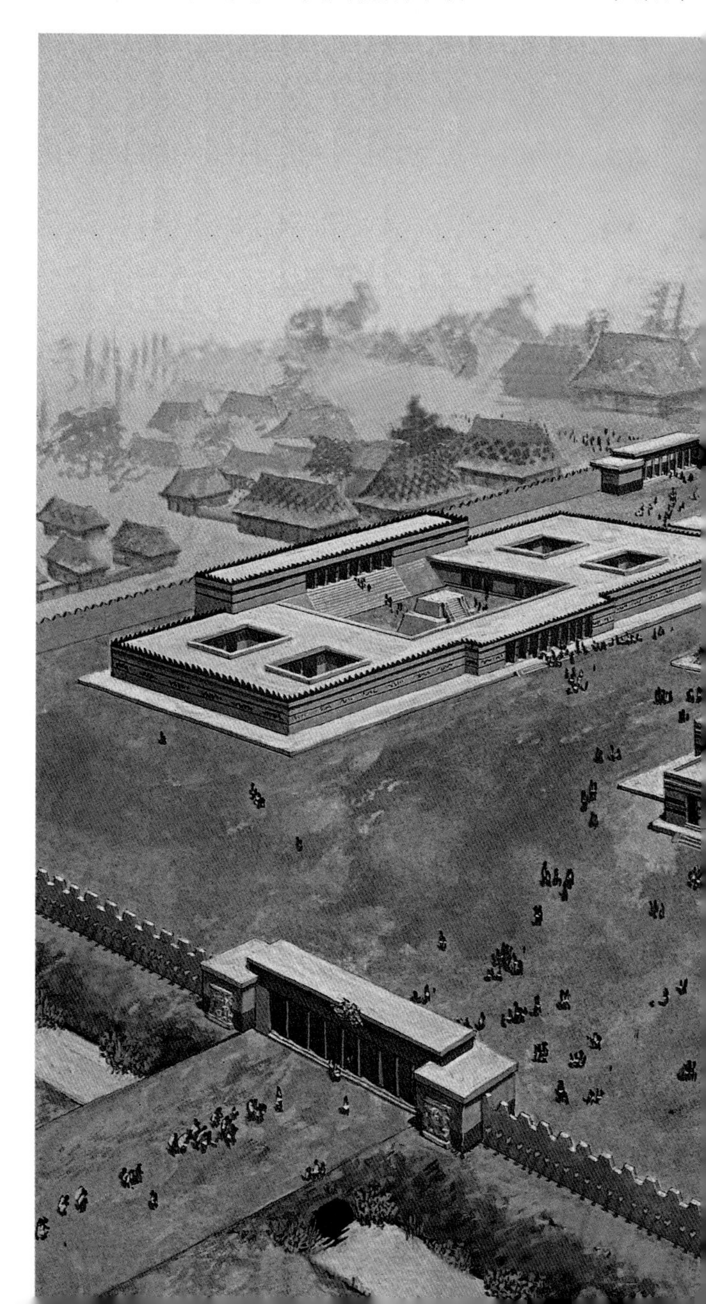

本页及左页：
（左中）图3-121特诺奇蒂特兰圣区及周围主要城区。俯视复原图，自西面望去的全景（一）
（右上）图3-122特诺奇蒂特兰圣区及周围主要城区。俯视复原图，自西面望去的全景（二）
（左下）图3-123特诺奇蒂特兰圣区及城市东北部。俯视复原图，向东面望去的景色
（右下）图3-124特诺奇蒂特兰 圣区。俯视复原图，自西南方向望去的景色（一，取自Reg Cox & Neil Morris：《The Seven Wonders of the Medieval World》）

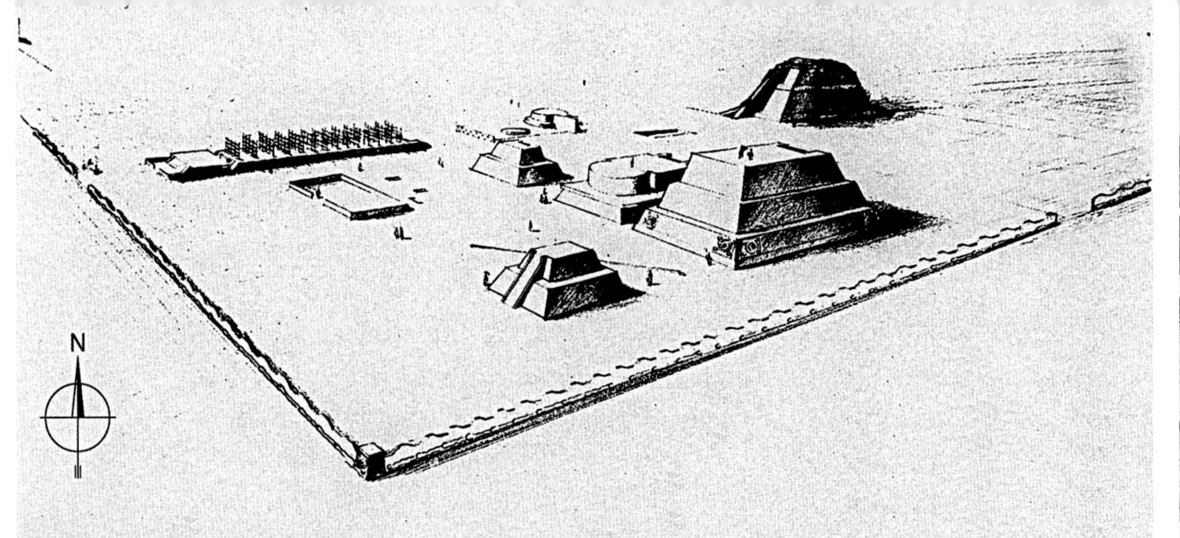

期间，因为美貌被选中代表中央神特斯卡特利波卡的青年，在被掏取心脏作为牺牲前，要一直扮演这个角色并享受优厚待遇。在这种体制下训练出来的战士，自然勇猛无比，战无不胜。不过人祭的目的，倒不是为了训练不怕死的战士，这只能算是它的一个副产品。藐视死亡实际上完全来自另外的缘由，和阿兹特克人关于人类的起源和人生的目的有关。这些神话表明了人们对宇宙本质的看法，不仅条理清晰且极具说服力，使人们能够坦然接受人祭这种难以想象的做法。

阿兹特克人的宇宙观是和他们对时间的特殊看法及以牺牲求创造相联系的。对他们来说，神话就是神的谕旨。他们相信，“太阳”是最重要的存在。在阿兹特克神话中，世界曾经四度被创造、四度遭到毁灭。每次创造时，都会产生新的太阳，现在已进入第五个太阳的时代。这第五代太阳和月亮的诞生，也是靠了神的牺牲。按前面提到过的那个流行版本的说法，宇宙混沌未开时，诸神在火前聚集，其中一神舍身向火扑去，变成了太阳，另一个跟着跳进去变成了月亮，由此开始了人类的新纪元。太阳与月亮有了，但还有一个难题：它们在天上静止不动。因此，众神

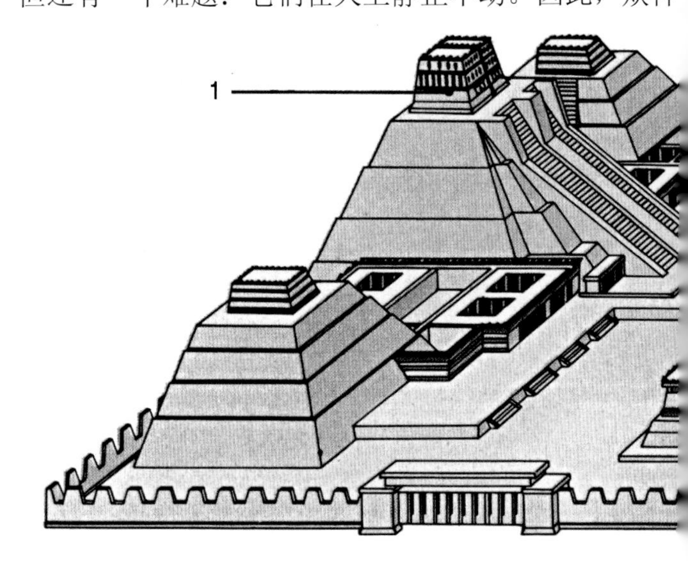

本页及左页：

（左上）图3-125特诺奇蒂特兰 圣区。俯视复原图，自西南方向望去的景色（二，据Vega Sosa，1979年）

（左中上）图3-126特诺奇蒂特兰 圣区。俯视复原图，自西南方向望去的景色（三）

（左中下）图3-127特诺奇蒂特兰 圣区。复原图，北面俯视景色（一）

（左下）图3-128特诺奇蒂特兰 圣区。复原图，北面俯视景色（二）

（中上）图3-129特诺奇蒂特兰 圣区。复原图，北面俯视景色（三，据Donn P.Crane）

（右上）图3-130特诺奇蒂特兰 圣区。复原图，前景为堤道，后示圣区一角（据Donn P.Crane）

（右中下）图3-131特诺奇蒂特兰 圣区。复原图，西北面俯视景色（一，示1519年西班牙人抵达时的状况）

（右下）图3-132特诺奇蒂特兰 圣区。复原图，西北面俯视景色（二，据Marquina，1951年）

（中下）图3-133特诺奇蒂特兰 圣区。复原图，西北面俯视景色（三，取自John Julius Norwich主编：《Great Architecture of the World》，2000年），图中：1、维齐洛波奇特利神殿，2、风神殿，3、太阳神殿，4、球场院，5、头骨架，6、祭司区

（右中上）图3-134特诺奇蒂特兰 圣区。复原图，西北侧景色

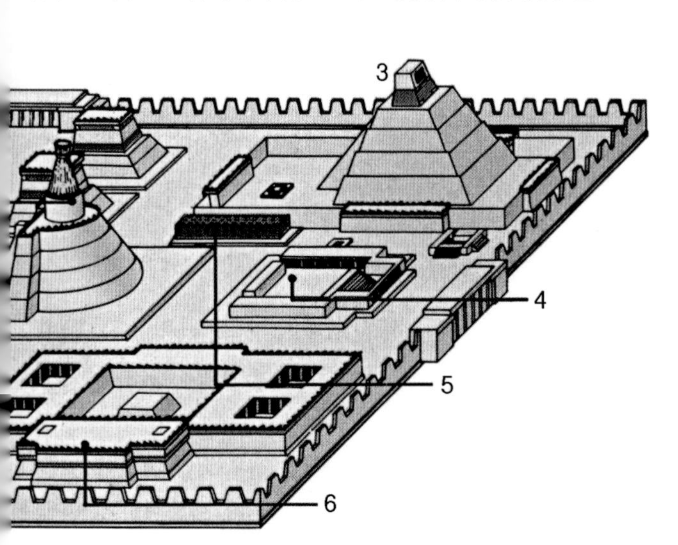

本页及右页：

（左上）图3-135特诺奇蒂特兰 圣区。电脑复原图，西北面俯视景色

（左下及中上）图3-136特诺奇蒂特兰 圣区。电脑复原图（上下两图分别示西面和西北面俯视景色）

（右上及右下）图3-137特诺奇蒂特兰 圣区。电脑复原图（自西面主轴线上望去的全景和自魁札尔科亚特尔-伊厄卡特尔神殿处望主神殿）

又把自己作为祭礼，以心脏作为动力，使太阳和月亮能在天上运转，照耀人类。

因为这个神话，阿兹特克人相信太阳只有靠人类心脏，才能天天从东方升起，在空中运转。因此，定期向太阳供奉人体中最宝贵的东西——鲜血与心脏，就成了不可或缺的神圣行为（图3-97~3-100）。

阿兹特克人还认为，神并非尽善尽美，人身上同样有神性；他们同样有责任维持宇宙的运转。没有人，神的力量也会逐渐衰竭乃至无法保证每年的丰收。无论是太阳、地球、月亮，还是掌管动物和植物生命的神祇，都需要靠人类的血恢复活力。只有靠人的牺牲和血祭，地面的作物才不致枯萎，人类才能继续存在，宇宙的延续才能得到保证。

二、城市建设

[文献记录]

阿兹特克的这座旧都已遭到西班牙人的全面破

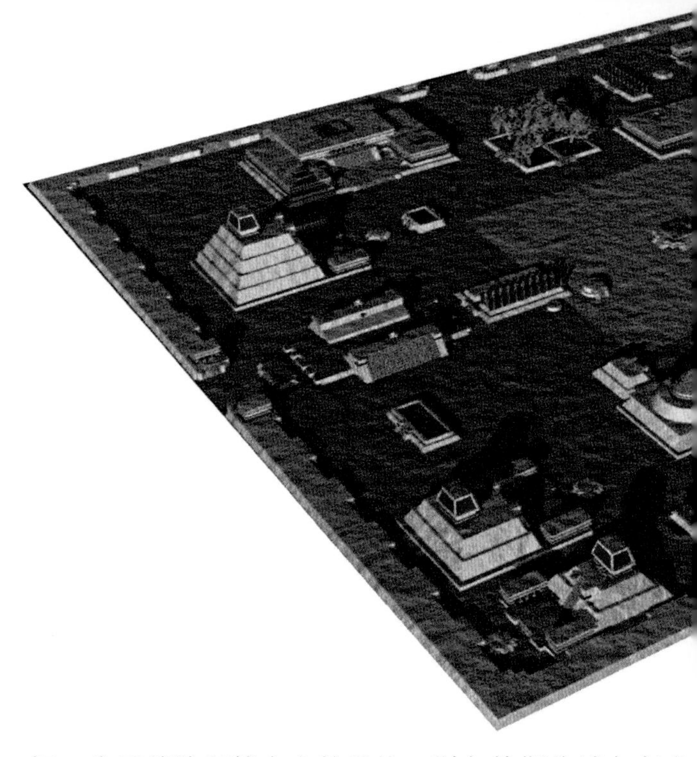

坏，为了消除印第安人的反抗，科尔特斯将城市变成了一堆石头和瓦砾，并由此奠定了几年后诞生的新都的基础。在这场浩劫之后，仅留下一些小的祭坛和少数杰出的雕刻，偶尔还可在一些较大建筑的少量残迹中看到表面着色的痕迹。

因而，除了一些小型陶土雕刻外（见图3-70~3-75），人们只能相信占领者本人的评述（往往还是“热情”的叙述，这倒颇有点讽刺意味）。例如晚年曾任危地马拉安地瓜市政会议员的贝尔奈·迪亚斯·德尔·卡斯蒂略（1492~1584年），在他84岁时所著《征服新西班牙信史》（Historia Verdadera de la Conquista de la Nueva España）中，以直截了当的文字记载了他年轻时参加中美洲（即所谓新西班牙）征服战争的全过程，同时还记载了阿兹特克的政治军事、社会民情、经济文化和风土人情。由于该书内容是卡斯蒂略本人的耳闻目见，因此在很大程度上可认为是第一手资料，具有一定的史料价值。书中有一段描写他们这帮西班牙士兵在接近阿兹特克帝国的一个属国、控制着通往特诺奇蒂特兰南部入口的伊斯塔帕拉帕城时的感触：“当我们看到如此多建造在水中拥有大量人口的城市和乡村，以及其他在陆地上的大城市、通向墨西哥的平坦笔直的大道时，我们简直惊愕得发呆……我们的一些士兵在看到这样一些闻所未闻，甚至未敢想象的景色时寻思自己是不是在做梦！伊斯塔帕拉帕城内的宫殿极为宏伟，建造得极其精心，石头加工精确，雪松和其他木材散发着芳香，还有院落和宽阔的厅堂……在欣赏完这一切后，我们来到花园，一个

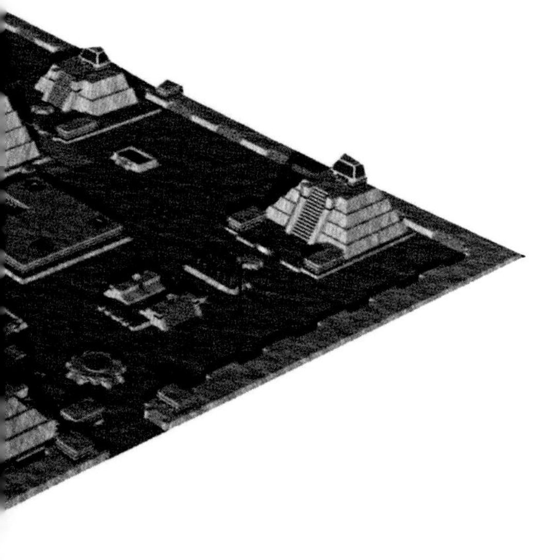

本页及左页：

（中上）图3-138特诺奇蒂特兰 圣区。电脑复原图（自西南望去的总体效果，作者Antonieta Rivera）

（左四幅）图3-139特诺奇蒂特兰 圣区。电脑复原图（作者Antonieta Rivera）：1、自球场院望主神殿，2、自西北侧望主神殿，3、头骨架近景，4、羽蛇神殿及浴室

（右上）图3-140特诺奇蒂特兰 圣区。蒂亚马钦卡特尔神殿，电脑复原图（作者Antonieta Rivera）

（右中）图3-141特诺奇蒂特兰 圣区。复原模型（主体建筑为供奉特拉洛克和维齐洛波奇特利的双神殿，对面为半圆形的魁札尔科亚特尔-伊厄卡特尔神殿和一个小的球场院）

（右下）图3-143特拉特洛尔科 圣区。总平面（1∶2000，取自Henri Stierlin：《Comprendre l' Architecture Universelle》，第2卷，1977年），图中：1、边上设台阶的平台，2、小的附属金字塔，3、角斗士平台，4、带双台阶的次级金字塔，5、主神殿（含多层叠置建筑），6、历法殿，7、圣地亚哥教堂

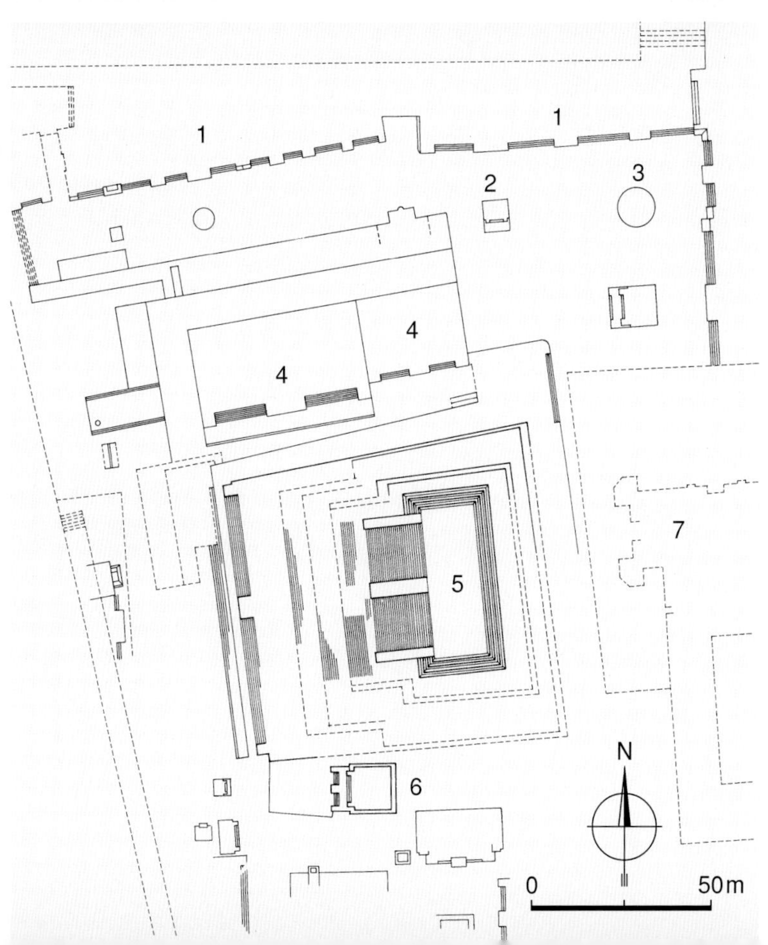

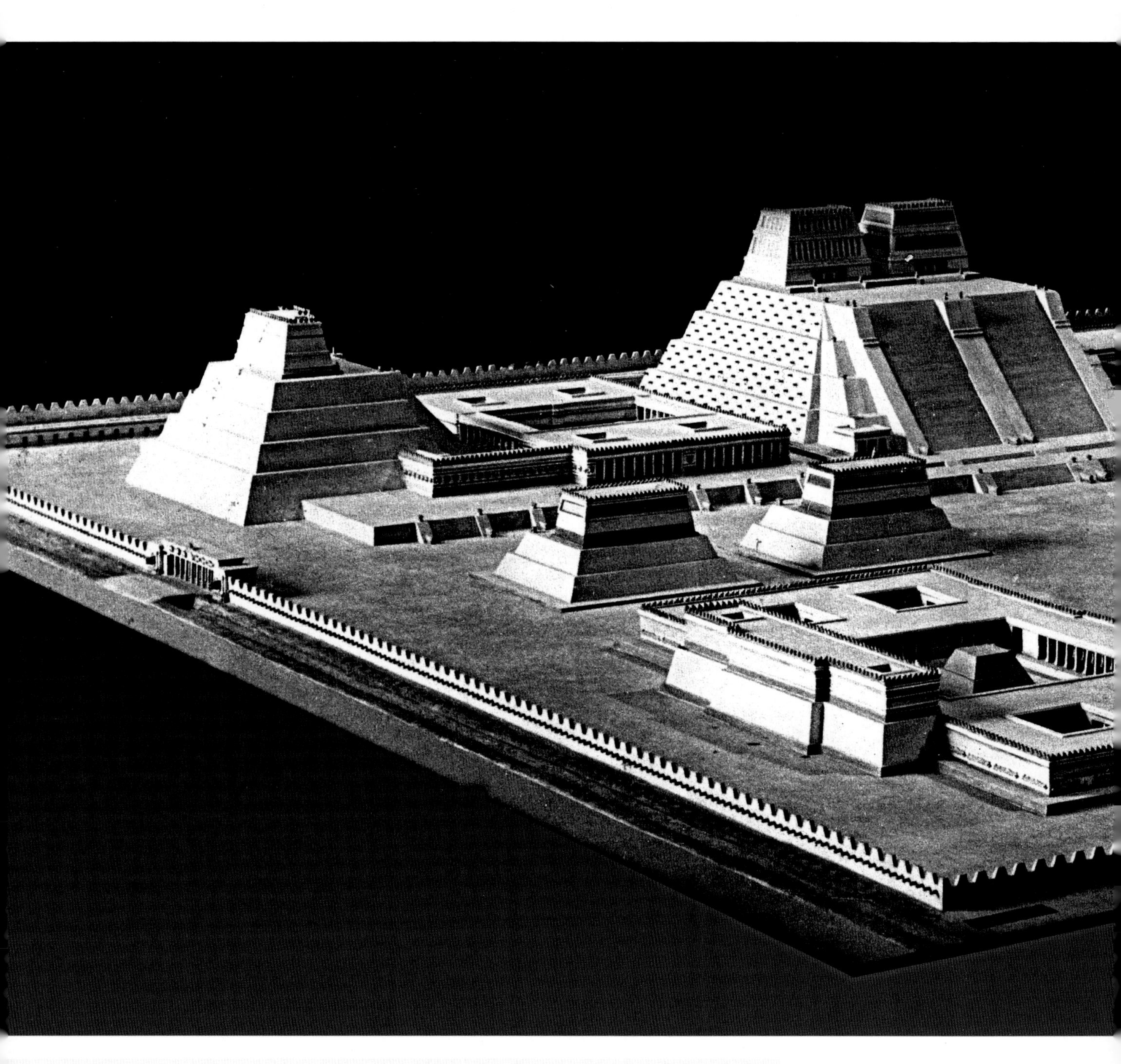

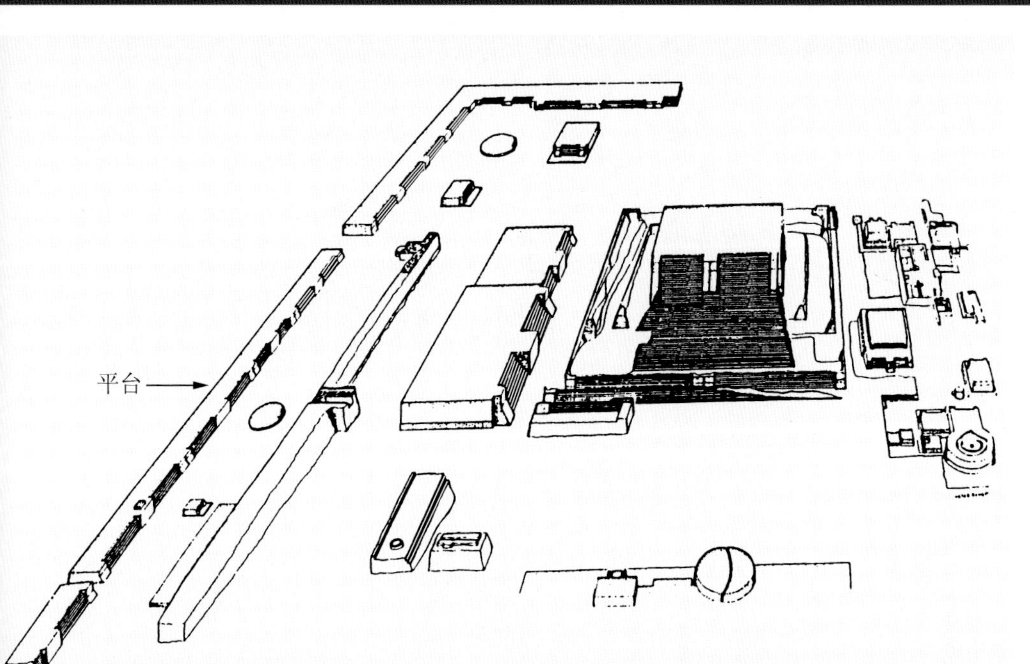

（上）图3-142特诺奇蒂特兰 圣区。复原模型

（下）图3-144特拉特洛尔科 圣区。透视复原图（左面蛇墙平台将圣区和普通城区分开，图版取自Jeff Karl Kowalski:《Mesoamerican Architecture as a Cultural Symbol》，1999年）

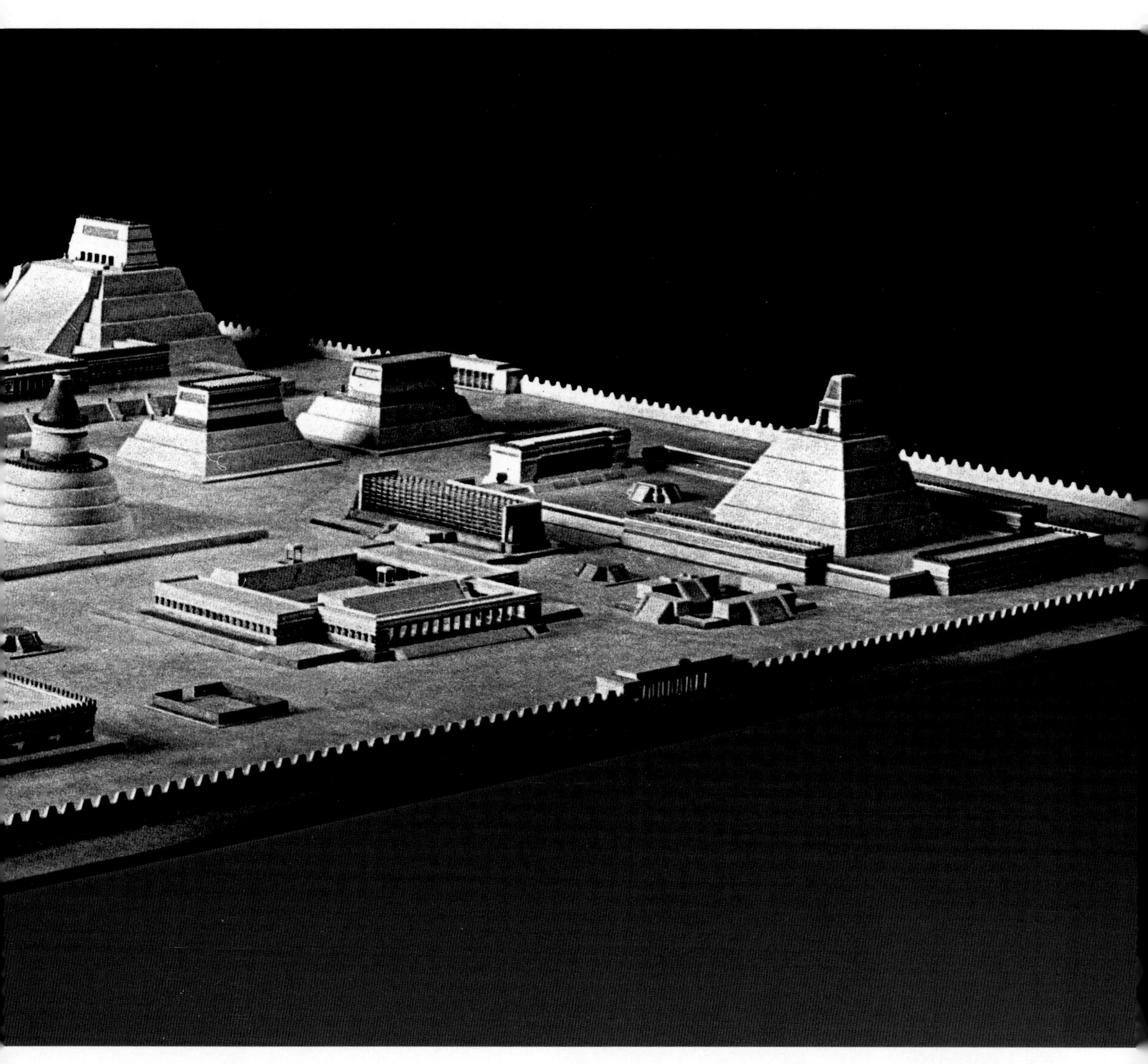

可供观赏和漫步堪称奇迹的地方，我从未见过如此多种多样、色彩缤纷的树木，长满玫瑰和其他鲜花的草地，无数的果树……和一个充满淡水的池塘。我们看到的另一个值得注意的东西是一些巨大的独木舟……池塘边有各种各样的鸟……如今，这些全部被夷为平地，遭到毁灭，什么也没有留下来！”

在一块小的地图残段上，可看到阿兹特克都城特诺奇蒂特兰不同寻常的城市布局。这是个类型上极为独特的湖泊城市。人们不仅对其平面进行了大量的研究，还在此基础上提出了许多想象复原图。被阿兹特克人在扩张领土时吞并的特拉特洛尔科为古代特诺奇蒂特兰的孪生城市（见图3-107、3-108左侧，靠近祭祀中心处有一个巨大的露天市场）。且看作为目击者的西班牙征服军对这座城镇的第一印象。科尔特斯说它“尺寸相当于（西班牙名城）萨拉曼卡的两倍，整个由入口（墙）环绕，每天有6万多人在那里从事买卖活动……每种商品都在专门的街道出售，不允许混杂；就这样保持着良好的秩序。”(据路易·尼古劳·多夫莱尔，1963年）贝尔奈·迪亚斯·德尔·卡斯蒂略有一段描写他登临特拉特洛尔科神殿的动人记述：“当我们登上神殿顶部的小广场时……蒙特祖马从一个圣所里出来，和他一起前来的还有两名祭司，表达他们对科尔特斯的敬意……然后（蒙特祖马）拉着他的手，邀请他观望这座位于水面上的大城和所有其他城镇，

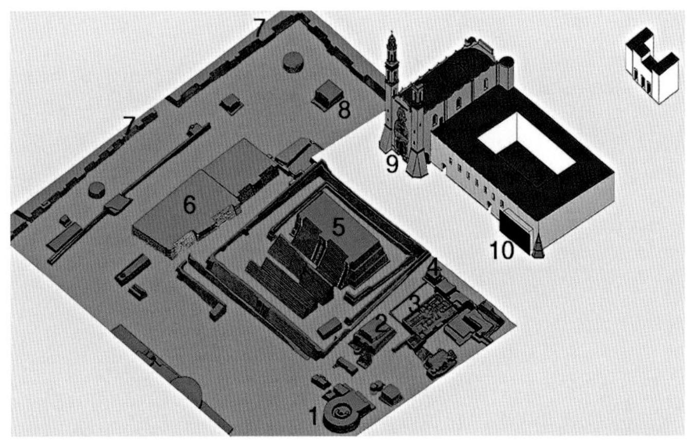

以及围着同一个湖展开的陆地上的无数村落……我们看到了大的广场，因为这个可怕的大神殿是如此之高，可以俯视一切。我们还看到三条进入墨西哥的堤道……看到来自查普特佩克供应城市的淡水。在这三条堤道上（我们看到）每隔一定间距建造的桥梁，在它们下面，湖水从一侧流向另一侧。在这个大湖上，有大量游弋的轻舟，一些装载着食物而来，其他的载着各种食品离去。为了使每栋住宅和这座大城，以及每栋住宅和建造在水中的其他城镇的宅邸之间保持一

定的距离，人们只能利用木构吊桥或小船作为住户间的联系手段。和塔楼及城堡一样，我们在这些城镇里同样看到了神殿和礼拜堂，所有这些建筑都令人赞叹地刷成白色；（我们还看到）平顶的房子，以及在堤道上的另一些小神殿和类似要塞的塔楼。在仔细观察了很久之后，我们又来到了大广场，那里集中了大量人群，有的买，有的卖，人声鼎沸，嗡嗡的声音直到1里（lieue，法国古里，约合4公里）外都能听得到。我们当中有些到过世界各地（君士坦丁堡、罗马和整个意大利）的老兵，他们说，从没有见过如此巨大、齐整和人山人海的广场”[13]。

在这段热情的文字之后是对通向陆地的三条堤道的叙述：“其宽度相当于两根骑兵长矛的长度，施工精良，可容8个骑兵并肩通过。”埃尔南·科尔特斯在谈到城市的主要街道时，说它们“很宽很直，其中有些主干道和所有次级道路都是一半为陆上通道，一半为运河，当地人就乘小船穿行；所有街道都隔一定距

本页及左页：

（左上）图3-145特拉特洛尔科 圣区。透视复原图，图中：1、伊厄卡特尔-魁札尔科亚特尔神殿，2、历法殿，3、宫殿，4、画殿，5、主神殿（第二阶段），6、次级金字塔，7、边上设台阶的平台，8、祭坛，9、圣地亚哥教堂，10、阿瓜间

（左中）图3-146特拉特洛尔科 圣区。遗址现状（西面俯视全景）

（左下）图3-147特拉特洛尔科 圣区。自西南方向望去的遗址景色（右侧前景处为历法殿，左侧远处可见主神殿及后面西班牙人建的圣地亚哥教堂）

（中）图3-148特拉特洛尔科 圣区。自西面望去的景色（右侧前景为主神殿，背景为圣地亚哥教堂）

（右上及右中）图3-149特拉特洛尔科 圣区。主神殿，现状（上下两幅分别示西北和西南望去的景色）

（右下）图3-150特拉特洛尔科 圣区。历法殿，近景（背景为圣地亚哥教堂）

本页：

（上及左中）图3-151特拉特洛尔科 圣区。砌体及雕饰细部

（左下及右下）图3-152特诺奇蒂特兰 圣区。主神殿[左图取自弗赖·迭戈·杜兰：《印第安史》（Historia de las Indias，1588年）；右图据Durán，1967年，图右侧为头骨架]

右页：

图3-153特诺奇蒂特兰 圣区。主神殿，发掘平面图（可辨别II~VI阶段各结构的主要特征，著名的女神科约尔绍基石刻位于维齐洛波奇特利圣所IVb阶段大台阶的脚下；图版取自Jeff Karl Kowalski：《Mesoamerican Architecture as a Cultural Symbol》，1999年）

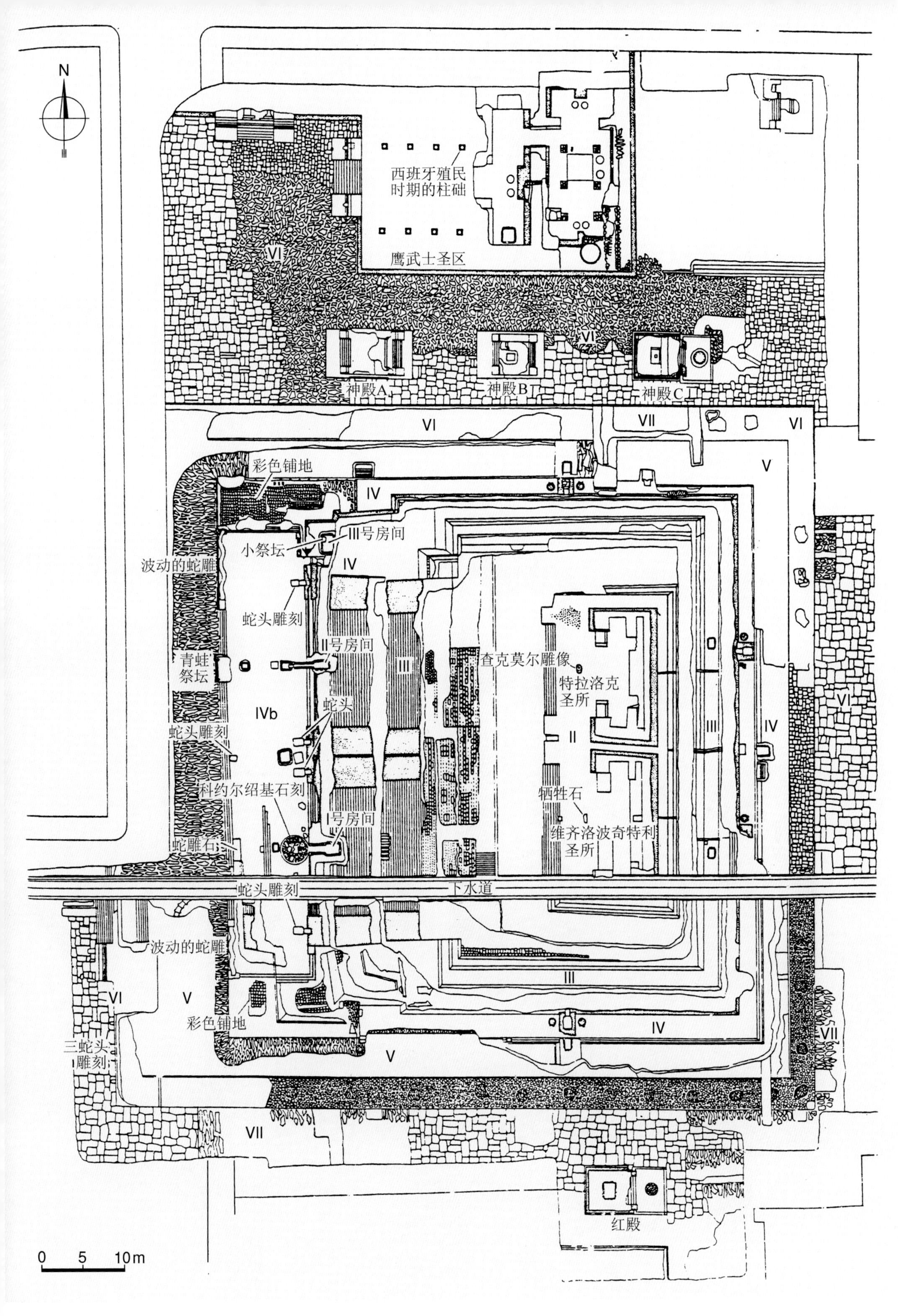
N
西班牙殖民
时期的柱础
鹰武士圣区
VI
神殿A
神殿B
神殿C
VI
VII
VI
V
彩色铺地
IV
III号房间
小祭坛
波动的蛇雕
IV
蛇头雕刻
II号房间
III
青蛙
祭坛
查克莫尔雕像
特拉洛克
圣所
IVb
蛇头
III
IV
VI
蛇头雕刻
II
科约尔绍基石刻
牺牲石
I号房间
维齐洛波奇特利
圣所
蛇雕石
蛇头雕刻
下水道
波动的蛇雕
III
VI
V
彩色铺地
IV
VII
三蛇头
雕刻
V
VII
红殿
0 5 10m

离开口使水能流动；在所有这些洞口上（其中有的还很大）均架设桥梁，桥由加工得很好的坚实大梁组成，梁常常连在一起，10 个骑兵可并肩通过。”（据路易·尼古劳·多夫莱尔，1963年）

似乎很难想象，西班牙人在1519年末看到的这座湖中的大城实际上是在不到两个世纪之前，由一个外来的部族在长期动荡的游牧生活之后尚不稳定的条件下创建的。城市围绕着最初几个岩石岛屿扩大，构成最初核心的这些岛，“位于灯芯草、芦苇、沼泽和荆棘丛中”[14]。甚至人们还可进一步按传说中

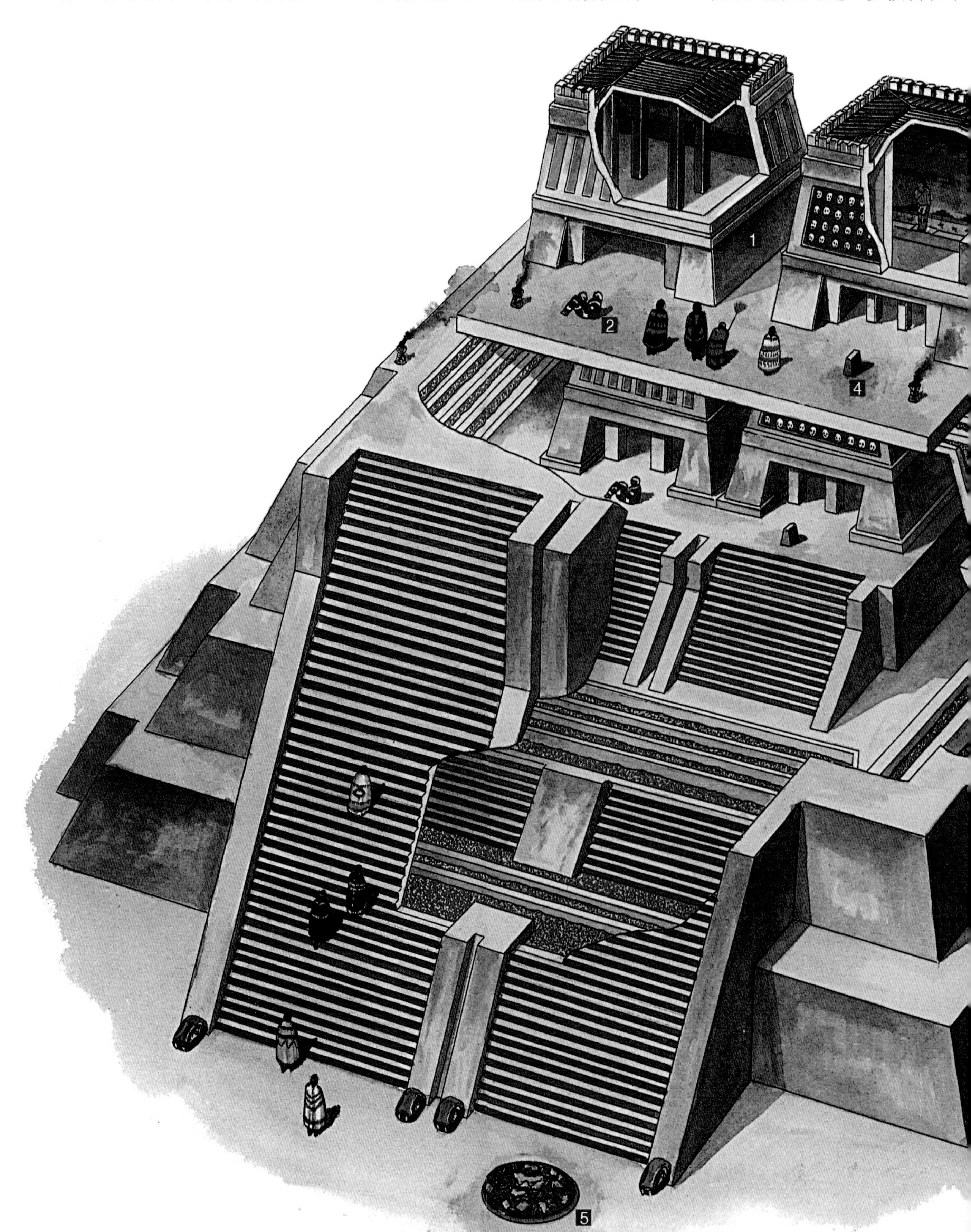

描写的意境想象岩石上长出一根仙人掌，上面栖息着一只正在吞食蛇的鹰。由于系统地建造人工浮岛（chinampas，将载有污泥的木排沉入水中，并通过专门种植的柏树使之固定），城市逐渐挤占了由浅水组成的湖面。在填满和加固这些浮岛后，特诺奇蒂特

本页及左页：

（左）图3-154特诺奇蒂特兰 圣区。主神殿，剖析图（图版取自Chris Scarre编：《The Seventy Wonders of the Ancient World》，1999年；在约200年期间，建筑多次扩建，每次都将原先的结构覆盖在内），图中：1、特拉洛克圣所，2、查克莫尔雕像，3、维齐洛波奇特利圣所，4、牺牲石，5、月亮女神科约尔绍基石刻

（右上）图3-155特诺奇蒂特兰 圣区。主神殿，剖析图（自西北面望去的情景，图中数字示各阶段）

（右下）图3-156特诺奇蒂特兰 圣区。主神殿，剖析图（自西南侧望去的情景）

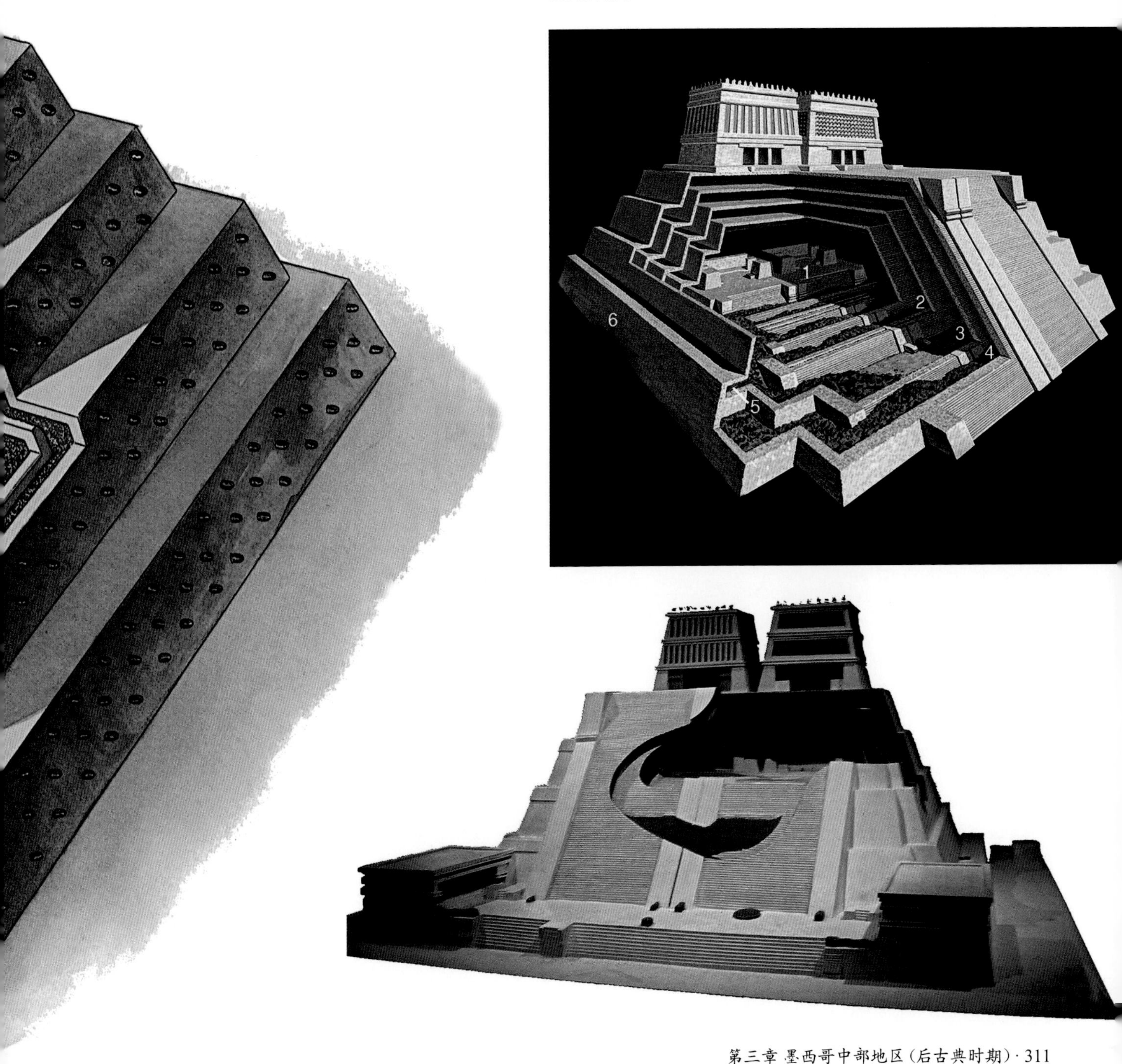

本页：

（上）图3-157特诺奇蒂特兰 圣区。主神殿（双神殿），复原模型（前方为魁札尔科亚特尔-伊厄卡特尔神殿）

（下）图3-158特诺奇蒂特兰 圣区。主神殿，遗址现场复原示意（自东北方向望去的情景）

右页：

（上）图3-159特诺奇蒂特兰 圣区。主神殿，遗址现场复原示意（自北偏东方向望去的情景）

（下）图3-160特诺奇蒂特兰 圣区。主神殿，自北面望去的遗址景观

兰即按事先的考虑有计划地进行扩大，就这样，在西班牙人占领前最后十年，成为帝国的宏伟都城。其湖泊环境，以及由一系列棱堡和吊桥护卫的三条堤道，使它在当时印第安人所处的特定条件下很难被攻陷。自认为是太阳子民得到天佑的阿兹特克人，此时正处在权势和财富的顶峰，他们绝没有想到，这看来不可阻止的上升势头会突然中断。

[特诺奇蒂特兰]

当年阿兹特克的这个都城在1521年春季和夏季西班牙人围城时遭到巨大破坏，如今又全部位于现墨西哥城下。不过，根据目击者的书面报告、印第安人的

本页：

（上）图3-161特诺奇蒂特兰圣区。主神殿，北侧现状近景

（左下）图3-162特诺奇蒂特兰 圣区。主神殿，发掘区，西南侧俯视景色（可看到几个阶段的结构，最早阶段的遗存位于右侧的屋顶下）

（右下）图3-163特诺奇蒂特兰 圣区。主神殿，旗手雕刻（发现时靠着第三阶段通向维齐洛波奇特利圣所的台阶基部）

右页：

（上下两幅）图3-164特诺奇蒂特兰 圣区。主神殿，蛇雕（上图扭动的蛇位于神殿西南角）

平面图，以及20世纪的发掘，使我们多少能对这座城市形成一个大致的概念（城图：图3-101~3-103；复原图：图3-104~3-109；中心区平面：图3-110）。综合这些资料可知，城市所在的岛屿与大陆通过堤道相连，堤道跨过不深的湖水通向北、西和南岸。全城有10余公里长的防水长堤，自查普特佩克来的两条以石槽构成的水道将淡水从陆地运送到岛上作为泉水的补充。位于西北地区特拉特洛尔科的一个年代较早的特帕内克聚居地最后被并入新的特诺奇卡州（1473年）。通过这样的布局构成了双城，具有两个区分明确的商业中心和两个主要的宗教建筑群组。这些均被编年史家记录在案，甚至影响到1521年西班牙人的围

城策略。

之后城市的迅速发展将老的双城围括在内，通向大陆的堤道构成格网平面的坐标，同时通过矩形的人工岛（chinampa，西班牙人称之为“水上花园”）加以扩展。在一张表现阿茨卡波察尔科区（位于谷地西北，海拔2240米）印第安时期局部平面的图上，尚可见到这样的增长模式[图现存墨西哥城国家人类学博物馆，即所谓龙舌兰图（Piano en Papel de Maguey），尽管这样的命名并不恰当，图3-111]。

城市分为四个大区，可能是象征世界的四个方向。靠近市中心堤道坐标交会处为主要宗教礼仪区（祭祀中心），亦被视为第五个方向（因古代中美洲居民相信，中心将天地连为一体）。该区面积为350×300米，其内布置金字塔和神殿群。绕整个中心的围墙上饰蛇头雕刻，即所谓“蛇墙”（可能与特奈乌卡的那道墙类似）。这个围墙，按弗赖·迭戈·杜兰的说法，“想必很大，因为要容8600人围成圆圈跳舞”[15]。从大院里伸出四条大道，向北、西和南面的

三条通向郊区或小的城镇，向东的一条通向现已干涸的湖泊和码头（按16世纪编年史家的说法，各朝向可能和特奥蒂瓦坎第五个太阳的创造有关，因为当时诸神转向各个方向去看新太阳自何处升起）。从约1540年的文献记载中可知，这种主要干道在带围墙的宗教中心处相交的规划模式，同样在其他阿兹特克城市中

（上）图3-165特诺奇蒂特兰 圣区。发掘区，北部现状

（右下）图3-166特诺奇蒂特兰 圣区。发掘区，西南角现状

（中及左下）图3-167特诺奇蒂特兰圣区。发掘区，次级平台建筑

(上）图3-168特诺奇蒂特兰 圣区。发掘区，带头骨雕刻的基台

(下）图3-169特诺奇蒂特兰 圣区。发掘区，雕刻细部

得到采用。

各个区进一步分为相邻的单位（称barrios）。城内街道、广场设置整齐，公共建筑物多以白石砌成，瑰丽壮观。尽管每个邻里都有自己固有的神祇和圣所，以及专用的行政建筑，但主要神殿仍集中在祭祀中心的围墙内，中心内不仅包括最受尊崇的各神祇的金字塔-圣所，也包括球场院、祭品台、头骨祭坛、礼仪净洗池、学校、图书馆和祭司宅邸。

不过，无论从政治、经济角度还是从宗教角度看，和这个圣区相比，君主的宫殿似更为重要。正如E.E.卡尔内克所指出的，在特奥蒂瓦坎，尽管大片豪华的居住区与宗教建筑毗邻，但它仍然服从总的建筑构思，即突出作为主导要素的神殿-金字塔的体量；而在特诺奇蒂特兰，和祭祀建筑相比，宫殿不仅更为独立，建筑上也更为突出。蒙特祖马二世宫所占地面约2.4公顷，“差不多相当于特奥蒂瓦坎城堡羽蛇神殿边上紧挨着的三个建筑群面积总和的两倍”[16]。

从城市布局上看，特诺奇蒂特兰主要在两方面有别于此前所有墨西哥谷地的城市：一是圣区设围墙；再是和成片更大的城市居住区和郊区相比，圣区的地位和重要性有所下降。这一布局颠覆了特奥蒂瓦坎和图拉祭祀中心的平面模式，在这两处，住宅只是围着大型祭祀中心的边缘布置和插入到它们的空隙处。在特诺奇蒂特兰，神的领地缩小到布置神殿的中央空间内，为民众的住宅包围。各神殿则如弗赖·贝尔纳迪诺·德萨阿贡所说，尊崇在阿兹特克统治下所有各部族的神祇。

特诺奇蒂特兰（可能还包括配备了大市场的特拉特洛尔科）具有一个极其复杂且强有力的行政体系，可能是因为城市在拥有约20万本地居民的同时，还有大量的移民以及常年保持着一定数量的流动商人和朝圣者。他们不仅通过陆路也同样通过水路来到这座城市（特诺奇蒂特兰的许多“道路”实际上是小运河）。除了王室及行政机构、神殿及祭司所需的地域

外，土地本身均为公共财产。每个个人都有一小块可用于经营维持生计的土地，并可留给继承人或子女。如果一个人连续两年使土地荒废，他会受到警告，如果不听劝诫，一年后土地将被充公，并被安排从事更繁重的农活。

三、建筑

遗憾的是，就阿兹特克建筑而言，我们的知识主要来自早期的西班牙编年史而不是实物遗存。没有一座神殿或宫殿（甚至包括和科尔特斯结盟的印第安人的重要建筑）能够逃脱西班牙入侵者和传教士系统野蛮的破坏。这一地区仅存的少量建筑遗迹包括：德斯

本页：

（左上）图3-170特诺奇蒂特兰 圣区。纪念主神殿一次扩建的碑刻（1487年，高90厘米，宽60厘米，现存墨西哥城国家人类学博物馆）；上部左右两个人物分别是阿兹特克第七任和第八任帝王蒂索克（1481~1486年在位）和亚威佐特（1486~1502年在位）

（下）图3-171神殿模型（陶土制作，可能是作为家庭祭坛，高度自左至右分别为13、14和14.5厘米；阿兹特克时期，1400~1520年；伦敦大英博物馆藏品）

（右上）图3-172特奥潘索尔科 遗址俯视全景

右页：

（上）图3-173特奥潘索尔科 特拉洛克和维齐洛波奇特利神殿（双梯道金字塔）。地段全景

（下）图3-174特奥潘索尔科 特拉洛克和维齐洛波奇特利神殿。外景

科科附近韦霍特拉的一些耸立的残墙（遗存现状：图3-112、3-113；圆形神殿：图3-114~3-117；结构1：3-118），特诺奇蒂特兰大神殿的局部和特拉特洛尔科的某些基础。当年极其繁华的这些城市及其建筑实际上已被夷为平地或按新的西班牙统治者的意愿取代。

[祭祀中心及神殿]

目前尚存许多编年史乃至简单的草图，表现特诺奇蒂特兰圣区等部位。这些文献和今墨西哥城中心区的发掘所提供的信息构成了伊格纳西奥·马基纳等人制作复原模型和图稿的基础，它们多少在一定程度上再现了这些古代的记述（复原图及模型：图3-119~3-142）。从中可看到许多构成这个主要祭祀中心的建筑。它们由一道带雉堞的围墙——所谓“蛇墙”——环绕，后者的灵感不仅来自特奈乌卡，可能也是模仿韦霍特拉的城防工程（见图3-112）。

根据在市中心进行工程建设时的偶然发现，人们

对阿兹特克纪念性建筑的知识逐渐有所增加。之后进行的一些规模更大的重要发掘——如20世纪60年代在特拉特洛尔科区（古代特诺奇蒂特兰的孪生城市）“三文化广场”的发掘——清理出具有更多变化的一系列建筑，包括特拉特洛尔科主要金字塔的大部分层位，当年科尔特斯及其随从就是站在这座金字塔上，惊叹地望着处在周边湖水环境中的城市景观（总平

（上）图3-175特奥潘索尔科 特拉洛克和维齐洛波奇特利神殿。正面全景

（中）图3-176特奥潘索尔科 特拉洛克和维齐洛波奇特利神殿。背面全景

（下）图3-177特奥潘索尔科 特拉洛克和维齐洛波奇特利神殿。立面及台阶近景

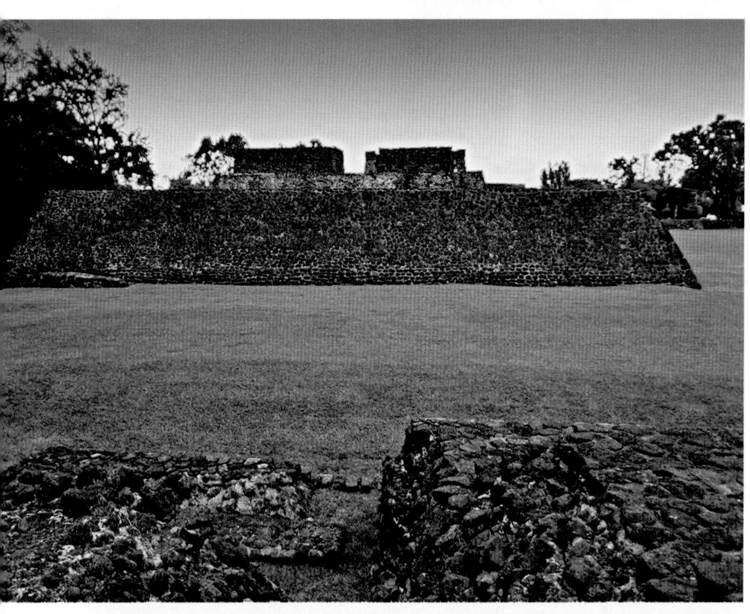

面及复原图：图3-143~3-145；遗址现状：图3-146~3-151）。之后开展的一些新工程进一步深入到特诺奇蒂特兰圣区本身，如1968~1969年地铁的修建，1975~1976年大教堂及相邻的城市“主教座堂”基础加固工程。最后，在1978年，由于意外地发现了表现月亮女神科约尔绍基的大型雕刻，导致了对古代阿兹特克“主神殿”遗存的系统发掘。

和特奈乌卡一样，特诺奇蒂特兰这座主神殿位于中心位置。这是阿兹特克最大的圣殿，其基部长100米、宽90米，由两道孪生台阶和塔顶的两个圣所组成（文献图稿：图3-152；发掘平面：图3-153；剖析图：图3-154、3-155；复原图：图3-156~3-159；发掘区现状：图3-160~3-169；扩建纪念碑：图3-170），

一个供奉特拉洛克神（为4个世纪期间墨西哥高原的农业主神和雨神），一个供奉维齐洛波奇特利（年轻的太阳神和战神，为阿兹特克人的部族神）。发掘揭示了持续一个多世纪的几个层位的遗存，从14世纪中叶墨西哥-特诺奇蒂特兰的基础开始，直到奥伊佐特（特诺奇蒂特兰第八位统治者和阿兹特克帝国第五任君主，1486~1502年在位）于1487年落成的上部结构。头一个时期的结构尚存保留到一定高度的两个孪生圣所的墙体；之后各阶段仅存残段，阶梯状砌体角上通常由结合得很好的石块加固，砌体表面有时还凸出用于固定厚重灰泥面层的石榫。某些平台上立有大量的圆头石块（所谓石“钉”）和大型祭祀火盆（形如两个相连的截头圆锥，上面一个倒置，与圣塞西利

（上）图3-178特奥潘索尔科 特拉洛克和维齐洛波奇特利神殿。大台阶近景

（下）图3-179特奥潘索尔科 特拉洛克和维齐洛波奇特利神殿。塔顶现状（前部）

（上下两幅）图3-180特奥潘索尔科 特拉洛克和维齐洛波奇特利神殿。塔顶现状（后部）

亚看到的那种类似），一个基座（祭坛）的斜面上伸出巨大的石雕蛇头。

目前金字塔外围地区已完全清理出来，发掘区已扩大到某些侧面。在大教堂和“主教座堂”下发现的残墟中，发现了两座位于祭祀建筑群南北轴线上的小金字塔：其中一个边上饰大块浮雕板，表现“绿宝石”（Chalchihuitl）的线刻图案；第二个位于主要双神殿对面，尽管规模不大，但形态复杂，将一个上建

圣所、后部半圆形的基座和前面一个平面矩形的形体结合在一起（后者构成圣所和入口台阶之间的过渡元素）。由前面见过的类似实例可知，这样的特色表明这座建筑是魁札尔科亚特尔-伊厄卡特尔神殿，祭祀以风神（伊厄卡特尔）形式出现的羽蛇神（魁札尔科亚特尔）。建筑群内另有其他神殿、祭坛和礼仪平台。圣区两侧布置两个为整个阿兹特克部族服务的主要高等教育机构[“祭司之家（学校）”和“青年之家”]，一个为宗教服务，一个培养军事和商业人才。

从这些发掘中获得的信息可为人们提供一些总的概念，在不同程度上补充或修改了人们对阿兹特克圣区的看法。在建筑材料和结构系统方面，阿兹特克人

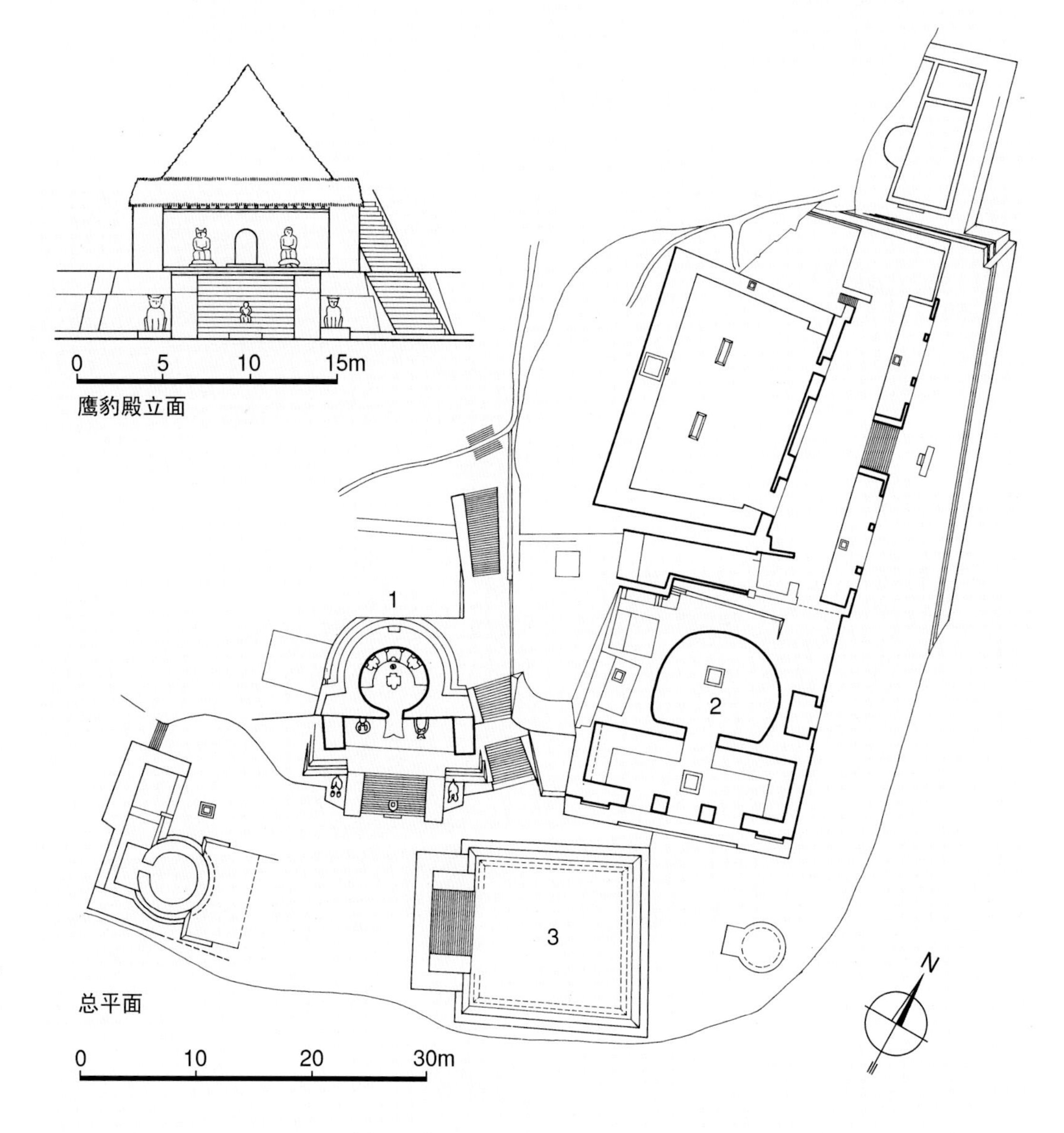

（上）图3-181特奥潘索尔科特拉洛克和维齐洛波奇特利神殿。自塔顶望建筑后方平台

（下）图3-182马利纳尔科祭祀中心（岩凿神殿，约1476~1520年）。总平面及鹰豹殿立面（总平面1∶600，立面1∶400，取自Henri Stierlin：《Comprendre l' Architecture Universelle》，第2卷，1977年），图中：1、鹰豹岩凿神殿（圆神殿），2、第二个圆形圣所，3、两阶金字塔

本页：

（上）图3-183马利纳尔科祭祀中心。鹰豹岩凿神殿（圆神殿，1476年后），外景（未加保护棚前的状况）

（下）图3-184马利纳尔科祭祀中心。鹰豹岩凿神殿，自东面望去的远景（搭茅草保护棚后景况，前景残迹为第二个圆形圣所及其前室）

右页：

（上）图3-186马利纳尔科祭祀中心。鹰豹岩凿神殿，入口立面外景

（下）图3-187马利纳尔科祭祀中心。鹰豹岩凿神殿，入口台阶近景

基本上沿袭两千年以来墨西哥中部高原地区所采用的形式，并没有重大的创新表现：核心部分用石块、黏土或砖坯，外覆琢石并抹灰泥。在特奈乌卡（见图3-55）等地，金字塔角上石块丁顺交替砌置，形成悦目的外观，只是这种技术在结构上并没有特别的意义。另据报道，在距特拉斯卡拉4公里的蒂萨特兰，人们曾在墙体、台阶、祭坛和台凳上使用烧砖。这样的砖同样用于图拉、玛雅西南地区、科马尔卡尔科以及英属洪都拉斯的科罗萨尔和危地马拉高原的萨夸尔帕（玛雅的实例均属古典后期）。不过，在更晚后的结构中，可以看到阿兹特克人越来越关注新结构的坚固程度，主要是因为带泥浆的地基承载力很差。由此导致两项措施：一是大量采用盛产于墨西哥高原的一种强度甚高且质地较轻的白榴火山灰（称tezontle），主要用于纪念性建筑的主体部分；二是为了解决地基工程上遇到的严重问题，引进了两种多少具有一定成效的结构体系，即建造大型平台及采用密集的木桩基础。

根据当年留存下来的一些陶土模型，可大致想象出神殿建筑的形式（图3-171）。前面提到的特奈乌卡和位于库埃纳瓦卡附近的特奥潘索尔科（图3-172~3-181）为中部地区阿兹特克神殿建筑留存下来的主要实例。它们均采用了标准形制，即一个象征天堂的金字塔平台（台阶布置在西侧，如图3-55所示），顶部平台上布置一对分别供奉古代的雨神和阿

兹特克部落神（战神）的圣所（祠堂），以此象征阿兹特克社会中，定居和游牧传统的联系，农业和军事使命的结合。金字塔式的剖面平素、明晰，只是台阶的栏墙在接近顶部时坡度有所变化，效果好似一个陡峭的冠戴檐口，使顶上的12步台阶看上去更加险峻。神庙内殿的墙体亦取锥形剖面，延续了金字塔式平台的廓线。

在山区还有另外一种神殿类型。在距库埃纳瓦卡 12英里处的特波斯特兰，神庙内殿位于陡峭的两层平台上。内室前有一个很深的门廊，入口处立

两根柱墩。在后室的一个基座上，安置着地方丰饶之神特波斯特卡特尔的石像（16世纪被地方上的多米尼加教士破坏）。由标示日期和统治者的象形文字可知，神殿建于1502~1510年间。

在特波斯特兰西部28公里处的马利纳尔科，另有一些自山岩中凿出的神殿，从大约1476年开始，到1520年还在继续。完全自山岩中凿出的这些独石小殿无疑是这种新建筑类型中最典型的实例（总平面及神殿立面：图3-182；遗存现状：图3-183~3-190）。基座于峭壁前凿就，两边为两尊猫科动物

本页及左页：

（左）图3-185马利纳尔科 祭祀中心。鹰豹岩凿神殿，地段全景（左侧部分，右侧为第二个圆形圣所）

（右两幅）图3-188马利纳尔科 祭祀中心。鹰豹岩凿神殿，内景，现状俯视

本页：

（上）图3-189马利纳尔科 祭祀中心。鹰豹岩凿神殿，内景，雕刻细部

（下）图3-190马利纳尔科 祭祀中心。第二个圆形圣所，残迹现状

右页：

（上下两幅）图3-191德斯科科 宫殿。院落及平台（16世纪的绘画，据Mapa Quinatzin）

造像。台阶两侧设典型的护墙，中间尚存雕刻残迹。圣所大门周围饰另外的雕刻，呈张开的蛇口状，但有别于前述尤卡坦地区的样式，属一种特殊的地方风格。如今已残毁的入口门似凿成半圆拱形，在中美洲，可说是一种不同寻常的样式，似表明在马利纳尔科，已采用了一种独特的结构形式。主要祠堂为一圆形房间，大门朝南，门道处雕蛇形面具（见图3-183）。围绕着大门轴线，在神殿地面和山岩上开凿的马蹄铁状台凳上，对称雕着几尊动物（三只鹰鹫和一只猫科动物，可能是美洲豹或豹猫）。在另外的岩凿厅堂内部，还有表现正在行进的战神（武士）或

猎神的壁画（取侧面形象，见图3-213）。其地面由程式化的羽毛和虎皮组成，再次暗示了以美洲豹和鹰鹫为标识的武士社会的本质。

[宫殿、住宅及其他]

阿兹特克的宫殿建筑只能从曾亲眼见过它们的占领者的记载中去了解。科尔特斯向当时的西班牙国王查理五世报告蒙特祖马宫殿的富丽堂皇时说到，对这些壮观的建筑及其环境有如此多的内容要表述，以致他“不知从哪里开始说才好……因为没有任何地方能比这个蛮族显贵的宫殿更为豪华和壮丽，它具有以金、银、石头和羽毛仿制的天下万物以及在其领土上能找到的一切物品！金银活计制作得如此自然，可说压倒了世上所有的金银匠师。很难想象，他们用什么工具如此完美地加工石材……城市中的住宅是如此多和如此神奇，我几乎不可能去描述其完美和规模……因为在西班牙从未有过这样的先例。”[17]

弗赖·胡安·德托克马达则向我们描述了建筑室内的情况，“每个墙角都很清洁光亮，覆盖着地毯和帷幔，墙上有棉布和各种色彩的羽毛。”他还赞赏地指出，在照管宫殿上，“这些偶像崇拜者特别关注维护墙面的白色粉刷。当建筑的一部分或某些墙面丧失了面层或褪色后，他们当即重新刷白，担任粉刷的是专职人员，除了这项工作不干别的。”在谈到圣所屋顶时，这位教士说它们“具有不同的形式和色彩，有的用木料，其他的用稻草，如黑麦杆……制作得很漂亮，有的为锥形、方形、圆形或其他形式。他们把这些屋顶造得如此精良，以致看上去不像由真实的材料制作，而是图画上再现的形象。”[18]

除了特诺奇蒂特兰的蒙特祖马宫外，这些占领者的记载中还包括对阿哈雅卡特尔（1469~1481年在位）宫和德斯科科的内萨瓦尔科约特尔住宅的描述。在16世纪的一幅绘画上，可看到德斯科科宫殿的局部形象：于院落周围平台上布置成排的房间（图3-191）。在德斯科科附近奇科瑙特拉发掘出来的一组高级住宅具有类似的布局：围着小院布置一些小房间，房间前设好似门廊的柱廊前厅（图3-192）。在卡利斯特拉瓦卡还发掘出一组具有类似布局的建筑，已鉴明属一个祭司学校（Calmécac），像迷宫一样的小房间围着台地式院落布置，后者地面具有几个不同的高度。

古典后期自低地地区引进的球场院，在阿兹特克宗教围地内得到普遍应用。在特诺奇蒂特兰神殿区，它已成为主要建筑之一。在场院里玩橡皮球不仅是运动和游戏，同时还有更深层的祭祀意义，象征太阳在天空的行迹，以人间的活动映射宇宙。一位16世纪的编年史家曾指出，阿兹特克的每个城市里都有球场院，但完整留存下来的极少。

四、雕刻及绘画

[雕刻]

尽管贝尔奈·迪亚斯·德尔·卡斯蒂略曾哀叹：“如今，（城市）全部被夷为平地，遭到毁灭，什么也没

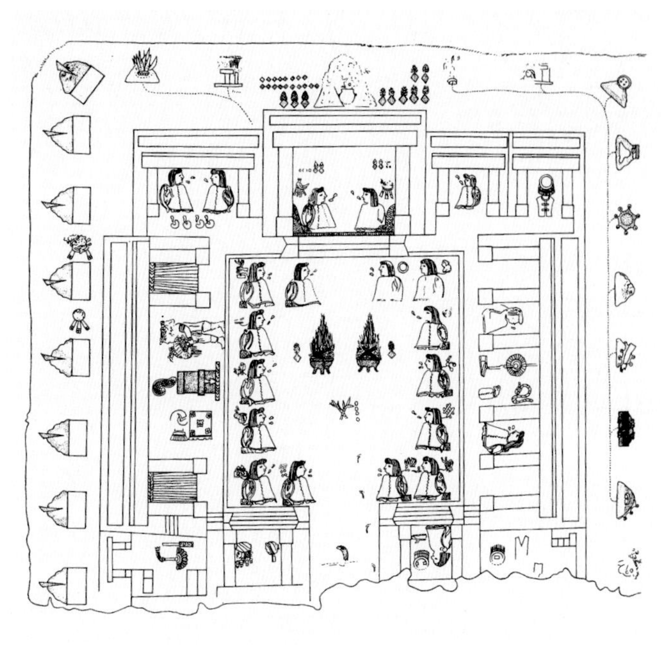

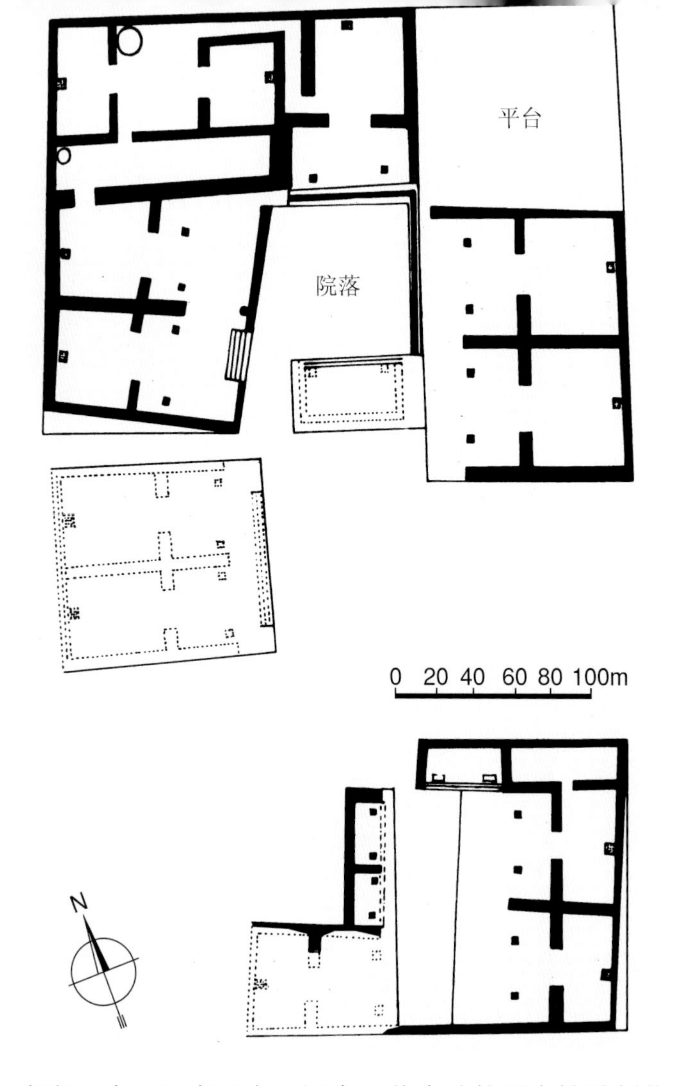

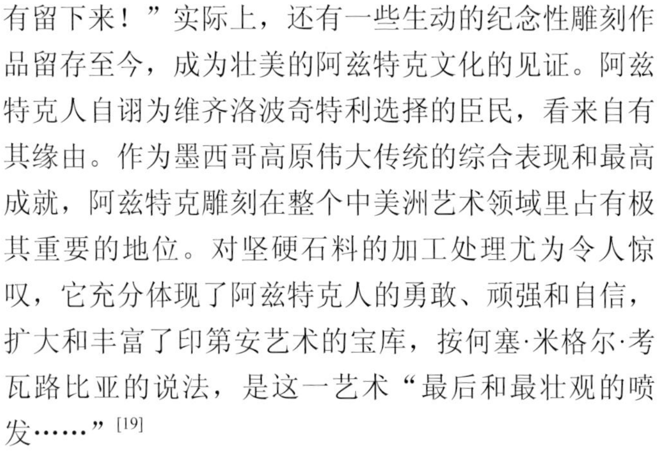

有留下来！”实际上，还有一些生动的纪念性雕刻作品留存至今，成为壮美的阿兹特克文化的见证。阿兹特克人自诩为维齐洛波奇特利选择的臣民，看来自有其缘由。作为墨西哥高原伟大传统的综合表现和最高成就，阿兹特克雕刻在整个中美洲艺术领域里占有极其重要的地位。对坚硬石料的加工处理尤为令人惊叹，它充分体现了阿兹特克人的勇敢、顽强和自信，扩大和丰富了印第安艺术的宝库，按何塞·米格尔·考瓦路比亚的说法，是这一艺术“最后和最壮观的喷发……”[19]

在这里，很难按通常做法，把雕刻严格地分成浮雕和圆雕两类，因为阿兹特克雕刻往往是场景和浮雕人物的集合，很多浮雕，如果脱离了它原来的环境和雕刻组群，在很大程度上就失去了意义。因此，更合宜的是按功能（语义、功用和表现等）分类，这种区分的另一个好处是能与阿兹特克雕刻的历史序列大致吻合。作为一种可明确识别和鉴定的中美洲艺术风格，阿兹特克雕刻直到1450年以后才真正出现。其风格汲取了被征服的东部及南部地区的传统和技艺，作为一种全新的表现，其中还融入了阿兹特克社会生活中关于人祭、原罪等沉重的职责和庄严的使命感。许多阿兹特克雕刻都具有书面交流的功能，其构图表现力也因这种功能要求而得到了进一步强化。

某些阿兹特克雕刻的特色可能来自延续下来的托尔特克绘画传统，受到了米斯特克手稿图案和陶器装饰的影响。是否有来自南部韦拉克鲁斯和塔瓦斯科的奥尔梅克匠师（他们特别擅长表现富有生气、充满动态的形体）直接参与工作，目前还无法证实，但阿兹特克和奥尔梅克雕刻之间有这样或那样的联系，则是

本页：

（左）图3-192奇科瑙特拉 高级宅邸（约1500年）。平面（取自George Kubler：《The Art and Architecture of Ancient America，the Mexican，Maya and Andean Peoples》，1990年）

（右）图3-193正在分娩的女神（石雕，约1500年，华盛顿敦巴顿橡树园博物馆藏品）

右页：

图3-194太阳石（历法石，直径3.65米，1502年后，墨西哥城国家人类学博物馆藏品）

完全可能的（如孤立的头像、生动的分娩像，都可和奥尔梅克雕刻相比，图3-193），从考古学的观点上看，它们之间的关系或许和西方的古罗马与文艺复兴雕刻之间的关系类似。

1790年在墨西哥城中心广场上偶然发现的两个雕刻，促成了墨西哥考古学的诞生，至今它们仍是阿兹特克文明最重要的雕刻作品。其中一块是太阳石，另一尊是面貌可怖的“地球女神”科阿特利夸（维齐洛波奇特利之母）的雕像。

14
13
8
11
3
2
12
6
4
5
7
9 15 1 16 10

本页：

图3-196地球女神科阿特利夸（安山石雕刻，高2.57米，15世纪后期，墨西哥城国家人类学博物馆藏品）

左页：

（上下三幅）图3-195太阳石（历法石）。立面图（据Emily Umberger）及色彩复原，立面图中：1、太阳神托纳提乌（现在的第五个太阳神），2、豹阳，3、风阳，4、雨阳，5、水阳（以上为四个早先的太阳），6、爪子和心脏，7、象征“运动”的外框，8~11、伴随中央图形的四个数据，12、二十天轮回，13、太阳光线，14~16、象征永恒和宇宙秩序的火蛇（上部14为尾，下方15和16为头）

本页：

（左）图3-197地球女神科阿特利夸（背面，博物馆内展出实况）

（右）图3-198地球女神科阿特利夸（正面线条图）

右页：

图3-199月亮女神科约尔绍基（石雕，直径约3.25米，约1500年）

太阳石

太阳石（又称历法石，图3-194、3-195）是在整修大教堂时发现的（教堂建在古代神殿金字塔的遗址上）。它本来在主神殿墙上，西班牙人破坏了神殿，石刻被埋到市中心大广场地下，1790年再度被发现后，开始并未受到重视，直到1885年，才被收藏到墨西哥城国家人类学博物馆内。和建筑相结合的这个著名雕刻，综合记录了阿兹特克人的宇宙观念和他们眼中的世界历史，代表了阿兹特克石雕艺术的最高水平，现已成为阿兹特克最著名的出土文物及其文化的

象征。石刻圆盘状，直径3.65米（12英尺），重约25吨，成于蒙特祖马二世时期（1502年以后）。

阿兹特克人承袭了源于奥尔梅克人的历法，采用了260天的神历和365天的太阳历。如前所述，他们相信，自上帝创世以来，墨西哥人曾经历过四个太阳，但这四个太阳相继被风、豹、水、火所毁灭，最后，只有第五个太阳，即托纳提乌成为胜利者，并且一直在运行。石盘中央圈内以浮雕表现的就是这第五个太阳神的面相，周围刻的太阳光芒、宝石和鲜花是对新太阳的礼赞。四周刻阿兹特克宗教传说中创世以来四个时代的象征图像（豹、水、风和火）。20天的轮回和由两条火蛇（休科亚特尔）形象构成的外圈则象征时间和空间。构成环带的这20个浮雕是：短鼻鳄鱼、风、房子、蜥蜴、蛇、死神、鹿、兔、水、狗、猴、鹅、芦苇、虎、鹰、兀鹰、地震、石器、雨和花，即阿兹特克人宗教历中的20天。

"地球女神"

阿兹特克部落生活的原始特点在所谓"地球女神"科阿特利夸的巨大石像中得到了惊人的表现（图

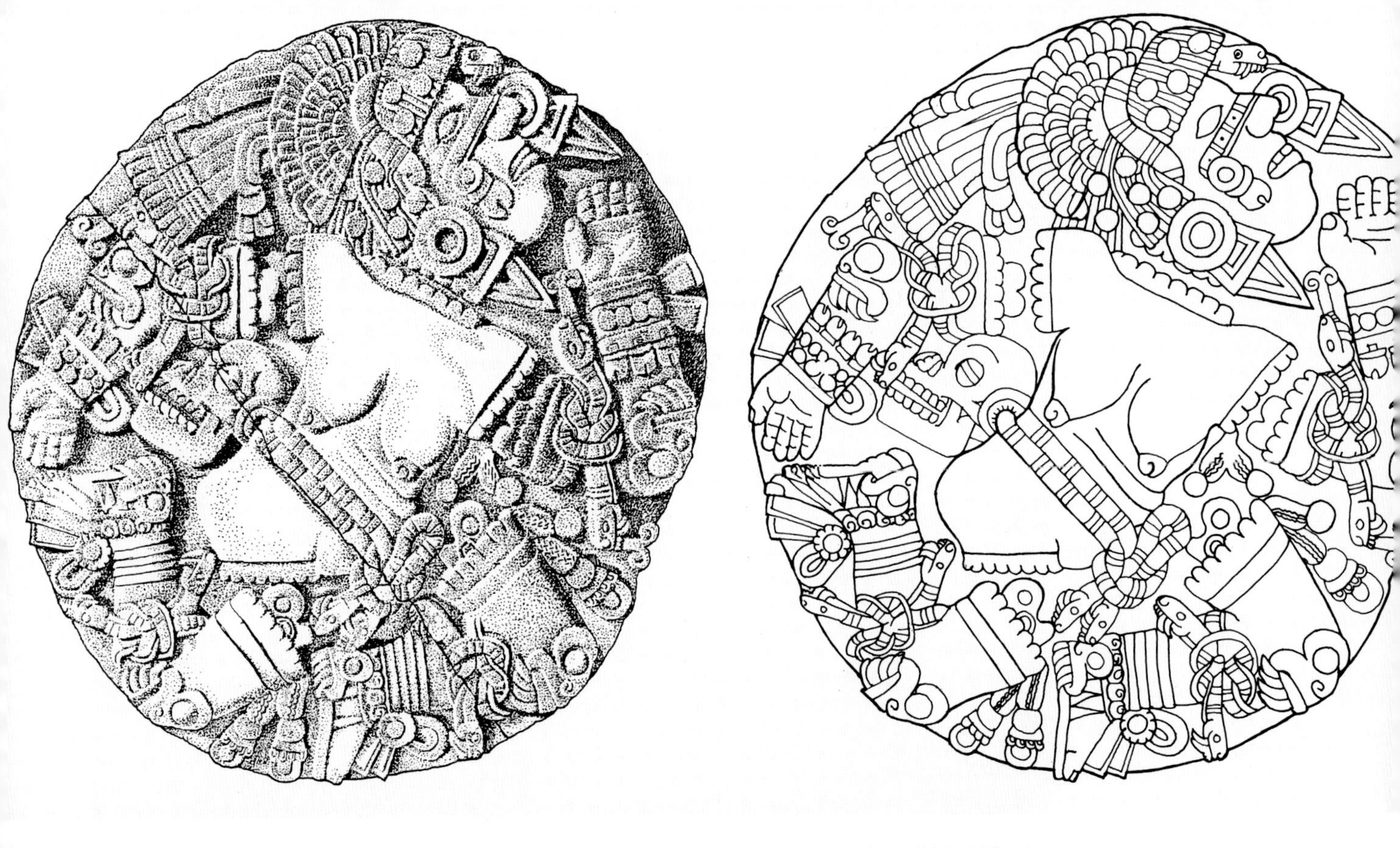

本页：

（上）图3-200月亮女神科约尔绍基[立面，两图分别取自Jeff Karl Kowalski：《Mesoamerican Architecture as a Cultural Symbol》（1999年）和George Kubler：《The Art and Architecture of Ancient America，the Mexican，Maya and Andean Peoples》（1990年）]

（下）图3-201月亮女神科约尔绍基（石雕，高75厘米，14~16世纪，现存墨西哥城国家人类学博物馆）

右页：

（上及中）图3-202 蒂索克柱石（直径2.65米，可能1486年后，1791年在墨西哥城主广场处发现，现存墨西哥城国家人类学博物馆）

（下）图3-203 蒂索克柱石（局部修复后状态，顶上刻太阳光盘）

3-196~3-198）。她原是特诺奇卡部族特有的神，在传到墨西哥谷地后又被赋予了“神之母”的属性，成为月亮、群星，太阳和战争之神维齐洛波奇特利之母。

类似的雕像有两种变体形式：一种裙子由交织的蛇组成（蛇象征丰收），称“蛇裙”（Coatlicue）；另一种裙子由人的心脏组成，称“心裙”（Yolotlicue）。据神话传说，她是在最后一次创世开始时牺牲的，被斩首时，血从她的颈中喷出形如两条巨大的蛇，因此，其头部造型是两条面对面露出毒牙的响尾蛇。因为生育过多，她有着松弛下垂的乳房；肩膀和肘关节装饰着蛇牙，手指和脚趾都是利爪；因以尸体为食（地球要吞噬所有的死者），其项链由张开的手和心脏组成，外加作为装饰的头盖骨。雕像前面和后面不仅形象不同，构造效果也有所区别。正面朝观察者倾斜，好像要朝他倒下去；背面则倾斜如山坡。

阿兹特克人不愧为继奥尔梅克人之后最伟大的石雕艺术家。他们留下的神像作品既因其娴熟的技法使人倾倒，又因其象征性的构思令人震骇。这个“地球女神”是生命和死亡、大地和宇宙的象征，是富饶之母，既提供生命又具有将其收回的可怖权力，既哺育人们随后又将他们吞食，是个集创造与毁灭为一体的精灵。在其令人畏惧和狰狞的外形下集中了大量的象征性部件。在她身上既谈不上凶狠残暴也无所谓仁慈善良。这尊雕像只是表现一个无法回避的现实。人们似乎很难再找到一个比她更荒诞、更神奇的形象来充分体现其两重性：既是母亲，又是坟墓。

月亮女神

在偶然发现上述两个著名雕刻之后两百年，在主神殿的发掘过程中，再次出土了许多祭品和各种雕刻。从美学的角度看，其中最惹人注目的即1978年在神殿IVb阶段台阶脚下发现的那个表现月亮女神科约尔绍基的雕刻（这个重约10吨 的椭圆形石雕和许多供品一起，被仔细地埋在最上层位里，图3-199、3-200）。

据阿兹特克神话，地球女神在生了长女科约尔绍基及400个子女后，再次意外怀孕，引起科约尔绍基及众子女不满，密谋杀害她。不料，她母亲这次怀的正是阿兹特克未来的太阳神和战神维齐洛波奇特利，他当即全副武装从子宫里跳出来，躯散了对他怀有敌意的众子女，并将其姐姐斩首，肢解后将头颅抛入空中成为月亮，其他子女则成为南部天空的群星。

这一大型浮雕生动地表现了这一场景。在一个巨大的圆形石板上以深浮雕表现的月亮女神造型不仅具有阿兹特克雕刻那种传统的活力，而且还因增添了特殊的动态显得格外丰富。在圆形外廓内布置构图各部分的方式使这个女神的身躯好似在急剧的旋转中被肢解。

除了这个作品外，还有一些表现月亮女神科约尔绍基的雕刻（如现存于墨西哥国家人类学博物馆内的一尊头像，图3-201），只是都没有这么大的名气。

蒂索克柱石

从墨西哥城大教堂广场西南角发现的方石上，可看到托尔特克传统的表现。因为石头可能是在托尔特克时期的图拉雕制的，在大约两个世纪以后搬到特诺奇蒂特兰。它和图拉柱廊内部的队列浮雕颇为相近。在墨西哥城，它和阿兹特克风格的队列浮雕显然有一定的关联。后者最著名的作品即蒂索克柱石（图3-202~3-204），其队列形象围着一个直径2.65米的圆柱形石头展开。在这里，王朝第七任君主蒂索克（1483~1486年在位，另说1481~1486年）被表现成一

左页：

图3-204 蒂索克柱石（细部）

本页：

（上两幅）图3-205圣战金字塔（石雕模型，高1.2米，现存墨西哥城国家人类学博物馆）

（下两幅）图3-206“鹰盆”（石雕，总观及细部）

本页：

（上下两幅）图3-207马利纳尔科 木鼓（约1520年，表面雕作舞蹈姿态的鹰豹图案，墨西哥城国家人类学博物馆藏品）

右页：

（左上及右）图3-208托卢卡木鼓（约1500年）

（左下）图3-209美洲豹形容器（石雕，特诺奇蒂特兰出土，约1500年，墨西哥城国家人类学博物馆藏品）

位打扮成战神的征服者，15名臣服首领的身份和领地则通过相应的象形文字标明。它可能标志着王权观念的一个重要转折，即从部落首领上升为被神化了的王朝君主。在前述1487年的一块石碑中，再次出现了这位君主的形象，这次系和他的兄弟及继承人阿维措尔（1486~1502年在位）在一起（见图3-170）。碑下部有1487年的年代标记，即特诺奇蒂特兰主金字塔改建完成的日期。

这两个蒂索克时代的作品是阿兹特克时期表现历史事件的主要石雕。它们来自托尔特克时期的队列形式和米斯特克人的手稿图案，其中充满了歌颂王权的象征符号，作为历史文献，其主要价值在于表现了阿兹特克时期的典礼仪式而不是严格地描述事实。

其他雕刻

1926年在国家宫（曾为蒙特祖马二世宫）基础处发现的一个高1.2米的石雕金字塔模型（圣战金字塔，图3-205）是另一个表现太阳崇拜的作品。神殿正面的太阳光盘两侧，刻代表昼夜的神祇。台阶坡

面、神殿顶部及前部平面处满铺象征牺牲的图案。金字塔侧面为四个神像（他们以自我牺牲保证了太阳的运行），背面为一只落在仙人掌上的鹰，仙人掌上结出人心的果实……

许多石雕的祭祀用具都体现了这一中心思想，即以人祭来赡养诸神，并通过他们，维持宇宙的运行，如所谓“鹰盆”（cuauhxicalli），就是用来盛牺牲者心脏的容器（图3-206）。和缓的曲线表面和线刻廓线，只能达到表意的层面，但考虑到古代的技术（以石器工具在石头上进行雕刻），即便如此，也需要极大的耐心。

这时期还有少数木雕留存下来。马利纳尔科和托卢卡的木鼓（图3-207、3-208）系用石工具清晰地刻出鹰鹫和美洲豹的线性浮雕。和石构圣战金字塔模型一样，这两种动物都是战争的象征。画面的划分及造型的大小和尺度均考虑到从各个角度看上去的效果。

在墨西哥南部，对丰收的祈祷和对西佩托堤克神（意为“剥皮之主”）的崇拜联系在一起（这种祭祀据信是起源于瓦哈卡和墨西哥南部太平洋沿岸地区）。在阿兹特克神话中，他是最原始的神——奥梅堤奥托的四子之一，代表早春的生长力。他通常都披着人皮，象征生命的种子在死者的皮内孕育成长。其造像或站立，或取跪姿和坐姿。在墨西哥谷地，有一个属托尔特克时期几乎足尺大小的陶像，是这类祭祀造像中较大的一个。

和“地球女神”那种惊心动魄的造型相反，阿兹特克人同样创作出一批首领和普通人物的雕像，并以极大的热情表现自然景物、动物和植物，如南瓜、仙人掌、美洲豹、丛林狼、狗、蟋蟀、跳蚤和蛇。和令人生畏的祭祀雕像相比，这些雕刻显然更直接地反映了阿兹特克社会的日常生活，如分娩（见图3-193，当然，也有人认为，从她膝下发育完全的男性头部上看，也可能是象征着一个新时期的到来）及美洲豹造型的容器（图3-209），还有一些表现战士的形象（图3-210、3-211）。表现生者的，如一个跪着

图3-210鹰武士头像（安山石雕刻，高38厘米，宽31厘米，完成于1324~1521年间，特诺奇蒂特兰出土，现存墨西哥城国家人类学博物馆）

的妇女雕像（图3-212），和其他类似的阿兹特克雕像一样，其神态似乎是正在顺从地等待天命的安排。

[绘画]

在被西班牙人占领前，阿兹特克仅有少数壁画及陶器装饰。特诺奇卡手稿绘本目前尚没有得到准确鉴

（左上）图3-211死去的武士（玄武石头像，约1500年，特诺奇蒂特兰出土，现存墨西哥城国家人类学博物馆）

（右上）图3-212跪着的妇女（玄武石雕像，约1500年，纽约美国自然史博物馆藏品）

（下）图3-213马利纳尔科 壁画（表现战神或猎神，15世纪后期）

定。墨西哥谷地所有带插图的书籍均属殖民时期，和本地传统多少有些距离。不过，阿兹特克的绘画程式还是很容易界定，因为它们基本上延续了特奥蒂瓦坎壁画和墨西哥南部手稿绘画的传统，和欧洲风格完全异趣。现人们仅能靠乔卢拉和瓦哈卡所界定的“米斯特克-普埃布拉”地区流传下来的征服前时期的手稿和一些保留了本地传统的征服后时期的插图来了解已散失的特诺奇蒂特兰和德斯科科地区卷本绘画的情况。

和所有不能充分使用文字记录的古代民族一样，画匠和雕刻师肩负着表现形象和传达意义的双重职责。图像实际上承担了以后文字所有的全部职能。在这里，画师所提供的，与其说是事物的视觉印象，不如说是它的概念图像。大地（特拉尔泰库特利）是个龇牙咧嘴的怪物而不是各种地貌风光，其他一些表现

大地的图像也都和它的视觉形象无缘。直到西班牙人占领时，这种绘画形态仍没有重大改变：在各个不同的文明时期，风格可以有这样或那样的变化，但对玛雅和墨西哥绘画来说，其共同的形式语言，一直未变。

这种形制，和埃及王朝时期的绘画一样，由单一的色块和不变的线条勾勒而成，仅表现最容易识别的廓线。有时取侧面，有时取正面，甚至把正面和侧面结合在一起表现形体的运动。物体内部用剖面表示：无论是湖，是船，还是陶罐，都可以画成“U”形，山洞亦用剖面示意，房屋则用一角开口的方形表示，支撑、荷载、内部空间，全都涵盖在这个简单的图形内（如朱什-努塔尔鹿皮抄本所示）。画面上方和下方的条带分别代表天和地，底面还可解读为近处，顶上为远方。物体之间的距离通过宽度和高度方向上的间隔来表示，但从来不用想象中的三度空间和透视缩减，既不用半侧面像（所谓“四分之三侧视”），也不用渐进的色调表现立体形式或阴影效果。色彩的变化通常只意味着象征意义的改变。辐射状的构图大

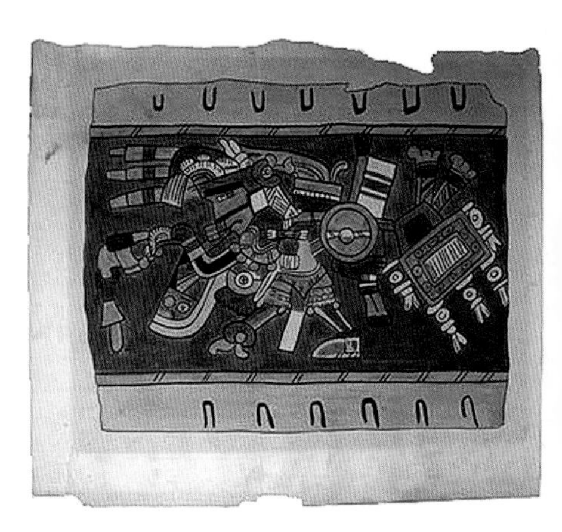

左页：

（上两幅）图3-214蒂萨特兰祭坛嵌板画（公元1000年后，图示中央神特斯卡特利波卡的形象）

（下两幅）图3-215波旁抄本（左右两图分别示第9和第34页）

本页：

（上下两幅）图3-216泰利耶-兰斯抄本（现存巴黎法国国家图书馆，由50页组成，图示第6和第42页，为16世纪的占卦历书，上面的拉丁文系西班牙抄写者加的注释）

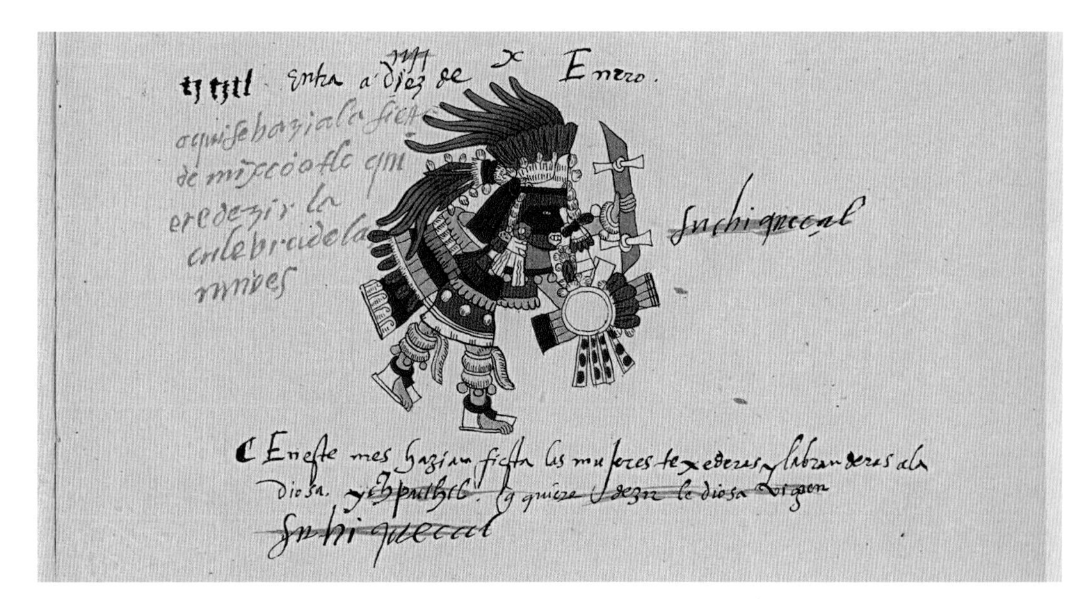

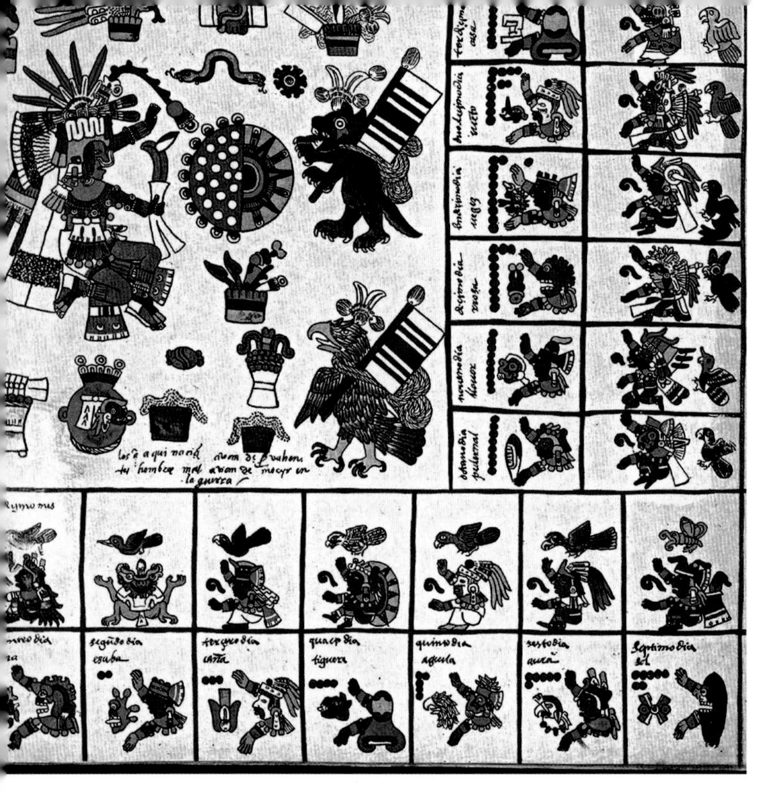

都代表时间序列，版面的四个象限代表历法的各个周期，采用同样的人物形象，只是用了不同的颜色和穿戴着不同的服饰（参见图2-134）。

都城的大部分壁画都毁于城市被围合以后的重建时期。在中部地区的东西边界处，尚可看到阿兹特克时期壁画的地方实例（如特拉斯卡拉附近的蒂萨特兰以及马利纳尔科，图3-213）。这些残段具有某些折中的特色。马利纳尔科的壁画表现三个战神（也可能是猎神），比例和服饰细部沿袭托尔特克传统，如图拉的柱上人物。蒂萨特兰祭坛饰有小的人物嵌板（图3-214），显然是米斯特克手稿传统的延续。

绘画上的折中表现和大都会雕刻风格的变化大体同时。主要区别在于，阿兹特克时期的雕刻似乎更注重形象的表现力，而绘画则忠实地沿袭早期的传统，如蒂萨特兰的墙面装饰。高35厘米的特斯卡特利波卡形象和博尔贾抄本（Codex Borgia）的插图类似，后者本身又和墨西哥南部地区米斯特克人的手稿有一定的关联。

前征服时期的阿兹特克绘画传统在西班牙人破坏了图书馆之后很久仍然得到延续，直至被欧洲的制图技术取而代之（约1560年左右）。就现在所知，至少有两种风格：配有较大人物图像和草书风格的抄本可能是出自在教会学校受过训练的艺术家之手（这些圣方济各教会学校位于首都特诺奇蒂特兰和特拉尔特洛尔科）；另一种早期殖民风格，系来自德斯科科（14世纪湖东岸的奇奇梅克都城），具有象形文字般的小型形象。波旁抄本（Codex Borbonicus，图3-215）和泰利耶-兰斯抄本[Codex Telleriano-Remensis，因持有者兰斯的夏尔·莫里斯·勒泰利耶主教（1642~1710年）而得名，图3-216]是首都风格的实例。霍洛特尔抄本（见图3-52）则是德斯科科风格的例证。后者和首都风格相比，更为程式化，但少了些生气和活力，更为接近米斯特克人的先例。

从殖民早期的版本和被征服前米斯特克的样本中可知，阿兹特克时期的画册有几种类型。一种称“每日书”（Tonalamatl），系在260天宗教历法的基础上根据占星术发布预言。这一类中的某些手稿还对太阳年中每个月的节庆进行图解。波旁抄本则涉及两种历法。图3-217是260天宗教历法中第11旬（每旬13天）的图解。龙舌兰神（Patecatl）的头饰上带着牺牲者的血，面对着鹰鹫和美洲豹的象征图案。位于贡品和牺牲上的光盘代表黎明和黄昏。边上是表现每日的符号及其象征物。另一种分划是表现一年365天的节庆。260天历法则类似博尔贾抄本组群（图3-218）。

地方文献的第二种类型是表现宗谱系列（如霍洛特尔抄本）。此外，还有一种图解编年史[按数字序列描绘每年的事件，如十字抄本（Codex en Croix）、泰利耶-兰斯抄本]及行政文献（如1548年根据征服前阿兹特克部族资料编撰的门多萨抄本，图3-219）。不过，可能除了波旁抄本外，这些文献的价值主要体现在史学和人类学而不是艺术上。

左页：

（左）图3-217波旁抄本（260天宗教历法中第11旬的图解，16世纪早期，现存巴黎法国国家图书馆）

（右）图3-218博尔贾抄本（有关金星周期的图解，可能属15世纪，现存罗马梵蒂冈图书馆）

本页：

图3-219门多萨抄本（共71页，图示第2对开页右页，记述阿兹特克最后194年的历史；中间示分为四个区的特诺奇蒂特兰的创立，页面周围的蓝色框表现51年的周期历）

第三章注释：

[1]见Paul Kirchhoff：《Quetzalcóatl，Huémac y el Fin de Tula》，1955年。

[2]见George Kubler：《The Art and Architecture of Ancient America》，1961年。

[3] George Kubler提供的数据，另据B.Fletcher基底为43米见方。

[4]在那里，建筑平台绘画上采用的这种形式系用来标示地名，如蒂兰通戈就是用涂成黑白两色的这种曲线花纹来表示。

[5]据George Kubler，另据B.Fletcher为1200~1500年。

[6] George Kubler提供的数据，另据B.Fletcher底面67×75米，下部结构高19 m。

[7]有关阿兹特克人从北方进入墨西哥中央谷地的时间，文献中说法不一，包括11～12世纪，12世纪末，13世纪等，这里采用的是George Kubler的说法。

[8]此时归顺并向墨西哥谷地城市纳贡的部族已达38个州。

[9]另说25万人。

[10]据Jaime Litvak：《Mesoamérica y la Economía Azteca》，1965年。

[11]见Fray Diego Durán：《Books of the Gods and Rites and Ancient Calendar》，1971年。

[12]其他还包括大地女神特拉索尔特奥特尔，中央神特斯卡特利波卡，音乐、舞蹈和艺术的守护神休奇皮里，水和生育守护女神查尔丘特利奎，丰产女神（掌管盐和咸水）乌伊斯托希瓦托，金匠守护神（同时代表早春生长力）西佩托堤克，太初神（双神）奥梅堤奥托，火神修堤库特里，冥界之神米克特兰堤库特里和鳄鱼神希帕克特里等。

[13]见Bernai Díaz del Castillo：《Historia Verdadera de la Conquista de la Nueva España》，1967年版。

[14]见Fray Diego Durán：《Historia de las Indias de Nueva España e Islas de la Tierra Firme》，1967年。

[15]见Fray Diego Durán：《Books of the Gods and Rites and Ancient Calendar》，1971年。

[16]见Edward E.Calnek：《The Internal Structure of Cities in America. Pre-Columbian Cities：the Case of Tenochtitlán》，1970年。

[17]见Luis Nicolau D' Owler：'Cartas de Relacíon de Hernán Cortés al Emperador Carlos V：Segunda Relacíon，30 de Octubre de 1520'，载《Cronistas de las Culturas Precolombinas，Antología》，1963年。

[18]见Fray Juan de Torquemada：《Monarquía Indiana》，1943年版。

[19]见Miguel Covarrubias：《Las Raíces del Arte de Tenochtitlán》，1949年。

第四章
墨西哥海湾地区

在海湾地区，带茂密森林的临海平原从南向北，大致可分为三个主要的考古区：

1、特万特佩克地峡墨西哥海湾一侧，韦拉克鲁斯和塔瓦斯科南部的河流三角洲地带。这里是奥尔梅克文明占主导地位的地区，自前古典时期以降，在中美洲的瓦哈卡、格雷罗和普埃布拉高原，以及墨西哥

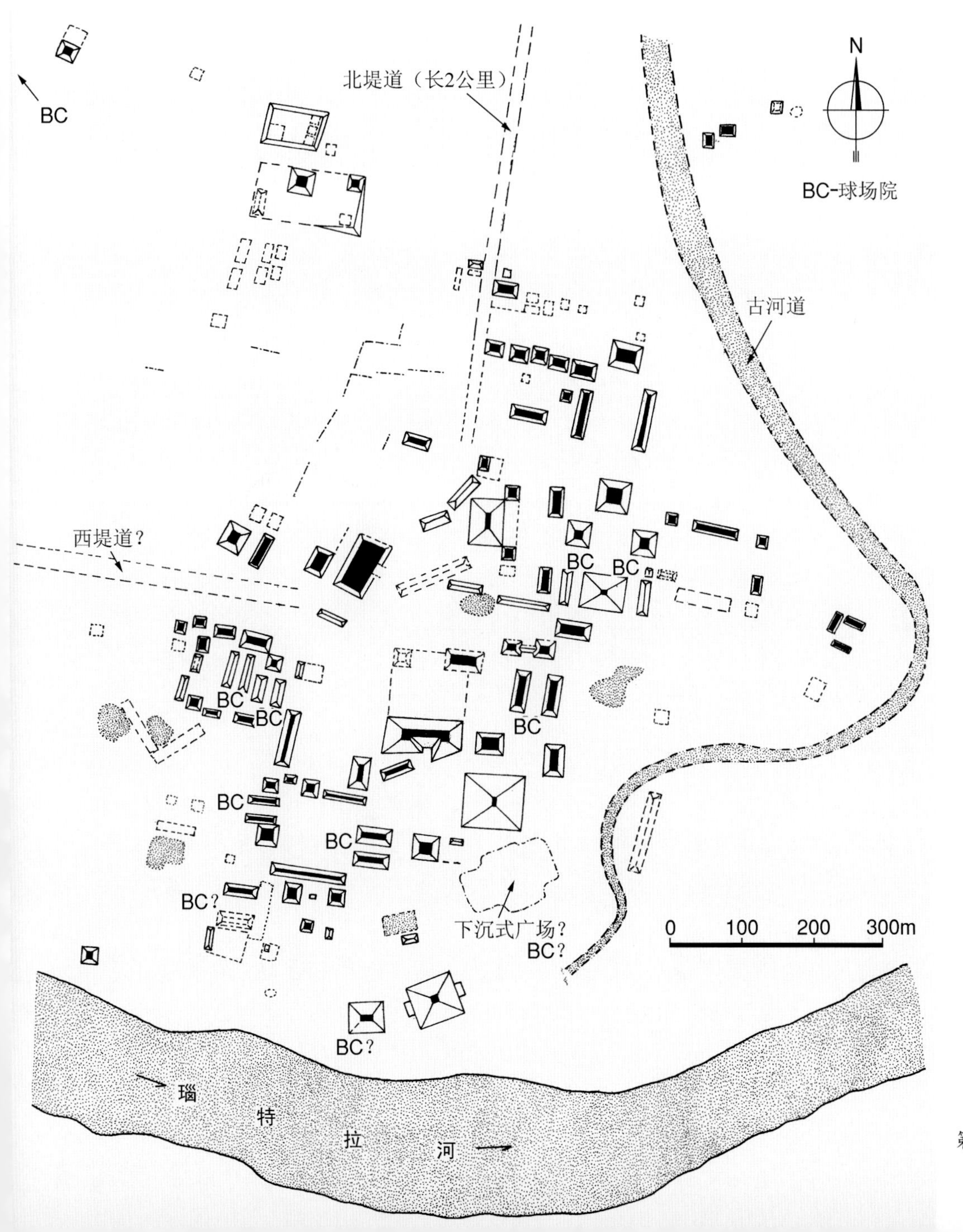

图4-1埃尔皮塔尔 中心区总平面（初步探察结果，据S.Jeffrey K.Wilkerson，1994年）

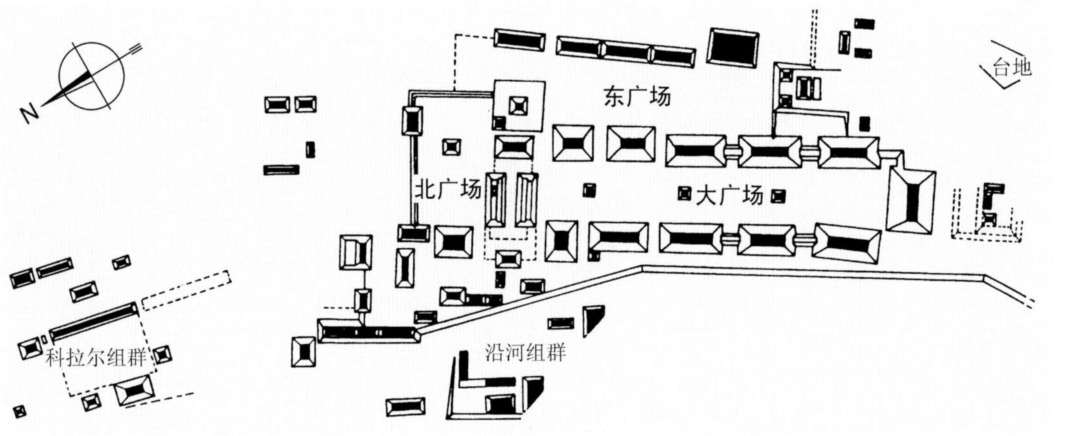

本页：
图4-2夸希洛特斯 遗址总平面（初步探察结果，据S. Jeffrey K.Wilkerson，1993年）

右页：
图4-3圣洛伦索 遗址总平面（据Michael D.Coe，1970年）

谷地，都可看到其影响及表现。

2、韦拉克鲁斯州中部，包括南部的米斯特基拉地区，北面以帕努科河为界。在西班牙占领时期，森波阿拉周围地区住着托托纳克部族，整个中部地区的人工制品往往都冠以该民族的名字，尽管这种命名并不很确切。

3、帕努科河以北的瓦斯特卡地区。以操古玛雅语的部族为名，这些部族大约在公元前1000年自玛雅地区迁来。

在前古典时期，在这里执牛耳的是南部的奥尔梅克人。对中部沿海地区来说，古典和后古典时期属最活跃的年代。在托尔特克文化的影响下，瓦斯特卡地区创造了独特的艺术形式。人们通常都把三个地区放在一起进行讨论，主要因其地理和气候上相近，倒不是因其文化上的类似。实际上，三个地区和外部（墨西哥中部和南部的高原地带，或玛雅低地）的联系，要比它们彼此之间的联系更为紧密。历史也因此变得跌宕起伏、变化无常。

在韦拉克鲁斯州，除了下面要介绍的主要城市外，实际上还有一批古典时期的遗址（如埃尔皮塔尔和夸希洛特斯，图4-1、4-2），只是因为未经过仔细探察，无法在这里进行更多的评介。

第一节 奥尔梅克文化

一、概述

奥尔梅克之名来自纳瓦特尔语“橡胶”（olli，或“橡胶之乡”）和“部族”（mecatl）。也就是说，这一名称的本意为“橡胶部落”（rubber-people）、“橡胶世系”（rubber line或rubber lineage）或“奥尔曼的居民”（dwellers in Olman）。虽说奥尔梅克人并没有自称 “橡胶部族”，不过这一名称倒是点明了这一文化的发源地：墨西哥盛产橡胶的塔巴斯科州塔瓦斯科北部和韦拉克鲁斯州南部。主要族群从这里继续向南方延伸，包含许多民族，只是一些历史演变还没有完全阐明。奥尔梅克文化自公元前1500年开始，延续到公元前200年，即占了前古典时期的大部分时间，不过，在中美洲，其影响以后又持续了好几个世纪。

奥尔梅克人对中美洲文明最主要的贡献（直接或间接的）包括历法、记数体系、象形文字和天文观测。之后在玛雅人那里得到进一步发展的点、划记数体系则可在韦拉克鲁斯州特雷斯萨波特斯的石碑C中看到，这块公元前31年（注：年代系按Corrélation A换算）的石碑证实了当时在美洲已有了“零”的概念。1902年在韦拉克鲁斯州图斯特拉山脚下发现的图斯特拉雕像（现存于华盛顿国家博物馆，为一个高仅16厘米的绿石雕像）上就有这种数字标示的年代，按所谓“长纪历”换算应为公元162年。

中美洲古典时期的文化是神权政治下的产物，有

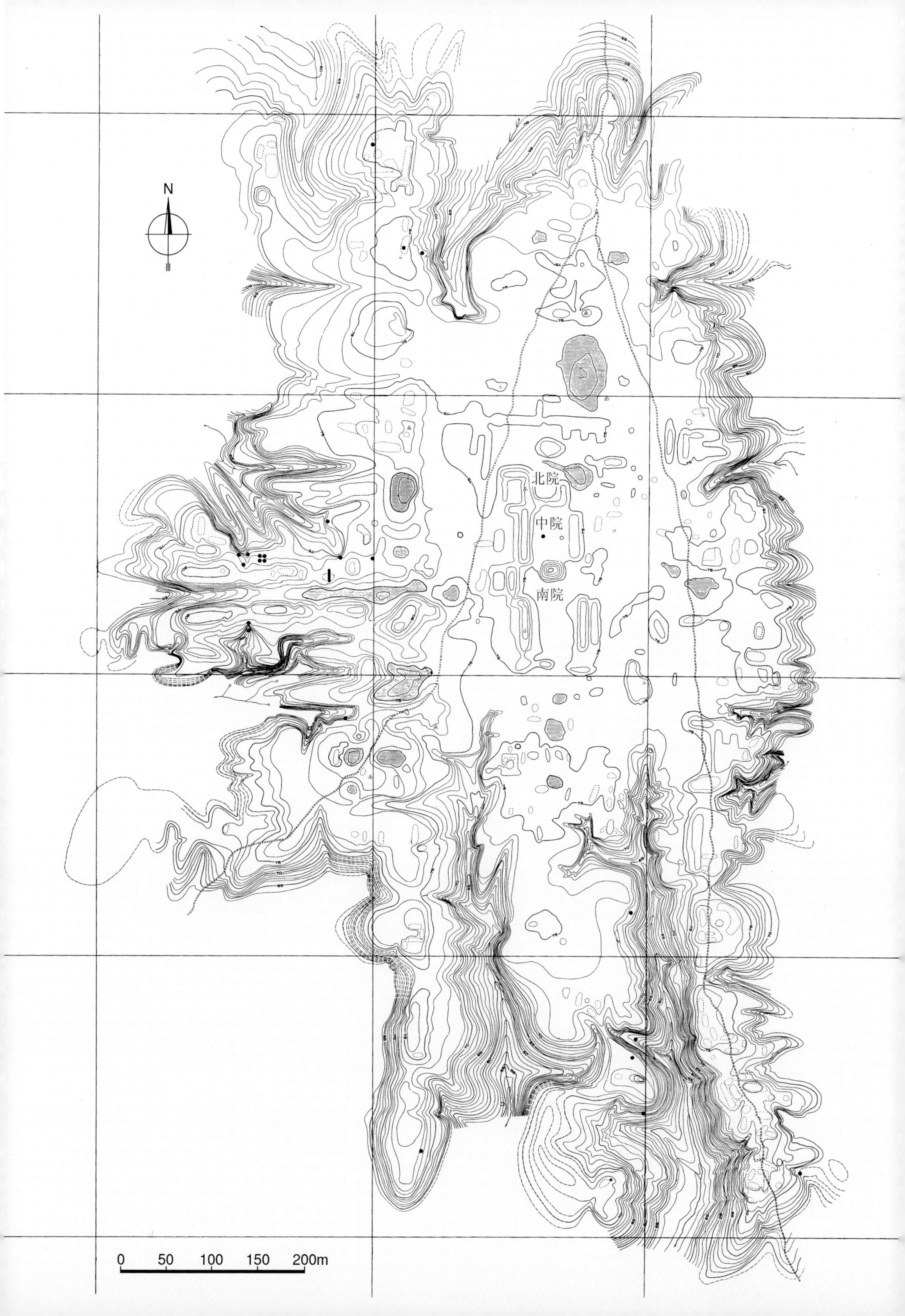
N
北院
中院
南院
0 50 100 150 200m

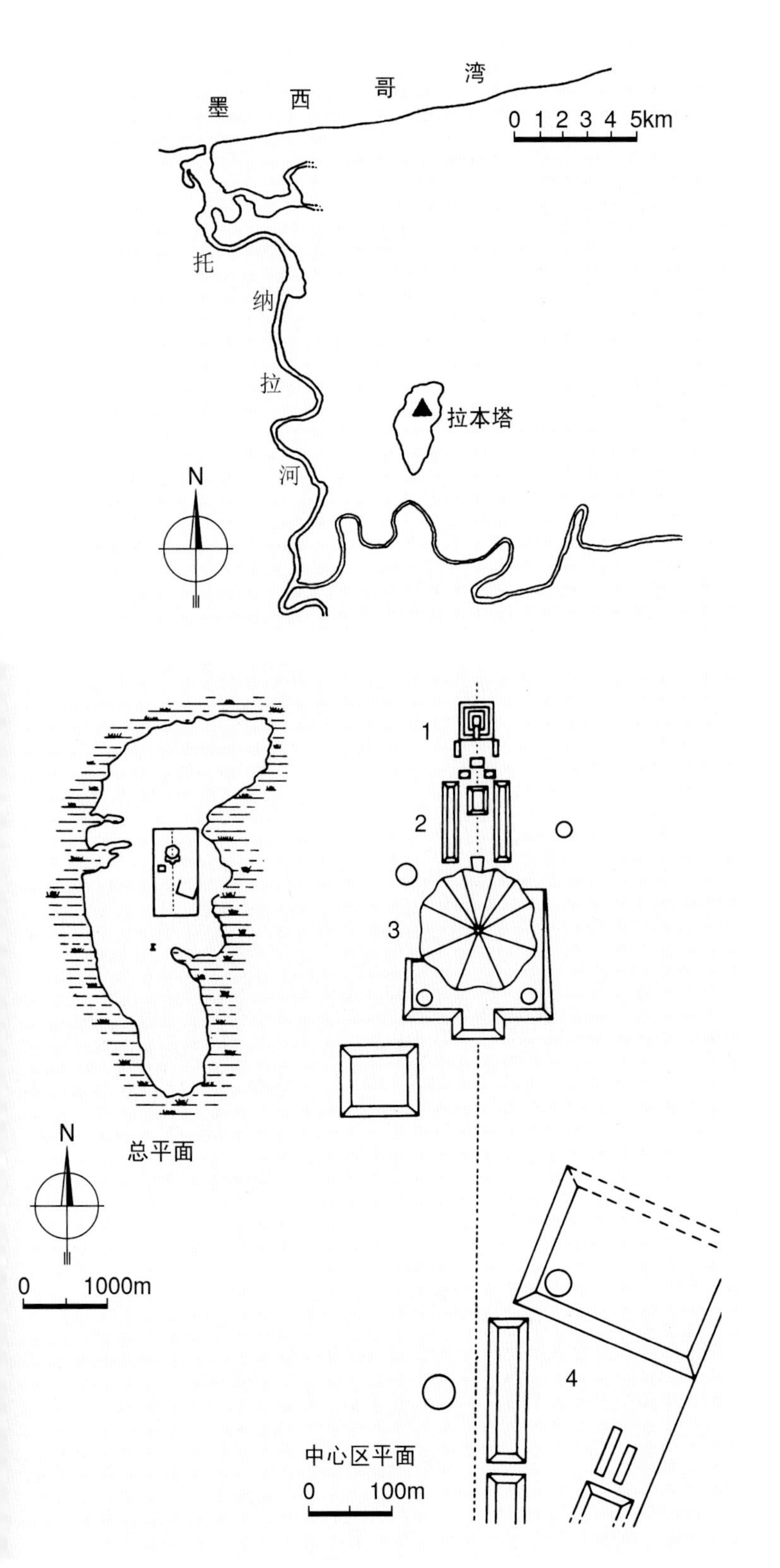

（左上及右）图4-4拉本塔 祭祀中心（公元前1100~前400年，主要部分属前古典中期，约公元前900~前500年）。遗址地理区位（据Rust，1992年，制图Barbara McCloud）及总平面（据González-Lauck，1994年，制图F.Kent Reilly），遗址北距墨西哥湾约10公里，由一系列沿主轴线布置的土丘组成，主轴线南北向偏西8°；总平面图中：1、中央广场，2、东广场，3、斯特林组群（卫城），4、组群A，5、组群B，6、组群C，7、组群D，8、组群E，9、组群H，10、巨头像（2、3、4号，均面向北方），11、组群I

（左下）图4-5拉本塔 祭祀中心。总平面（取自George Kubler：《The Art and Architecture of Ancient America，the Mexican，Maya and Andean Peoples》，1990年），图中：1、矩形院落，2、球场院基台，3、土筑金字塔，4、斯特林组群（卫城）

人推测奥尔梅克人也是如此。但迈克尔·道格拉斯·科对这种说法提出异议，认为他们应类似于古典时期的玛雅人（后者据铭文记载由世俗政府管理，政权掌握在世袭贵族手中）。迈克尔·道格拉斯·科相信，在奥尔梅克社会，起主导作用的是大的世俗领主或贵族，并以当时的祭坛雕刻为证（壁龛内坐一成年男子，或手握美洲豹幼仔，或握两端各捆绑一名战俘的绳索，

（上）图4-6拉本塔 祭祀中心。总平面（取自Spiro Kostof:《A History of Architecture, Settings and Rituals》，1995年），图中：1、金字塔，2、仪典院，3、大平台，4、斯特林组群（卫城），5、长丘台

（下）图4-7拉本塔 祭祀中心。组群A、C复原图（Gil López Corella据Heizer、Drucker和Graham资料绘制，1968年）

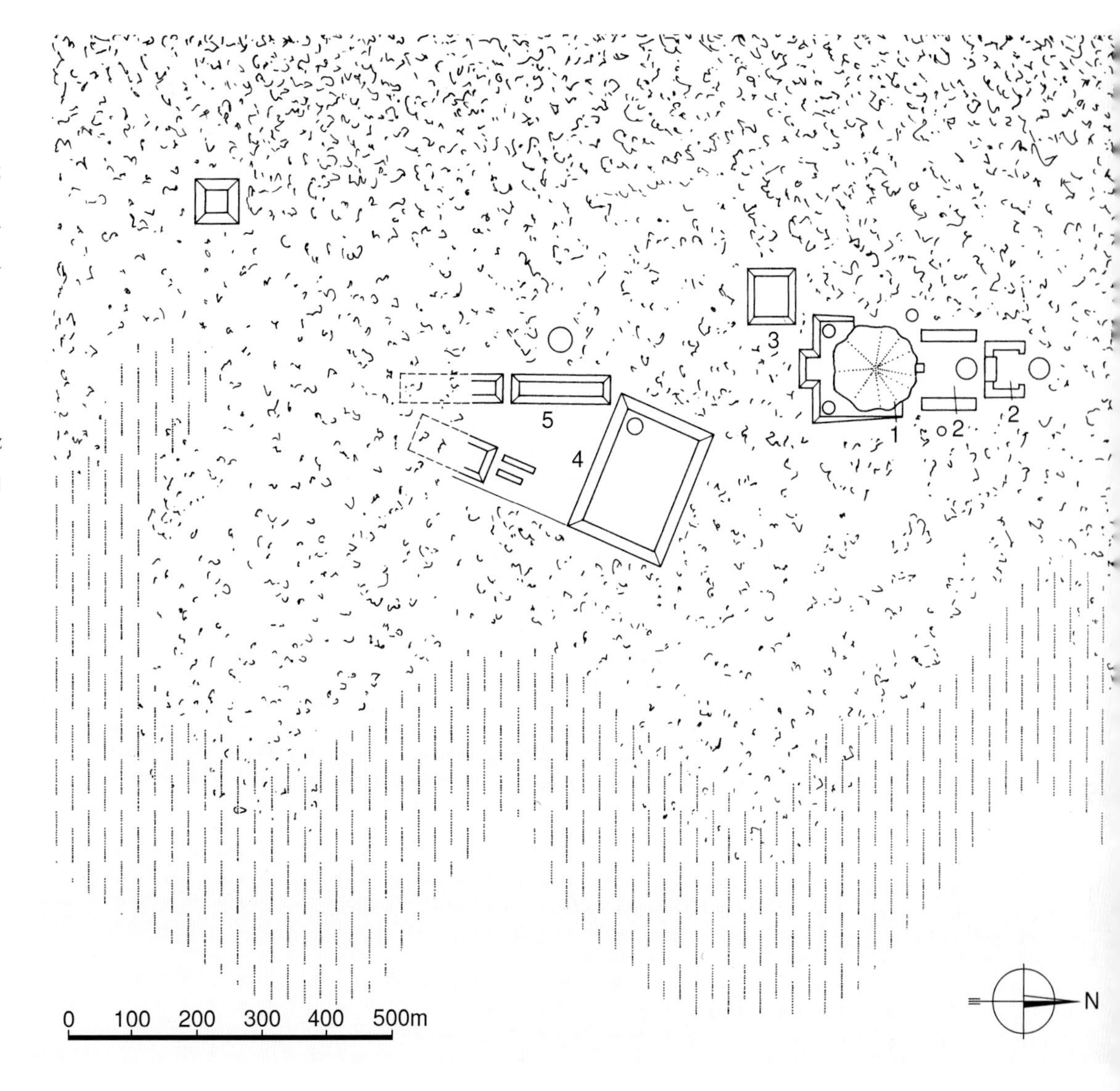

见图4-16）。这是一种颂扬首领，彰显其个人武功及战利品的母题。已有文献证据表明，后期的阿兹特克人，作为早期许多部族文化的传承人，同样制作这类首领的雕像。奥尔梅克的巨大头像，可能就是用于表现其君主（相当于西方的“胸像”或“半身像”）。不过，宗教仍是生活中不可或缺的内容，很难在它和世俗活动之间划定明确的界线。按照迈克尔·道格拉斯·科的说法，中美洲的主要神祇，在奥尔梅克时期都具备了明确的形态，如西佩-托特克为春天和再生之神，魁札尔科亚特尔是掌管智慧、生命和风的神，其他还有火神、死神和雨神等。虽说有关奥尔梅克文化还有许多问题尚待解决（比如它是否如阿方索·卡索-安德拉德、迈克尔·道格拉斯·科和贝尔奈所说是个帝国），但可以肯定的是，此时他们的商业活动已扩展到很大的范围，其影响，不论以何种形式，已延伸到中美洲的几乎各个角落。贝尔奈相信，由城邦国家形成的联盟在奥尔梅克时期已经出现，并成为中美

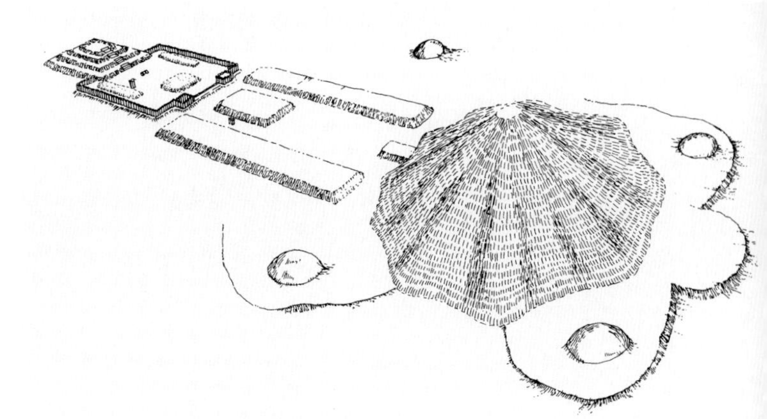

洲特有的一种政治形态。他还认为，奥尔梅克社会是一种神权军事组织，也就是说，是中美洲第一个帝国。

另外一些学者认为，“奥尔梅克”只是一种艺术风格的名称。正如哥特风格曾风靡整个欧洲，从法国到德国、英国和西班牙，但不能说存在一个哥特帝国一样， 奥尔梅克风格所到之处看来也不能称为帝

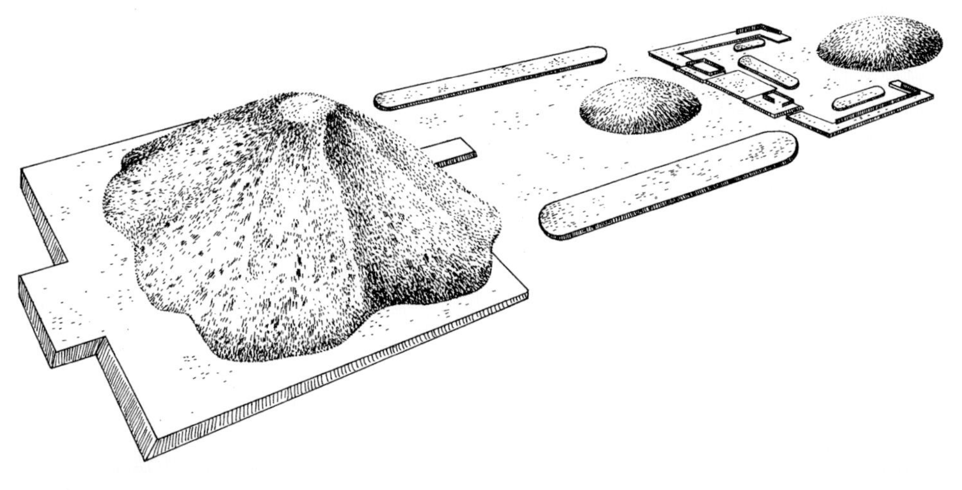

（上）图4-8拉本塔 祭祀中心。主要组群复原图（取自Mary Ellen Miller：《The Art of Mesoamerica，from Olmec to Aztec》，2001年）

（下）图4-9拉本塔 祭祀中心。主金字塔及球场院丘台，遗址俯视景色

右页：

（左上）图4-10拉本塔 祭祀中心。组群A，平面（据Drucker等，1959年），右边（南侧）可看到金字塔（组群C）北部边缘；图中各色块标明主要祭品的发现地及时间（绿方块-1942年，蓝紫色三角形-1943年，红色圆圈-1955年；黄色示大宗祭品发现地）

（右上）图4-11拉本塔 祭祀中心。组群A，平面及主要遗迹位置示意（据F.Kent Reilly）

（下）图4-12拉本塔 祭祀中心。组群A，院落南入口处剖析图及石板马赛克铺地（公元前600年之前，据F.Kent Reilly），铺地位于通向北院的入口处，东平台下，在28层未加工的蛇纹石砌层上（石料重约1000吨），这块铺地（铺地3号）及与之配对的马赛克面具1号由485块经加工磨光的蛇纹石拼砌而成，表现抽象的"奥尔梅克龙"的面相，其顶部由一个布置在北侧中间的缺口标示

国。但实际情况似乎又不是这么简单，在中美洲许多地方（普埃布拉、莫雷洛斯、格雷罗、中央谷地、瓦哈卡、恰帕斯和危地马拉），奥尔梅克的影响是如此深远，实际上起到了救世主的作用，将其理想及价值观从发源地推广到其他地域。随着商贸活动而来的是宗教朝圣，特别是雕像及其他物品的输入，不可避免地导致艺术风格的传播。这是一个发展程度甚高的文化，其形成已从许多方面得到证实，其成就和理想构成了所有其他中美洲文明的基础。

二、主要遗址及建筑

有关奥尔梅克文化的考古知识主要属形成期，特别是在韦拉克鲁斯州南部和塔巴斯科州塔瓦斯科西部，圣洛伦索、拉本塔等遗址。迈克尔·道格拉斯·科在韦拉克鲁斯州圣洛伦索的发掘揭示了公元前

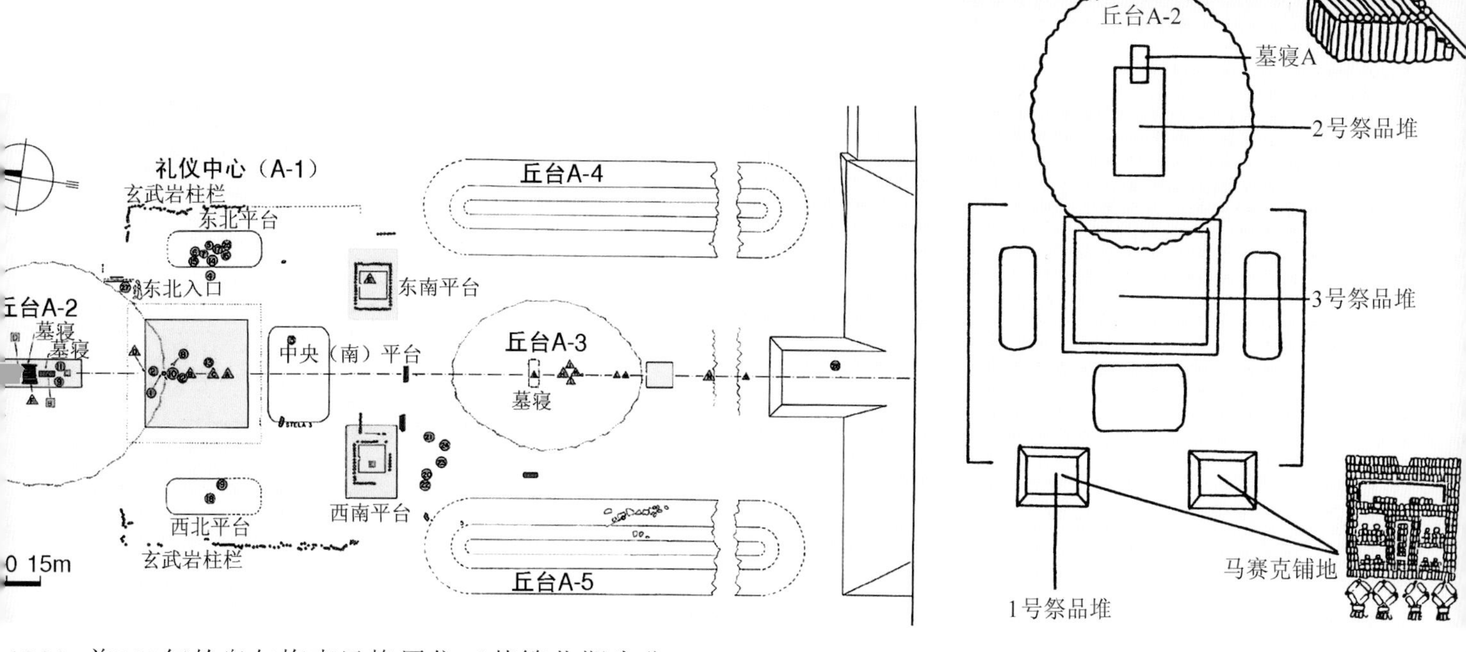

1200~前750年的奥尔梅克风格层位（其繁荣期为公元前1200~前900年，图4-3）。位于韦拉克鲁斯和塔巴斯科州边界上托纳拉河入海处三角洲一个岛上的拉本塔，是海湾奥尔梅克文化“核心地区”（heart-land）的另一个重要遗址。其历史同样可追溯到公元前1200年或更早。其他遗址还有位于新波特雷罗西北的特雷斯萨波特斯和圣洛伦索附近的里奥奇基托。拉古纳-德洛斯塞罗斯及其他遗址则尚待开挖。

根据伊格纳西奥·贝尔纳尔整理的材料，在圣洛伦索，对奥尔梅克 I期进行的碳-14测定包括前奥尔梅克时期的祖传平台和用于早期美洲豹崇拜的陶器（年代早于公元前1200年）。在圣洛伦索、拉本塔和特雷斯萨波特斯，属奥尔梅克 II期的宏伟建筑和纪念性雕刻自公元前1200年一直延续到公元前600年。在拉本塔和特雷斯萨波特斯，奥尔梅克产品的制作在奥尔梅克 III期间（公元前600~前100年）从未中断。公元前100年以后，产品的制作仍在延续，但带有了创新的特色或异域要素，如带日期的文字和龙的涡卷，奥尔梅克的特色已经不多，且和来自其他地域和年代（特奥蒂瓦坎、玛雅和古典时期的韦拉克鲁斯）的要素相混合。

属奥尔梅克文化的建筑遗址主要集中在海湾低地的大河流域。到前古典中期，出现了中美洲已知最早的礼仪（或称祭祀）中心。在这里，所谓“礼仪中心”，通常是指一个或几个纪念性建筑组群，用来满足人们在宗教礼仪、世俗活动和产品交换等方面的需求（后者在露天市场中进行，称tianguis，作为一种重要的文化要素，在这些地区，这种形式一直流传到现在）。不同时期的中心建筑群可以有不同的表现，

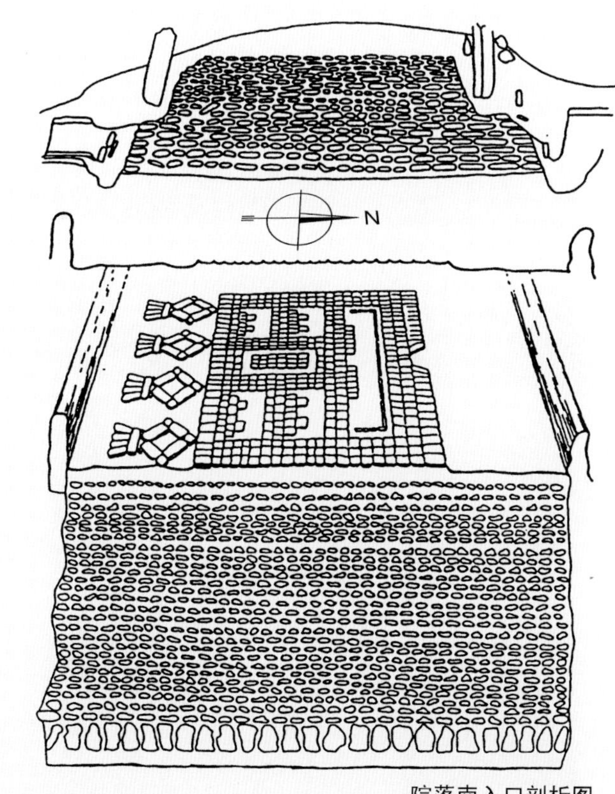

院落南入口剖析图

石板马赛克铺地

从简单的人工高地（土台）到砌体外覆灰泥的复杂组群，其中还包括统治阶级和因在宗教、军事、行政和商业等方面的成就而进入上层社会的各色人物的宅邸。由于“中心”既可指围绕着一个或几个小场院布置的简单丘台群组，也可指以复杂得多的方式组织起来多少具有纪念性特色并能给人们留下深刻印象的宏伟建筑群，这一概念遂具有很大的灵活性。组群内通常包括祭坛或礼仪平台、公共旷场或步道、球场院、蒸汽浴室，以及具有居住、宗教或行政用途的所谓“宫殿”，这些建筑往往围绕着巨大的场院成组布置，建在旷场或“卫城”（几乎皆为人工建造）上，

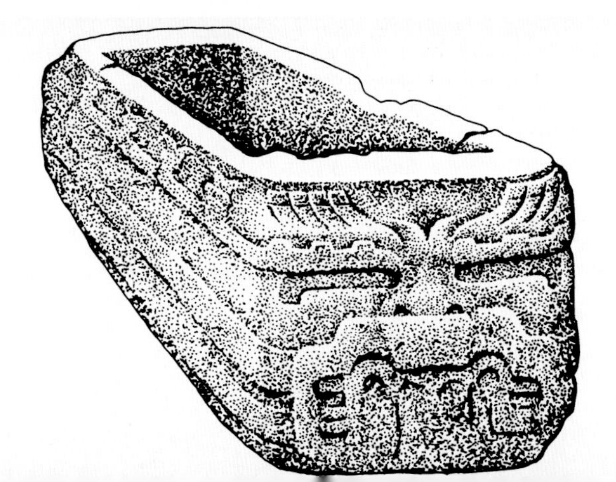

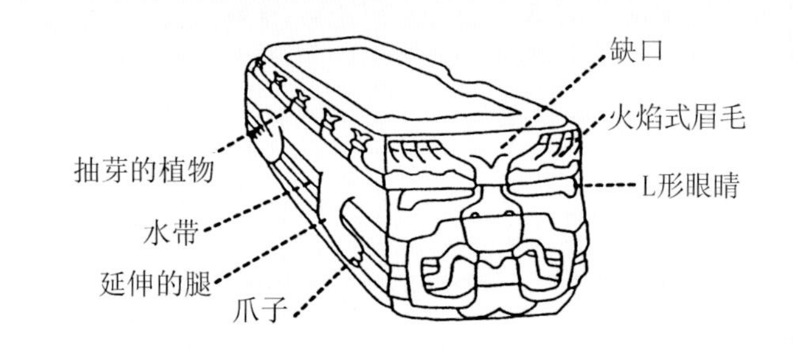

左页：

（上）图4-13拉本塔 祭祀中心。组群A，石板马赛克铺地，历史图景

（中）图4-14拉本塔 祭祀中心。组群A，石板马赛克铺地，现状

（下两幅）图4-15拉本塔 祭祀中心。组群A，6号墓石棺（砂岩，独石制作，表现龙的造型；左图据F.Kent Reilly，右图取自George Kubler：《The Art and Architecture of Ancient America，the Mexican，Maya and Andean Peoples》，1990年）

本页：

（上下两幅）图4-16拉本塔 祭祀中心。4号祭坛（形成期中叶，独石制作，洞口内盘腿坐着一个可能是统治者的人物，头冠及祭坛上部均有美洲豹的程式化面具造型，人物手上的绳索捆着一个准备用作牺牲的战俘；祭坛现位于比亚埃尔莫萨拉本塔博物馆公园内）

主要建筑群之间，有时还通过大的堤道相连。一般而论，在定义中美洲这些纪念性建筑组群时，应慎用“城镇”（cité）一词。然而，近年来一些更为深入的研究表明，在这些“中心”周围，确实存在着许多分散的居民点，从范围和数量上看，和人们通常所说的“礼仪中心”相比，更接近“城市”（urbaine）的概念。

这时期的中心通常都位于岛上，或在雨季成为岛屿的高地上，主要由台地和平台组成（由夯土筑成，有时也用日晒泥砖垒砌）。虽说神庙和宫殿可能也建在这些丘台上，但估计只是用易腐朽材料建成的棚舍，目前已无迹可寻。

作为奥尔梅克头一批礼仪中心之一，圣洛伦索（公元前1200~前900年）建在一个通过大量土方工程进行全面改造的平台上。在这个人工丘台顶上挖出了许多供干旱季节使用、大小不等的贮水池（lagunas）。水面通过精心设计并用大块玄武石砌筑的渠道系统控制，这是美洲大陆采用先进水利技术的

左页：

（左上及左中）图4-17拉本塔 祭祀中心。5号祭坛，旁边是发现和研究奥尔梅克文明的先驱者之一、美国人类学和考古学家马修·威廉·斯特林（1896~1975年）

（左下）图4-18拉本塔 祭祀中心。2号头像（玄武石，公元前400年之前）

（右）图4-19奥尔梅克雕像（为奥尔梅克艺术的典型题材）

本页：

图4-20奥尔梅克墓葬面具（绿石制作，出土地点不明，高10厘米，宽9厘米，约公元前1000年，墨西哥城国家人类学博物馆藏品）

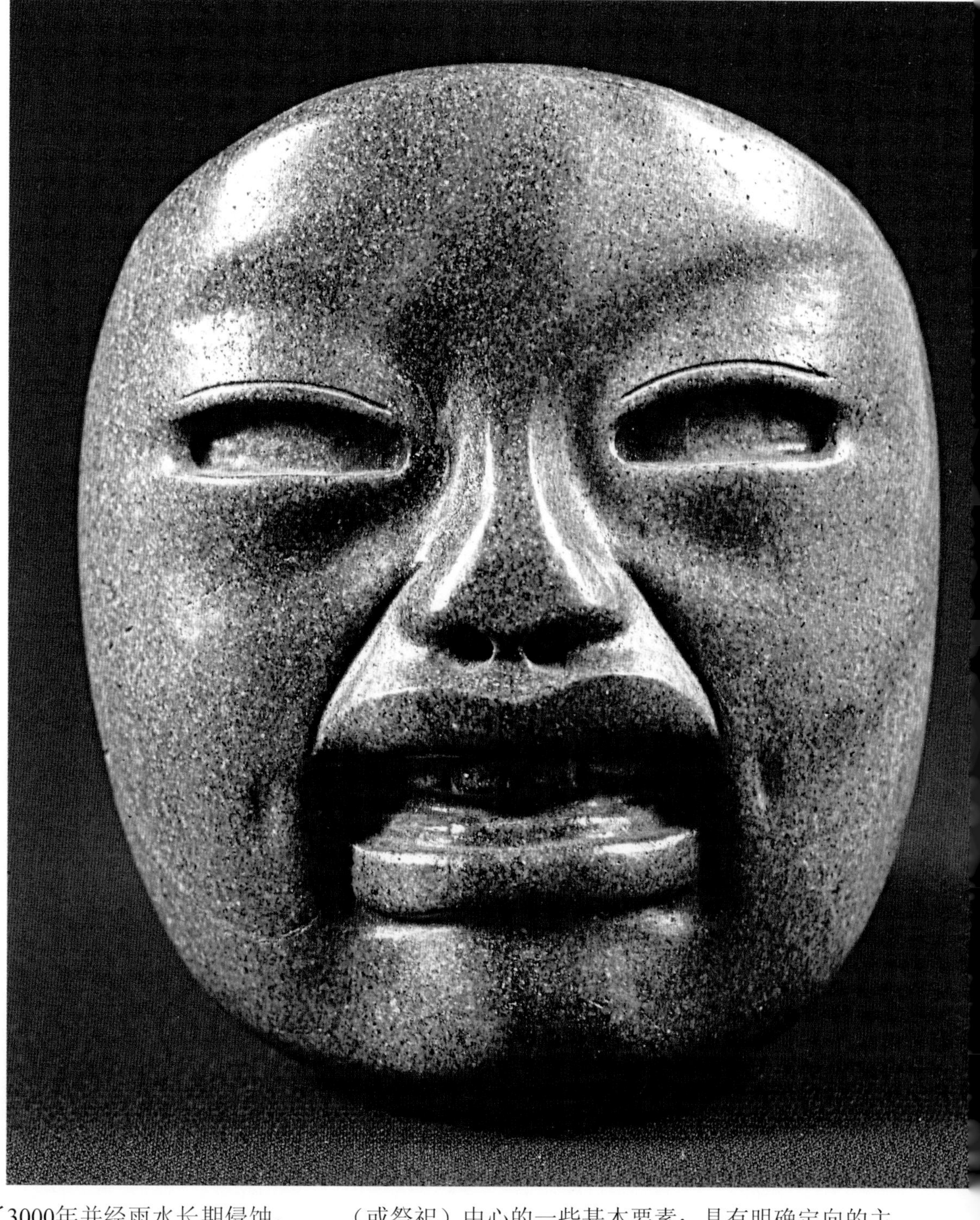

最初征兆。尽管已弃置了3000年并经雨水长期侵蚀，通过对圣洛伦索地图的仔细研究，仍然可辨认出规则布置的水池，很多丘台在布局上显然经过计算并采用了对称形制，如被标为C和D的组群，在遗址西南和东南还对称地布置着长长的山顶组群。这种形制在沿南北轴线上规则布置的几组平台上可看得更为明显，若干场院中间较高的基础可能是“金字塔”，或是一个差不多完全为平台所环绕的球场院（被称为“盆院”，palangana）。

在这里，人们第一次看到了构成中美洲无数礼仪（或祭祀）中心的一些基本要素：具有明确定向的主要建筑（沿特定轴线布置，往往具有原始天文学和星象学的含义），球场院，构成场院的台地和高平台，以及位于主要轴线上起烘托作用的纪念性雕刻。住在上述各矩形台地顶上成组房屋内的居民总数（包括统治阶层在内）估计约1000人。

近公元前900年，圣洛伦索城址被弃置，原因不明。它那些巨大的独石雕刻也在隆重的仪式进程中遭到损坏和掩埋。这些雕刻中，就有人们已知的15尊奥尔梅克头像中最大和最优美的一个（见图4-22）。

拉本塔祭祀中心的发展基本属同一时期（公元前1100~前400年，总平面：图4-4~4-6；复原图：图4-7、4-8；遗址景色：图4-9），亦为该地区最早的中心之一。遗址位于托纳拉河中一个岛上，塔瓦斯科州北面的红树林沼泽地中。在那里，发掘工作已揭示了一个大型祭祀建筑群的部分残迹（位于前古典时期的山丘上）和带有深厚居住层位的围地。这些建筑想必是充

本页：

（上）图4-21圣洛伦索 1号头像（亦称“国王”，可能公元前1200年以后，玄武石，高2.85米，重25吨）。发现时场景

（下）图4-22圣洛伦索 1号头像。现状（为最大和保存得最好的奥尔梅克头像之一，现为哈拉帕韦拉克鲁斯大学人类学博物馆藏品）

右页：

图4-23圣洛伦索 2号头像。现状

（左右两幅）图4-24圣洛伦索 3号头像。现状

当宗教和市政的中心，可能只有祭司和管理人员居住。

最初建造的是巨大的土筑“金字塔”[实为一个圆锥丘台，底部直径130米（420英尺），高逾30米（103英尺），内部没有纳入任何建筑，颇似一个山头]，塔身表面如巨大沟槽般交替布置的凹陷和凸起是它的一个奇特表现，在中美洲仅此一例，由于形式极为规则，显然是有意为之[最初可能是个按辐射对称形制规划的多叶形平台，如瓦哈克通或奇琴伊察（城堡）那样，配有四个台阶，由于该地属强降雨区，遗址损毁严重，前古典时期的外观想必和目前不太一样]。金字塔大致位于约5公里长的沼泽岛屿中央，周围逐级布置一些更小的结构。围绕大金字塔的半球形小丘可能是充当“住房”。建筑群主要部分沿南北向轴线对称布置，集中在北部，如圣洛伦索做法。该部分由两个相邻的院落构成。第一个边上设拉长的平行基台（球场院），形成类似于圣洛伦索那样的礼仪和祭祀场地。最北面的第二个院落为一凹下的矩形空间，用泥砖修建的地面和前一个场院一样铺石板马赛克和彩色灰泥（组群平面：图4-10、4-11；马赛克铺地：图4-12~4-14）。场地两边以紧靠在一起的独石柱（均为自然形成的玄武石柱，可能是通过木筏自西面约60英里处的火山岩采石场运来）构成的“栅栏”围护。在这两道围栅端头，下沉式院落南入口两侧，有两个四面全封闭的围地。在这个圣所内，泥砖和石头砌筑的几个连续层位下埋着用绿蛇纹石马赛克精心制作，表现“奥尔梅克龙”（也有人认为是美洲豹）的巨大程式化头像（见图4-14）。对奥尔梅克人来说，想必是期望借助这种隐藏的方式，通过接

（上及左下）图4-25圣洛伦索 4号头像。正面及侧面形象

（右下）图4-26圣洛伦索 5号头像（形成期早期，可能公元前1200年以后，玄武石）。现状（哈拉帕韦拉克鲁斯大学人类学博物馆藏品）

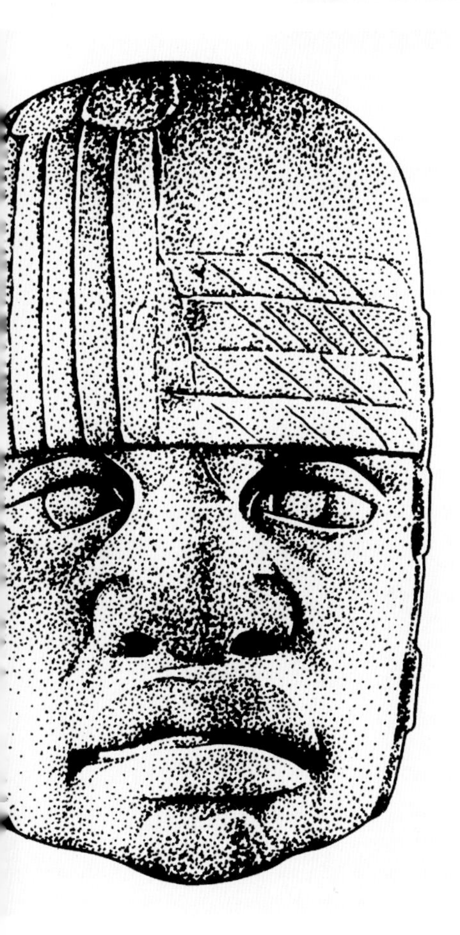

触的魔力，从天、地和水那里汲取力量。

建筑群北面最后以一座阶梯状金字塔作为结束（可能是中美洲这种样式的首例）。在建筑群北侧阶梯状基台内部，发现了三个精心建造带衬里的墓葬，其中之一由玄武石柱支撑屋顶（柱子可能是来自上述围栏）。另一座墓内有一个独石制作的石棺（图4-15），就目前所知，中美洲仅有两个这样的石棺（另一个位于帕伦克著名的地下室内）。主要的独石雕刻作品（巨大的头像、石碑和祭坛；图4-16、4-17），可能是沿着丘台和场院组成的主要轴线布

置，其中包括围地边上四个巨大的玄武石头像（图4-18），它们好像是作为辟邪物保卫着这个围地和土丘下的核心部位。北面一排三个脸面向北，南面一个脸朝南。在其他的印第安文化遗址中，我们还将看到这类石碑及祭坛雕刻的进一步发展（在萨巴特克和玛雅，用于装饰建筑群或纪念历史事件，在玛雅还用于记录天象及按阶段划分的编年史）。

此外，在建筑群东南方向还有一个被称为斯特林组群（卫城）的奥尔梅克遗址，内部可能有一个球场院（放射性碳测定约公元前760年）。

该地区南部一些遗址，如特雷斯萨波特斯和塞罗-德拉斯梅萨斯（那里有一块属公元468年的古代石碑），同样沿袭了奥尔梅克的传统，不过更多地表现出玛雅或特奥蒂瓦坎的影响。在圣洛伦索、拉本塔和特雷斯萨波特斯礼仪中心，已开始出现了在以后25个世纪期间主导着中美洲建筑发展的若干基本要素，特别是采用截锥金字塔作为神殿基座和精心布置台地、平台和神殿形成场院等做法。这种利用确定的轴线和具有象征意义的朝向，与结构形体相结合，熟练处理大型露天空间的方式，奠立了这种建筑体系演化进程中一种极为重要且恒久不变的文化特性。实际上，像圣洛伦索和拉本塔这样一些中心，完全可视为中美洲

（左页上两幅）图4-27圣洛伦索 5号头像。细部

（左页左下）图4-28圣洛伦索 6号头像。现状（现存墨西哥城国家人类学博物馆）

（左页右下及本页）图4-29圣洛伦索 6号头像。正面形象

最早的城市规划代表作。

三、雕刻及绘画

[雕刻]

和特奥蒂瓦坎及玛雅中部地区的艺术一样，奥尔梅克艺术也是一个可被认知和界定的实体。在格雷罗高原、瓦哈卡、莫雷洛斯、普埃布拉以及墨西哥谷地，都可以看到其表现（图4-19、4-20）。在玛雅中部地区的艺术中，可明显感觉到它的影响。在海湾一带，奥尔梅克艺术主要表现为一种雕刻风格，在这点上和玛雅艺术不同，后者的技艺可能是起源于绘画和图样，但身体充满动态和活力则是两种艺术共同的特色。面相表现具有明显的种族特征：梨形的头、外翻的厚唇、宽阔的鼻头和椭圆形的眼睛。

奥尔梅克人生活在一个缺少石材的地区，因而只能从其他地区进口这种备受青睐的材料。然而，他们

（左上）图4-30圣洛伦索9号头像。现状

（下）图4-31圣洛伦索 9号头像。细部

（右上）图4-32圣洛伦索10号头像。现状

（上）图4-33拉本塔 1号头像（形成期中叶）。现状（正面）

（左下）图4-34拉本塔 1号头像。现状（半侧面）

（右下）图4-35拉本塔 4号头像（约公元前900年，玄武石，高2.26米）。发掘时照片（旁边是其发现人、美国人类学和考古学家马修·威廉·斯特林）

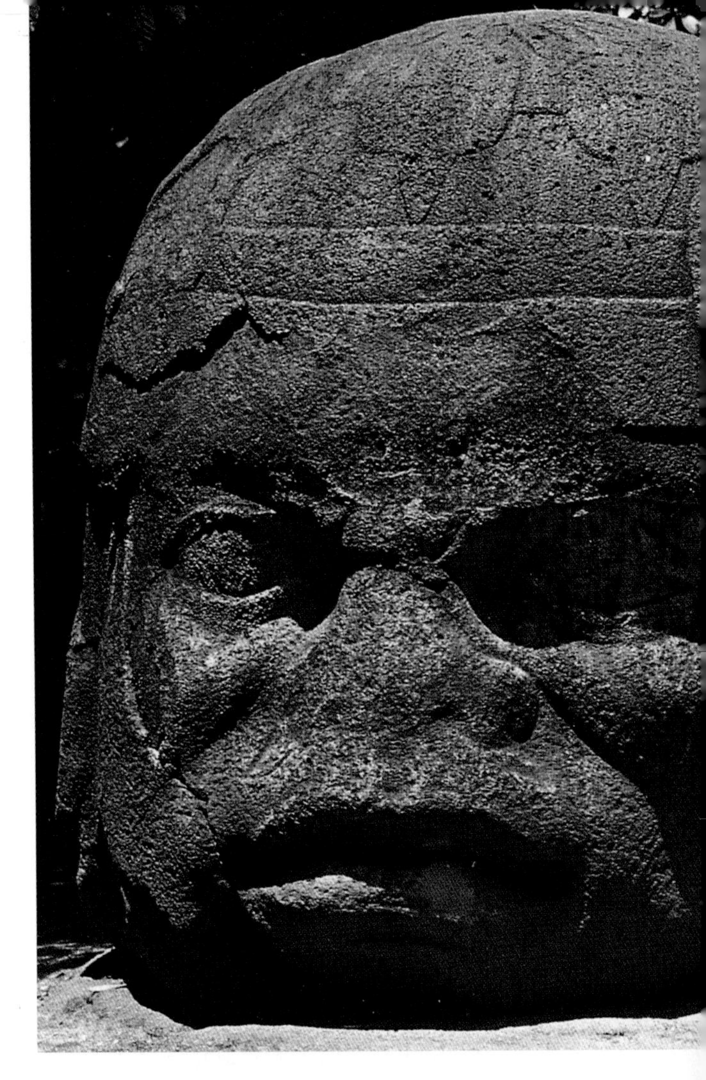

却是中美洲第一批卓越的石匠，有许多不凡的表现。

巨型头像

用整块玄武岩巨石制作的头像无疑是奥尔梅克雕刻中给人印象最深刻的类型。目前已出土的有17个：圣洛伦索10个[编号巨头像1~10（Colossal Heads 1~10）；图4-21~4-32]；拉本塔4个[编号1~4（Monuments 1 ~4）；图4-33~4-36]；特雷斯萨波特斯2个[编号A、Q（Monument A、Q）；图4-37~4-38]；兰乔-拉科巴塔1个[编号1（Monument 1）]。头像尺寸最小的高1.47 米（特雷斯萨波特斯的一对），最高的3.4 米（兰乔-拉科巴塔的一个，图4-39）。据有关学者推算，各头像重量在22.7~50吨[25~55短吨（Short Tons），1短吨等于907公斤]之间。根据威廉和海策计算，圣洛伦索的"巨头像1"重23吨（25.3短吨）。

精确的解剖构造和忠实的形象模拟是这些头像最引人注目的特色。它们大都具有浑圆的头形，厚实的嘴唇，戴着头盔（如图4-22所示）。由于没有前哥伦布时期的文献可考，这些巨像的功能始终是个谜。目前普遍的说法是统治者的肖像，因为没有两个头像完全一样，头盔的装饰图样也有所区别（可能是个人或家族的标记），但也有人认为他们可能代表被斩首的球员。

圣洛伦索的一些头像很早以前已残缺不全并被掩埋。它们可能如特雷斯萨波特斯那个一样，当初曾搁置在未加标志的石础上。所有这些像最初可能都在白色的黏土基面上涂了一层柔和的紫红色颜料，在拉本塔的西北头像（4号）上，尚存部分这样的痕迹。

位于各处的这些头像至少经历了两代（甚至更多）雕刻师的努力，他们采用石工具，以不同的技能重复同一母题。其中最大的那个可能年代也最早，是1970年在科巴塔附近比希亚山区的峡谷里发现的（见图4-39）。其圆锥形的廓线颇似来自内斯特佩山的头像（即特雷斯萨波特斯的"头像Q"，1950年自城市附近的内斯特佩山移来），咖啡豆般的肿胀眼睛则是独一无二的表现。从眉毛上看，要早于拉本塔或圣洛伦索的头像，很接近特雷斯萨波特斯的"头像A"（见图4-38）。特雷斯萨波特斯和拉本塔 1号两个头像几乎都是圆柱形，缺乏生气。头一个带有向外凸起

左页：

（左右两幅）图4-36拉本塔 4号头像。现状（现位于比亚埃尔莫萨拉本塔博物馆公园内）

本页：

（上两幅及右下）图4-37特雷斯萨波特斯 头像A（上两幅示马修·威廉·斯特林在发掘现场，右下图为现状）

（左下）图4-38特雷斯萨波特斯 头像Q。现状

的巨大头盔，眼球凸出，耳朵退化为程式化的抽象图案，表情严峻冷漠，缺乏其他头像那种柔顺的表现。拉本塔 1号同样是球状，但头盔和脸面交会处不那么生硬，嘴唇和眼睛的造型尽管有些夸张，但显然要更为活泼。

第二类的四个的特点是嘴唇分开，表情更为生动。这组中有两个头部呈球状，两个为长形。一般而论，头部呈长形的（拉本塔 3号和圣洛伦索 1号、2号、3号、4号和7号）要比圆形的（拉本塔 2号和4号， 圣洛伦索 5 号、 6号和9号）更具活力。拉本塔3号眼睛和嘴唇的影线都很突出，如在斯科帕斯（古希腊著名雕刻师及建筑师，约公元前395~前350年）影响下的希腊雕刻那样，具有一种情感的张力。圆形外廓的头像（拉本塔 2号和4号），当口张开时可能有助于消除内向的表情，但总体效果并不明显。

乔治·库布勒认为，表情冷峻的圆廓头像（如特雷斯萨波特斯的头像A）可能要早于脸色庄重的长形

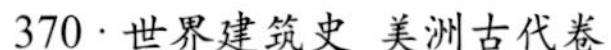

头像（如圣洛伦索 1号头像）。介于圆头和长头之间的大都以嘴唇张开为特征（如拉本塔 2号，见图4-18）。这一进程可能至少持续了一个多世纪，经过多少代熟练匠师不懈的努力才完成。但具体的日期很难确定，因为头像可能被移到不同的地点，在许多世纪里曾被掩埋或重新启用。仅根据现有的资料尚无法

本页及左页：
（左上）图4-39兰乔-拉科巴塔 雕像1号。现状
（左下）图4-40拉德莫克拉西亚 头像（前玛雅时期）
（中）图4-41巨石龟雕（哈拉帕人类学博物馆藏品）
（右）图4-42运动员坐像（圣玛丽亚-乌斯帕纳潘出土，高66厘米，可能公元前800年，墨西哥城国家人类学博物馆藏品）

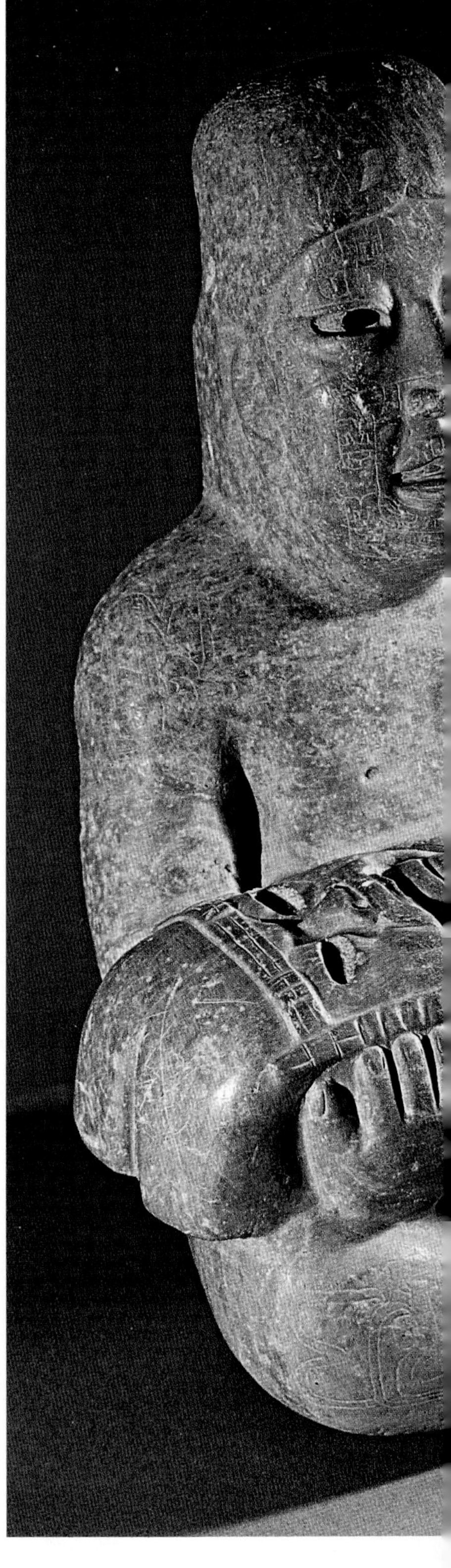

对这些头像进行严格的排序。

在危地马拉，还可看到和这些大型头像相近的前玛雅时期的头像，可视为奥尔梅克风格的后期变体形式，但形象上有所不同，没有带球员那样的球盔，从闭着的眼睛上看可能是为了纪念死者（图4-40）。

其他雕像

除了这些表现人物的大型头像外，同时还有表现动物的，如巨大的乌龟（图4-41）。另一尊奥尔梅克时期的雕刻是一个略小于足尺的坐像，表现一位体格健壮带胡子的男人（可能是运动员，图4-42）。在这里，似乎是综合了玉石雕刻、黏土塑像和巨石头像几

种艺术的手法，扭动的身躯、逼真的肌肉和节制而不乏生动的表情，使它跻身于世界著名雕刻之列。在图斯特拉山圣马丁-帕哈潘发现的一 个玄武石坐像高1.47米，估计表现的是豹神（图4-43）。墨西哥农民在拉斯利马斯附近发现的另一尊绿石雕像被认为是一位妇女和新生儿（或死者），但实际上，它很可能是表现

本页及左页：

（左）图4-43圣马丁-帕哈潘 雕像1号（玄武石坐像，高1.47米，现存哈拉帕人类学博物馆；可能表现的是豹神，在奥尔梅克雕刻里，沉重复杂的头冠上方的“V”形缺口往往是猫科动物的标志）

（中及右）图4-44拉斯利马斯 雕像1号（绿石，高55厘米，公元前800~前300年，哈拉帕人类学博物馆藏品）

右页：

（上）图4-46拉本塔 4号祭品（像高15~25厘米，其中14个由蛇纹石制作，另两个为硬玉石，组群和6根石碑布置成近半圆形，可能是表现某种仪式；墨西哥城国家人类学博物馆藏品）

（左下）图4-47玉石雕像（可能来自瓦哈卡地区，公元前600年之前，现存纽约美国自然史博物馆）

（左中）图4-48中年妇女头像（玉石，残段，韦拉克鲁斯地区南部出土，公元前400年之前，华盛顿敦巴顿橡树园博物馆藏品）

（右下）图4-49角斗士雕像（玉石，可能来自韦拉克鲁斯地区南部，公元前400年之前，华盛顿敦巴顿橡树园博物馆藏品）

本页：

（上下两幅）图4-45拉本塔 4号祭品（群雕，形成期中叶，约公元前800年）：左、发掘时景况，右、俯视图（作者F.Kent Reilly）

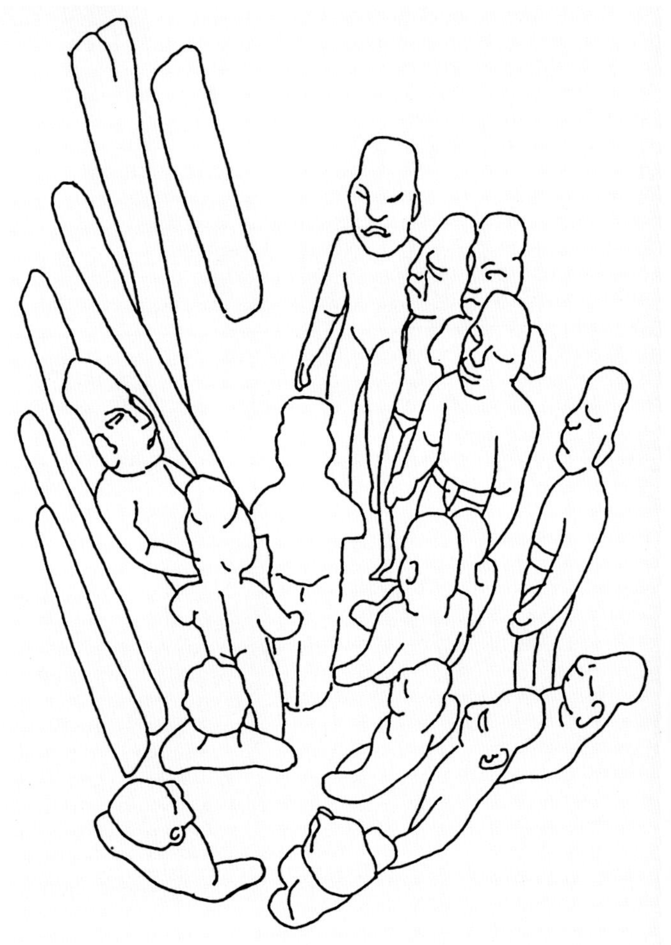

一个抱着奥尔梅克雨神的王爷或祭司（图4-44）。

和这类大尺度雕刻作品相对的是一批用珍贵石料制作的小型雕刻。拉本塔出土的一组雕像无疑是这方面的代表作（图4-45、4-46）。这些雕像一般具有两种类型：一种体态丰满，具有黑人的特征；一种身材瘦长，好似先天畸形，眼睛歪斜，脑袋有意进行了变形处理。在格雷罗、瓦哈卡、恰帕斯和普埃布拉等高原地带，还可看到一些采用表意风格的小型雕像（图4-47）。

在加工玉石和玄武石的过程中，奥尔梅克雕刻师逐渐掌握了更为逼真的表现技术。三个玉石雕刻可作为这一阶段的例证，其中包括一个中年妇女的头像（图4-48）、一个咄咄逼人的美洲豹和一个摆出进攻架势的中年角斗士的雕像（图4-49）。这些雕刻肯定属奥尔梅克时期，年代估计稍晚，可能和圣洛伦索头像有一定的关联。

最后一类是小型黏土塑像（图4-50）。P.德鲁克将其制作技术分为三类，即捏打、切割和模制。塑像通常由躯干和头部连接而成，头巾或头发为第三部分，同时起掩盖躯干和头部接缝的作用。在特雷斯萨波特斯和拉本塔，眼睛的表现均很活泛（成倒“V”字形，向上或向一侧望）。由于它们集中在特雷斯萨波特斯的最低层位，因此其年代应比大型石雕为早。在这里，几乎看不到表意和象征性的手法，倒是颇接近巨石头像的表现。

对美洲豹进行拟人化的表现是奥尔梅克风格最突出的特色，和后期玛雅和墨西哥高原艺术对羽蛇造型

图4-50拉本塔 孩童坐像（黏土制作，随葬物品）

的关注形成鲜明的对比。在奥尔梅克人那里，表现美洲豹的题材是如此之多，以致迈克尔·道格拉斯·科把他们称为“美洲豹之子”[1]。不仅某些雕刻表现具有人类属性的美洲豹，大部分人类形象也都带有猫科动物的特征，嘴里露出獠牙，头上带有扇形皱纹和波浪状的眉毛。

作为画家和人类学者，何塞·米格尔·考瓦路比亚第一次力图阐明这些形式的意义。他相信，美洲豹、侏儒和婴儿可能是以程式化的形式表现一个来自亚洲并具有悠久历史的奥尔梅克种族。按他的说法，这些形象是代表一个被近代韦拉克鲁斯沿岸的居民称为查内克（chaneques）的丛林幽灵。这是个淘气、长着婴儿面孔的老侏儒，常对人类搞点恶作剧，然后又以降雨使众人息怒。何塞·米格尔·考瓦路比亚还认为，虎豹是一种图腾象征，可能和后期墨西哥人拜它们为地神并视其为夜的象征有关。按照这样一些假设，他构建了一个图像系谱，从作为原型的孩童面孔到玛雅的蛇形面具及阿兹特克的雨神。他特别强调奥尔梅克

风格内在的简朴特质。这位画家还认为，玛雅、萨巴特克和特奥蒂瓦坎风格在最早的器物中都出现过奥尔梅克的要素，但奥尔梅克艺术里并没有包含其他风格的特征。

在奥尔梅克艺术和安第斯山地区的查文艺术之间也有某些相似之处。两者都通过具有表意特色的线刻和浅浮雕表现拟人化的猫科怪兽；两者都只利用少量的基本形式，通过重复采用尺度缩小的同样形式作为一种机体造型的结束或划分手段。例如在一块表现人物侧面像的绿色蛇纹石板上（图4-51），头顶和额头上出现了同样的侧影，在脸颊上又两次重复了这种形式。同样的构图方法也出现在查文艺术里，如图9-43所示，一个猫科动物的形体，就是由相连和重复其面具的侧影构成。两种风格可能都来自以祭司为主导的神权政治体制。

浮雕

类似巨大头像的圆雕作品，在奥尔梅克 II期（圣洛伦索阶段）相当丰富。到公元前900年奥尔梅克 III期（拉本塔阶段），叙事和场景浮雕已用得非常普遍（拉本塔19号墓发现的浮雕板高95厘米，可能是要表现一位祭司或美洲豹武士，图4-52）。其传统在伊萨

图4-51石板雕刻（出土地点不明，绿色蛇纹石制作，15×16厘米，约公元前850年，墨西哥城国家人类学博物馆藏品；表面采用了各种形式的刻纹，中央人物具有明显的猫科动物特征）

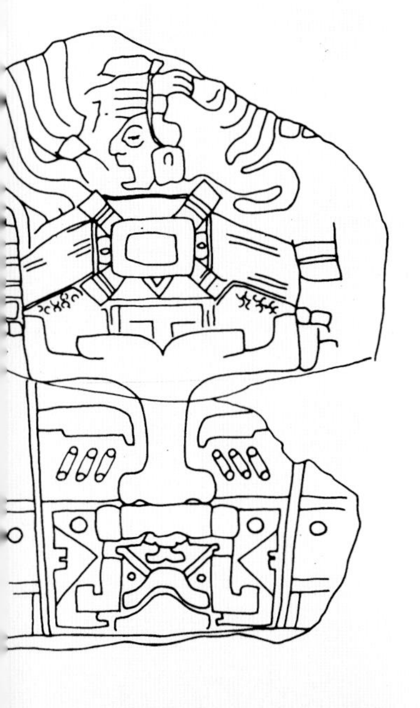

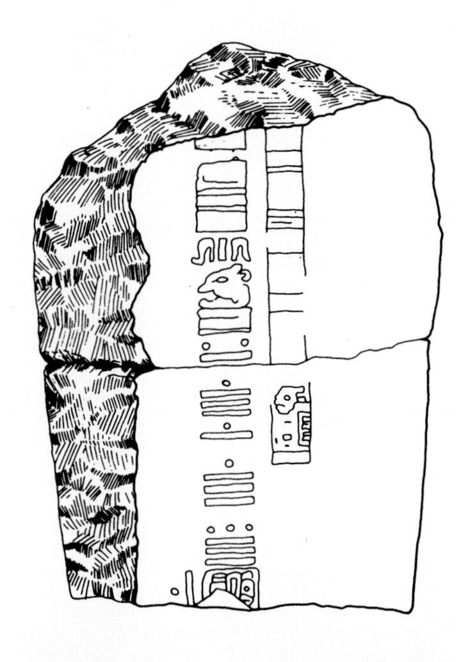

左页：

图4-52拉本塔 19号墓。浮雕板（玄武石，高95厘米，约公元前700年，可能是表现一位祭司或美洲豹武士，以蛇作为构图边框是其特色）

本页：

（上）图4-53特雷斯萨波特斯 石碑C（公元前31年，墨西哥城国家人类学博物馆藏品）。正面及反面（表现坐在美洲豹面具上的人物，图版取自George Kubler：《The Art and Architecture of Ancient America，the Mexican，Maya and Andean Peoples》，1990年）

（左下）图4-54特雷斯萨波特斯 石碑C。背面细部（记录了石碑建成的年代）

（中下）图4-55特雷斯萨波特斯 石碑D（玄武石，公元前100年，现存墨西哥城国家人类学博物馆）

（右下）图4-56新波特雷罗 2号祭坛（人像柱桌台，公元前900年以后，现位于比亚埃尔莫萨拉本塔博物馆公园内）

帕、阿尔万山，以及之后特奥蒂瓦坎和玛雅低地的古典早期艺术中，一直得到延续。

在奥尔梅克遗址中，可看到两种完全不同的雕刻模式：一类是以巨型头像为代表的写实风格，另一类是传统的表意风格，抽象的图案颇似雕刻符号。拉本塔6号建筑的1号祭坛和石棺（见图4-15），是这类表意风格的重要实例。祭坛是个约6英尺高的立方体石块，平整的正面雕美洲豹形象，侧面对称地布置翼状头巾嵌板。总体形式颇似瓦哈克通前古典时期（奇卡内尔时期，Chicanel period）金字塔的灰泥面具，飞翼则是重复了墨西哥谷地特拉蒂尔科用过的一种母题，带圆角的椭圆形眼睛类似奥尔梅克玉器雕刻的符号。在特雷斯萨波特斯，石碑C（图4-53、4-54）上的美洲豹面具采用了同样的抽象图案。碑上的数字系按玛雅的标记方式。这种形式的最早记录可上溯到公元前3世纪（据H.J.斯平登）和公元前31年（据J.E.S.汤普森）。在拉本塔的马赛克地面上，这类面具的几何特色表现得尤为突出（见图4-14），其图案抽象得近乎密码。

作为奥尔梅克中心地区的浮雕实例，特雷斯萨波特斯的石碑D（图4-55）估计已属奥尔梅克 III期（公元前600~前100年）。在一个动物面具张开的大口

（上）图4-57查尔卡辛戈山 1号岩雕（公元前100年，形成期中叶）

（下）图4-58拉本塔 3号碑（玄武石，公元前400年之前，现位于比亚埃尔莫萨奥尔梅克公园内）

里，安置了三个人物，不论是站、是走、是跪，脚均为侧面，躯干取正面。这也是当时许多雕刻共同的特征。特雷斯萨波特斯的石碑A采用了类似的布局，位于程式化的美洲豹面具下。

许多巨大的祭坛石上均有浮雕装饰。在拉本塔有七个，其他的位于新波特雷罗（图4-56）和圣洛伦索。在拉本塔，保存得最好的是4号和5号祭坛，自平直顶部下的圆形龛室处隐出人物形象。人物多取坐姿，在公元7世纪之前的玛雅雕刻中，从未出现过这种姿态。

位于查尔卡辛戈山崖上的大型浮雕（图4-57）曾引起人们的许多揣测，比较一致的看法是表现一个山洞的剖面（当然，是采用表意的形态），里面有一个坐着的人物（据信是一位奥尔梅克的统治者，可能是女性），周围是代表烟或声音的涡卷，上部堆积的云正在下雨点。其场景颇似拉本塔的2号碑和特雷斯萨波特斯的石碑D（见图4-55），两者均属奥尔梅克III期。

在拉本塔的2号和3号碑（图4-58），形体的动态表现显然要强烈得多。虽说主要人物未能摆脱队列构图的拘谨程式，但周围飞翔和跳跃的美洲豹和鸟类的拟人造型，不能不令人想起莫奇卡陶器的表现。他们

第二节 海湾中部及北部地区

一、海湾中部地区的建筑

从米斯特基拉到帕潘特拉，即从韦拉克鲁斯东南的海岸沙原到北面120英里处热带丛林的这片地区，通常被认为是托托纳克文明的发源地。但在西班牙人占领后不久收集到的有关这个民族的仅有资料表明，他们当时只是住在图斯潘河和安提瓜河之间的南部地区。到目前为止，在整个古典时期，都找不到这个民族在北部地区居住的任何线索。因此，以地域和时代来定义这一文化，似比按种族命名更为可取。在本卷，我们将位于帕帕洛阿潘河和帕努科河之间的韦拉克鲁斯中部和北部统称为海湾中部地区（即将韦拉克

本页及左页：

（左）图4-61埃尔塔欣 遗址区。总平面（约公元1000年景况，取自George Kubler:《The Art and Architecture of Ancient America, the Mexican, Maya and Andean Peoples》，1990年），图中：1、龛室金字塔（方金字塔），2、2号建筑，3、5号建筑，4、南球场院（中央球场院），5、建筑A（平台A）

（右）图4-62埃尔塔欣 遗址区。总平面（公元2~7世纪，1：4000，取自Henri Stierlin:《Comprendre l' Architecture Universelle》，第2卷，1977年），图中：1、溪流广场，2、带浮雕的球场院，3、5号及2号建筑，4、龛室金字塔，5、3号建筑，6、小塔欣广场，7、建筑C，8、建筑B，9、建筑A，10、建筑Q，11、卫城金字塔（柱楼），A~H、球场院（八个）

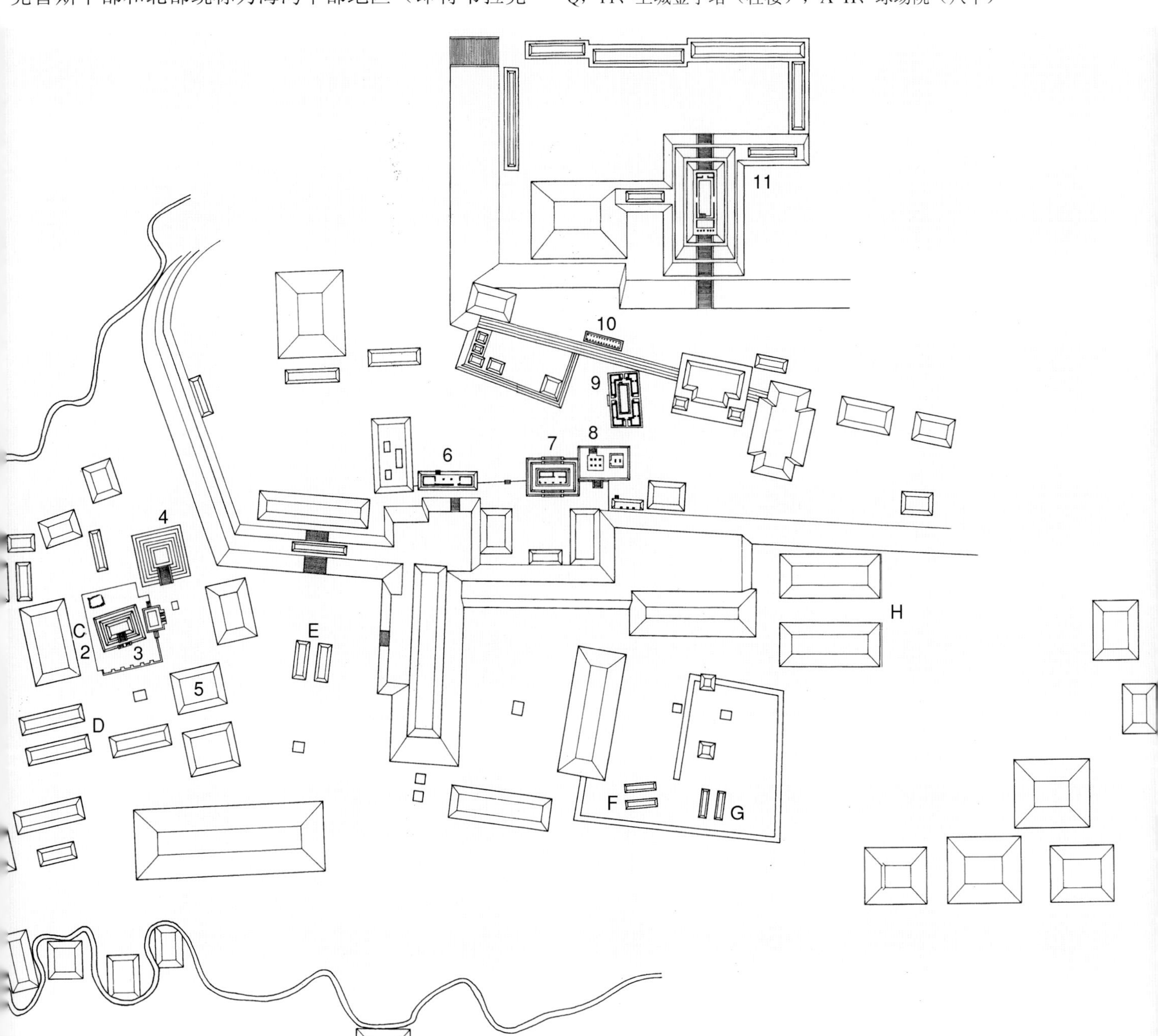

本页及右页：

（左）图4-63埃尔塔欣 遗址区。总平面（据S.Jeffrey K.Wilkerson，1986年），图中：PN、龛室金字塔，GX、大蛇形回纹墙，NBC、北球场院，SBC、南球场院，GBC、大球场院，AN、附属建筑，BC、球场院；其他大写字母及数字均为建筑的考古名称及编号（如20即20号建筑，D即建筑D）

（右上）图4-64埃尔塔欣 遗址区。模型（自西南侧望去的情景），图中：1、小塔欣区，2、大蛇形回纹墙，3、龛室金字塔，4、5号建筑，5、3号建筑，6、23号建筑，7、南球场院，8、20号建筑，9、16号建筑，10、溪流广场，11、19号建筑，12、18号建筑

（右中上）图4-65埃尔塔欣 遗址区。俯视全景（自东北方向望去的景色，右下角为北球场院，后面自左至右分别为23号、3号及4号建筑；再后依次为15号建筑，在一个平台上的2号及5号建筑、龛室金字塔）

（右中下）图4-66埃尔塔欣 遗址区。俯视全景（自西北方向望去的景色，前景为4号建筑，后为3号建筑及2号和5号建筑所在的平台，远处可看到溪流广场建筑群）

（右下）图4-67埃尔塔欣 遗址区。俯视全景（自南面望去的景色，前景为溪流广场建筑群）

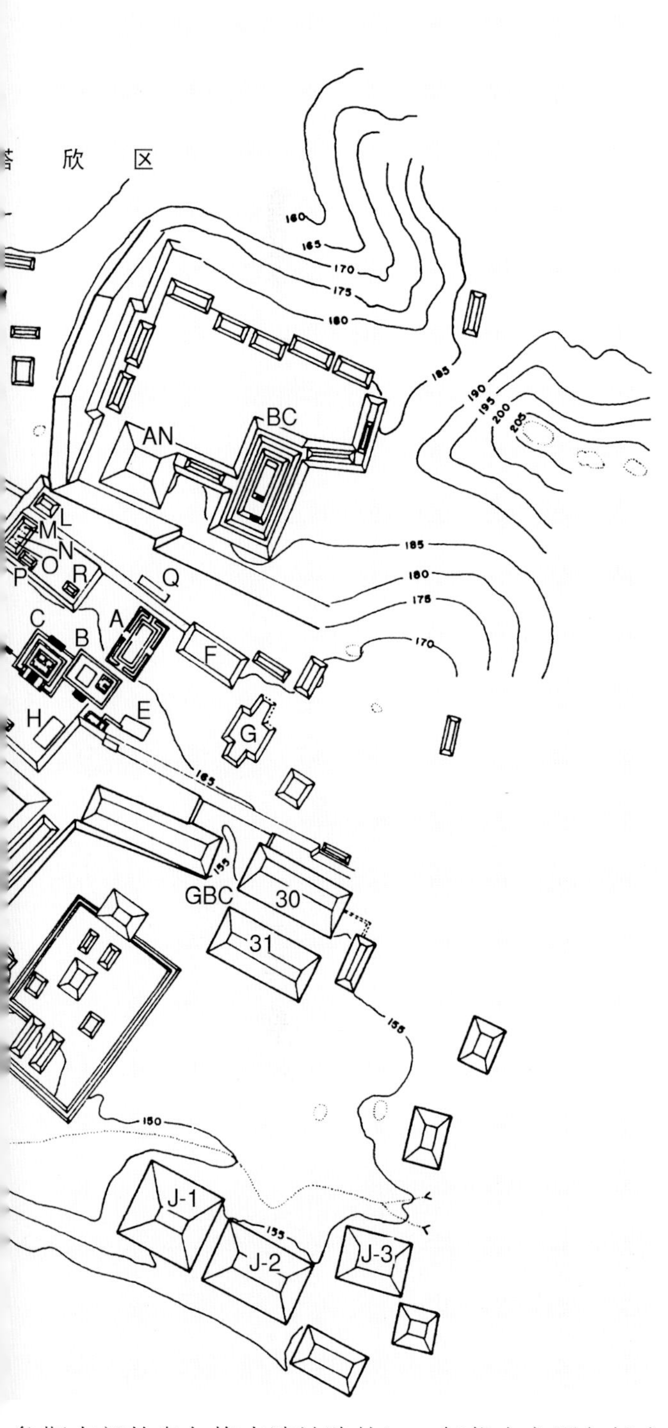

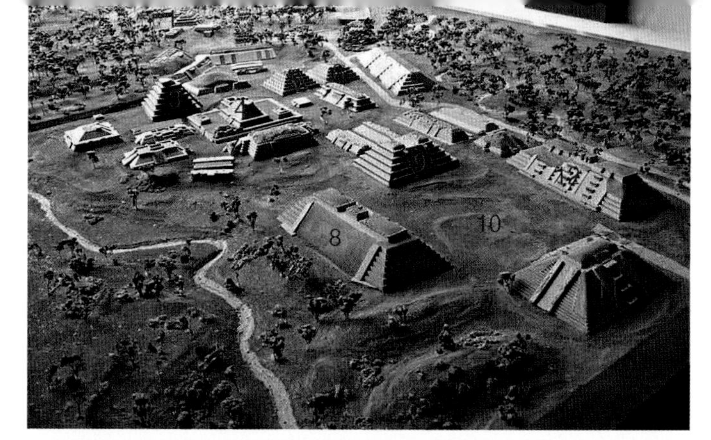

鲁斯南部的奥尔梅克遗址除外），年代上主要包括古典时期和后古典时期。

[埃尔塔欣，古典后期和后古典早期]

位于帕潘特拉附近的埃尔塔欣，是个和乌斯马尔、阿尔万山或科潘具有同样地位的考古中心。其名来自城市供奉的雨水及闪电之神（相当于墨西哥的特拉洛克）。自前古典早期（约公元前1500年）开始，在韦拉克鲁斯中部地区发展起来的这种文化，正是在这里，达到其建筑发展的顶峰。不过，对有关建筑的初始情

（左上）图4-68埃尔塔欣 遗址区。自东北方向望去的景色（前景为北球场院，后面自左至右分别为23号、3号及4号建筑；在3号及4号建筑之间可看到远处的5号建筑，右侧远处为龛室金字塔）

（右上）图4-69韦拉克鲁斯及相关地区 建筑平台剖面（古典时期，图版取自Jeff Karl Kowalski：《Mesoamerican Architecture as a Cultural Symbol》，1999年）。图中：1~4、墨西哥中部地区，5~6、太平洋沿岸地区，7~9、北部海湾及山地，10~28、海湾中北部地区，29~33、海湾中南部地区

（下）图4-70埃尔塔欣 5号建筑。北侧地段全景（前景为2号建筑，背景为溪流广场建筑群）

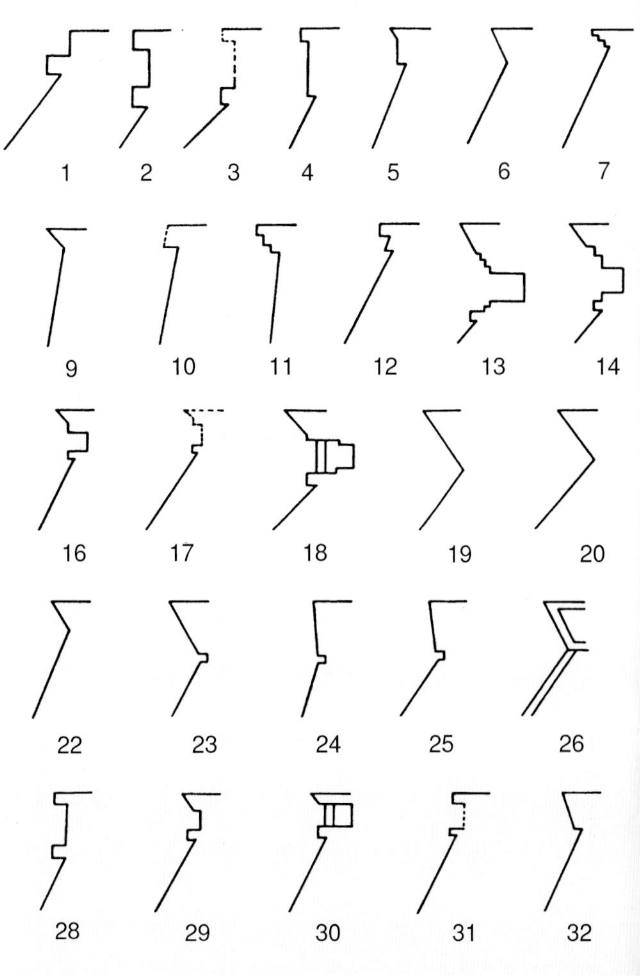

（上）图4-71埃尔塔欣 5号建筑。东北侧远景（前景为北球场院，中景为3号和4号建筑）

（下）图4-72埃尔塔欣 5号建筑。东北侧中景

况，人们知之甚少（对遗址的考古发掘始于1935年，已清理出40余座建筑）。其发源应在公元前最后几个世纪，但目前留存下来的遗存主要属古典时期最后阶段（公元6~10世纪）和后古典早期（11~12世纪）。

根据新近的研究，从考古的角度看，埃尔塔欣可追溯的历史跨度大致涵盖上千年，从公元1世纪到11世纪，包括12个建筑阶段。埃尔塔欣 II（公元2世纪）已有了最早的阶台状金字塔平台，同时出土的陶器具有特奥蒂瓦坎 I期和II期的特色。在埃尔塔欣 III期（公元400年前），出现了用于琢石砌体的雕饰檐壁。早期的球场院属埃尔塔欣 IV期（约公元500年），接下来是龛室金字塔（埃尔塔欣 V期，公元600年前）。北球场院建于埃尔塔欣 VI期（公元600年）。小塔欣区的建设始于公元700年左右（埃尔塔欣 VII期），并一直延续到埃尔塔欣 VIII~XII期，即从公元800年前直至1100年左右，当基址遭破坏被弃置之时。

从平面上看，埃尔塔欣主要由两个不同的区域构成。由方形和矩形平台构成的最南面一组（祭祀中心）按正向布置，年代较早；位于北面更高地面上的小塔欣区属古典后期和后古典时期，朝向亦有所变动（总平面及模型：图4-61~4-64；俯视景色：图4-65~4-68）。

南区祭祀中心

从遗址总平面上不难看出，南区城市祭祀中心所包含的大量建筑在布局上并没有明显规律，而是按一系列为群山所环绕且带不同级差的平台和人工场地布置。所在地段是个适于种植香子兰的肥沃谷地，经修复的白色建筑在繁茂的丛林景观中凸显出来。从一些

左页：

（上）图4-73埃尔塔欣 5号建筑。东北侧近景（右侧为2号建筑）

（下）图4-74埃尔塔欣 5号建筑。东侧全景

本页：

（上）图4-75埃尔塔欣 5号建筑。东侧近景

（下）图4-76埃尔塔欣 5号建筑。东北角细部（底部设龛室，檐壁处饰回纹，尚存最初外部的抹灰痕迹）

保存得相当好的残墟上可知，在这里，像其他中美洲的中心一样，在极盛时期，建筑曾覆有一层色彩丰富的灰泥（如图4-123）。由于土地肥沃，植被繁茂，加之弃置了许多世纪和某些不过关的地方建筑技术，使遗址的损毁程度要超过特奥蒂瓦坎和阿尔万山。

在埃尔塔欣各种各样的建筑中，最引人注目的是出现了一种全新的裙板类型，它可能是在古典中期，在当时还很强的特奥蒂瓦坎的影响下发展起来的（在阿尔万山等地同样可看到这种影响）。许多证据表明，在文化上，当时的韦拉克鲁斯地区和这个“神之城”有频繁的联系，如交织涡卷的采用（它本是这一地区的主要装饰母题）。但在埃尔塔欣，和阿尔万山

本页：

（上）图4-77埃尔塔欣 5号建筑。塔顶近景

（下）图4-78埃尔塔欣 5号建筑。主入口处石碑（可能是表现死神或雨神，将建筑和雕刻完美地结合在一起是托托纳克艺术的典型特征）

右页：

（上）图4-79埃尔塔欣 3号建筑。外景（远处为龛室金字塔）

（下）图4-80埃尔塔欣 龛室金字塔（方金字塔，约公元500~600年）。平面及立面（1∶600，取自Henri Stierlin：《Comprendre l’Architecture Universelle》，第2卷，1977年，经改绘），顶上石室平面5米见方

一样，建筑师在特奥蒂瓦坎裙板的基础上创造出一种极有价值的变体形式，使之适应于当地固有的建筑风格。

和对应的特奥蒂瓦坎部件不同的是，托托纳克的裙板通常为一个凸出的沉重线脚，饰有一系列凸起的希腊回纹或边框，逐层后退形成一定深度的矩形龛室（这后一种方式用得更多一些，如图4-99、4-126）。裙板相对斜面的比例可有很大的变化。在裙板的长方形体之上，布置叠涩挑出的巨大檐口（可能是模仿尤卡坦地区的玛雅建筑），其形式同下方基部的斜面，只是倾斜方向相反。

在古典时期的韦拉克鲁斯地区，建筑平台的剖面有多种表现形式，檐口造型尤为丰富（图4-69）。埃尔塔欣早期建筑的许多平台上，都可看到悬挑于成排壁龛上的这类倾斜檐口。但在编号为2和5的两个建筑里，效果并不尽同（5号建筑：图4-70~4-78）。这两个建筑位于以龛室金字塔为主体的主广场南侧。其壁龛条带宛如围绕着平台的宝石腰带，上方为外挑的檐口，下部是如裙子般伸展的斜面。无论是比例还是壁

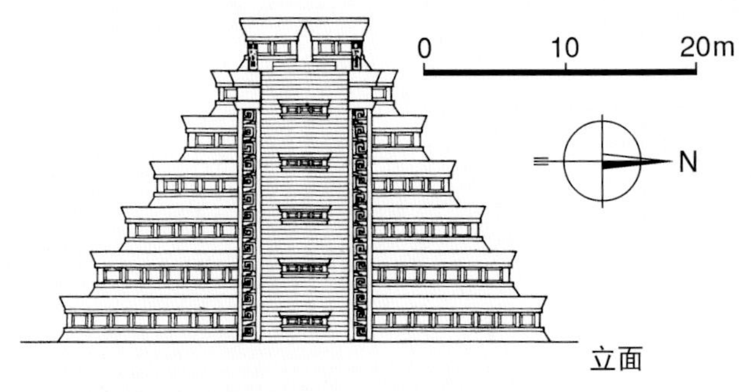

立面

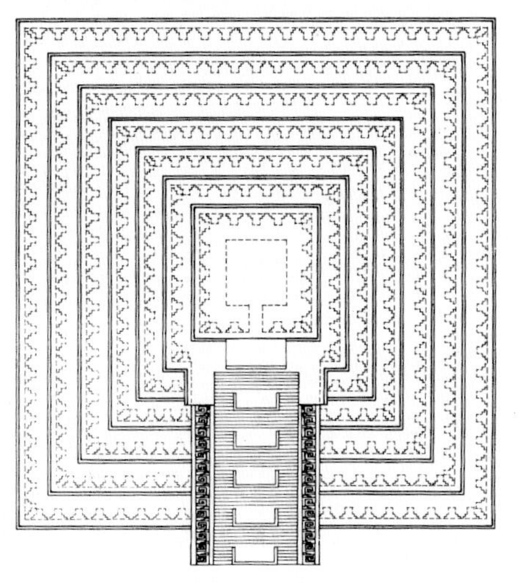
平面

龛条带的垂向分划，都变为强调水平方向的延续。在主金字塔台阶两侧的台地栏杆处我们还将再次看到这种连续效果的表现。

同样的部件还可以各种变通方式用于楼梯部分，或作为栏墙的装饰，或将台阶划分为不同的区段（见图4-91）。在5号建筑，通向第一个台面的台阶借助这样的分划突出了埃尔塔欣神的雕像，台阶在裙板位置继续向上延伸，后者则如其他建筑那样，在这第一个形体顶部绕行。而在3号建筑，带龛室的坡道和金字塔的阶台形成了强烈的对比，后者有节制地通过一系列凸起的水平和垂直线脚进行分划（图4-79）。

在南面这组建筑中，建于古典早期的龛室金字塔（亦称方金字塔）无疑是最壮观的一个（平面、立面及复原图：图4-80~4-83；外景及细部：图4-84~4-100）。它可能是遗址上最早的建筑（约公元500~600年），主体结构由七个阶台组成，主立面朝东。每个阶台的垂面均设窗形壁龛，壁龛深2英尺多，边框形

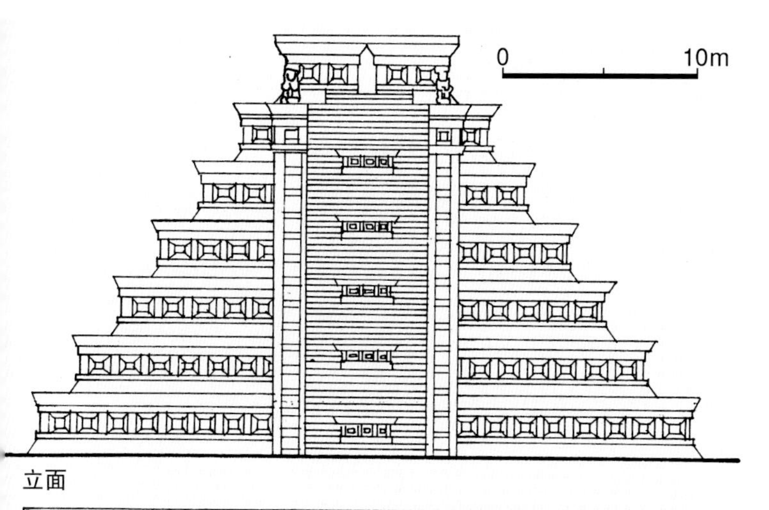

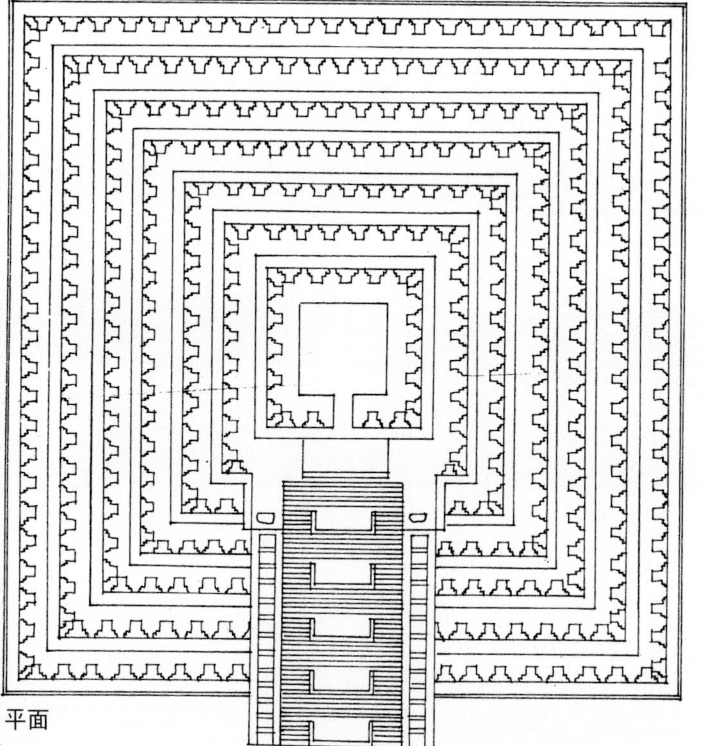

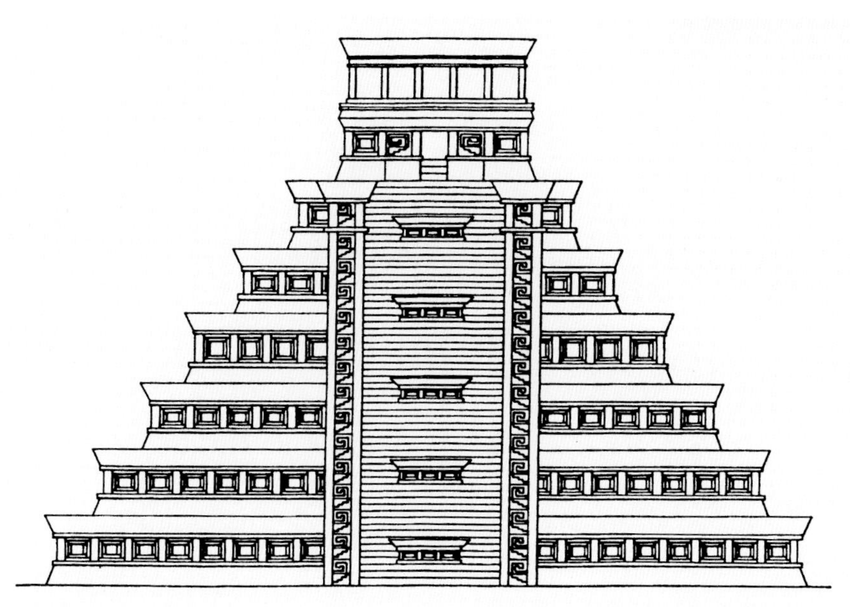

（左上）图4-81埃尔塔欣 龛室金字塔。平面及立面（据Marquina，1964年）

（下）图4-82埃尔塔欣 龛室金字塔。立面复原图（据S.Jeffrey K.Wilkerson，1987年）

（右上）图4-83埃尔塔欣 龛室金字塔。外景复原图

（上）图4-84埃尔塔欣 龛室金字塔。外景（版画，取自Karl Nebel的旅游报告，1836年）

（中）图4-85埃尔塔欣 龛室金字塔。外景（版画，取自J.G.Heck:《Heck's Pictorial Archive of Art and Architecture》，1994年）

（下）图4-86埃尔塔欣 龛室金字塔。东北侧远景（前景为4号建筑）

成2~3层退阶，内部空间近似立方体。七个阶台形成链条状的环带，从四面环绕金字塔。由河卵石及泥土构成的主体核心外覆小的沉积岩石板。壁龛的上部结构由平的砂岩碎片筑成，叠置向上形成倾斜的檐口，直到台地的顶面。在乔卢拉金字塔的台地上，再次出现了这样的剖面形式，只是阴影效果没有这样突出（见图2-283）。

这座著名的建筑位于主要广场西侧，从广场可达祭祀中心最低的部分。它充分展示了这个托托纳克大

（上）图4-87埃尔塔欣 龛室金字塔。南侧远景（左侧前景为球场院，右侧为5号建筑基台）

（中）图4-88埃尔塔欣 龛室金字塔。西南侧远景（左侧前景为12号建筑，右为球场院11号建筑）

（下）图4-89埃尔塔欣 龛室金字塔。西南侧远景（自南面球场院11号建筑望去的景色）

都会的各种建筑手法，在其他地方可看到的诸多特色都在这里得到了综合的表现。它们不仅使这座金字塔成为托托纳克建筑极盛时期的代表，同样也使它成为这一地区古典风格的原型。在埃尔塔欣，没有任何一个其他建筑能像它一样，让人们如此清楚地看到地方的裙板形式和特奥蒂瓦坎形式的差别。

在龛室金字塔，比环绕基部的裙板更小的龛室部

（上与中）图4-90 埃尔塔欣 龛室金字塔。背面（西侧）远景

（下）图4-91埃尔塔欣 龛室金字塔。东北侧全景

本页：

（上）图4-92埃尔塔欣 龛室金字塔。正面（东侧）全景

（下）图4-93埃尔塔欣 龛室金字塔。西南侧全景（前景为球场院阶台）

右页：

（上）图4-94埃尔塔欣 龛室金字塔。西南侧近景

（下）图4-95埃尔塔欣 龛室金字塔。背面（西侧）全景

件促成了更为复杂和更具动态的构图。巨大的外挑檐口和龛室在立面上生成浓重的阴影，强烈的光影效果和生动的节律，大大丰富了立面的构图，进一步突出了垂向要素。随着一天之内太阳的运行，建筑的廓线及其表面的明暗和虚实也跟着不断变化，使它好似具有永恒的张力。正如诗人奥克塔维奥·帕斯所说，从

它那里，散发出一种生命的气息，这些形式在赋予这座金字塔以活力的同时丝毫没有妨碍它的庄严隆重。托托纳克艺术或许并不总是崇高伟大，但很少像高原部族那样沉闷和压抑。

尽管尺度并不很大（塔基呈方形，边长约36米，高度最多25米），立面损毁也很厉害，但龛室金字塔仍然以其生动的对比，分划不同构图要素的水平和垂直部件的均衡和变化体现出自己的独特价值。檐口和阶台突出了水平线条，但其效果因每道裙板上开的深龛而受到制约，带希腊回纹装饰的裙板被台阶的垂直线条阻断，后者同时又被限定在两侧的栏墙线脚内。特别值得注意的是阶梯形基座的比例，它似乎是在两种定向趋势之间进行折中的产物（见图4-80~4-82）。同时在这里，还可看到有关太阳历的象征性表现（共365个壁龛，包括延续到东面台阶和圣所入口下的）。

龛室金字塔是埃尔塔欣古典时期建筑中最典型和

最优美的实例，而在后古典最初几个世纪期间建成的一些建筑，则以其技术和形式上的创新引人注目。和龛室金字塔相对，位于广场另一边的3号建筑（见图4-79）则可视为这两个时期之间的过渡作品。

在这组祭祀中心以南，另一个值得注意的组群是位于溪流广场周围的四座塔式平台结构。在考古上，它们分别被命名为16号、18号（图4-101、4-102）、19

本页：
图4-96埃尔塔欣龛室金字塔。东南侧近景

右页：
图4-97埃尔塔欣龛室金字塔。东北侧近景

号（图4-103）和20号建筑，其中尤以16号最为壮观，整体构造与龛室金字塔颇为相近（图4-104~4-111）。

此外，在城市里至少有8个球场院，有的尚未发掘（图4-112）。最主要的几个是大球场院、北球场院及南球场院。在遗址东北，还有一个颇为引人注目的大蛇形回纹墙，以极其程式化的希腊回纹表现蛇的简略造型（图4-113）。

小塔欣

在埃尔塔欣，后一阶段的建筑大都集中在小塔欣区。这一阶段（后古典时期，可能始于公元600年后）的建筑大都位于更高的地段，一个外形不规则的巨大人工平台的顶上。这组建筑被称为小塔欣（图4-114）。有关的学者大都相信，这是个高级的住宅区（虽然也可能有部分公共建筑）。组群主要轴线自西北向东南延伸，和第一组建筑的南北轴线形成约60度交角。方向的差异可能是由于地形的限制，所有新建的平台和建筑均沿着西北向的山肩成组布置。小塔欣区的建筑要复杂得多，特别值得注意的是，在这里的无数残墟中，何塞·加西亚·帕永发现了沉重的石灰屋顶痕迹，其内表面呈凹面并精心抹光，可能是在模板或填料上浇筑而成，如近代混凝土拱顶的做法。

作为小塔欣区最重要结构之一，建筑A（平台A，平面、立面及复原图：图4-115、4-116；外景及细部：图4-117~4-119）和相邻的建筑B及C（图4-120~4-122）构成了一个组群。它本身是几个阶段增建叠加的产物，表现出许多不同寻常的新特色。在一个建于公元800年前的基座上部，沿四周布置四栋双室建筑，中间为一个小的截锥平台。这种形制就外部形体而言，颇似霍奇卡尔科的主金字塔（羽蛇神殿，见图2-236），平面则使人想起米特拉的院落建筑（见图5-110）。

立面下部的垂直板面由多样化的线脚分成水平条带（最突出的是位于基部高度一半处粗大的双倒棱条带），形成类似3号建筑（见图4-79）的大型框架；上部则有各种变化，包括双S图案和阶梯状希腊回纹；在建筑内部通道处再次采用了这种形式，该处尚存许多最初着色的灰泥面层。

南立面中央入口部分的处理方式颇有新意，按这种新方式设计的楼梯构图作用大为增强。两侧扁平的护墙上装饰着和南面的龛室金字塔一样的阶梯状希腊回纹，上部开壁龛，其间几乎垂直的墙面形成假梯

身着盔甲，手持利斧或撑杆。在玛雅浮雕中，特别是在古典早期（公元400年前），经常可看到这种生动活泼的次级人物造型。新波特雷罗的石台（2号石雕）边上带有刻纹，搁在两个支撑者的手上（取程式化的蛇牙造型，颇具几何特色，类似阿特利瓦扬人物蛇头披风上的样式，见图2-14）。这种构图可能隐喻天空，并以此使台上的人物具有了神的属性。

[绘画]

20世纪60年代，在格雷罗州发现了两处重要的绘画遗存。这些色彩丰富的大幅奥尔梅克风格壁面装饰，位于两个高原山洞里，一个在胡斯特拉瓦卡（1966年发现），另一个在奥斯托蒂特兰（1968年发现），两者相距约30公里。

在胡斯特拉瓦卡，主要画面离洞口3400英尺，用红色、赭黄和黑色绘制，表现一个高5英尺5英寸站立的人物，前面为一个小得多的人物，后者取奥尔梅克雕刻中习见的“美洲豹坐姿”。可能是表现统治者和战俘，也有人认为是表现人祭场面。其他的画面可能是描绘建筑、美洲豹的头及羽蛇。

在奥斯托蒂特兰，用矿物颜料绘制的壁画位于悬崖表面两个不深的山洞里。壁画I（3.8 ×2.5 米）表现一个正面坐在台上的人物（头部侧视，台面上饰有美洲豹头像，图4-59）。另一幅表现一个站在美洲豹后面，露出阴茎的人物（图4-60）。在海湾沿岸圣洛伦索附近，还可看到类似的雕刻场景。其他绘画表现羽蛇和一个孩童面孔，后者风格上更接近拉本塔而不是圣洛伦索。

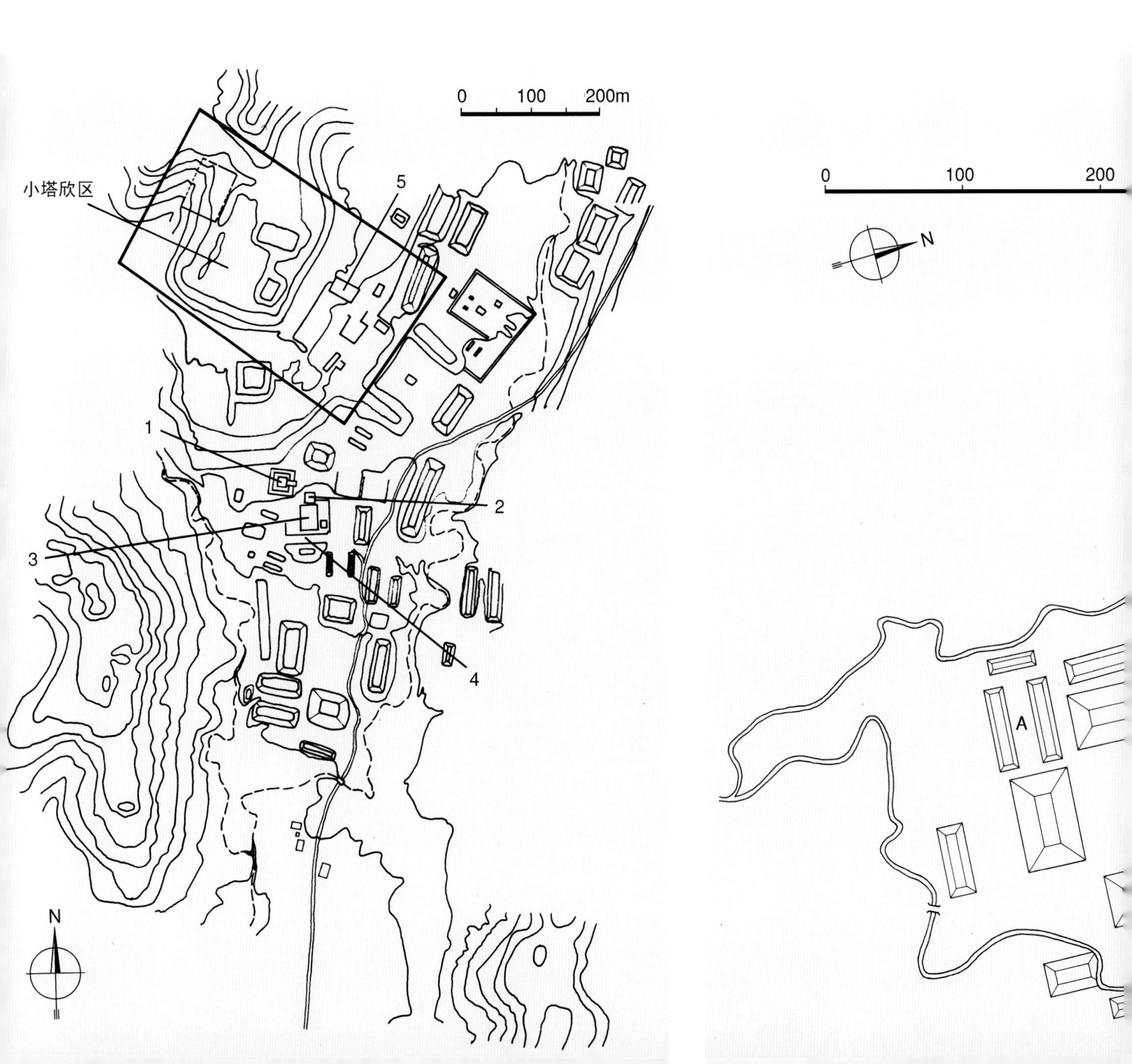

（左上及下）图4-59奥斯托蒂特兰 岩洞壁画I（幅面3.8 ×2.5 米，可能公元前900年以后）

（右上）图4-60奥斯托蒂特兰 岩洞壁画

道，真正的楼梯段只是位于中间一个狭窄的门洞里（见图4-118）。这种象征性的立面阶梯颇似尤卡坦中部里奥贝克地区玛雅神殿的做法。

在小塔欣区，采用厚重的屋面板进一步证实了平台A和玛雅建筑的类似，现已坍毁的这些屋面板系用石灰和浮石像混凝土那样在临时的支架上浇筑而成（见图4-115）。在中央台阶处，按埃尔塔欣样式悬挑的上部结构，形成了覆盖楼梯的三角形拱顶，颇似玛雅建筑那种叠涩挑出的拱顶剖面。在平台A下方巨大的院落面上再次采用了这种做法且尺度更大（院落朝东，通往小塔欣区）。整个院落面上交替布置壁龛和迈奥伊德式门道（由相邻的壁龛檐口汇交而成）。其他如倒角的檐口和许多建筑上采用的几何母题，看来都是模仿玛雅建筑。J.E.阿

左页：

图4-98埃尔塔欣 龛室金字塔。大台阶近景（自东北方向望去的景色）

本页：

（左上）图4-99埃尔塔欣 龛室金字塔。龛室细部

（左中）图4-100埃尔塔欣 龛室金字塔。圣所石板浮雕（表现可可树边平台上举行的仪式，据Kampen，1972年，制图Leopoldo Franco）

（右下）图4-101埃尔塔欣 18号建筑。南侧景色

（右中）图4-102埃尔塔欣 18号建筑。西侧近景

尔杜瓦特别指出了在某些组群里表现出来的玛雅建筑的影响：“平台、斜面及楼梯，起着围括和连接中上层结构的作用……甚至在保持着方正布局的南部组群，也和亚斯阿这样一些玛雅中心类似。”[2]

和平台A不同，建筑D（公元1000年前，图4-123）和K，更多地使人想起米特拉“宫殿”建筑的内斜式剖面、几何装饰及梁柱式结构的室内。在小塔欣区，人们经常可看到和尤卡坦及米特拉类似的这种表现。在米特拉、尤卡坦的普克地区和里奥贝克区、霍奇卡尔科和埃尔塔欣，从古典时期终结直到托

（上）图4-103埃尔塔欣 19号建筑。南侧全景

（中与下）图4-104埃尔塔欣16号建筑。南侧（面对溪流广场一侧）全景

（上）图4-105埃尔塔欣 16号建筑。西南侧全景

（下）图4-106埃尔塔欣 16号建筑。西南侧近景

尔特克-玛雅文明兴起，即从公元600年左右到900年或1000年，几个世纪以来，人们一直致力于创造具有华美几何外形、精巧室内空间的建筑。位于边界地区的小塔欣，接受和改造了来自玛雅和瓦哈卡地区的一些理念，并通过采用外倾的檐口、深凹的壁龛和多层次的几何装饰，对这些要素进行大胆的组合，以求创造鲜明的对比效果，就这样，最终形成了独特的埃尔塔欣风格。

在小塔欣的建筑中，同样值得注意的还有龛室四方屋，其斜面（同样饰有希腊回纹）以颇深的大型壁龛作为结束，上冠古典式的檐口。在这些壁龛之间，洞口在外部以梯段相连。在位于建筑A西面更高平台边上的建筑 Q上，可看到另一种独特的解决方式（图4-124）。在这里，一个很长的矩形台面立在一个形如倒棱线脚的基座上，支撑仅由精美的圆柱组成，上部想必承载着一个很轻的屋顶。这个结构可能是作为小塔欣广场和相邻层面的过渡。

无论是从金字塔形基台的尺寸（196×90米）还是从所占地势的高度上看，城内最宏伟的另一组建筑

无疑是柱楼（图4-125、4-126）和宅邸（图4-127~4-131）。由于布置在更高的地面和平台上，柱楼不仅俯视着自身所在的西广场，也统领着位于下方整个城市西北部的所有建筑。它可能是小塔欣区最晚后的建筑项目，属埃尔塔欣终结时的第XII期（Period XII）。

柱楼东立面入口门廊（平面尺寸18×6米）同样覆以用石灰混凝土浇筑的沉重拱顶，稍呈曲线形的拱顶由石灰、沙子、浮石、贝壳、碎片等材料建造。围绕建筑基部带框格的表面上饰简单的几何图案。柱廊正面尚存6根柱子的残迹，由直径1米多带雕饰的圆柱形鼓石组成。鼓石本身不高，表面完全覆以精美的浮

本页及左页：

（左上）图4-107埃尔塔欣 16号建筑。西侧全景

（左中）图4-108埃尔塔欣 16号建筑。西侧近景

（左下）图4-109埃尔塔欣 16号建筑。南侧台阶及龛室近景（自东南方向望去的景色）

（中中）图4-110埃尔塔欣 16号建筑。南侧墙体及龛室近景（自南面望去的景色）

（右中）图4-111埃尔塔欣 16号建筑。墙体及龛室构造细部

（中下及右下）图4-112埃尔塔欣 球场院（中下图球场院被命名为17及27号建筑，图示向南面望去的景色，背景为26号建筑，后为18号建筑；右下图球场院位于遗址西南端，尚未发掘）

雕，为中美洲现存的孤例（图4-132）。通过何塞·加西亚·帕永耐心的工作，柱子已部分修复。浮雕表现重大事件、武士及其他人物，还有交织的古典涡卷及神话动物（包括可能来自特奥蒂瓦坎的羽蛇），属埃尔塔欣最优秀的雕刻实例（这个城市的浮雕极其丰富，具有一种超脱凡俗的风格）。

通向平台的大台阶保存尚好，灰泥护墙上布置程式化的响尾蛇线条装饰。台阶本身两侧的挡土墙上以深浮雕表现巨大的线形阶梯状图案。在设计这些装饰的比例和尺度时，显然考虑到了它们的远观效果。和早期作品相比，不难看出，这座建筑是几代人持续努力，不断进取和试验的成果，其目标是在更大的范围内封闭空间，并在表面和凹进的几何装饰之间创造更鲜明的对比效果。

此外，位于中部海岸地区米桑特拉的建筑，可能亦属埃尔塔欣时期。安置在坡面上向外挑出的倾斜檐口，可视为埃尔塔欣样式的简化，并成为阿兹特克那种栏墙的先兆（台阶顶部角度更趋陡峭）。在米桑特拉台阶下面（丘台B）为一个位于平台核心处平面为“T”形的墓寝，颇似瓦哈卡州米特拉的墓（见图5-111）。

[塞姆保拉，后古典时期]

在后古典时期（900~1500年），墨西哥海湾地区散布着大量富足的城镇，其中最大的即位于韦拉克鲁斯西北20英里处的塞姆保拉。这座城市地处连接海岸、高原和尤卡坦地区商路的交会处，最兴盛时期为托托纳克族的中心（隶属特诺奇蒂特兰）。其托托纳克遗迹要比埃尔塔欣晚后，城市本身尚存古代居民点的遗迹，包括许多院落，但只有少数区段得到发掘。附近还有一些具有更早古迹的遗址，如拉斯阿尼马斯（尚存特奥蒂瓦坎风格的黏土塑像）、雷莫哈达斯（以古典时期的“微笑”塑像称著）和塞罗蒙托索（出土了大量米斯特克-乔卢拉风格的陶器）。

1519年，西班牙人曾在这里看到一个拥有3万人口的大城市。据贝尔奈·迪亚斯·德尔·卡斯蒂略的记载，当西班牙人到达韦拉克鲁斯地区时，一个侦察兵看到了纯净的白色城墙后急忙返回向科尔特斯报告，称塞姆保拉城系由白银建造。[3]正是在塞姆保拉，科

（上下两幅）图4-113埃尔塔欣 蛇形回纹墙。现状景色

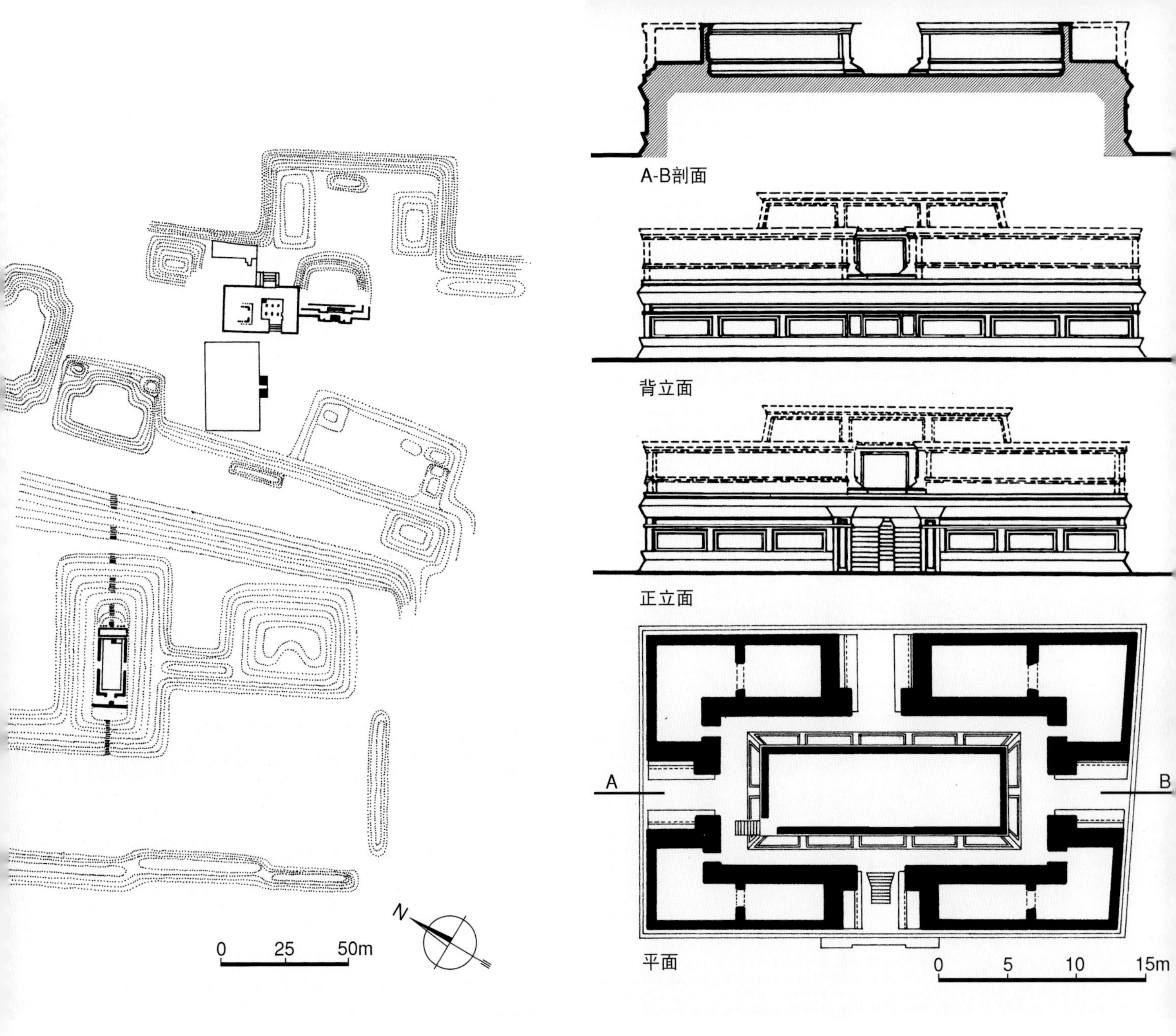

（左上）图4-114埃尔塔欣 小塔欣区。总平面（上为柱楼及其周边建筑，据Marquina，1964年）

（右上）图4-115埃尔塔欣 小塔欣区。建筑A（平台A，可能7世纪），平面及立面（取自George Kubler：《The Art and Architecture of Ancient America，the Mexican，Maya and Andean Peoples》，1990年）

（下）图4-116埃尔塔欣 小塔欣区。建筑A，复原图（据S.Jeffrey K.Wilkerson，1987年，制图José García Payon）

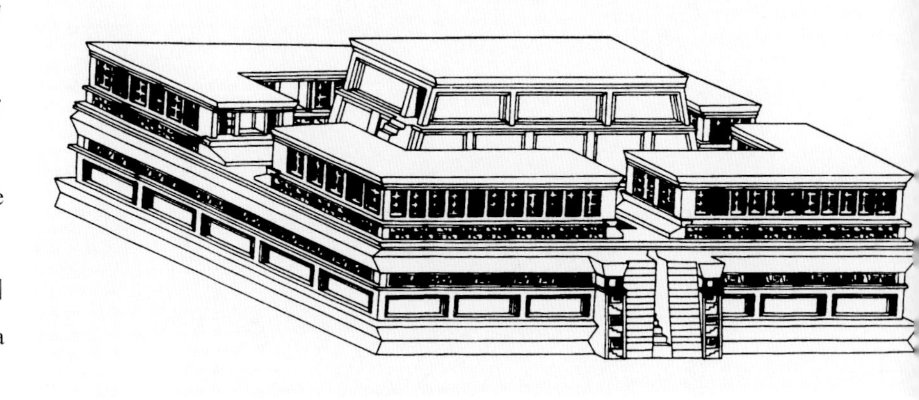

尔特斯遇到了托托纳克族的首领，后者由于对蒙特祖马征收贡品感到不满而成为西班牙人的同盟者。同样是在这里，受古巴总督迭戈·贝拉斯克斯·德奎利亚尔（1465~1524年）[4]派遣去征讨科尔特斯（后者的成功使这位同为西班牙人的古巴总督黯然失色）的潘菲洛·德·纳尔瓦埃斯（1478~1528年）[5]，在与科尔特斯的对决中，以失败而告终（他损失了11个人，本人也失去了一只眼睛，科尔特斯仅折损2人，纳尔瓦埃斯被捕后在韦拉克鲁斯被监禁了4年）。

在韦拉克鲁斯州，某些宗教仪式一直流传下来，特别是在墨西哥许多地区均可见到的所谓“飞人”舞（El Volador），表演系在一个位于桅杆顶部的小平

台上进行，桅杆由林中最漂亮的一棵树制作。五个“飞人”分别代表四个方位和地球的中心。中心的扮演者在小平台上击鼓起舞，其他四人着大鹦鹉的服饰，象征太阳，用绳索拴在桅杆顶端，头朝下跳入空中，作圆周飞行，并吹奏长笛。每个“飞人”绕桅杆转13周，总共52圈，即相当于古代年表的52年周期。作为仪式道具的桅杆亦被尊为圣物，并如神祇那样获得祭品，它被称为“圣父”（Tota）。从1966年发生的一次事故中可证实其深层的巫术意义，当时有两个“飞人”在表演时落地身亡，组团头目把事故归因于没有在桅杆基础上洒鸡血和龙舌兰酒（因没能及时找到母鸡，决定省去这一程序），因而酿成悲剧。[6]

作为托托纳克王国（当时为阿兹特克帝国的附庸）最后的首府，后古典时期下半叶该地区在政治和文化上的深刻变化都在塞姆保拉的建筑上有所反映。托托纳克的新建筑并没有着意延续赋予埃尔塔欣建筑以鲜明特色的那种带倒角檐口、壁龛和希腊回纹的裙板，而是带有突出的地方倾向，似乎是置身于主要潮流之外。祭祀中心的建筑围着几个大的旷场布置，周围建有起防卫作用和在雨季抵挡洪水的围墙（祭祀中心：图4-133、4-134；大神殿：图4-135、4-136；“壁炉殿”：图4-137、4-138）。基部为阶梯形斜面构成的简单几何形体，由许多房间组成的宽敞神殿使人想起玛雅的建筑，宽大的金

字塔平台类似乔卢拉，台阶剖面则与阿兹特克的设计相近（接近顶部时角度变得更陡）。还有一些半圆形的建筑（图4-139、4-140），这种风格可能是起源于图拉，之后又在其他部族（如阿兹特克人）那里得到进一步的发展并推广到更大的范围。具有各种不同尺寸的祭坛和礼仪净洗池构成另一种奇特的类型，这类圆形建筑通常都布置在某些神殿对面（图4-141，另

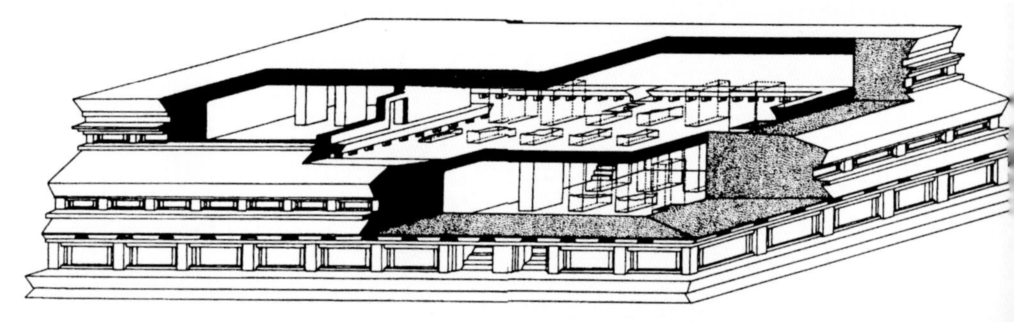

本页及左页：

（左上）图4-117埃尔塔欣 小塔欣区。建筑A，西南侧立面全景

（左中及中下）图4-118埃尔塔欣 小塔欣区。建筑A，入口台阶近景

（左下）图4-119埃尔塔欣 小塔欣区。建筑A，墙檐构造细部

（右中上）图4-120埃尔塔欣 小塔欣区。建筑B，剖析复原图（据S.Jeffrey K.Wilkerson，1987年，制图José García Payon）

（右上）图4-121埃尔塔欣 小塔欣区。建筑B，地段外景（自西面望去的景色，右侧为建筑C）

（右中下）图4-122埃尔塔欣 小塔欣区。建筑C，西北侧全景

（右下）图4-123埃尔塔欣 小塔欣区。建筑D（公元1000年前），基台近景

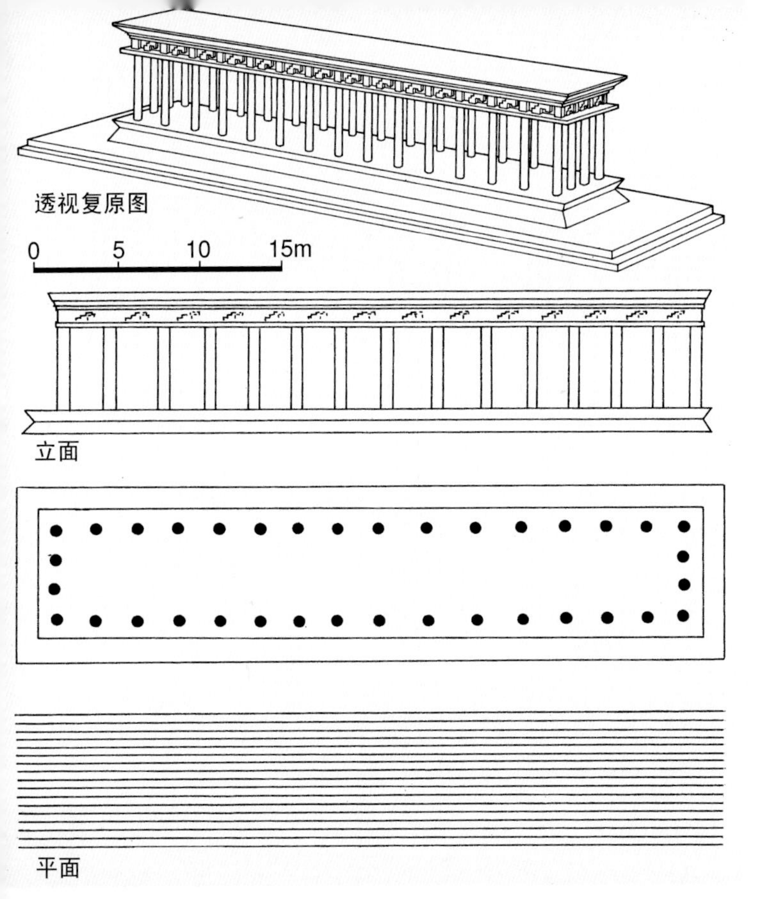
透视复原图
0
5
10
15m
立面
平面

本页及左页：

（左上）图4-124埃尔塔欣小塔欣区。建筑Q，平面、立面及透视复原图（示第一阶段状况；平面及立面据Marquina，1964年，透视复原图取自Henri Stierlin：《Comprendre l' Architecture Universelle》，第2卷，1977年）

（中上及左下）图4-125埃尔塔欣 小塔欣区。柱楼（可能10世纪），现状全景

（右两幅）图4-126埃尔塔欣小塔欣区。柱楼，近景

见图4-138）。净洗池和塞姆保拉大多数建筑（包括各个祭祀建筑群的围墙）一样，顶部饰有一系列阶梯形的雉堞，使整个组群具有统一的外观。用卵石作为建筑材料构成的质地效果进一步强化了这种统一的印象（图4-142）。

墓地是另一种表现出鲜明地方特色的类型，如靠近科尔特斯登陆海滩的基亚维斯特兰墓地，陵墓组群如微缩神殿，其中大多数高度不超过1米（图4-143~4-145）。

在后古典时期，海湾北部的瓦斯特克人继续建造圆形建筑。那里的居民穿着色彩鲜丽的衣服（其色彩丰富、装饰华丽的纺织品直至今日仍属印第安人服饰

本页：

（上）图4-127埃尔塔欣 小塔欣区。宅邸，现状全景

（中及下）图4-128埃尔塔欣 小塔欣区。宅邸，墙体及台阶近景

右页：

（上）图4-129埃尔塔欣 小塔欣区。宅邸，转角处近景

（中两幅）图4-130埃尔塔欣 小塔欣区。宅邸，檐口、壁龛及回纹细部

（下两幅）图4-131埃尔塔欣 小塔欣区。宅邸，墙体分划及花饰细部

中的佼佼者），佩戴着醒目的首饰，头发染成红色或黄色。在阿兹特克人眼中，瓦斯特克人属好色淫荡、伤风败俗之辈，但同时称他们富饶的地方为托纳卡特拉尔潘（“食物之乡”）。阿兹特克司爱情和分娩的女神特拉索尔特奥特尔即起源于瓦斯特克地区。瓦斯特克建筑的发展主要体现在简单的矩形和半圆形基座上（角上大幅度抹圆），埃尔塔欣将这一演化进程延续到12~13世纪，但发展势头已不如既往，并最后止于像塞姆保拉这样一些后被西班牙人占领的城市。

二、海湾中部地区的雕塑及壁画

[建筑浮雕]

奥克塔维奥·帕斯把这个托托纳克都会（埃尔塔

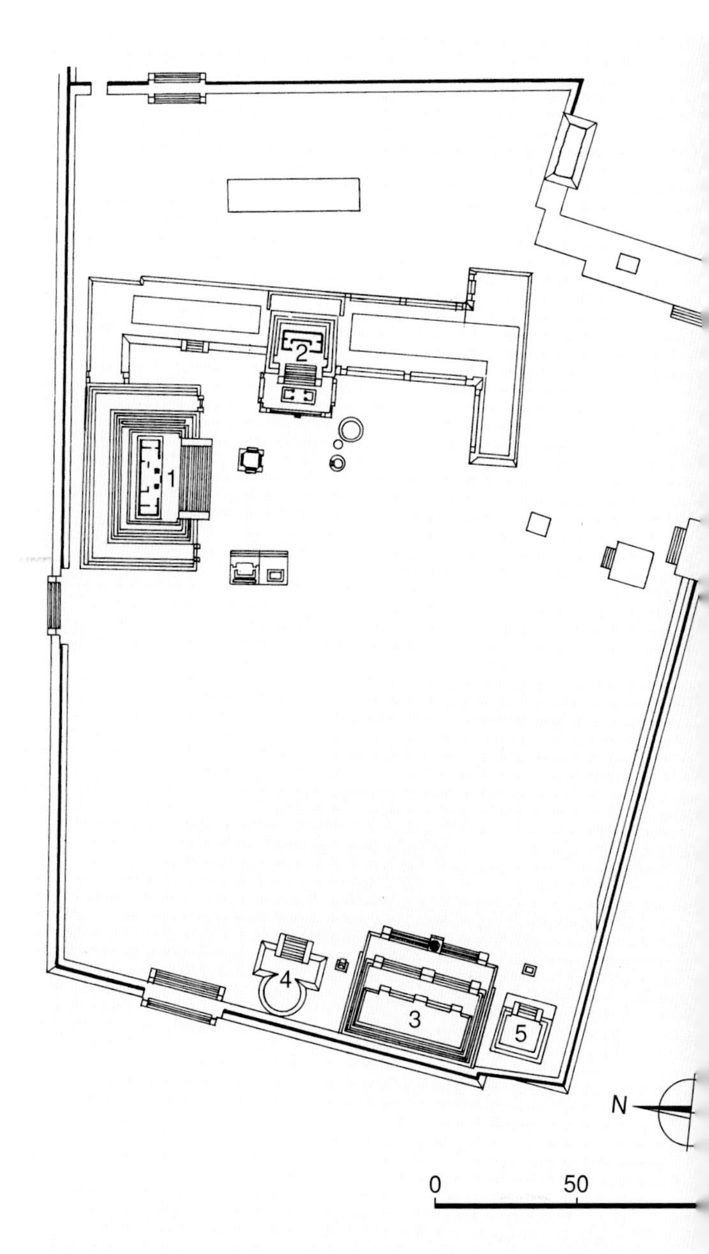
1
2
3
4
5
N
0
50

左页：

（左上）图4-132埃尔塔欣 小塔欣区。柱子细部

（右上）图4-133塞姆保拉 祭祀中心。总平面（据Marquina，1964年），图中：1、大神殿，2、“壁炉殿”，3、大金字塔，4~5、大金字塔附属建筑

（左中）图4-134塞姆保拉 祭祀中心。主要广场，自东南方向望去的景色（前景为净洗池，远处为大神殿）

（下）图4-135塞姆保拉 祭祀中心。大神殿，东南侧景色

本页：

（右上）图4-136塞姆保拉 祭祀中心。大神殿，西南侧现状

（左上）图4-137塞姆保拉 祭祀中心。“壁炉殿”，西北侧景色

（中两幅）图4-138塞姆保拉 祭祀中心。“壁炉殿”，西南侧现状（前景为净洗池）

（下）图4-139塞姆保拉 祭祀中心。魁札尔科亚特尔-伊厄卡特尔神殿，前部台阶及基台近景

欣）的艺术视为特奥蒂瓦坎的节制朴实和玛雅的丰富华美之间的过渡。其建筑浮雕已于新近经过分类研究。尽管在年代判定上资料不足，但M.E.坎彭仍提出了一个可以接受的大致分类，即：1、金字塔处出土

（上）图4-140塞姆保拉 祭祀中心。魁札尔科亚特尔-伊厄卡特尔神殿，后部圆台现状

（左中）图4-141塞姆保拉 净洗池。近景

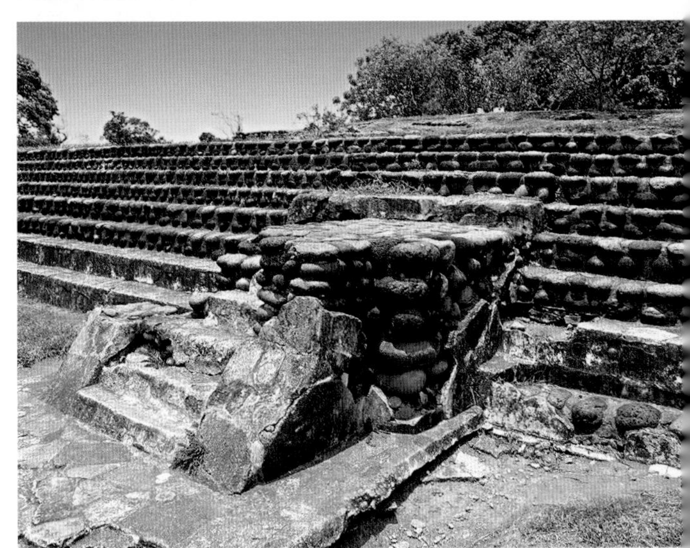

（左下、右中及右下）图4-142塞姆保拉 卵石台地、雉堞及台阶砌体

（上）图4-143基亚维斯特兰 墓地。陵墓组群（一）

（中及下）图4-144基亚维斯特兰 墓地。陵墓组群（二）

（上两幅）图4-145基亚维斯特兰 墓地。陵墓组群（三）

（左中及下）图4-146埃尔塔欣 南球场院。现状：左中、向南望去的景观（背景为16号建筑），下、向北望去的景观（左侧背景处为5号建筑）

的雕刻；2、南球场院浮雕；3、北球场院浮雕；4、小塔欣区的柱鼓石浮雕。他进一步把球场院的浮雕和古典后期玛雅的雕刻进行比较，H.D.塔格尔则在柱鼓石浮雕上辨认出牺牲、丰收仪式和神话故事等场景。

这批浮雕表现包括自然景观在内的各种题材，如有的板面表现可可树（发源于墨西哥的这种植物据说是用来制作所谓“君主的饮料”），但其中最重要的还是在祭祀中心和球场院端墙处的浮雕。16世纪的一则记载详细记述了球场院的建设。除边墙上饰有优美的浮雕外，内部场地亦覆灰泥并压光，上绘神祇及精灵的画像（为球赛的供奉对象和球员的保护神）。场地长100、150和200尺（pieds），中间较窄，端头较大，周边墙高8~11尺。墙中央面对面布置石环，中间洞口周围布置游乐神雕像。

现存这类作品中最具有代表性的是位于5号结构南面的南球场院及其浮雕（图4-146~4-152）。主要浮雕两块，位于平行的游戏面端头。球赛场景、佩带全副装备（特制的粗大腰带、护身背心等）的球员，以及相伴的人祭仪式，是这些浮雕的主要题材。各板块均为建筑所在平台的一部分。场景边上表现自罐中升起的骸骨躯干。板面上下条带由相互交织的涡卷图案组成，分别代表天和地，上部图案两头进一步蜕变为蛇形怪兽的头和尾（均为程式化的形象，眼上带眉毛，并有毒牙和羽毛）。这种复杂的交织涡卷是韦拉克鲁斯中部地区艺术常用的题材。其中东北板面（见图4-147）由四块巨大的白色石头组成，石块完美地结合在一起，没有使用灰浆。画面形成矩形，制作精美的浮雕总长约7米多，只是图形略嫌僵硬。画面表现球员的牺牲仪式，一个人物坐在宝座上，对面是参加仪式的死神，另一个神祇正从天上朝牺牲者降下来……西南板面（见图4-149）表现鹰武士，在总体和细部上都要比东北板更为华丽（如下部涡卷就另插入了羽状装饰），可能是由于年代的差异（西南面雕刻要比东北面晚后）。

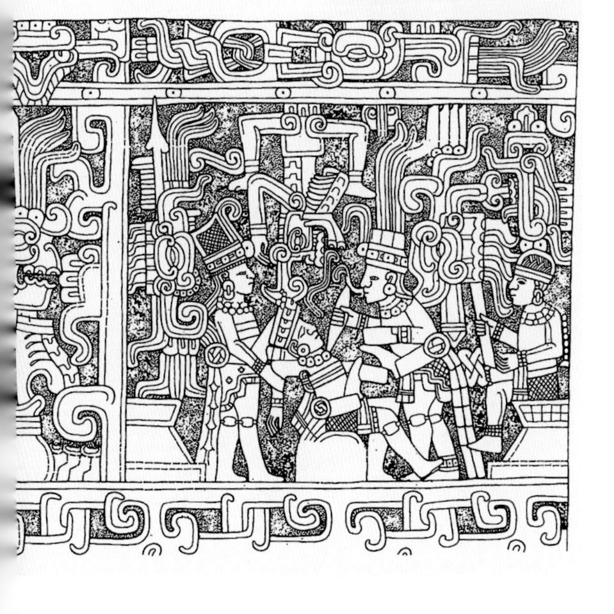

（上及左下）图4-147埃尔塔欣 南球场院。东北板面浮雕（约公元900年，线条图据Kampen，1972年，制图Leopoldo Franco；浮雕表现球场院上的人祭场景，中间仰面躺下的是作为牺牲的落败者，两边的胜利者一个抓住他的双手，另一个正准备下刀开膛取心，第三个胜者在一边观看，死神则从上面的天空条带下来准备接受祭品）

（右下）图4-149埃尔塔欣南球场院。西南板面浮雕（表现鹰武士仪典）

[石雕]

在如塞罗-德拉斯梅萨斯这样的中部海岸地区，发现了一些属古典早期的石碑，表现站立的人物形象（图4-153，埃尔塔欣1号碑的站立造型则可能是效法玛雅的榜样，图4-154）。这些玄武岩石碑基本上是线刻，但刻法有两种：一种是垂直刻槽，如表现人物和地面的分界；一种为斜面，表现重叠的平面，使之稍稍具有深度感，如围裙和腿部肌肉相接处。

在韦拉克鲁斯州南部，还发现了一些戴顶冠的石雕头像（图4-155）。塔季扬娜·普罗斯库里亚科娃（1909~1985年，图4-156、4-157）根据头冠的轻重把它们分为两类。这位俄国出生的美国考古学家认

本页及左页：

（左两幅）图4-148埃尔塔欣 南球场院。板面浮雕（约公元900年），现状及复原图

（中下）图4-150埃尔塔欣 南球场院。北中板面浮雕（表现在一个带雉堞的平顶神殿边举行的所谓龙舌兰仪式；据Kampen，1972年，制图Leopoldo Franco）

（右）图4-151埃尔塔欣 南球场院。浮雕细部（表现两个面对面的盛装人物）

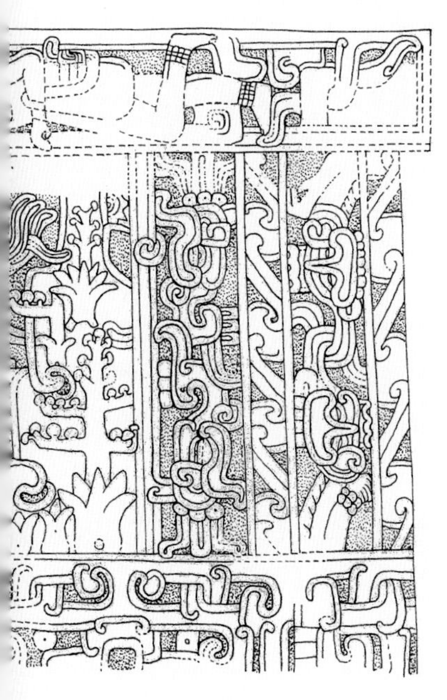

为，头冠较小的年代较早。在瓦哈卡和危地马拉发现的带隆起部分顶冠的头像可能比较晚后。这些雕像估计始于古典时期之前，一直延续到它结束之后。带精美雕饰的手斧则是海湾地区托托纳克艺术雕刻中另一个独特的门类（图4-158）。

像中美洲其他各地一样，海湾地区也输出自己的产品并从其他地域进口另外的产品，随之而来的还有后者的影响。有充分的证据表明，在前古典早期，沿海岸存在着一个原始玛雅人的殖民地，它被一块文化“飞地”（托托纳克文化的发祥地）分成两部分。北面的瓦斯特克人仍操迈奥伊德语，南面韦拉克鲁斯州诺皮洛阿古典后期的雕像（公元600~750年）和玛雅的原型极为相像，以致人们很难把它们和海纳或霍努塔的作品分开。

到古典时期，奥尔梅克的影响在几个世纪前已经衰退，其他的部族则留下了自身文化的特殊印记，特别是带“牛轭”、“斧子”和“棕叶”形式的雕刻。这三种形式均以一种晦涩难懂的方式刻在耐久的石头上，通常用来装饰螺旋、涡卷花纹或虚构的古怪头像。所谓“牛轭”，可能是模仿球员佩带的填有羊毛或其他鬃毛，极其厚实的保护腰带（球员死后即作为随葬品）。但弗赖·迭戈·杜兰提到一个雕成蛇形的木造“牛轭”，系垫在一个作祭品的牺牲者的颈部，使得切开胸脯时他的头能靠在祭坛的台面上。“棕叶”则是一块雕成舌头状的长石块，在埃尔塔欣的一个浮雕里可看到它，被固定在一个防护坎肩上，显然是

本页及左页：

（左）图4-152埃尔塔欣 南球场院。浮雕细部（表现所谓龙舌兰仪式）

（中右及右）图4-153塞罗-德拉斯梅萨斯 6号碑（468年，玄武岩）

（中左）图4-154埃尔塔欣 1号碑（表现一位手持权杖的统治者）

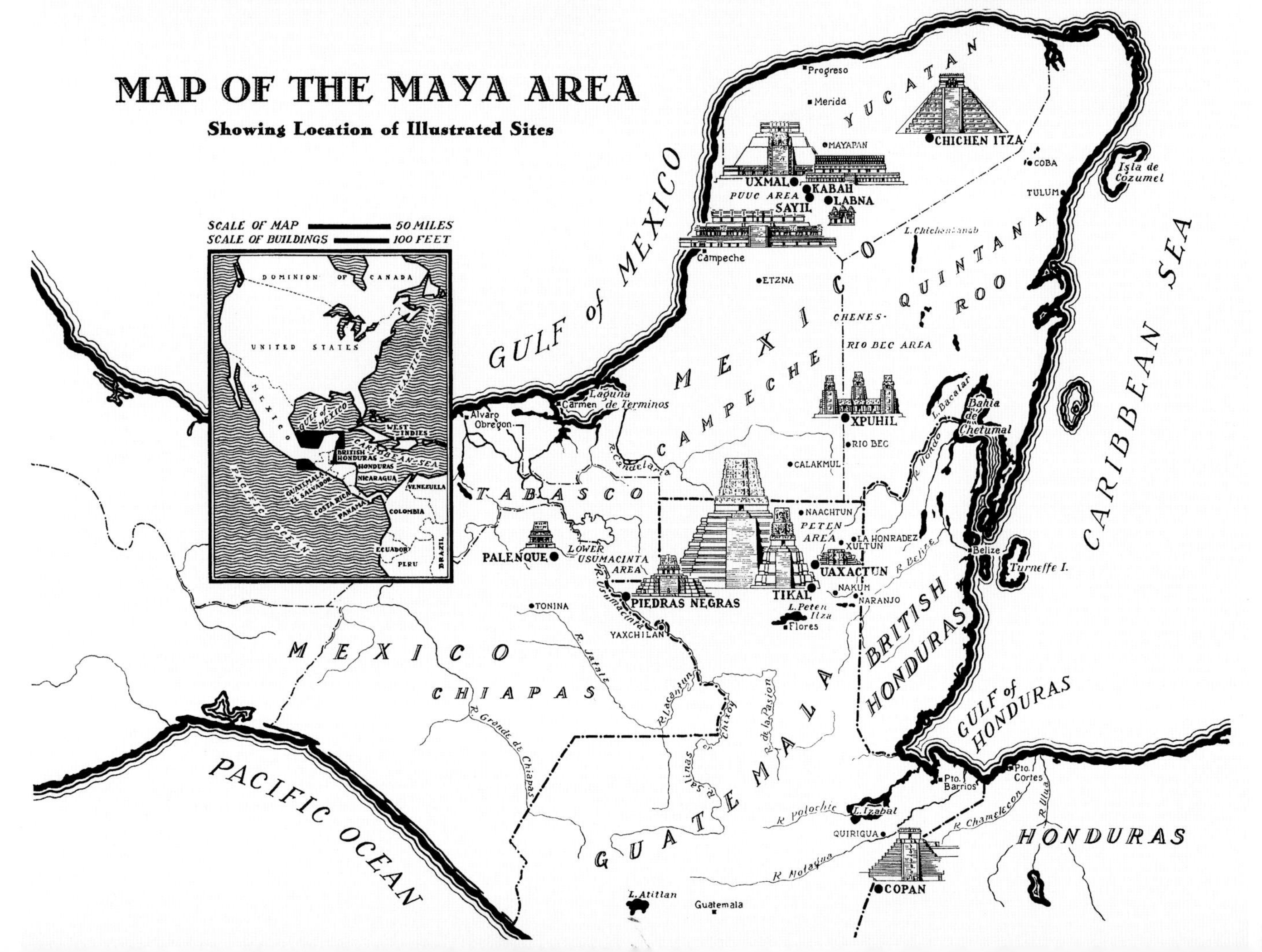
MAP OF THE MAYA AREA
Showing Location of Illustrated Sites
SCALE OF MAP 50 MILES
SCALE OF BUILDINGS 100 FEET
DOMINION OF CANADA
UNITED STATES
MEXICO
GULF of MEXICO
WEST INDIES
BRITISH HONDURAS
CARIBBEAN SEA
HONDURAS
GUATEMALA
EL SALVADOR
NICARAGUA
COSTA RICA
PANAMA
VENEZUELA
COLOMBIA
ECUADOR
PERU
BRAZIL
PACIFIC OCEAN
ATLANTIC OCEAN
Progreso
Merida
YUCATAN
MAYAPAN
CHICHEN ITZA
COBA
Isla de Cozumel
UXMAL
KABAH
PUUC AREA
LABNA
SAYIL
TULUM
L. Chichencanab
Campeche
ETZNA
GULF of MEXICO
MEXICO
QUINTANA ROO
CHENES
RIO BEC AREA
CAMPECHE
CARIBBEAN SEA
Laguna de Terminos
Carmen
Alvaro Obregon
XPUHIL
RIO BEC
L. Bacalar
Bahia de Chetumal
R. Candelaria
CALAKMUL
TABASCO
NAACHTUN
PETEN AREA
LA HONRADEZ
XULTUN
Belize
Turneffe I.
PALENQUE
LOWER USUMACINTA AREA
UAXACTUN
PIEDRAS NEGRAS
TIKAL
NAKUM
NARANJO
R. Belize
BRITISH HONDURAS
TONINA
L. Peten Itza
Flores
YAXCHILAN
R. Usumacinta
MEXICO
CHIAPAS
R. Jatate
R. Lacantun
R. Chixoy
R. de la Pasion
GULF of HONDURAS
R. Grande de Chiapas
GUATEMALA
Pto. Barrios
Pto. Cortes
R. Polochic
L. Izabal
R. Ulua
QUIRIGUA
R. Chamelecon
HONDURAS
R. Motagua
COPAN
L. Atitlan
Guatemala

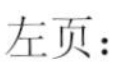

左页：

（左上）图4-155带顶冠的头像（韦拉克鲁斯州南部出土，可能为公元2世纪，华盛顿敦巴顿橡树园博物馆藏品）

（右上）图4-156塔季扬娜·普罗斯库里亚科娃（1909~1985年）像

（下）图4-157塔季扬娜·普罗斯库里亚科娃：《玛雅建筑图集》（An Album of Maya Architecture）卷首插图（遗址位置示意）

本页：

（右两幅）图4-158托托纳克手斧（公元600年后，海湾地区出土；上面一个表现鹦鹉头，高33厘米；下面表现一个头戴鹿面具坐着的人物，高47厘米）

（左）图4-159托托纳克陶瓶（高19厘米，约公元200年，塞罗-德拉斯梅萨斯出土，墨西哥城国家人类学博物馆藏品）

在仪式中采用的物品，可能是首领阶层的标志。“斧子”有一个尾巴，可以嵌到墙洞里，可能是球场的界标（marcadores）。不过，塔季扬娜·普罗斯库里亚科娃认为，它也可能是家族或球队的徽章标记；而何塞·米格尔·考瓦路比亚则报告说，它们系在葬仪丘台“牛轭”内部发现。总之，这三样东西看来都和这种球类运动密切相关，后者显然是发源于墨西哥海湾地区（在那里，盛产制作球的橡胶；当时的欧洲人尚不知道橡胶，16世纪的西班牙作者甚至认为它是一种具有生命的神奇材料）。

[陶土塑像及头像]

在托托纳克风格的艺术作品中，陶土制品和雕塑占有重要的地位（图4-159~4-162）。在墨西哥湾海岸，韦拉克鲁斯州中部地区，主要有两种陶土雕塑类型：雷莫哈达斯传统（自前古典早期至古典后期，

本页及左页：

（左）图4-160托托纳克妇女像（陶塑，高44厘米，约公元500年，Paso de Ovejas出土，哈拉帕人类学博物馆藏品）

（右）图4-161托托纳克头像（陶塑，高18厘米，公元400~600年，海湾地区出土；奇特的冠状头饰和瞳孔均染成褐色，墨西哥城国家人类学博物馆藏品）

（中）图4-162托托纳克塑像（表现“剥皮之主”西佩托堤克，接近足尺大小，墨西哥城国家人类学博物馆藏品）

公元前150~公元700年）和诺皮洛阿传统（后古典时期，公元600年前~900年左右）。早期雷莫哈达斯类型通常为手工塑造。诺皮洛阿类型的塑像可能也是手工产品，但早在公元3世纪，已出现了翻模的面像。

在这些作品中，雷莫哈达斯的精美陶像最为引人注目。陶土塑像是这里占主导地位的艺术形式，从前古典早期到整个古典时期都可以看到它的表现。这些塑像充满了活力和动态，表现日常生活中的各种行为，从荡秋千的女孩到露出牙齿带笑脸的人物，以及打扮好充当祭品的牺牲者。塑像外常涂一层有光泽的颜料（多为褐色，黑色可能表示具有某种魔力）。

这种非凡的造型艺术的诞生，和位于特奥蒂瓦坎及乔卢拉东面这片墨西哥湾沿岸低地平原的生态环境密切相关。这里植被繁茂，土地极为肥沃富饶（在饥荒的年代，高原的居民不惜把自己的孩子送给韦拉克鲁斯的居民以换取少量的玉米）。由于不需要为生计

操心，海湾地区的居民得以长期保持乐天的心态；由于大部分陶土塑像都是表现微笑的人物，因而被称为“笑脸塑像”（Laughing Figurines，图4-163）。和玛雅艺术相比，在情欲的表现和形式的构思上亦毫不逊色，完全可视为中美洲最优秀的这类作品。

位于韦拉克鲁斯港口北面拉斯阿尼马斯的塑像和里奥布兰科南面诺皮洛阿地区的“笑脸塑像”从表情上看可能有一定的关联。拉斯阿尼马斯的塑像（图

（上两幅）图4-163托托纳克“笑脸塑像”（左面女祭司像属公元6~9世纪，右面男像高30厘米，Dicha Tuerta出土，成于公元800~900年；两者均存哈拉帕人类学博物馆）

（左下）图4-164拉斯阿尼马斯 塑像（6世纪，纽黑文耶鲁大学艺术博物馆藏品）

（右下）图4-165诺皮洛阿 塑像（可能9世纪，纽约美国自然史博物馆藏品）

4-164）属公元6世纪，仅头部翻模，其他为手工制作；诺皮洛阿地区的为翻模制作（图4-165）。它们之间有许多相似的表现，如充满动态和生气、外露的前齿、微笑的表情、简化的服饰等。拉斯阿尼马斯的属古典早期，是在古风时期基础上长期发展的结果；诺皮洛阿的属古典后期的层位（公元600年后），进一步以翻摸技术延续了南方的这一传统。雷莫哈达斯遗址的低层位属前古典时期，高层位为古典时期。在这后一层位，带微笑面孔的塑像已很普遍。

在与北部奥尔梅克的“中心区”（heartland）相毗邻的米斯特基拉地区的萨波塔尔，新近发掘出一尊空心泥塑足尺大小的死神像（图4-166）。尽管它被鉴定为阿兹特克的神祇，但其表现力看来和东海岸民族那种引人注目的艺术形式不无联系。

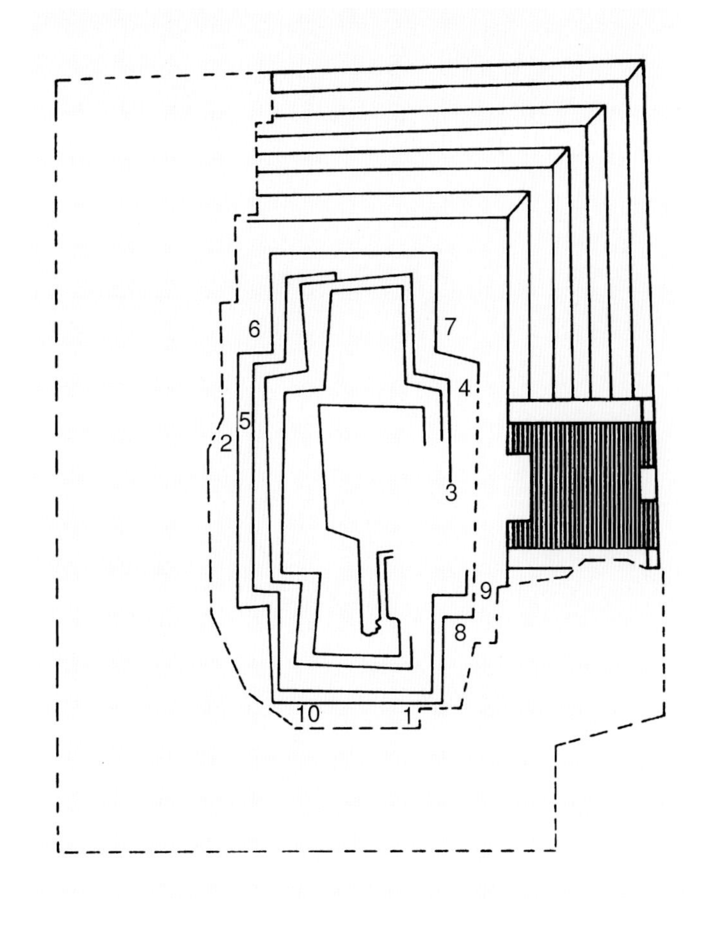

（左）图4-166萨波塔尔 死神像（泥塑，足尺大小，公元1000年后）

（右上及右中）图4-167拉斯伊格拉斯 1号金字塔。现状外景（为主要壁画的发现地）

（右下）图4-168拉斯伊格拉斯 1号金字塔。主要壁画分布图，图中：1、女祭司，2、三个女旗手，3、神殿底层，4、带鸟状头饰的人物，5、男旗手和女人，6、号手，7、坐着带蓝色羽毛头饰的人物，8、打阳伞的人，9、拄手杖的老妇，10、拄手杖的人物

[壁画]

埃尔塔欣其他色彩丰富、制作精美的艺术品中仅留少量残段，但新近在墨西哥湾附近的另一个托托纳克小型祭祀中心拉斯伊格拉斯发现了许多壁画（图4-167~4-170）。它们是公元1000年前最后几个世纪托托纳克绘画的代表作。这些画风自由的作品揭示出托托纳克宗教仪式的方方面面：各种人物（成队的祭司、打太阳伞的人……）、球赛场景、捕鱼、太阳神、权力的移交等。

三、海湾北部地区

海湾北面帕努科河流域是瓦斯特克文化的发源地。自帕潘特拉向北的这片地区保留了古代的语言、宗教和艺术习俗。这个位于墨西哥高原和美国得克萨斯州东部的海岸走廊地带同样对墨西哥文化史的主流作出了重要贡献。例如在15世纪，当第六代阿兹特克君主阿哈雅卡特尔（1449~1481年在位）将北部沿海地区置于阿兹特克统治下时，一些瓦斯特克民族特有的东西也随着来自海岸地区的贡品进入了高原地区的生活。由于棉花是瓦斯特卡地区最重要的产品，许多相应的习俗，如阿兹特克宗教中对特拉索尔特奥特尔的崇拜，就是来自这一地区。特拉索尔特奥特尔同时是月亮、繁殖、丰收和大地女神，波旁抄本中称她为谷物之神的母亲，其属性中就包括棉织物和纺锤，忏悔仪式亦由她的祭司主持。

另一个和前古典时期村落文明同样古老的瓦斯特克习俗是建造圆形住宅和神庙平台（土筑丘台）。在圣路易斯波托西（埃尔埃瓦诺），圆形土丘可能要早于奎奎尔科的金字塔（见图2-4）。它有着焙烧黏土

左页：

图4-169拉斯伊格拉斯 1号金字塔。壁画残段

本页：

（上）图4-170拉斯伊格拉斯1号金字塔。壁画细部：举伞人

（下）图4-171塔穆因 圆锥形平台。壁画(队列图，可能11世纪，图版取自George Kubler:《The Art and Architecture of Ancient America，the Mexican，Maya and Andean Peoples》，1990年)

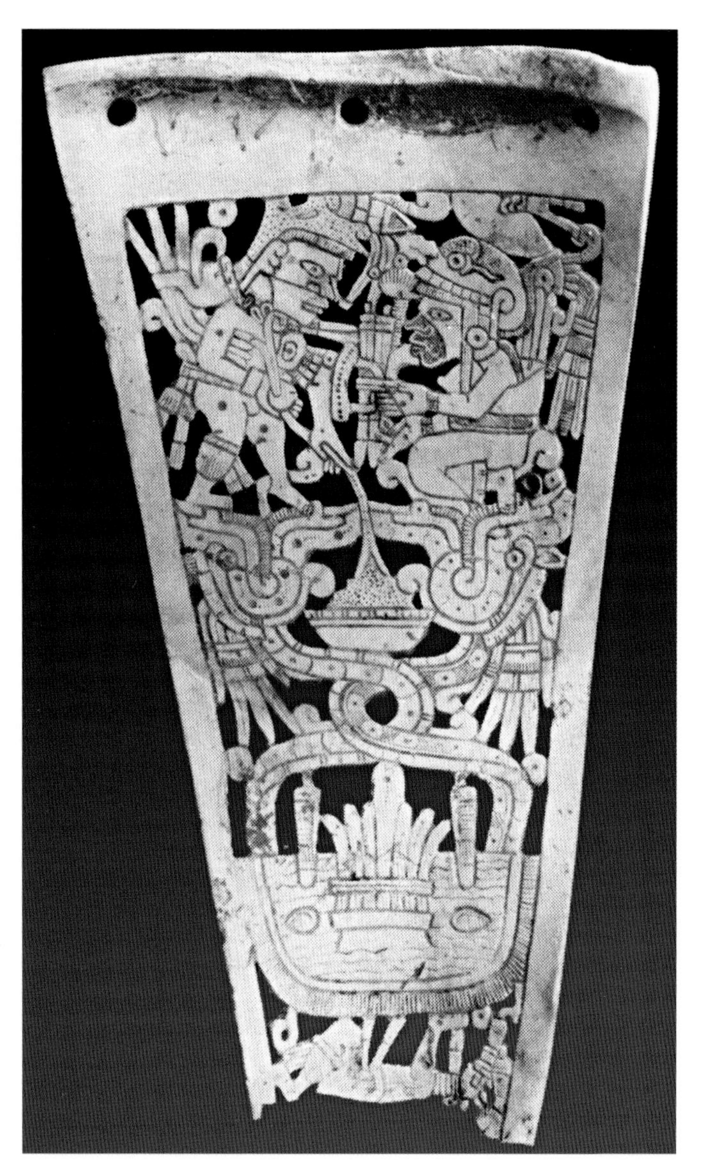

的面层（可能是偶然烧成）。在坦坎维茨，尚存一个圆形的石结构，如奎奎尔科那样，由倾斜的圆锥形环带建成。戈登·弗雷德里克·埃克霍尔姆认为，这个圆形结构可能是中美洲最早的一个，他进而推断说，这种形式在高原地区的运用，约在托尔特克扩张的年代。

这种联系可由塔穆因的一个圆锥形平台的墙面装饰得到证实，画面系用红色、白色和绿色绘出成列行进的神像（图4-171）。其中，羽蛇神魁札尔科亚特尔的造型特别突出，这一形象通常都和高原地区的圆形结构相联系。塔穆因的壁画可能属11世纪。其风格中米斯特克和托尔特克的成分可说不相上下，人物的服装和配饰颇似米斯特克宗谱抄本中的形象。在米斯特克的画面上，人物配置尤为密集，以致很难将人物、配饰及背景分开。

壁画的这种风格还可在一些具有瓦斯特克渊源的

贝雕装饰上看到（图4-172），其背景往往镂空，表面以线刻表现复杂的牺牲场景。

瓦斯特克的纪念性雕刻和这些贝壳装饰大致同时，属后古典时期，即托尔特克时期，如塔穆因著名

本页及左页：

（左）图4-172瓦斯特克贝雕（可能来自韦拉克鲁斯地区北部，公元1000年后，现存新奥尔良中美洲研究院）

（中及右）图4-173瓦斯特克青年立像（塔穆因出土，高117厘米，公元1000~1200年，墨西哥城国家人类学博物馆藏品；可能为祭司的这位人物右侧满刻有关植物和天象的象形文字及符号，背上背着一个小孩）

的青年立像（图4-173）。在浮雕中也可看到类似的表现，如维洛辛特拉石碑。在这两个雕刻中，文身可能和玛雅 一样，是贵族阶层的标志。

在韦拉克鲁斯北部以及东面的圣路易斯波托西，瓦斯特克艺术在古典时期已经获得了自身的特色，但只是在后古典时期才达到顶峰。该地区拥有许多中心，其壁画和建筑尤为引人注目。不过最精彩的还是瓦斯特克人的石雕，特别是表现创造之神羽蛇的雕刻，对它的崇拜据说就是起源于这片地区。中美洲居民关于生死两重性的永恒观念在许多这类雕刻中均有所表现。

第四章注释：

[1]见Michael D.Coe：《The Jaguar’s Children：Pre-Classic Central Mexico》，1965年。

[2]见Jorge Hardoy：《Ciudades Precolombinas》，1964年。

[3]见Bernai Díaz del Castillo：《The True History of the Conquest of Mexico》，1927年版。

[4] 迭戈·贝拉斯克斯·德奎利亚尔（ Diego Velázquez de Cuéllar，1465~1524年），西班牙征服者，自1511年至去世任古巴总督。

[5]潘菲洛·德·纳尔瓦埃斯Pánfilo de Narváez，1478~1528年，文艺复兴时期西班牙探险家。参加了征服古巴的探险。随后，他被派往墨西哥。在1528年，他亲自率领一大队士兵进入佛罗里达，但损失惨重。

[6]见Fray Diego Durán：《Books of the Gods and Rites and Ancient Calendar》，1971年。

第五章 墨西哥其他地区

第一节 墨西哥南部：瓦哈卡地区

一、地域及时代背景

在玛雅西面，南方印第安居民中数量最多的是萨巴特克和米斯特克人，他们住在格雷罗、普埃布拉、瓦哈卡和特万特佩克（瓦哈卡地区一城市）。位于高原和低地文化中枢地带的瓦哈卡地区，又可分为西部高原（即米斯特克区）和居民操萨巴特克语的东部谷地。在古代中美洲的所有地区中，瓦哈卡是最靠近中心的一个，和西面、北面、东面、东北面及东南面的相邻地域都有密切的陆上联系，在前哥伦布时期的考古史上，其地位自然和位于边缘的外围地区完全不同。

尽管目前的瓦哈卡州散布着许多古代遗址，其中大部分依然住着操萨巴特克语的居民，但只有位于瓦哈卡城附近组织严谨、规划先进的阿尔万山，为考古学家们提供了建筑和陶器方面的系列证据，使他们能确立瓦哈卡地区的年代序列。由阿方索·卡索-安德拉德确立的这一年代序列，已成为这一地区考古史的主要参照系。在这个庞大的建筑群里，可以找到形成期和古典时期居民活动的连续记录。阿尔万山 I和II期产生了地区内最早的纪念性艺术（类似奥尔梅克雕刻）。阿尔万山 IIIa期为古典时期，通称萨巴特克时期。阿尔万山 IIIb、IV和V期大约从公元7世纪开始直至被西班牙人占领，相当于米斯特克及之后阿兹特克统治时期。

在瓦哈卡，古典时期要开始得比中美洲大部分其他地区为早。在阿尔万山 I期（公元前600~前300年），已出现了一种通常被称为“前城市”（préurbaine）的文化形态，但伊格纳西奥·贝尔纳尔认为，它已具备了一些真正文明的要素，其中之一即出现了石建筑。[1]约翰·帕多克则宣称，瓦哈卡的这些居民，可能是美洲的头一批市民。[2]

左页：

图5-1“十三蛇神”（萨巴特克土地和农业之神，随葬彩陶容器，复杂的头饰由缠绕的蛇组成；瓦哈卡地区出土，高27厘米，公元400~600年，墨西哥城国家人类学博物馆藏品）

本页：

（上）图5-2阿兹特克雕刻：休奇皮里（音乐、歌舞和鲜花之神）雕像，近景（高77厘米，特拉尔马纳尔科出土）

（下）图5-3石鼓（玄武石雕刻，呈体育和竞技之神马奎休奇尔的造型，马奎休奇尔也是音乐和歌舞之神休奇皮里的另一种变体形式，其眼睛由张开的手形成，似乎是暗示音乐家通过手去观察世界；石雕长71厘米，高35厘米，现存墨西哥城国家人类学博物馆）

本页：

图5-4穆尔希耶拉戈（蝙蝠神，头像，高25厘米，由25块暗绿色玉石组成，阿尔万山出土，可能属公元前400~公元200年，墨西哥城国家人类学博物馆藏品）

右页：

（上）图5-5圣何塞-莫戈特 早期建筑（结构1和结构2）。复原图（据D.W.Reynolds，示公元前900年状况，土平台，边上干垒毛石及卵石，台上原有茅草顶建筑）

（中）图5-6圣何塞-莫戈特 早期建筑（结构13和结构36）。剖析复原图（据D.W.Reynolds）：左、结构13（阿尔万山II晚期，公元100~150年，双室神殿，大门两边碎石柱外抹灰泥，石础上起土坯墙，外覆白色灰泥）；右、结构36（阿尔万山II早期，可能公元前150~前100年，双室神殿，入口两侧柱子于柏树干外包砌碎石及抹灰，石础上起土坯墙，外覆白色灰泥，有的还有彩绘）

（下）图5-7代苏 建筑基部浮雕（表现球员的形象）

萨巴特克人发展了自奥尔梅克人那里继承下来的象形文字、历法、点划计数法和天象观测。之后玛雅人进一步使它们臻于完美。作为中美洲文化最突出成就之一的双轨历法体系（与其他宗教相合以365天为一年的太阳历和以52年为一周期的农历）就是在公元纪年之前，在阿尔万山进入了实用阶段。

萨巴特克人最重要的神祇是起源于瓦哈卡地区太平洋沿岸的春神和沃土神西佩-托特克（它同时也是

珠宝匠的保护神），雨神和闪电神科西霍（另译科奇乔，在墨西哥中央地区称特拉洛克，在韦拉克鲁斯州称埃尔塔欣，玛雅地区称查克），“十三蛇神”（土地和农业之神，图5-1），玉米神皮陶-克索比（玛雅人称尤姆-卡克斯，中部高原名为森泰奥特尔），风神魁札尔科亚特尔（在中部地区以鸭嘴为代表，在瓦哈卡地区戴蛇面具，玛雅人称库库尔坎），鲜花、爱情及歌舞神休奇皮里（图5-2，体育和竞技神马奎休奇尔可视为其变体形式，图5-3），蝙蝠神穆尔希耶拉戈（图5-4）以及一个没有名字的火神（相当于特

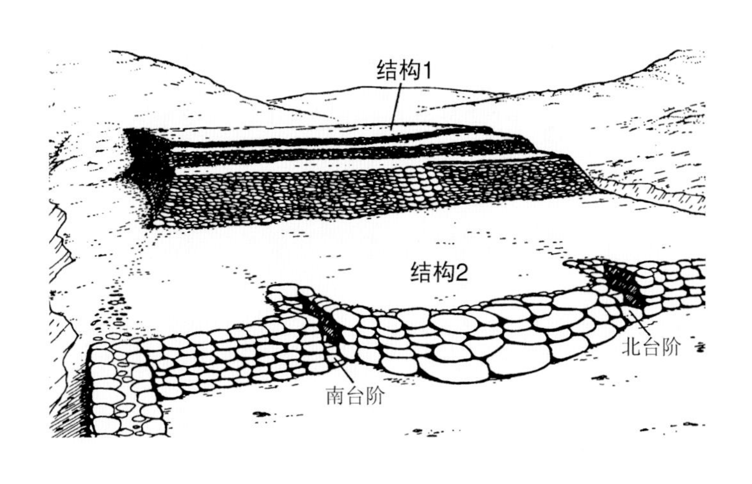

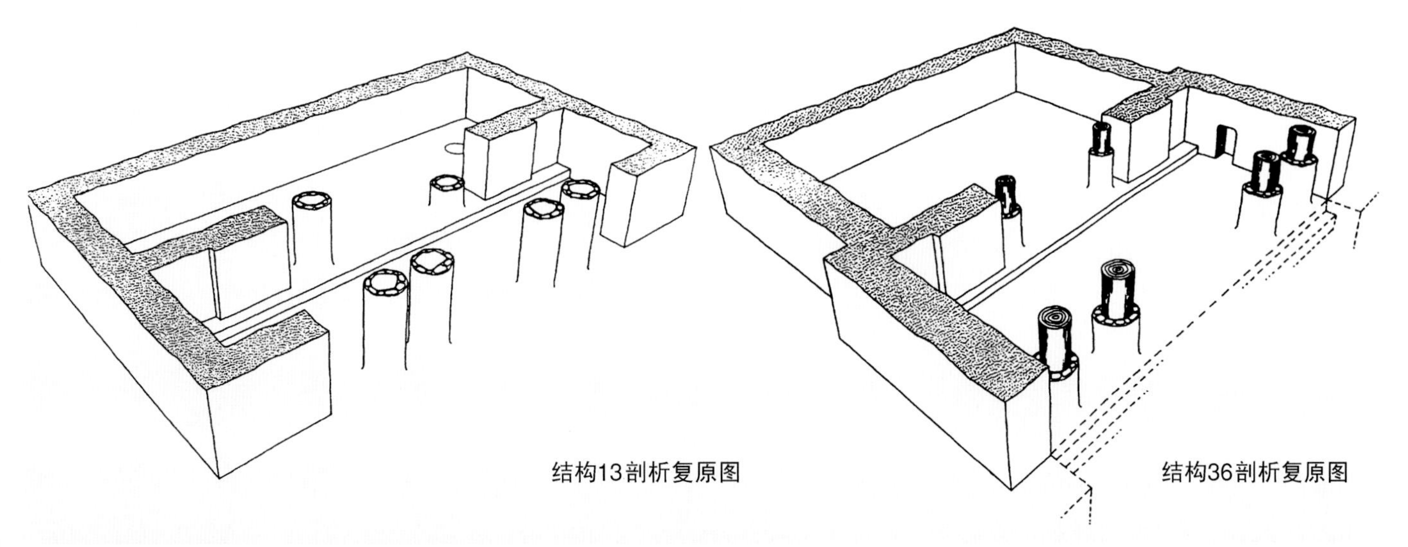

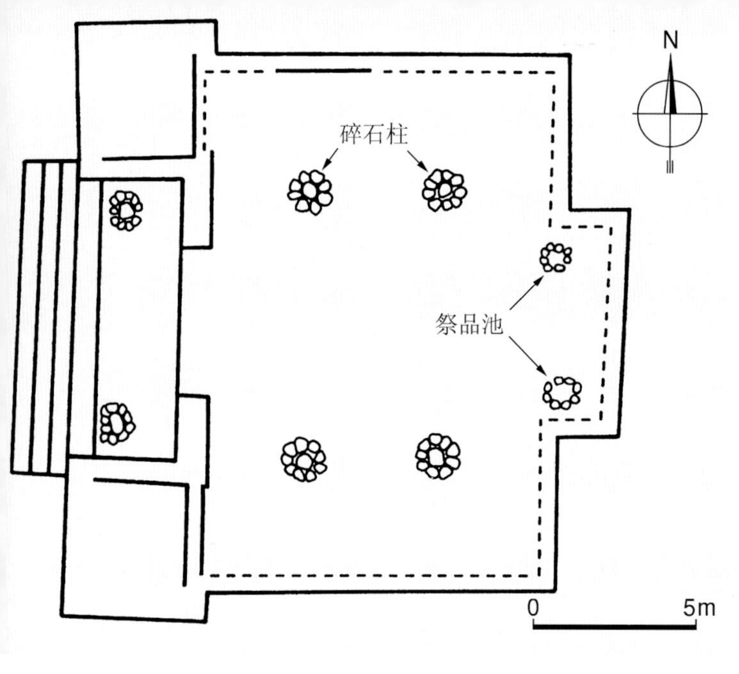

奥蒂瓦坎的韦韦特奥特尔和阿兹特克人的修堤库特里）。和特奥蒂瓦坎一样，在阿尔万山，祭司-首领是宗教和精神生活的主宰。但丘台J的一个描述征服场景的II期雕刻表明，和其他的古典文化一样，宗教并不是唯一的主导势力。

近公元800年，如同其他古典时期的重要中心，阿尔万山也开始走向衰落。萨巴特克的首府迁到萨奇拉，并在那里一直维系到1521年被西班牙人占领。谷地仍然住着操萨巴特克语的居民，但像中美洲其他地区一样，军事独裁的倾向越来越明显。从山上下来的墨西哥人侵占了萨巴特克人的土地并通过联姻和他们逐渐融为一体。到1000~1200年，托尔特克人的渗

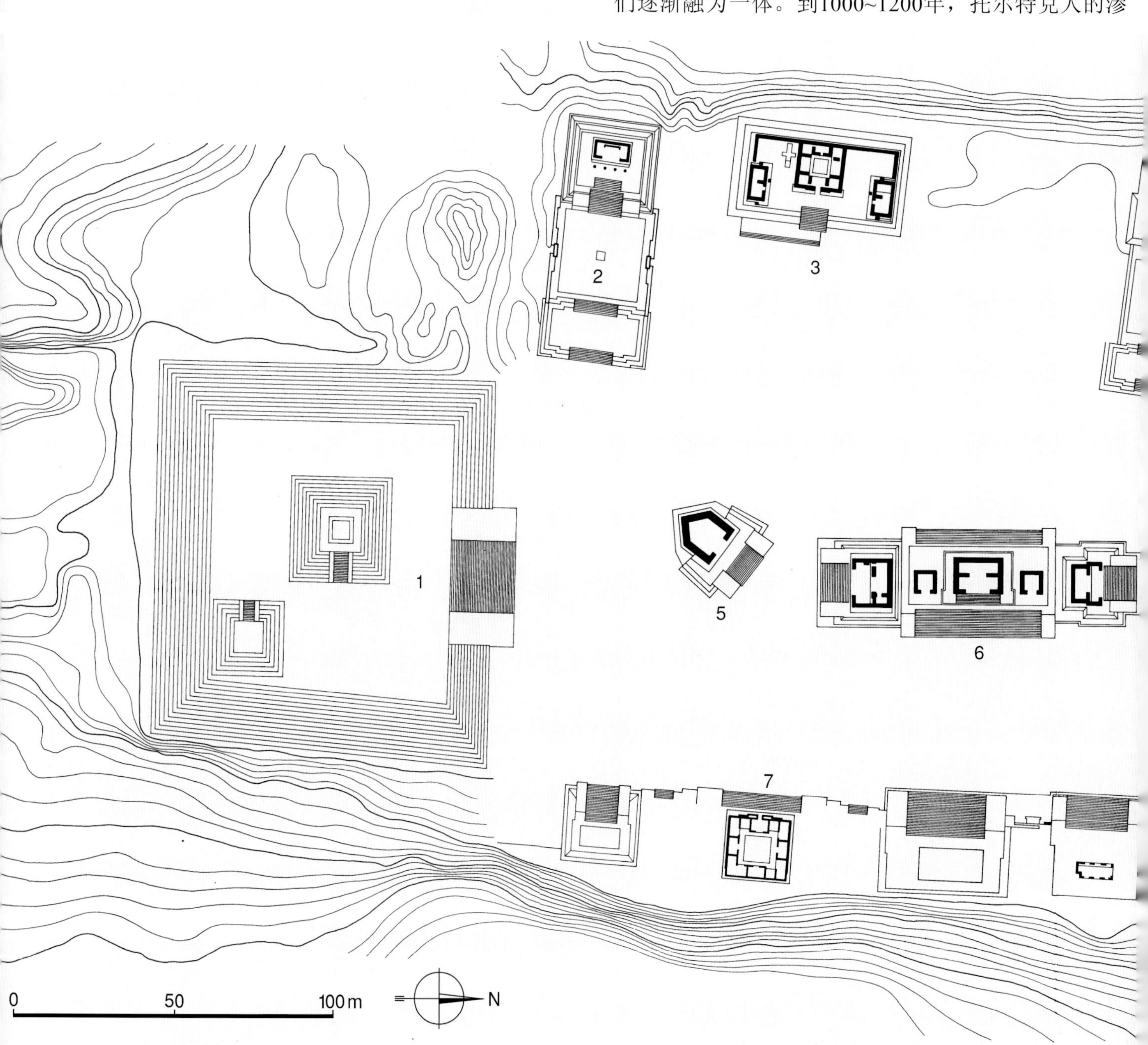

透已在墨西哥人中留下了痕迹并在艺术上产生了积极的效果。在15世纪，阿尔万山的光辉文化继续得到发展。这座壮丽的萨巴特克都城在高原地带的墨西哥人的统治下又持续了一段时间，在这期间，他们甚至把自己的死者埋到古代萨巴特克人的墓中。著名的7号墓内就藏有大量金、银、石英晶体及其他贵重材料制作的精美首饰。

萨巴特克人相信，他们出生于树木和山岩，而他们的后继者米斯特克人则是生于云端。萨巴特克人住在谷地里，米斯特克人则住在群山和“热土”（terre chaude）上。在瓦哈卡地区，米斯特克文化的发展和萨巴特克文化基本并行，尽管其繁荣阶段已到后古典时期。由于米斯特克遗址的考察相对较少，除了后期可借助法典了解一些人物的丰功伟绩和宗谱外，我们对这一文化的认识相当有限。不过，通过语言的释读，人们已掌握了公元前1000年米斯特克人的“织物”、“行进”和“龙舌兰酒”等词汇。蒙特内格罗的一块石碑经碳-14测定属公元前649年。在迪基尤，发现了一些类似奥尔梅克风格的石雕。约翰·帕多克博士根据希门尼斯·莫雷诺的分类，在发现第一批古迹的地区将米斯特克早期及后古典时期进行了区分，并称它们为“热土风格”[来自米斯特克语纽涅（Ñuiñe），即“热土”]。他指出，“纽涅是米斯特卡-巴哈的米斯特克名称。米斯特克地区的另两个主

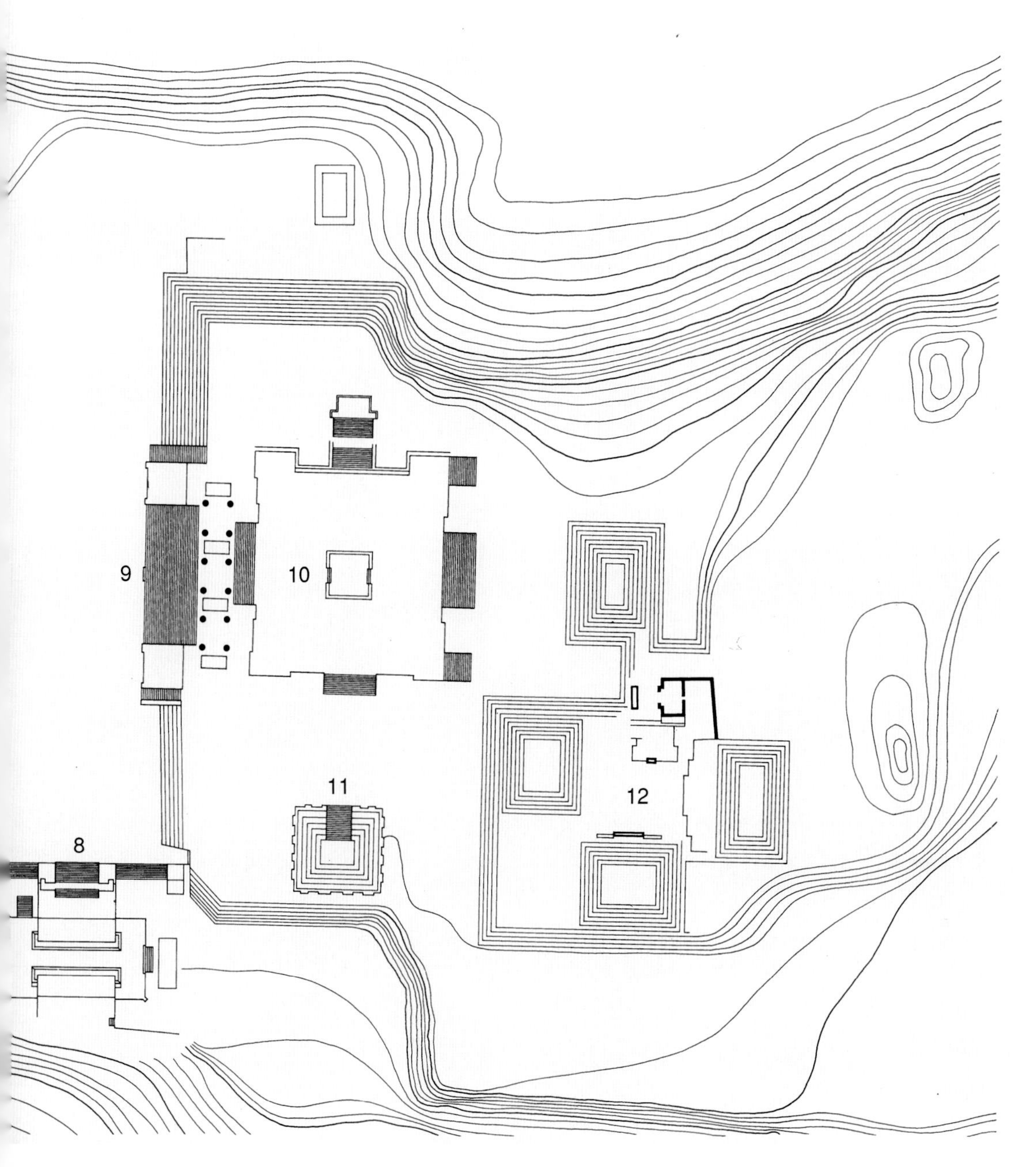

本页及左页：

（上）图5-8蒙特内格罗 神殿X。平面（据Acosta），图中标出碎石柱的位置，神殿后有两个祭品池（Tlecuiles）

（下）图5-9阿尔万山祭祀中心（公元900年前）。总平面（1∶1750，取自Henri Stierlin：《Comprendre l' Architecture Universelle》，第2卷，1977年），图中：1、南平台，2、建筑（组群、神殿）M，3、“舞廊”殿，4、建筑（组群、神殿）IV，5、丘台J（天象台），6、中央组群，7、丘台（建筑）S，8、球场院，9、北平台大台阶，10、北院，11、丘台A（金字塔），12、北组群（由四座金字塔组成）

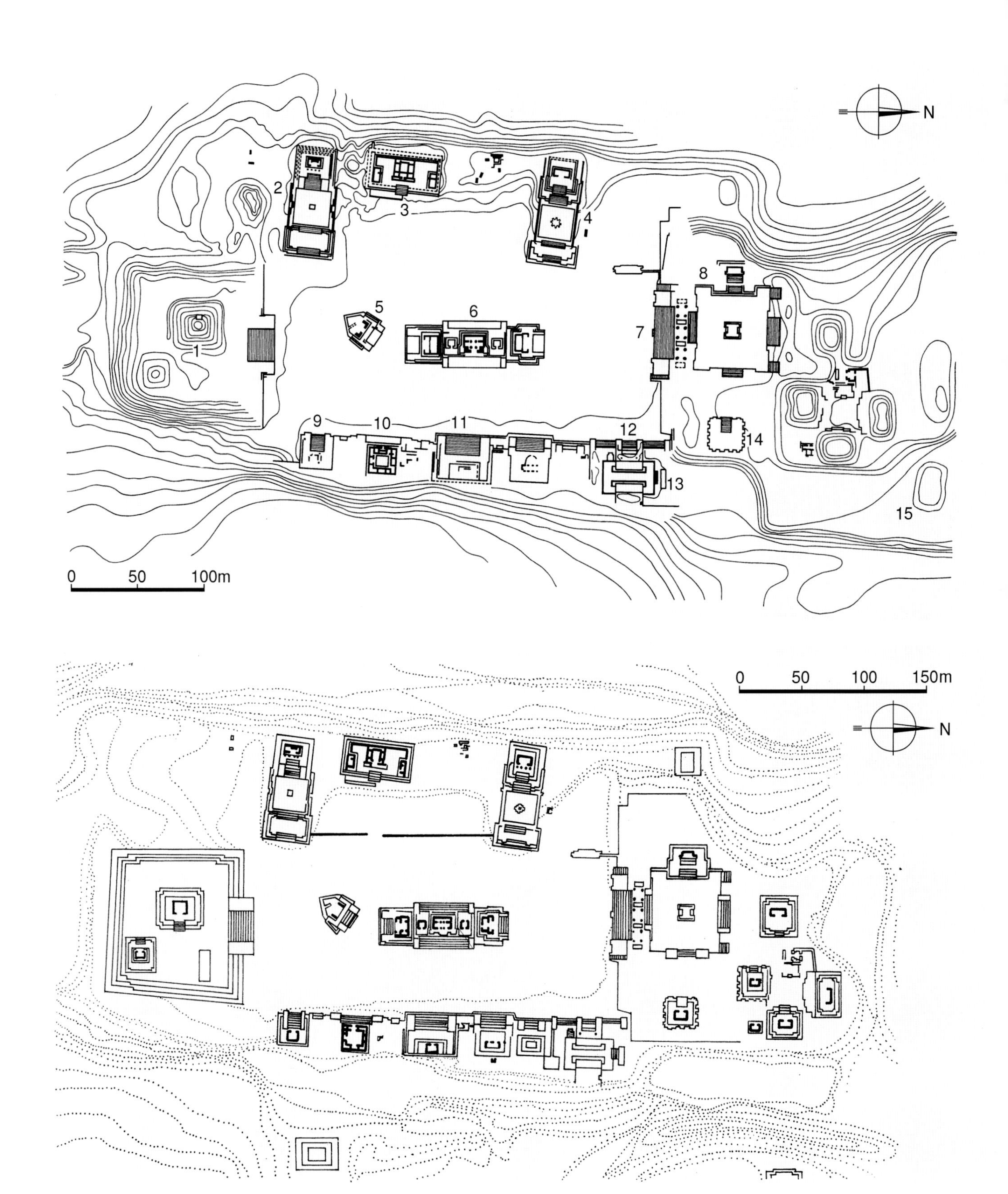

（上）图5-10阿尔万山 祭祀中心。总平面（取自George Kubler：《The Art and Architecture of Ancient America，the Mexican，Maya and Andean Peoples》，1990年），图中：1、南平台，2、建筑（组群、神殿）M，3、“舞廊”殿，4、建筑（组群、神殿）IV，5、丘台J（天象台），6、中央组群（丘台G、H、I），7、北平台大台阶，8、北平台，9、丘台（建筑）Q，10、丘台（建筑）S，11、丘台（建筑）P，12、西台阶，13、球场院，14、丘台（金字塔）A，15、丘台X（下部结构）

（下）图5-11阿尔万山 祭祀中心。总平面（据Marquina，1964年）

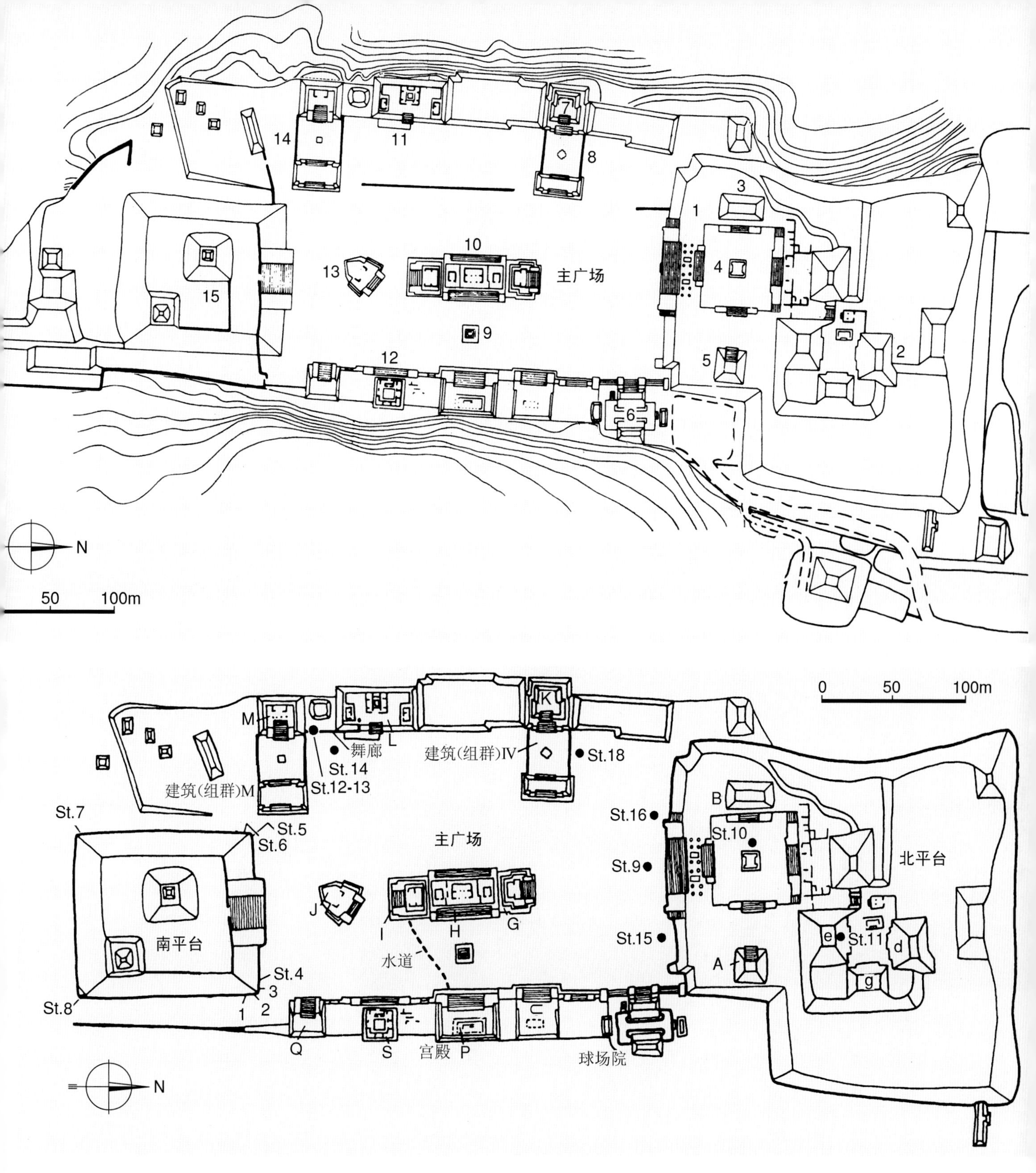

（上）图5-12阿尔万山 祭祀中心。总平面（取自Mary Ellen Miller：《The Art of Mesoamerica，from Olmec to Aztec》，2001年），图中：1、丘台B（北平台），2、北建筑组群，3、丘台（建筑）B，4、下沉式院落，5、丘台A（金字塔），6、球场院，7、丘台（建筑）K，8、建筑（组群、神殿）IV，9、祭坛，10、中央组群（丘台G、H、I），11、“舞廊”殿（建筑L），12、丘台（建筑）S，13、丘台J（天象台），14、建筑（组群、神殿）M，15、南平台

（下）图5-13阿尔万山 祭祀中心。总平面（古典时期，阿尔万山IIIA~IIIB期间，约公元150~500年；图版取自Jeff Karl Kowalski：《Mesoamerican Architecture as a Cultural Symbol》，1999年），主要建筑及碑刻位置（大写和小写字母为建筑或组群名，St.后数字为石碑编号）

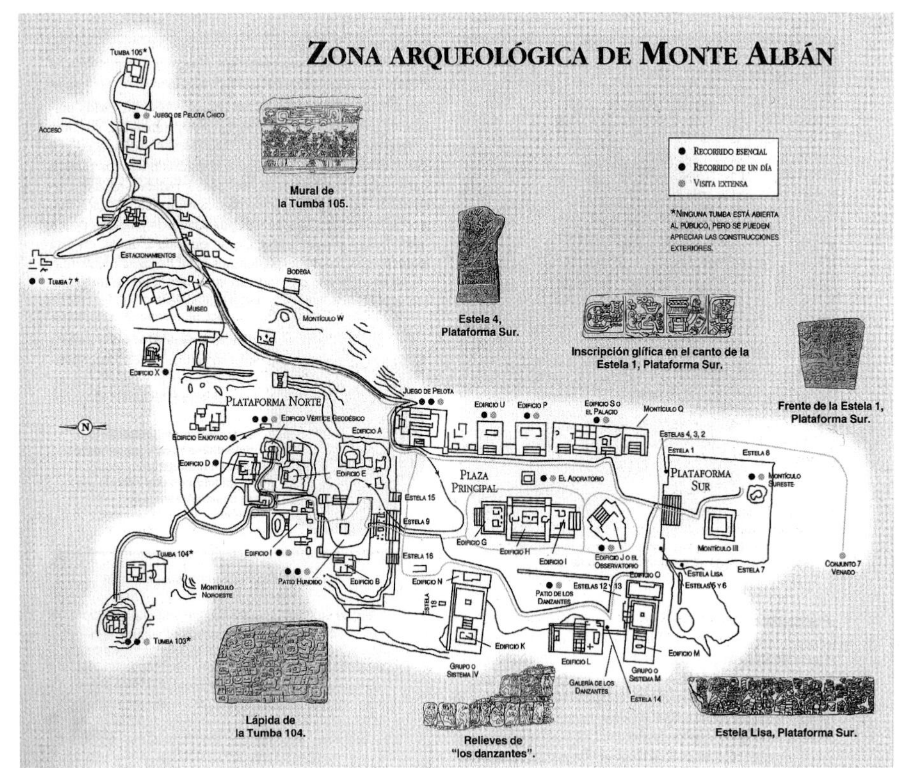

本页及右页：

（左上）图5-14阿尔万山 祭祀中心。遗址区示意全图（上排小插图自左至右分别为105号墓寝壁画、南平台4号碑雕刻、南平台1号碑的铭文及雕刻；下排插图分别为104号墓寝、舞廊殿和南平台利萨碑的雕刻）

（左中）图5-15阿尔万山 祭祀中心。全景复原图（向南望去的景色）

（右两幅及下）图5-16阿尔万山 遗址区。全景图（向南望去的景色，上两图分别示中央广场建筑群和东北方向的金字塔-神殿）

要省份是米斯特克高原和海岸（即太平洋沿岸）地区，它们占据着瓦哈卡州西部、普埃布拉南部和相邻的格雷罗东部的一小部分……最近已经证实，纽涅……是不久前才被人们所知的一种独特的艺术风格的发源地。同时，这里似乎还是古代两大传统风格的汇交处，这两大传统的中心分别位于墨西哥谷地的特奥蒂瓦坎和瓦哈卡谷地的阿尔万山。”[3]

在特基斯特佩克，浮雕上的象形文字和阿尔万山的文字体系几乎相同，也采用了点划的记数方式。这些雕刻属古典时期。在陶器方面，约翰·帕多克在按

本页及右页：

（上）图5-17阿尔万山 祭祀中心。自南平台向北望去的景色

（左下）图5-18阿尔万山 祭祀中心。自中央广场轴线向北望去的景色

（右下）图5-19阿尔万山 祭祀中心。广场中央及东侧建筑（向东北方向望去的景色）

特奥蒂瓦坎壁画方式绘制并采用玛雅彩绘风格的作品中，发现了一种可作为著名的米斯特克后期彩陶先兆的风格。卡门·库克证实，古典时期特有的一种陶器（所谓“细高橙型”，orange mince）发源于普埃布拉南部（纽涅地区）。在公元200~500年间，这类陶器更大规模地输出到几乎所有古典时期的城市，这也说明，在后古典时期米斯特克人大举入侵阿尔万山之前，这片地区在很长一段时间内都保持着重要的地位。

作为米斯特克文明的主要遗址，米特拉（见图5-110）在该文明的最初几个世纪兴起（约为公元700~900年）。公元900年以后几个世纪的艺术主要表现在金属制品、彩饰陶器和图绘手稿上。人们有关米斯特克时期知识的主要来源是成套的彩绘宗谱，其中记录了约800年的王朝历史（从公元7世纪开始直到西班牙人占领以后）。位于瓦哈卡西面的米斯特克高原，是这些军事贵族的主要基地，他们取代了古典时期保守的神权政治社会，一如之后托尔特克人取代了

本页及左页：

（左上）图5-20阿尔万山 祭祀中心。中央广场东北角建筑景色

（左下）图5-21阿尔万山 祭祀中心。自北院向南望去的景色

（右上）图5-22阿尔万山 祭祀中心。中央广场东北角向西南望去的景色

（右中）图5-23阿尔万山 祭祀中心。中央广场西侧建筑（向南望去的情景，前景为组群IV，后面依次为“舞廊”殿和组群M）

（右下）图5-24阿尔万山 祭祀中心。中央广场东侧台地俯视景色

（上）图5-25阿尔万山 金字塔-神殿（位于遗址区东北方向）。西北侧全景

（下）图5-26阿尔万山 金字塔-神殿。东北侧景色

尤卡坦和特奥蒂瓦坎的后古典文明。各方面的证据都证实了确实有一个米斯特克部族王朝时期，但他们的准确历史定位，以及他们和阿尔万山的神权政治统治者及北面托尔特克世系的关系，都没有彻底搞清楚。

米特拉建于公元8世纪，约相当于宗谱上记载的最早一批王朝首领统治时期。到西班牙人占领之时，米斯特克艺术已渗透到墨西哥中部地区物质文明的方方面面（15世纪，阿兹特克彩绘陶器和手稿插图受米斯特克-普埃布拉艺术的影响要甚于其他任何传统），因此，在论述前古典时期之后，我们还要回

（上）图5-27阿尔万山 祭祀中心。南平台，大台阶近景

（左下）图5-28阿尔万山 祭祀中心。南平台，遗迹现状

（中下及右下）图5-29阿尔万山 祭祀中心。南平台，石碑

顾一下萨巴特克古典时期米斯特克艺术的起源。约翰·帕多克第一次指出，米斯特克艺术有可能来自巴尔萨斯河上游的米斯特卡-巴哈地区。在那里，古典时期已出现了明确的“热土风格”的先兆，制品中包括器皿、浮雕和带交织及阶梯状花纹的瓮罐等，年代属古典早期和中期（公元200~700年）。

二、前古典时期

在埃特拉谷地，现瓦哈卡城西北很早就开始有人

居住。大约公元前1500年，已经出现了固定的村落，农户在这块富饶的土地上耕作并通过在田野上凿井进行灌溉。瓦哈卡最早的陶器（公元前1500~前900年）主要受奥尔梅克作品影响，但另一方面，工场的遗迹表明，瓦哈卡州的圣何塞-莫戈特同样向奥尔梅克人提供了各类矿物（各种铁矿、云石和石英；在圣何塞-莫戈特，早期建筑同样建在人工平台上并采用了柱子，图5-5、5-6），所有这些产品对艺术和宗教都具有极其重要的意义。在前古典中期，瓦哈卡和普埃布拉及墨西哥海湾地区居民之间的联系非常密切；

左页：

（左上）图5-30阿尔万山 祭祀中心。北平台，院落俯视全景（自东北侧金字塔向西南方向望去的景色）

（右上及中）图5-31阿尔万山 祭祀中心。北平台，东侧，向南望去的情景（右上图前景为金字塔A，中图可看到右侧的柱廊残迹）

（下）图5-32阿尔万山 祭祀中心。北平台，自院落向东北方向金字塔群和丘台（金字塔）A望去的景色

本页：

（上）图5-33阿尔万山 祭祀中心。北平台，向院落东北角望去的景色，背景左侧为金字塔群，右为丘台（金字塔）A

（下）图5-34阿尔万山 祭祀中心。北平台，面向中央广场的大台阶，全景

而年代稍晚后（公元前900~前400年）的阿尔万山石板雕刻（即因雕刻而得名的所谓“舞廊”殿）则具有明确的奥尔梅克特色。阿尔万山的历法、象形文字和数字符号雕刻，是另一类承自奥尔梅克的遗产；具有同样表现的还有这时期另一个遗址——代苏的雕刻（其图像中包括具有人类特征的美洲豹）。在象形文字、数字符号和历法上也都可看到玛雅的影响。米斯特克地区的蒙特内格罗（位于瓦哈卡州北部边界处）约创建于公元前600年，不过，这座山顶上的城镇好像在3个世纪之后便弃置了。

瓦哈卡州的萨巴特克文化起源于前古典中期。尽管玛雅人和奥尔梅克人构成了萨巴特克系谱树的一部分，但后者的文化很快就获得了自己独有的特征，并在其精美的容器和建在人工山顶平台上蔚为壮观的阿尔万山城址上表现出来。

如果说中美洲最早的黏土建筑是由奥尔梅克人创造的话，那么，另外一些——特别是受其文化影响——的民族则为日后宏伟的石建筑的发展奠定了基础。

在前古典后期（公元前800~前200年）受奥尔梅克文化影响的所有地区里，率先在建筑领域采用这种比较坚固和耐久材料的地区有三个，即瓦哈卡地区、

左页：

（上）图5-35阿尔万山 祭祀中心。北平台，大台阶近景，前景为9号碑

（左下）图5-36阿尔万山 祭祀中心。北平台，柱廊（位于大台阶后），石柱残迹（两排，每排六根）

（右下）图5-37阿尔万山 祭祀中心。北平台，东北部金字塔区（近景建筑为金字塔e）

本页：

（上）图5-38阿尔万山 祭祀中心。北平台，东北部遗存，现状

（中）图5-39阿尔万山 祭祀中心。球场院，向西北方向望去的景色

（下）图5-40阿尔万山 祭祀中心。球场院（位于中央广场东侧），向北望去的景色

本页：

（上）图5-41阿尔万山 祭祀中心。球场院，西北角近景

（下）图5-42阿尔万山 祭祀中心。球场院，向西南望去的景色

右页：

（左上）图5-43阿尔万山 祭祀中心。球场院，向南望去的景色

（右上）图5-44阿尔万山 祭祀中心。“舞廊”殿，平面（据Marquina，1964年）

（下）图5-45阿尔万山 祭祀中心。“舞廊”殿，基部浮雕组群（约公元初年，浮雕刻在大小和形式不同的石块上，每块板上均刻一个呈舞蹈姿态的人物，大小近足尺，外廓大体按石块形状确定，均为男性，裸体，表现出纯净的奥尔梅克风格）

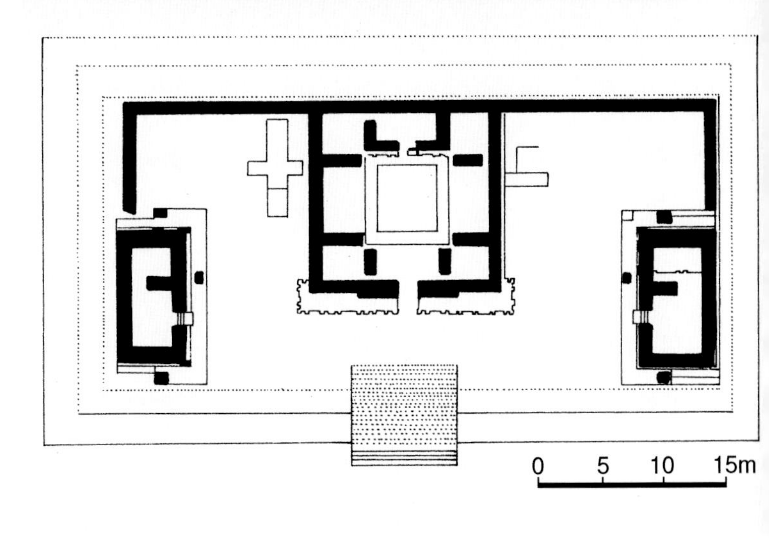

玛雅的某些中心和墨西哥中央高原。在这个时期，文化方面贡献最大的是瓦哈卡地区，除了纯属奥尔梅克的遗产外，正是在这里，形成了第一个象形文字书写体系（尽管还比较原始）和已知中美洲最早的神祇图像。它不仅涉及具有完全不同属性和特征的神祇，同时还能看到在20个世纪期间它们在这一地区的演化过程。在建筑方面，从这个时期开始，在阿尔万山出现了带大块浮雕石板的建筑，如“舞廊”殿的早期部分（见图5-45~5-48）和丘台J（见图5-58~5-60），后者具有箭头般的奇特平面，被认为是中美洲最古老的天文观测台。代苏则向我们展示了头一批表现球赛仪式的浮雕（图5-7）。在蒙特内格罗，还可看到城市发源的痕迹，包括街道、广场，以及具备了大型建筑形态的神殿（其建造方式表明，已开始配置了台阶和用

本页及右页：

（左上）图5-46阿尔万山 祭祀中心。“舞廊”殿，浮雕板（有的板面上还有由数字和符号形成的简短铭文，但大部分意义都没有搞清楚）

（左下及右）图5-47阿尔万山 祭祀中心。“舞廊”殿，浮雕板（右面一块现存墨西哥城国家人类学博物馆）

（中两幅）图5-48阿尔万山 祭祀中心。“舞廊”殿，浮雕板（对于这些浮雕的真实内涵，现有诸多说法，除舞蹈者外，还有说是表现忍着伤痛的病人或战俘，或是表现沃土仪式等，只是这些说法均没有得到公认）

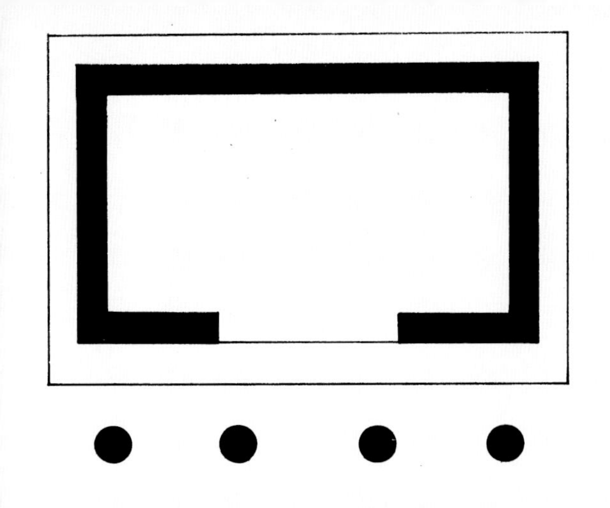

（本页左上）图5-49阿尔万山 祭祀中心。建筑（组群）IV，顶层建筑平面（据Marquina，1964年）

（本页左中）图5-50阿尔万山 祭祀中心。建筑（组群）IV，透视复原图（据Marquina，1964年）

（本页右中）图5-51阿尔万山 祭祀中心。建筑（组群）IV，近景，从裙板-斜面的采用上可看到特奥蒂瓦坎建筑的影响

（本页下及右页上）图5-52阿尔万山 祭祀中心。建筑（组群）M，东南侧俯视全景（后面可看到“舞廊”殿及其浮雕板所在的位置）

（右页下）图5-53阿尔万山 祭祀中心。建筑（组群）M，主塔东南侧俯视全景

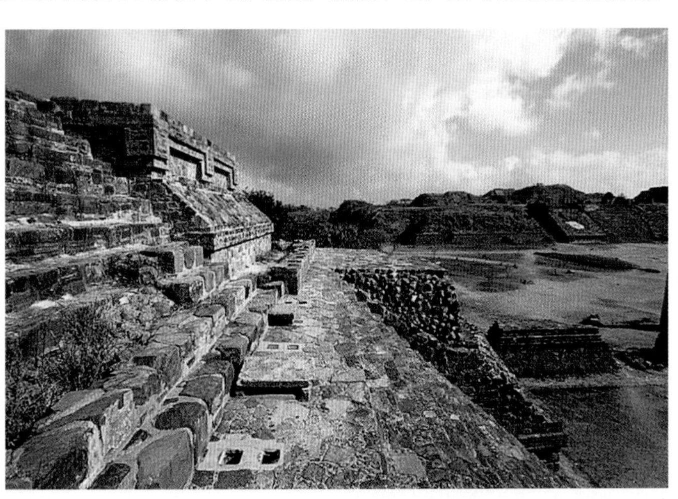

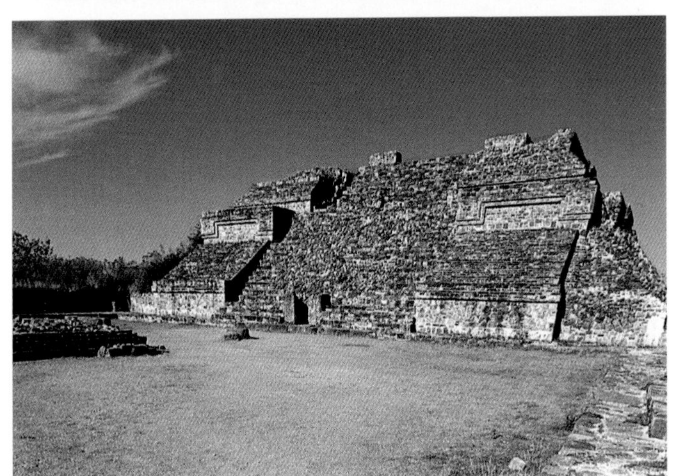

石头及柴泥加固的基础，特别是还用了同样材料建造的粗柱，图5-8）。

三、古典时期，萨巴特克风格

[阿尔万山，规划及建筑]

祭祀中心

新近在理查德·布兰顿主持下进行的发掘表明，在阿尔万山 II期（公元前300~前100年）这个基址上已存在一个大的城市中心。居住区成组地布置在山侧的一些小台地上。人们的日常用水来自与高处大坝相通的河网和贮存的雨水，继而分配到位于低处的耕田。到阿尔万山 IIIb时期（公元600~800年），居民至少已达到5万人。

从建筑上看，阿尔万山最令人感兴趣的是其祭祀中心的地理形势。它位于一座平均海拔400米的独立山肩上，俯视着三个峡谷，城市其他部分在下面的山坡台地上延伸（总平面及复原图：图5-9~5-15；遗址景观：图5-16~5-24）。在特奥蒂瓦坎，人们是按规划的意愿改造大片谷地，在大体成形的平地上布置祭祀中心和居住区；相反，在阿尔万山，人们则是花费巨大精力选择了一个极具特色且适于供奉各个神祇的

左页：

（上）图5-54阿尔万山 祭祀中心。建筑（组群）M，主塔东北侧全景（前景为“舞廊”殿浮雕板）

（中）图5-55阿尔万山 祭祀中心。建筑（组群）M，主塔东侧全景

（下）图5-56阿尔万山 祭祀中心。建筑（组群）M，主塔近景（当年墙体及坡面上均覆有灰泥及色彩）

本页：

（上）图5-57阿尔万山 祭祀中心。丘台J（天象台，3世纪），平面及方向示意[平面箭头形，偏离正向约45°，可能和天象有关，因而又得天象台之名，但实际功能并没有完全搞清楚；该图示和御夫座α星 （五车二，御夫座最亮恒星）的关系]

（下）图5-58阿尔万山 祭祀中心。丘台J，自东南方向望去的全景，远景为组群IV

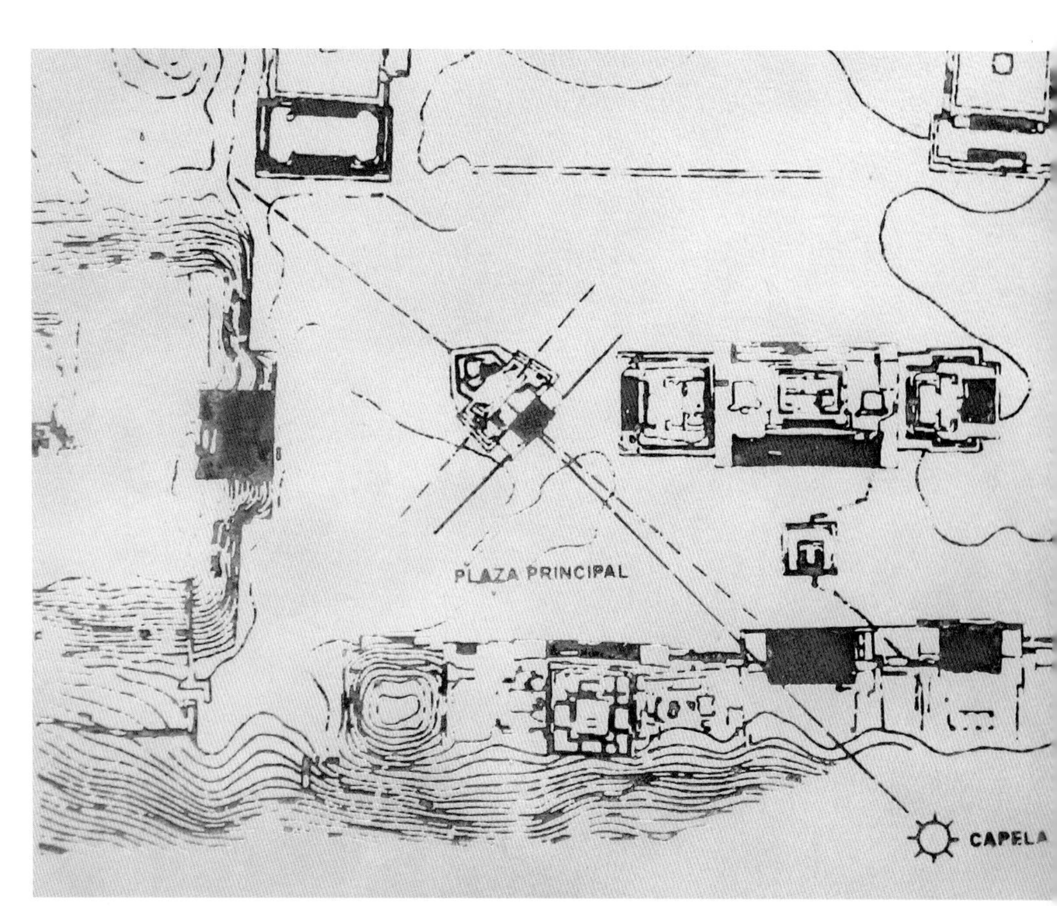

（上）图5-59阿尔万山 祭祀中心。丘台J，自中央广场主轴线北望景色，后面为广场中央建筑组群，背景处可看到北平台上的建筑

（右中）图5-60阿尔万山 祭祀中心。丘台J，西南尖头处景色

（左中）图5-61阿尔万山 祭祀中心。丘台J，基部石板雕刻（左面一幅图形意义为“山”，好像是指某个地名，还有一个倒置的君主头，可能是记录他的落败处；右面舞蹈形象可能早于公元前300年）

（左下）图5-62阿尔万山 丘台（宫殿）S（古典后期，可能为公元500~700年）。平面（位于主广场东侧，门口设一幕墙，防止路人看到内部；中央下沉式庭院内设一祭神处所，自院落有台阶通向包括厨房和卧房在内的各个房间）

（右下）图5-63阿尔万山 103~105号墓。内景

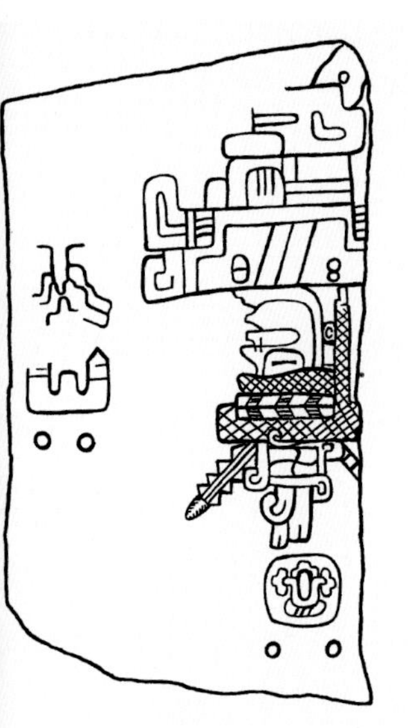

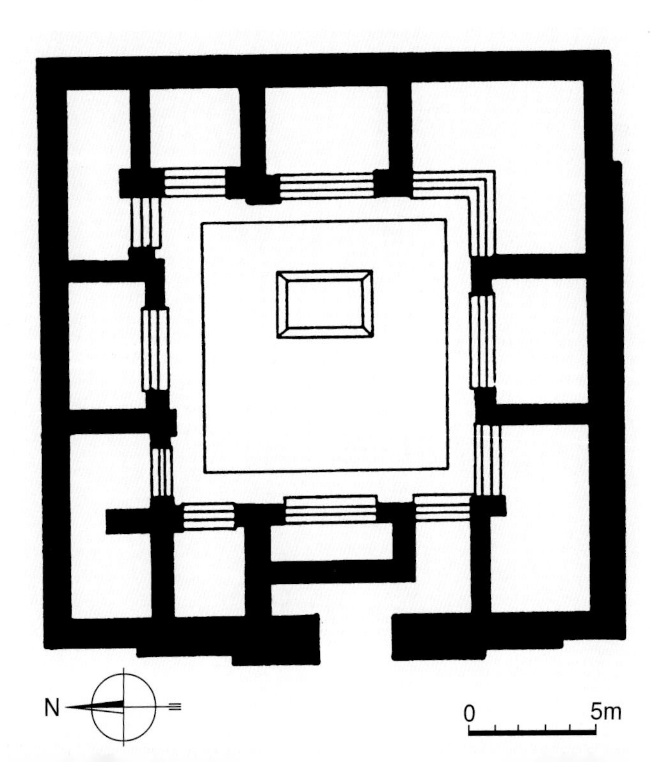

基址。在经过大约15个世纪的不断改造之后，庞大的建筑群里人工整治的台地和旷场总数达到了令人难以置信的2200个左右，和平台及丘台一起，完全改变了山上的原始面貌。尽管经历了无数建设阶段，在近公元1000年时最后形成的组群仍然表现出令人惊讶的均衡（见图5-16~5-23）。

除了一个独立在东北方向的金字塔-神殿（图5-25、5-26）外，位于山顶处的建筑好似卫城，围绕着一个南北向约400米，东西向200米的长方形场地布置成组的院落及金字塔（理查德·布兰顿还在城内辨认出防卫城墙）。在这个宏伟的建筑群里可觉察到观念上的丰富变化，从现有开敞空间和结构实体的关系上看，人们并没有刻意追求对称的格局。其狭窄的南端地势最高，平台范围内仅有两个神殿的基础，耸起

图5-64阿尔万山 103号墓。萨巴特克墓葬容器（高51厘米，表现“剥皮之主”西佩托堤克的造型，其左手握着一个被斩的人头； 西佩托堤克同时也是春天、更新和繁殖之神；墨西哥城国家人类学博物馆藏品）

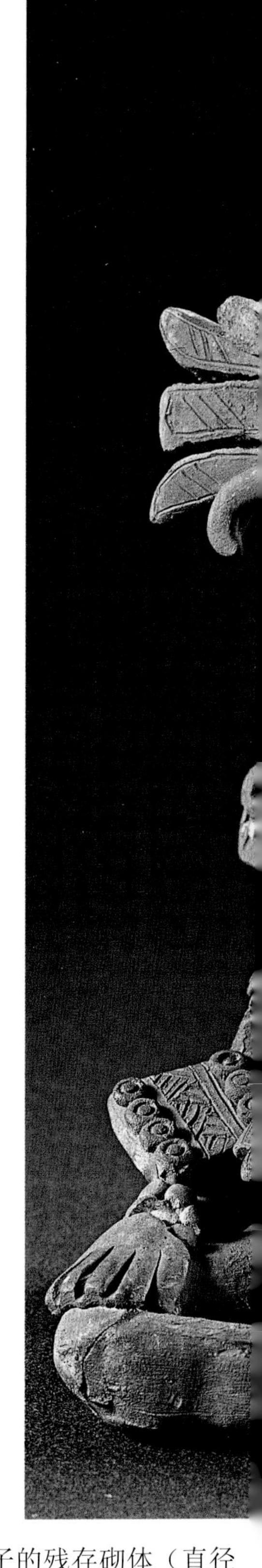

如一个不对称的金字塔组群（图5-27~5-29）。北面范围较大，进一步分为几个祭祀组群，包括若干栋建筑及小广场（图5-30~5-38）。最引人注目的是一个很大的下沉式院落（所谓“凹院”），院落和主广场通过栏墙-平台分开，南侧台地上有一个原来面对着中央广场的大型柱廊，现仅存柱子的残存砌体（直径约2米，见图5-21）。

主广场东侧为一系列大小不一的基台，它们与广场通过一排给人以深刻印象的台阶联系起来（见图5-24）。其中之一通向在山岩中挖出且半隐在其他建

本页及左页：

（左）图5-65阿尔万山 墓寝出土陶器：十三蛇神（高67厘米，成于3~8世纪期间，墨西哥城国家人类学博物馆藏品）

（右）图5-66阿尔万山 墓寝出土陶器：老火神（彩陶，高28厘米，公元400~600年，墨西哥城国家人类学博物馆藏品）

筑之间的球场院（图5-39~5-43）。按古典“I”形建造的这个球场院的石环已失落，但配有准备安置神像的龛室。与东面对应，广场西侧主要布置独立的三组建筑：中间的“舞廊”殿（因基部的浮雕组群而得名，图5-44~5-48）和在它两边的两个几乎一样的组群（建筑IV及建筑M；建筑IV：图5-49~5-51；建筑M：图5-52~5-56）。中间神殿的围墙和两边建筑的入口平台及其他小建筑取齐，构成该面的边界。大广场的这面因此获得了更为私密的礼仪特色，类似于特奥蒂瓦坎许多封闭的群组。另在广场中央布置了一个上有几个小建筑的长方形平台和一个平面奇特的丘台J（图5-57~5-61），台阶及建筑和周围组群类似并相互呼应。

尽管广场布局上并不规则，侧面只是接近对称，不仅平台之间的间隔变化甚大，主要角度也不全一致（或为锐角或为钝角），所谓矩形围地实际上仅就观念而言，而非严格的测量数据，但广场总体看上去还是规整的，整个祭祀中心构图上亦能做到协调一致。这种偏离规则几何形式的表现正反映了遗址的发展历程。如广场西侧最早的建筑——“舞廊”殿朝东但有一个向南几度的偏角，而广场其他三面更接近正向，可能是属后一建设阶段。

阿尔万山的空间围合设计颇似特奥蒂瓦坎的“城堡”组群（见图2-16）。整个主广场建筑的组合可视为一个圆形剧场，通过不多的建筑围括，特别是在北侧和西侧。如此形成的空间围地，很容易使聚集在那里的人群把注意力集中到位于围地端头或中心的主要阶台和神殿处。在这里，构图的基本要素是位于端头和侧面的栏墙-平台以及在背面及中心处的舞台式背景。围地通常在角上敞开，使观众既能感到和其他地段的分隔，又能通过建筑间的敞口与它们有所沟通。这种灵活但不失均衡的构图反映了一种直觉的空间意识。保罗·韦斯特海姆称之为“充满活力的空间体系，它们相互补充，形成一个有机的统一体……一组空间的交响乐。”[4]中美洲居民综合建筑形体和大型开阔空间的能力在阿尔万山这里可说达到了最杰出和最完美的表现。

美洲大陆不乏特色鲜明、场面壮观的遗址，如安第斯山上的马丘比丘。但正如J.E.阿尔杜瓦所说，正

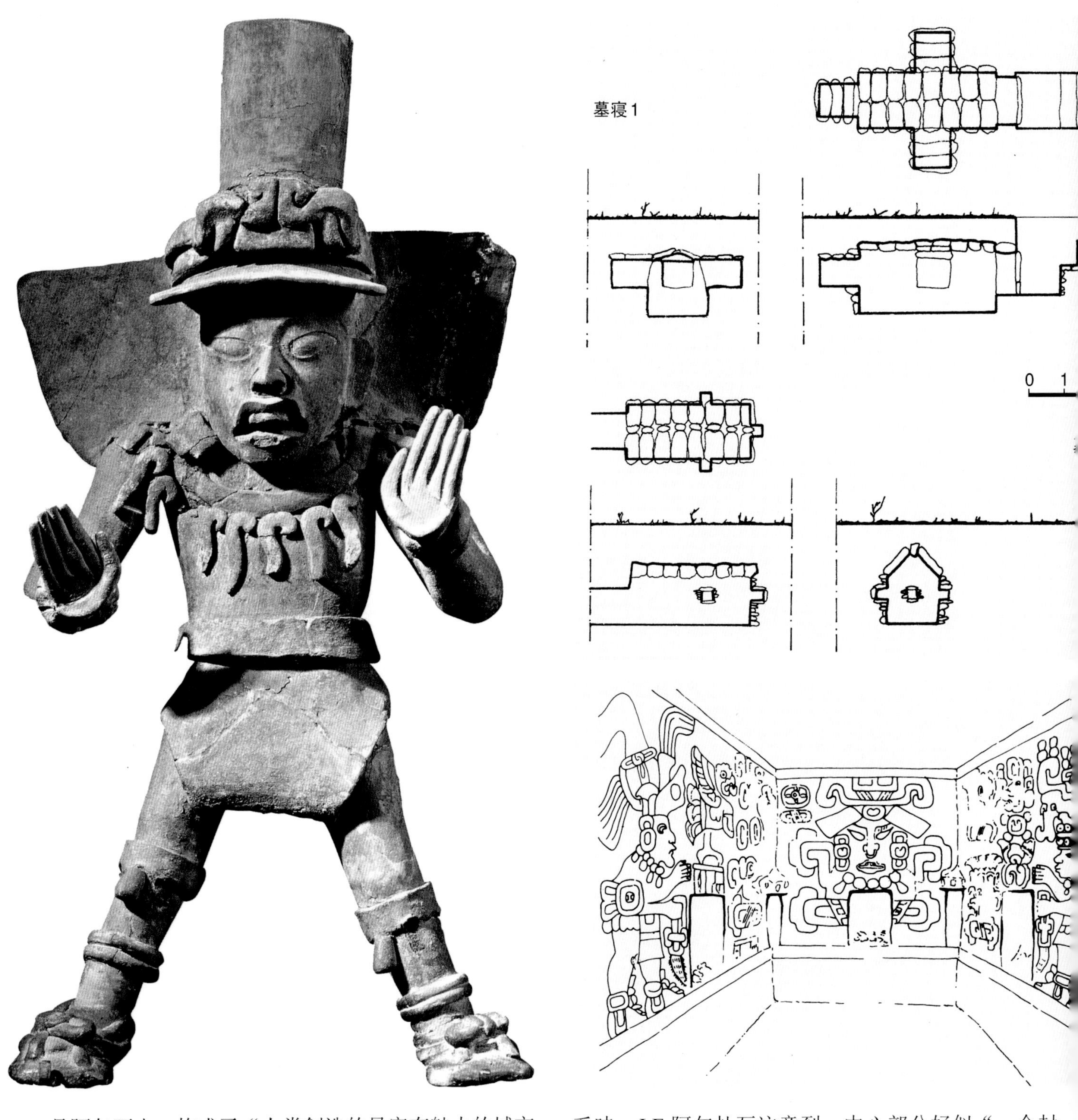

是阿尔万山，构成了“人类创造的最富有魅力的城市空间之一，也是美洲最美的遗址。”[5]除了不同寻常的布局外，阿尔万山最引人入胜之处在于祭祀中心的核心地带在人们心中激起的完美感觉，特别是南北两面布置两组巨大平台的大广场。

这种“在变化中求统一”的表现是如此明显，以致不论从广场的任何角度望去，只要看一眼，就能立即留下深刻的印象。人们还可进一步欣赏每个细部的特色，不像特奥蒂瓦坎那样，多少有点使人感到单调乏味。J.E.阿尔杜瓦注意到，中心部分好似“一个封闭空间，看不到三面环绕山头的峡谷。在人们的印象中它本身就是一个完美的构图，已不可能在空间上进一步扩展，因为地形的边界已经确定，甚至也不会有这样的想法，因为呈现在眼前的空间关系已是如此神奇和统一……”作为结论，他强调：“每个新建筑的特色，都是为了能加强整体的统一。”（出处同上）

在阿尔万山的这个祭祀中心，完全看不到严格的

轴线，正如劳尔·弗洛雷斯·格雷罗所说，是展示了一种“非对称的和谐。”[6]建筑的位置不仅不规则（既没有排齐也没有顾及方位），而且还很容易看出来。位于广场中间的丘台J即是如此，这是城市最老的建筑之一，经过无数次改造（见图5-58~5-60）。可能是为了遵循仪式规则或满足天象家的要求，位于广场中的这个结构无论在形式（平面箭头形）还是在朝向上都和广场其他建筑完全不同。由于之后在广场中央又增建了3个构成单一形体的建筑，尽管它们并没有和丘台J相连，但给人的印象是形成了一个组群（见图5-57），从而巧妙地化解了这个矛盾。

宅邸和墓寝

在阿尔万山，宅邸仅存基础部分。这些带房间的结构围着方形的下沉式院落布置，颇似特奥蒂瓦坎的内院（或天井）组合，区别仅在于，瓦哈卡的宅邸是孤立的四方院，而特奥蒂瓦坎的是更大群体的组成部分。在阿尔万山，最大的一栋宫邸位于主广场东侧的丘台S上，有12个以上的房间（图5-62）。和它相对的广场另一面的“舞廊”宫由围着院落的8个小房间组成。主广场西北还有一些住宅，包括带有彩绘墙面的地下墓葬，上面为方形的院落结构。它们和105号墓上的土丘一样，由四个主要房间构成，每个都向方

左页：

（左）图5-67阿尔万山 墓寝出土陶器（空心陶俑，阿尔万山II期）

（右上）图5-68阿尔万山 萨巴特克墓寝。平面及剖面（上下两组示两个墓寝，据Marquina，1964年）

（右下）图5-70阿尔万山 104号墓（阿尔万山IIIa时期，约公元600年）。内景（图示带龛室和壁画的端墙及两侧，取自George Kubler：《The Art and Architecture of Ancient America，the Mexican，Maya and Andean Peoples》，1990年）

本页：

图5-69阿尔万山 7号墓（后古典后期）。出土金饰（头骨状的神像下为米斯特克的历法体系）

院凸出，以此形成角上的小院（见图5-75）。这四个房间的院落组合可能要早于设计更为精巧的四方院建筑（丘台S），后者已类似于米特拉的建筑。但由于在105号墓组群中已用了类似米特拉的大型独石楣梁和侧柱，因此在阿尔万山的后期建筑和米特拉的四方院之间，时间间隔不会很长。和特奥蒂瓦坎一样（见图2-150、2-151），真正的住宅在古典时期的最后几个世纪才开始建造，并作为住宅建筑传统一直延续到后古典时期。

到公元200年，萨巴特克文化已开始处在特奥蒂瓦坎的强大影响下，除了在建筑上的表现外，这一文化同样留下了无数供奉神祇和死者的遗迹。在阿尔万山，葬仪建筑同样起着重要的作用并使这个萨巴特克人的圣城成为中美洲第一个大型墓地。墓寝里安放着取神祇造型的巴洛克式葬仪瓮罐、为还愿而奉献的容器和各种祭品（墓寝内景及出土文物：图5-63~5-67）。在这里生产的大量这类陶器构成了萨巴特克文化最典型的作品。墓寝大都位于神殿、宫邸、住宅、平台、院落和小天井下，或是在环绕着主要建筑群周边的山脊、山坡或山脚下。

墓寝具有各种式样，包括从矩形到十字形的平面。最早的墓（33号、43号）系简单的矩形坑室和井状结构，以石板作衬里和顶盖。现存大部分墓属古典时期，II期的已有入口台阶、次要房间或龛室，形成十字形平面（77号、118号）。墙体一般为石头砌筑，墓室用大石板盖顶，或为平顶，或两块石板斜放彼此支靠构成三角形剖面（尖头拱顶，有时另加一块起拱心石作用的中石，图5-68）。规模最大的是阿尔万山 III期的墓构，立面配嵌板式檐壁，室内有壁画（82号墓）。7号墓（以后为阿尔万山的米斯特克居民重新利用，图5-69）、104号墓（建于阿尔万山 IIIa时期，图5-70~5-74）和105号墓（图5-75~5-77）均属这种类型，壁画风格上往往显露出特奥蒂瓦坎和玛

雅的影响。到第IV和第V期，出现了如59号和93号这样的墓，规模比III期的要小，以小壁龛取代了次级房间。不过，主要的建筑这时期已不在阿尔万山，而是转到了米特拉、亚古尔、萨奇拉和拉姆比铁科等地，在这些地方，地下墓葬均为精心建造的十字形结构（见图5-111），规模也比山区的要大。装饰绝大多数都集中在陵寝入口周围，有时在独石楣梁和满覆浮雕的门侧柱上（为公元1000年后习见做法，如米特拉所见），有时以陶土和灰泥雕刻的形式出现。后者如阿尔万山104号墓的入口，在裙板底部凹处一个类似龛室的地方，大型陶瓮上表现萨巴特克的一个神祇（见图5-83）。

最近在拉姆比铁科（为靠近特拉科卢拉谷地的一个小遗址）发现的一批墓葬属公元700年左右，提供了一些颇有价值的新裙板造型（外覆丰富的陶土或灰泥雕饰），其中包括自裙板表面凸出的大型面具雕刻，极为精细的塑造头像等。拉姆比铁科最优美的墓葬不仅裙板雕刻保留完好，色彩亦绚丽如初。如今的阿尔万山，除了石碑、带雕刻的楣梁和石板以及陶土和灰泥的浮雕残段（包括在北平台东北角发现的属工程第一阶段的大型陶塑蛇像）外，仅存宏伟的断墙残垣，但借助这批具有格外价值的考古证据，可以想象，在盛期的阿尔万山，当各个部件均通过华丽的色彩加以突出时，满覆精美浮雕的各个建筑该具有怎样壮丽的景象。

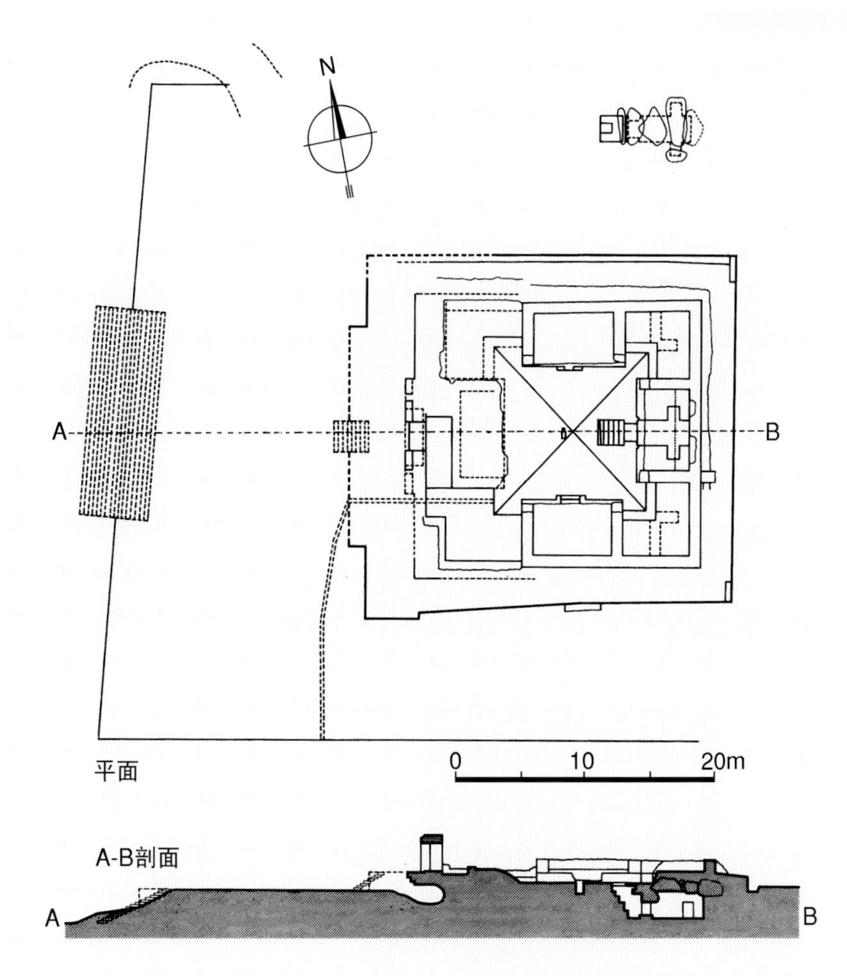

左页：

（上）图5-71阿尔万山 104号墓。墙面展开图（灰色部分为祭品龛）

（中两幅）图5-72阿尔万山 104号墓。内景（上下两图分别示修复前后状况）

（下）图5-73阿尔万山 104号墓。壁画细部（一）

本页：

（上）图5-74阿尔万山 104号墓。壁画细部（二）

（下）图5-75阿尔万山 住宅组群及105号墓（阿尔万山IIIb时期，公元600年以后）。平面及剖面（取自George Kubler：《The Art and Architecture of Ancient America，the Mexican，Maya and Andean Peoples》，1990年）

本页：

（上）图5-76阿尔万山 105号墓。壁画（墨西哥城国家人类学博物馆内的复制品）

（下）图5-77阿尔万山 105号墓。壁画细部

右页：

（左上）图5-78阿尔万山 丘台X-sub（阿尔万山II期，公元300年以后）。平面（据Marquina，1964年）

（左下）图5-79阿尔万山 中央组群（丘台G、H、I）。平面（据Marquina，1964年）

（右上）图5-80阿尔万山 石雕萨巴特克神殿模型（古典时期，可能为公元300年后，墨西哥城国家人类学博物馆藏品）

（右下）图5-81阿尔万山 陶土萨巴特克神殿模型（大鹦鹉为太阳的象征，墨西哥城国家人类学博物馆藏品）

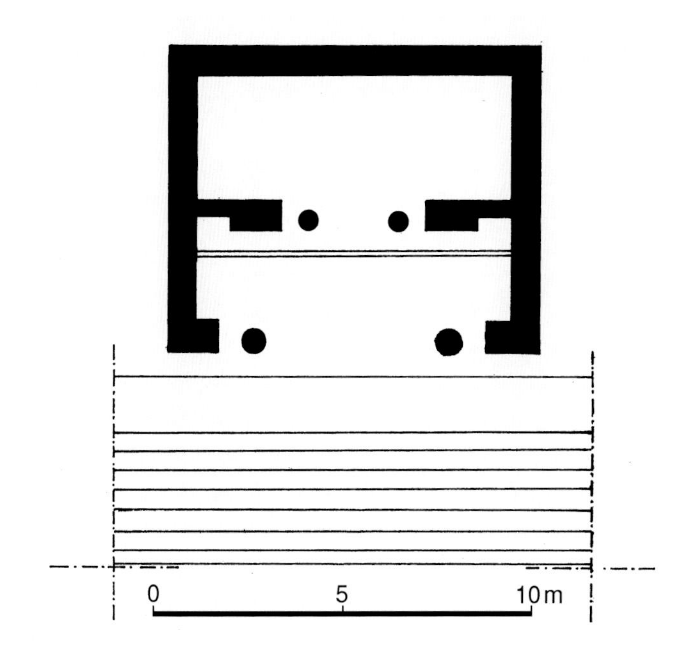

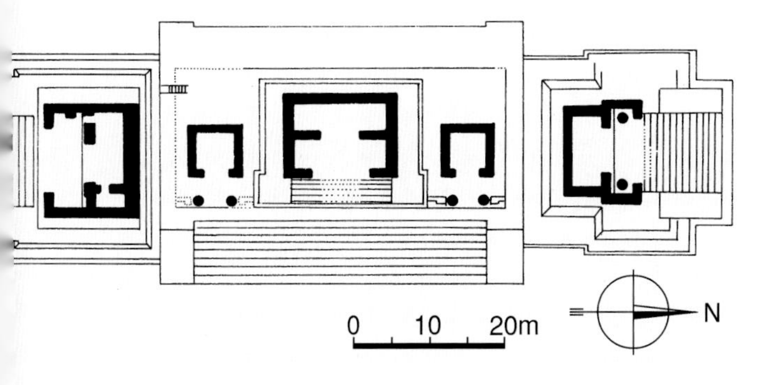

建筑特色及构造

虽说在祭祀中心广场上的丘台J和某些地下墓葬中采用了迈锡尼那种类型的尖头石构拱顶，但在阿尔万山，占主导地位的还是梁柱式木构屋顶。灰泥面层虽有应用，但不像特奥蒂瓦坎那样普遍。截锥状的平台以粗略成形的石块作为面层，安置在晒干的黏土层上。台地面上最引人注目的是宽大的台阶和扩展的栏墙。主要表面为斜面，垂面大都由各种样式的退凹层面分划。平台上的建筑墙体土筑，柱子由碎石砌造，立在石基础层上，后者剖面如平台，由薄石板叠置而成，表面倾斜。现在的建筑表面差不多均于1940年前，在阿方索·卡索-安德拉德的主持下进行过整修。

从当地留存下来的少量石构模型上，可大致了解阿尔万山建筑的立面形式，其中一个表现神殿立面（见图5-80）。不大的殿堂立在平台和台阶上。正面有一个凸出的中央板块，重复了主体部分的廓线形

（左上）图5-82特拉科卢拉石雕萨巴特克神殿模型（可能为公元300~700年，门口挂了一个遮挡视线的羽毛门帘；据Caso，1969年，制图J.Klausmeyer）

（下）图5-83阿尔万山 104号墓。入口处雕饰细部（精美的陶瓮仍在原处）

（右上）图5-84阿尔万山 2号碑（线刻“胜利”碑，阿尔万山III期，公元300年以后；表现一个着美洲豹服饰的武士）

式。在作为主要线脚的楣梁檐口之上，为一道倾斜的坡面，接着为嵌板式的檐壁和向外展开的顶部檐口。显然这些造型都是为了使简单的梁式结构具有更丰富的变化。在“舞廊”丘四方院结构的基址上，已清理出这样一个带装饰的立面基础，它显然是覆盖在一个朴实的早期立面上的外壳。

和特奥蒂瓦坎相比，祭祀中心某些建筑的内部空间要更为简单，尽管两者都是基于类似的结构原则和施工方式（平屋顶，由墙体和柱子支撑）。但阿尔万山的建筑在柱子的使用上不仅更为灵活，同时也更富有表现力。到阿尔万山 II期（前古典时期，公元前300~公元初年），人们已开始普遍采用砌造柱并具有多种形式，主广场北侧丘台顶部大型柱廊的柱子极为沉重，而靠近墙体处或位于主立面前的柱子则大都细高、轻快（或为独石，或为砌造）。在考古区东北角的丘台X 下部（X-sub，阿尔万山 II期，图5-78），阿方索·卡索-安德拉德发现了由两个房间组成的一个内殿。每个门道处均有两根位于端墙之间以碎石砌筑的圆柱（端墙头与立面齐平）。8米宽的外门道由柱子分为三个开间。中跨宽5米，两边跨间距较窄。在通向内部房间的入口处也用了这种既富有生气又突出重点的节律，只是尺度较小。同样的构图再次出现在上述主广场北侧的大型柱廊里，三个跨间均于墩墙间布置两组成对的柱子。这种简单、明晰，充满力度的组合构成了阿尔万山遗址的主旋律。和丘台X下部类似的还有广场中间的建筑（丘台）G、H、I（丘台H的双柱位于两侧祠堂的内殿前，图5-79）。在主广场西南角，组群M神殿的入口柱廊由四根圆柱组成（见图5-10）。在它及其对应的神殿IV（见图5-49）里，我们看到了一种极具特色的纪念性建筑的组合方式，即借助一个大型入口平台和两道侧墙形成一个小的内广场，广场中央设祭坛，金字塔脚下布置石碑和龛室式祭坛（见图5-50）。直接通向神殿的最

图5-85阿尔万山 4号碑（阿尔万山IIIa期，表现一位君主，左侧的八鹿图形可能是表示名字或日期）

后一跑台阶最窄，从而使立面显得更有生气，建筑外观亦更为轻快。

在阿尔万山，建筑中采用“斜面-裙板”组合可能是受到“神之城”（Cité des Dieux）特奥蒂瓦坎的影响，阿尔万山历史上曾和它保持着密切的联系。事实上，特奥蒂瓦坎西部因该地找到的一块瓦哈卡风格的石碑而一度被称为“瓦哈卡区”，在那里找到了大量的萨巴特克陶器，其制作者是来自瓦哈卡地区但在特奥蒂瓦坎生活的匠人。不过，萨巴特克的建筑匠师从没有完全照搬这种裙板的形式，他们知道如何使这种来自特奥蒂瓦坎的部件适应自己固有的建筑需求。在特奥蒂瓦坎，带水平边框的裙板总是和较矮的斜面配合使用，绕行阶台基部，仅在台阶处中断，台阶两边以护墙[上面通常还设凸出的蛇头像（dés）作为过渡部件，如图2-66所示]。而在阿尔万山，裙板具有更丰富的变化，其中最主要的是采用了所谓“肩型”剖面（scapulaire），宽大的上部条带在两端（有时还包括中部）向下延伸，同时在下部形成几道退进的阶台（见图5-56）。

公元2或3世纪出现的这种令人感兴趣的地方裙板

本页：

（上）图5-86代苏 浮雕饰面板（约公元前300年）

（下）图5-87伊萨帕 7号碑和3号祭坛（约公元前300~前50年）。现状（石碑高178厘米，宽127厘米；祭坛直径146厘米，高40厘米；石碑中央部分已损坏，残存部分表现两个站在双头蛇上的人物，上部天蛇象征苍穹）

右页：

（左）图5-88伊萨帕 50号碑。现状（前古典后期，成于公元前300~公元100年；原位于主广场上，现存墨西哥城国家人类学博物馆；表现一个坐着的死神，从肋骨处逸出象征神或动物的线条）

（右上）图5-89阿尔万山 巴桑碑（石灰石线刻，公元300年以后）。立面图（取自George Kubler：《The Art and Architecture of Ancient America，the Mexican，Maya and Andean Peoples》，1990年）

（右下）图5-90萨巴特克墓葬陶器（彩陶，高30厘米，瓦哈卡地区出土，公元200~350年，现存墨西哥城国家人类学博物馆；表现雨神，处于萨巴特克艺术受奥尔梅克影响到特奥蒂瓦坎风格的过渡阶段，嘴脸似蝙蝠）

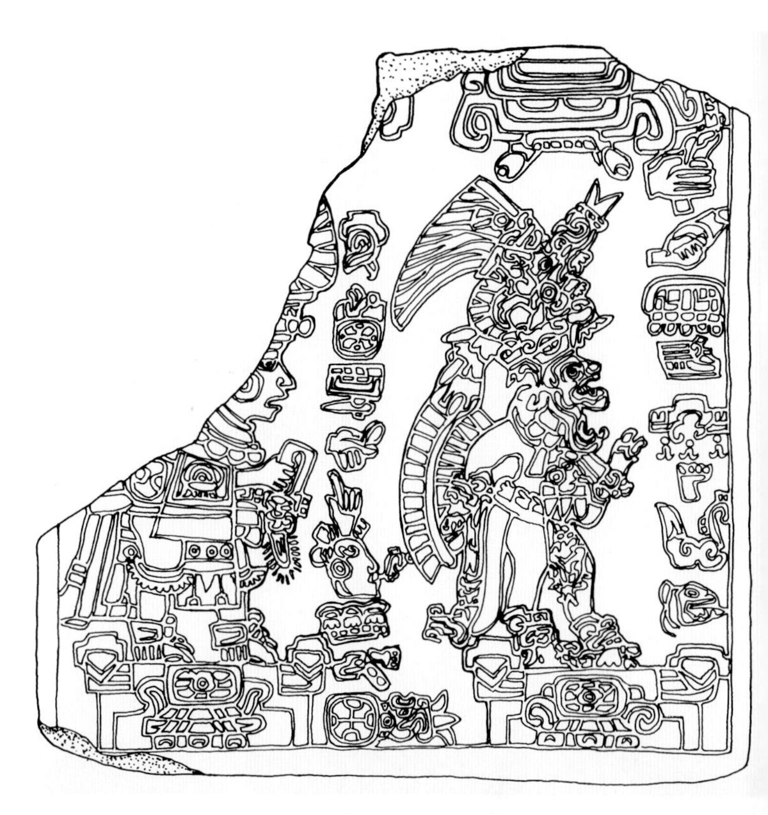

可视为特奥蒂瓦坎母题的一种变体形式，它很快就成为几乎所有萨巴特克建筑最重要的部件。这些建筑往往伴有两道、三道乃至更多的“肩型”剖面，粗大的线脚，直的或倒棱的檐口，由垂面或斜面构成的基座，充当基面的平台以及台阶的栏墙。通过某些优美的石雕和陶土模型可知，这类裙板同样用于基台和屋顶的冠戴部分（图5-80~5-82）或陵寝的入口处（图5-83），起着檐壁的作用。正如劳尔·弗洛雷斯·格雷罗所说，这种具有强烈阴影效果的部件几乎构成了建筑“唯一的装饰”。[7]它们不仅突出了建筑的主要形体，同时还使多样化的组群具有了统一的风格要素；在和台阶栏墙具有紧密联系的同时，保证了相对于基部的比例均衡。北平台的宏伟立面即为一例，其立面长约200米，中央台阶宽几近40米，两边为特宽（12米）的栏墙和裙板（见图5-34、5-35）。

在这里，水平堆积而成的台地式平台通过宽阔的倾斜裙板加以强调，在构图上，其作用显然要大大超过檐壁。台阶和栏墙比例上也显得过于拘谨，和它的导向作用相比，平台角部的体量给人的印象反倒更为深刻。而平面和建筑IV几乎完全一样的建筑M（见图5-52~5-56），通过巧妙地改造肩型檐壁，在水平和垂向部件的强调上达到了相反的效果。在这里，檐壁被处理成短的水平区段，每个檐壁均由自墙面向外凸出的两道（或更多）砌层组成，好似垂向层层叠置的挑腿，通过这种剖面形式及立面廓线起到引导视线向上的作用，以此强调栏墙和作为背景的金字塔的上升趋势。这种逐层凸起的剖面大大强化了台地垂面的构图效果，使台地之间不大的垂向距离具有了更重要的意义，在突出整个建筑的动态上远远超过其他手法。同时，通过分段产生的系列光影变化，如点画线一般，打破了立面水平线条过长的枯燥感觉。

目前，尚无明确的证据表明，在阿尔万山最早的建筑中用了这种肩型嵌板（或檐壁）。这种形式只是始于古典早期（阿尔万山 IIIa），系作为金字塔台地的装饰部件。此前土筑平台只是外面包砌平的石板，上刻手舞足蹈的人物，带阿尔万山 II期浮雕的丘台 J是这方面最完整的实例（见图5-61）。到III期，西面两个所谓“圆剧场”中被称为“建筑IV”的那组可能年代较早，因其肩型檐壁具有试验和探求的特色。

阿尔万山建筑师的另一个重要设计，是采用宽大的台阶栏墙，其比例要远远胜过古典时期其他墨西哥和玛雅风格的建筑。在这里，栏墙往往构成宽大的斜坡，和特奥蒂瓦坎、埃尔塔欣或玛雅中部地区台阶边上那种线条状的护墙完全异趣。如在北部的栏墙-丘台上，斜坡几乎占据了整个台面大台阶总宽度的2/5；在球场院，西台阶斜坡每个宽度大约相当于中央一跑台阶的一半。西部这个丘台至少扩建了四次。

左页：

（左）图5-91萨巴特克墓葬陶器（彩陶，取人体造型，成于公元前2世纪~公元2世纪，现存墨西哥城国家人类学博物馆）

（右）图5-92萨奇拉 墓葬陶器（高7厘米，1300~1521年，墨西哥城国家人类学博物馆藏品，边上有一蜂鸟造型）

本页：

图5-93萨奇拉 墓葬陶器（三足器皿，外表绘回纹及其他象征性图案，三个支腿模仿蛇头；高16厘米，1300~1521年，墨西哥城国家人类学博物馆藏品）

台阶加长后，栏墙也随之展宽。

不过，“沉重”的外貌仍是阿尔万山建筑的主要特色，瓦哈卡为周期性地震的频发区显然是原因之一。平铺的朴素形体、两侧设厚重栏墙或纳入到结构内的大台阶（如“舞廊”殿），都促成了这种沉重的效果，特别是在缺乏精心设计的形式组合和线脚时。

[雕塑及壁画]

石雕

在瓦哈卡，已发现了四种不同类型的纪念性雕刻风格。第一类包括阿尔万山“舞廊”殿的石板和代苏的石板浮雕（属I期和II期）。第二类有阿尔万山的2号碑（线刻“胜利”碑，相当于III期，图5-84）和4号碑（阿尔万山IIIa期，图5-85）。第三类集中在瓦哈卡州中部萨巴特克人的谷地城镇，如埃特拉、萨奇拉和特拉科卢拉。石板上的雕刻表现取坐姿的男人和女人，位于象征天空的图案下，常常有一个坐在宝座上的人物。这一类在年代上大致相当于阿尔万山IIIb和IV期。第四类的典型实例是蒂兰通戈的一块石碑，画面表现一个名为“五死”（Five Death）的武士，与米斯特克宗谱手稿的风格对应，年代一般认为在公元1400年后（阿尔万山V期）。

代苏的石板最初是一个朝西的台地饰面，数量约50块，属阿尔万山I期（图5-86），颇似伊萨帕的雕刻（图5-87、5-88）。画面出现戴面具和长着美洲豹头颅的人物，被称为“球员”（ball-players），但从他们手中的石器、或倒或卧的姿态，以及和站在山顶上的胜利者的关系来看，都表明这是一场挫败挑战者的战斗。

“舞廊”殿石板表现站立和坐着的各式人物，身体廓线和肌肉部分均磨成轻微的凹凸曲线。这些

（左）图5-94阿尔万山 77号墓。面具陶瓮（高77厘米，阿尔万山II期，可能为公元前3世纪，最初有彩绘，墨西哥城国家人类学博物馆藏品）

（右上）图5-95阿尔万山 拟人陶瓮（阿尔万山III期，约公元200~400年，高36厘米）

（右下）图5-96萨奇拉 1号墓。灰泥浮雕：君主“九朵花”（取自George Kubler:《The Art and Architecture of Ancient America, the Mexican, Maya and Andean Peoples》，1990年）

石板的竖立位置（在III期扩建过的丘台L东南角）以及它们和阿尔万山 I期模制陶器装饰的联系，表明所描述的场景是一特定的城市，边上的象形文字条带估计是标明征服的日期，翻转的人头可能是代表战败的部落。

这时期的石碑既不像“舞廊”殿石板那样，表现鬼神的题材，也不像古典时期的玛雅浮雕那样，具有协调的构图。萨巴特克碑刻的通常模式是在一个标志地名的符号上，站着一个全副武装的战士或神的模拟形象，周围用粗大的象形文字指明事件的发生日期和人物的名字。丘台J的所谓征服碑（表现一个山头，一座金字塔，一个仰放的武士头，闭着的眼睛表明已

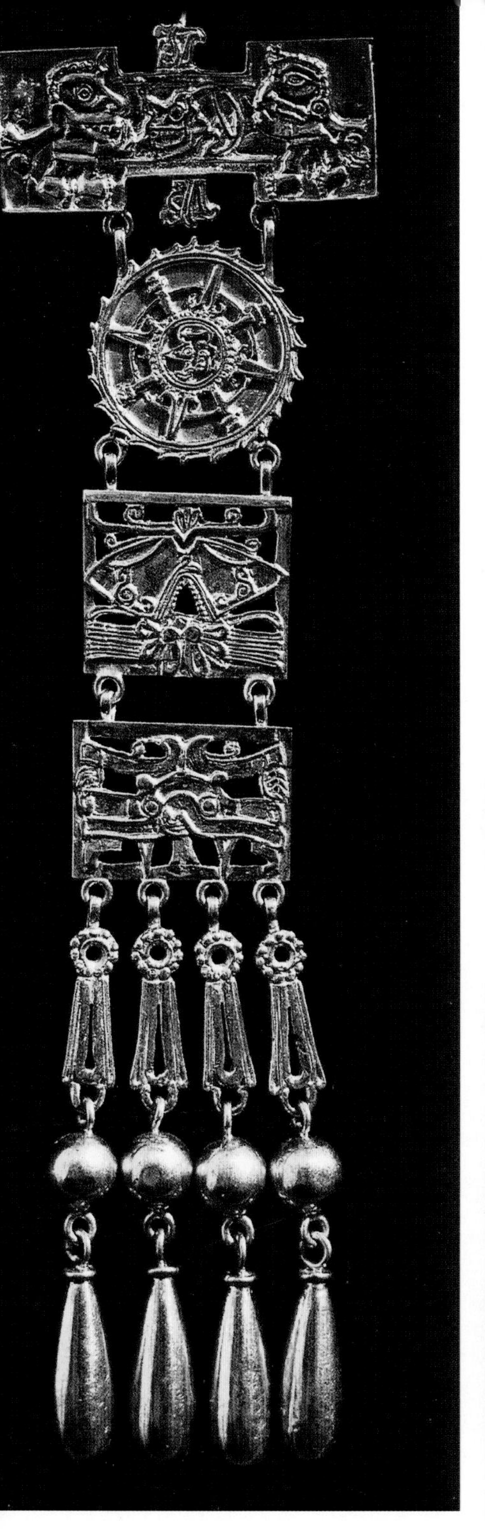

（左及右上）图5-97阿尔万山 7号墓。米斯特克金饰品（左图可能为胸饰，1932年由墨西哥考古学家Alfonso Caso在原属萨巴特克时期的7号墓中发现，但有充分的证据表明该墓后被米斯特克人占用；右上图饰品表现“剥皮之主”西佩托堤克，高6.9厘米，右图高20厘米，两件均存瓦哈卡地方博物馆）

（右下）图5-98萨奇拉 1号墓。米斯特克金饰品（1250年后，高11.5厘米，中央表现太阳神托纳蒂乌，墨西哥城国家人类学博物馆藏品）

图5-99米斯特克彩绘陶器：三足罐（高15厘米，所绘风神图案与米斯特克手稿画极为相近，墨西哥城国家人类学博物馆藏品）

死亡）就是这方面的明显例证。2号碑（见图5-84）表现一个着美洲豹服装的武士。精心制作的头饰和表现言谈的涡卷显然是沿袭特奥蒂瓦坎艺术的模式，姿态和服饰则无疑和104号和105号墓的壁画（见图5-70、5-76）属同一时代。在一块大型石灰石线刻板上（图5-89），侧立的美洲豹模拟形象后面，站着一个正装的祭司，和特奥蒂瓦坎壁画的相似尤为明显。这种浮雕造型可能是以一种相对简化的艺术形式反映了当年在阿尔万山的平台和台阶上举行的盛大宗教仪式和行进队列。

陶土雕塑

在阿尔万山和谷地城镇，以及米斯特克高原各遗址，都发现了一批作为随葬器物的陶土容器，这些采取拟人形象的器具不仅具有极强的雕塑表现力，作为古典时期萨巴特克社会生活的形象记录，同样具有重要的意义。在古典时期，属萨巴特克文明的各个地区，在墓葬陶器的制作上，可能都有自己的地方风格。这批陶器类型甚多、变化万千，从简单到复杂形式的发展想必经历了上千年，囊括了萨巴特克文明的形成期和古典期（图5-90、5-91）。

阿方索·卡索-安德拉德和伊格纳西奥·贝尔纳尔力图将它们归结为表现天神和以拟人化方式表现260天历法的神祇。早期包括第I阶段（Stage I，塑像容器）和第II阶段（Stage II，墓葬陶瓮），在形态和图像上，和海湾地区、前古典时期的玛雅及中美洲具有

明显的联系。接下来是过渡期，即在萨巴特克文明形成期之后，古典阶段到来之前，主要受特奥蒂瓦坎文化的影响，特别在雕刻题材和“书写”符号体系上，表现最为明显。IIIa和IIIb阶段标志着古典题材的充分发展。阿尔万山 IIIa阶段相当于山上城堡居民点的鼎盛时期。在IIIb阶段以后，城址演变为大墓地。这两个阶段陶器风格的特色是造型变得越来越精致，越来越复杂，在IIIb阶段，许多谷地城镇，如埃特拉或萨奇拉，都生产了自己的墓葬器皿（图5-92、5-93）。在特拉科卢拉附近的拉姆比铁科，还发掘出一些石膏建筑装饰，其形式颇似古典时期的陶器和石楣梁，根据放射性碳测定应属阿尔

图5-100米斯特克金饰品（塔潘特拉出土，以脱蜡技术制作，1300~1521年，高8厘米，表现老火神形象，墨西哥城国家人类学博物馆藏品）

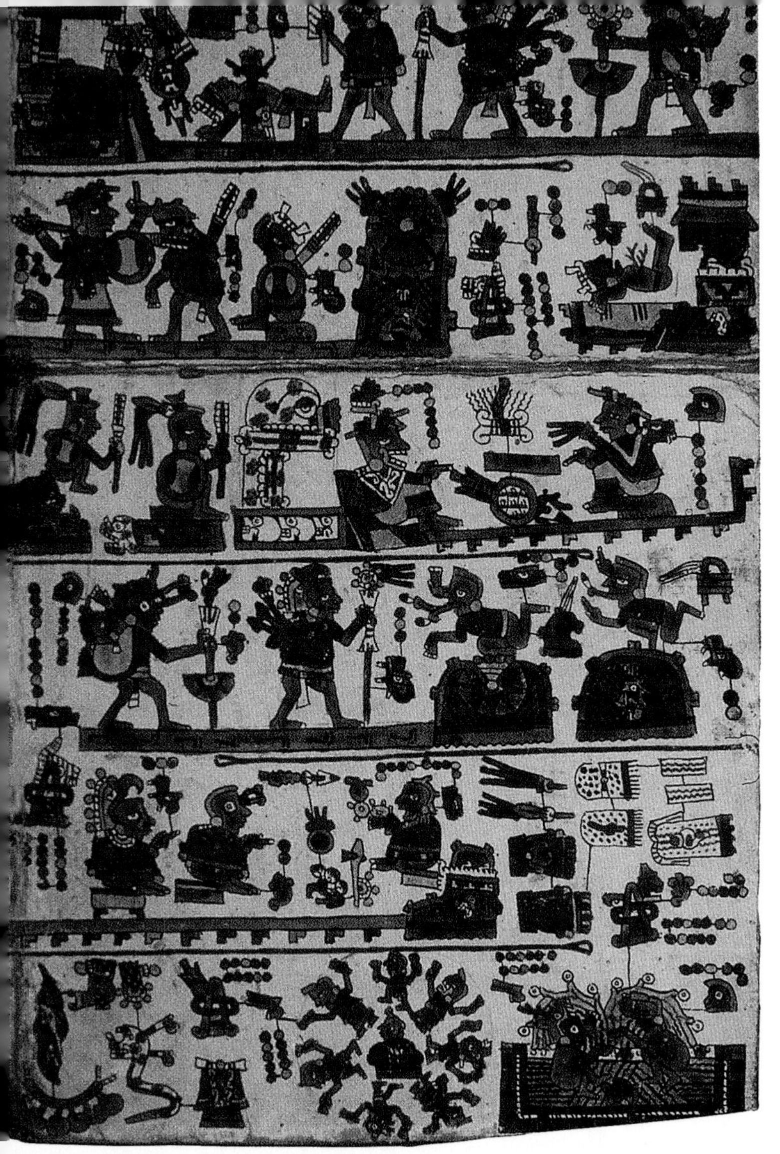

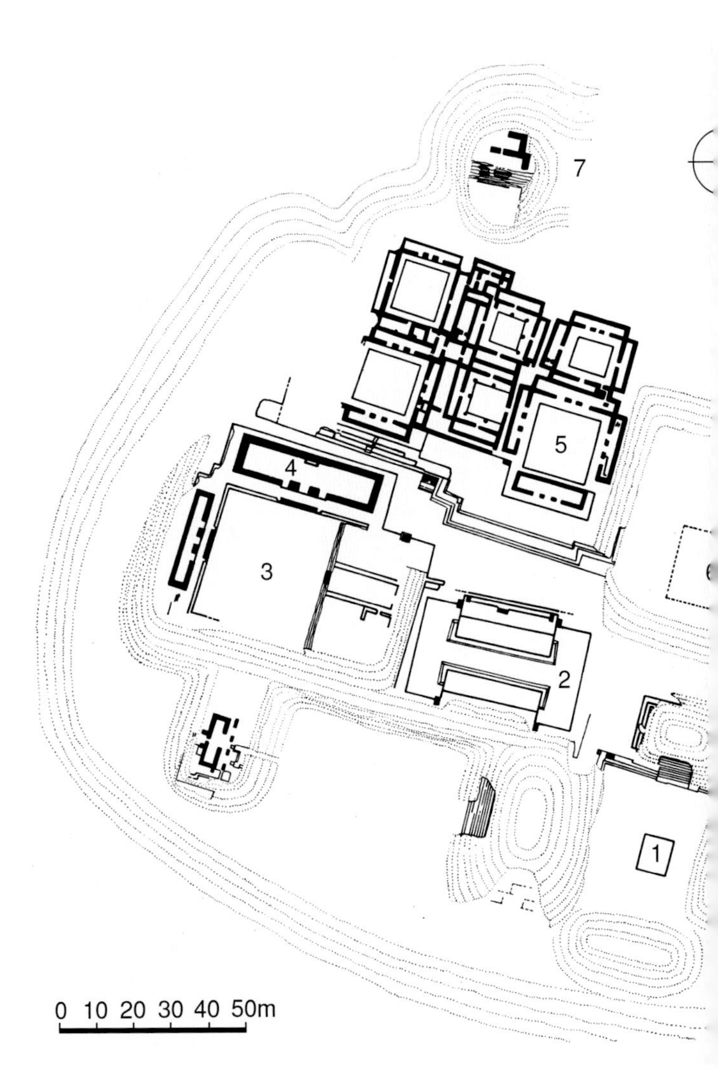

万山 IV期（公元640±100~755±90年）。

所有地方风格在黏土的处理上都表现出同样的活力。在美洲的陶器工匠中，没有哪个民族能像萨巴特克人那样，充分发掘湿黏土的塑造特性，并在焙烧后完全保持其造型。萨巴特克匠师们绝不强求用黏土或石膏模仿石料、木材或金属。他们利用湿黏土的延展特性形成基本的几何形式，并在半干状态下进行雕刻和精加工，形成光滑的表面或尖的棱角。

萨巴特克陶器的这些特色，在阿尔万山 II期的作品中，已经表现得很明显并一直持续到III期。通过两个实例可看到这两个时期的发展趋势：一个是阿尔万山77号墓的面具陶瓮（图5-94），一个是III期的大型拟人陶瓮（同样表现人体形象，但戴一顶极其壮观的头盔，图5-95）。较早的一例采用叠置的赭石色和绿色黏土板块，构成带凸凹面的象征性几何框架，围着一个戴头盔的头像。在后期的这个实例中，和人体相比，雕刻师把更多的精力放在头饰和服装的设计上。繁多的花样和密集的形式，形成构图的主要特色。早期作品传递的信息只是有关一个纯粹的人，后期则是突出主体的等级和地位。在这点上，它不仅和特奥蒂瓦坎的早期和后期雕像类似，甚至还使人想起古埃及中王国和新帝国时期的差异。

左页：

（左上）图5-101塞尔登手抄本（鹿皮抄本，图示第7页，描述一位名“六猴”的女英雄的事迹）

（左下）图5-102亚古尔 球场院。现状

（右）图5-103亚古尔 古城。总平面（据Marquina，1964年），图中：1、南院（三陵院），2、球场院，3、西大院（1号院），4、市政厅，5、六院宫，6、东院（3号院），7、建筑U（城堡，北金字塔）

本页：

图5-104亚古尔 古城。总平面（9~10世纪状态，1∶1500，取自Henri Stierlin：《Comprendre l' Architecture Universelle》，第2卷，1977年），图中：1、建筑U（城堡，北金字塔），2、六院宫，3、西大院（1号院），4、球场院，5、东院（3号院）下部结构，6、南院（三陵院）

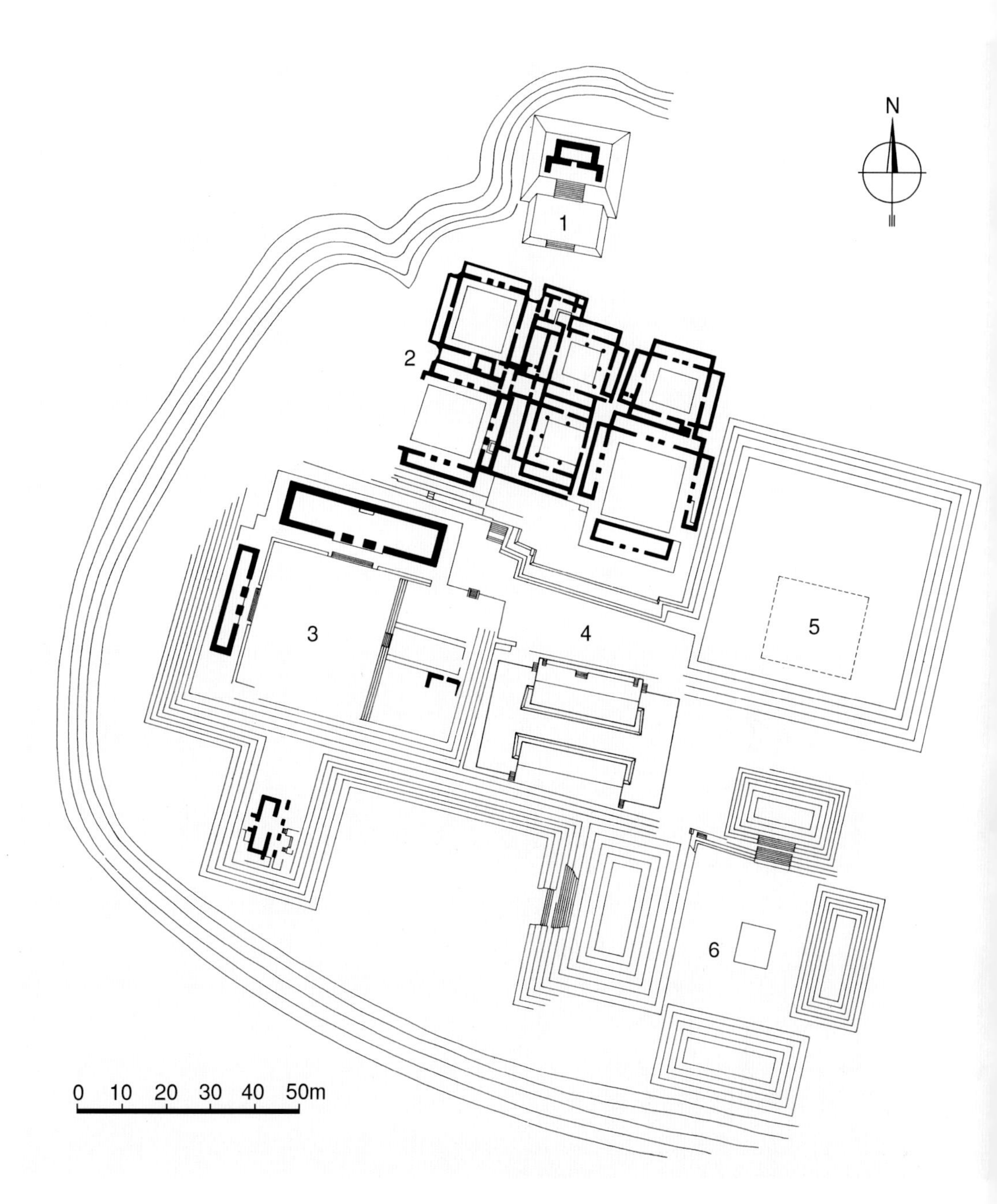

壁画

在特奥蒂瓦坎，壁画是表现人生的艺术，而在阿尔万山，则是主要为墓寝准备的葬仪艺术。壁画的绘制技术和其他地区相同：采用矿物颜料，配以有机黏结料（可能是仙人掌汁液），画在潮湿墙面的白色底面上。瓦哈卡地区的墓寝壁画主要表现神祇、祭司、宇宙及地球的象征，后期（如在萨奇拉）还包括君主的形象。

104号和105号墓（见图5-70、5-76）的壁画是用矿物颜料画在灰泥底面上（采用干画法）。两座墓均属III期，两面墙上表现行进的队列人物，对称地走向横跨后墙的大幅纹章图案。从陶器的演进上看，104号墓可能要早于105号。后者人物几乎淹没在复杂的服装和配饰中，在表现天空的彩绘檐口下，八个人物（每道墙四个，男女交替布置）向着端墙前进（这道墙上可辨认出三个绘画层次，每次天空檐壁的尺寸都有所扩大，最后一次将原来表现日期的纹章图案改换成祭司的歌舞形象）。

四、米斯特克艺术

[历史及考古背景]

独特的历史环境使米斯特克艺术的研究具有相当的难度。本地的宗谱记录主要涵盖了西班牙人到来之前墨西哥南部地区5个世纪的历史。这些令人惊异的图像编年史自成系统，从历史上看也似乎可信。错综

(上)图5-105亚古尔 古城。遗址全景(自东面望去的景色,左下前景为三陵院,后为球场院,右侧大片建筑为六院宫)

(下)图5-106亚古尔 古城。六院宫,残迹现状(自南面望去的景色)

复杂的叙述道出了瓦哈卡西部高原少数部族兴起和登上权力宝座的进程。王朝的联姻、军事首领的征战,是这些手稿描述的主要事件。

阿方索·卡索-安德拉德整编的米斯特克宗谱记录主要根据1580年的地图(其中有瓦哈卡地区的米斯特克城镇特奥萨库阿尔科)和800年期间所有其统治者的名录(包括在附近蒂兰通戈的前任)。后者系按坐在垫子上的君主夫妇形象排列成栏,名字以象形文字符号表示。这些夫妇全都出现在鹿皮宗谱手稿上,其中还提供了许多更具体的材料。根据阿方索·卡索-安德拉德整理的材料,蒂兰通戈城邦(他曾于20世纪60年代在那里进行发掘)米斯特克时期的王朝史当分为:

图5-107亚古尔 古城。六院宫，残迹现状（西北侧近景）

前王朝时期（Pre-dynastic，约公元600~约855年），第一王朝（公元855~992年），以上两阶段为古典后期（米特拉）；第二王朝（992~1289年，托尔特克时期）；第三王朝（1289~约1375年，奇奇梅克时期）；第四王朝（1375~1580年，阿兹特克和西班牙人占领时期）。头两个阶段相当于人们假定的米特拉建筑时期；第二王朝和托尔特克人在墨西哥中部和尤卡坦北部的统治同时；第三王朝相当于奇奇梅克时期；第4王朝为阿兹特克霸权时期。但最近特罗伊克、拉宾等人的研究报告认为，阿方索·卡索-安德拉德王朝名单定的起始年代过早，按他们的说法，应在10世纪。

问题在于，这些叙述既缺乏来自其他部族的佐证，也无法从考古记录中得到证实。阿兹特克的历史文献只是在谈到1461年蒙特祖马一世的部下征服瓦哈卡时提到米斯特克人。从瓦哈卡西部地区的发掘情况来看，早期层位里发现了古典时期萨巴特克风格的遗址和器物；更晚近的米斯特克考古层位里有萨奇拉的1号墓和2号墓以及阿尔万山 7号墓的某些物品。萨奇拉的1号墓包括一些模制的灰泥浮雕，其中有一个被称为“九朵花”的人物（图5-96），阿方索·卡索-安德拉德认为他就是努塔尔抄本（Codex Nuttall）中穿着同样服饰的同名君主。他生活在1269年前，其统治和地方传说亦能大致相符（后者称米斯特克人在萨奇拉的统治始于1280年前的一次联姻）。这个人物的出现使人们相信这座墓寝及其器物应属13世纪后期。而萨奇拉出土的金器和阿尔万山 7号墓的金器又是如此相似（图5-97、5-98），以致人们认为它们是同一组匠师或店铺的产品。如果确实如此，那么7号墓和米斯特克人占领阿尔万山的时间就需要重新定位在13世纪。另一方面，由于古典时期萨巴特克的层位早于公元8世纪，这样，对米斯特克历史来说，就有一个长达6个世纪（自公元700年前至14世纪）的考古空档，即相当于宗谱史的2/3时间。

如何填补这个空档成为人们关心的问题。许多人开始猜测，在阿尔万山以东30英里处米特拉的遗迹，属于米斯特克建筑。因为在这里，墙中的陶器碎片属米斯特克类型，地面下的埋葬物，包括米斯特克的制品，壁画（见图5-139）也类似于米斯特克的手稿，加上1580年第一次采集到的一则地方传说宣称，米特拉的“宫殿”当时已有800年的历史，也就是说，是建于公元8世纪。在米特拉附近的亚古尔，类似的院落建筑里同样包括米斯特克的陶器碎片和埋葬物品。下面我们还将看到，米特拉和亚古尔的建筑形式和阿尔万山主广场的建筑也非常相近，由此看来，它们和阿尔万山的时间间隔，想必不会很长。

在目前这个阶段，人们有理由假定，米特拉和亚古尔艺术持续了300年，即从8世纪到11世纪，作为一种早期米斯特克风格，相当于地方宗谱手稿中记载的米斯特克君主第一和第二王朝。按这样的编年顺序，立面上带马赛克石嵌板的米特拉院落建筑（见图

5-114），年代上就相当于尤卡坦的普克地区、乌斯马尔（见图7-292）、卡瓦和赛伊尔的类似建筑，也和霍奇卡尔科和小塔欣（见图4-126）的建筑大致同期。它属前托尔特克（Pre-Toltec）和后古典时期，相当于特奥蒂瓦坎考古史上的第四阶段和最后阶段，在特奥蒂瓦坎本身的金字塔城址被弃置之后。

余下来的11~14世纪这个空档同样不是很容易填补，于是人们还推测，托尔特克人在瓦哈卡地区的扩张产生了重要的影响，但由于缺乏这三个世纪的田野考古学证据（米特拉的主要遗迹属前三个世纪），人们只能在米斯特克宗谱手稿中去寻找这些影响的结果。因此，这些手稿就成为我们研究瓦哈卡地区托尔特克时期艺术史的主要证据和来源。在1300年以后，尚可找到彩绘陶器、后期手稿和后期米斯特克风格的饰物。

16世纪的编年史家弗赖·迭戈·杜兰曾提到，当阿兹特克人在15世纪中叶部分征服了瓦哈卡地区的时候，他们发现，位于地区北面强大的城邦-国家科伊斯特拉瓦卡的君主阿托纳尔仍然认为自己是一位托尔特克的首领。墨西哥人对米特拉这样一些萨巴特克城市的影响，主要表现在石板马赛克的立面造型上。其他属这类影响的还有：极其光亮并带有手稿类型装饰

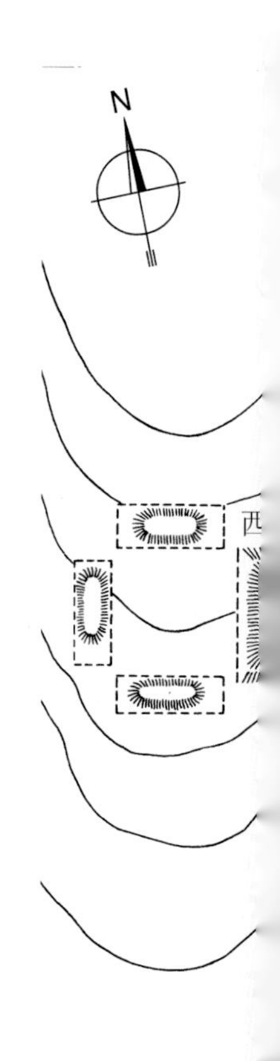

的彩色陶器（图5-99），同样表现手稿母题的骨雕，雪花石膏和石英晶体制品，主要记载系谱体系的手抄本以及精致的金属工艺品（大部用脱蜡技术制作，图5-100）。后者以黏土和木炭制作模型，晒干后外覆一层薄的蜂蜡，然后再覆一层黏土，并设一小口以灌注熔化的金或银。熔化的金属使蜡熔解并取代其位置形成首饰。这些手艺高超的墨西哥匠师不仅影响到阿兹特克人，很可能还被作为能工巧匠邀请到特诺奇蒂特兰工作。

另一点值得注意的是，米斯特克人的社会组织在某些方面和其他中美洲部族有所不同。妇女有更多的

本页及左页：

（左上）图5-108亚古尔 古城。六院宫，残墙近景

（左下）图5-109亚古尔 古城。回纹马赛克装饰

（中）图5-110米特拉 遗址区。总平面（约10世纪的状况，取自George Kubler：《The Art and Architecture of Ancient America，the Mexican，Maya and Andean Peoples》，1990年）

（右）图5-111米特拉 柱列组群。F院（可能公元900年前），院落平面及北建筑剖面（取自George Kubler：《The Art and Architecture of Ancient America，the Mexican，Maya and Andean Peoples》，1990年）

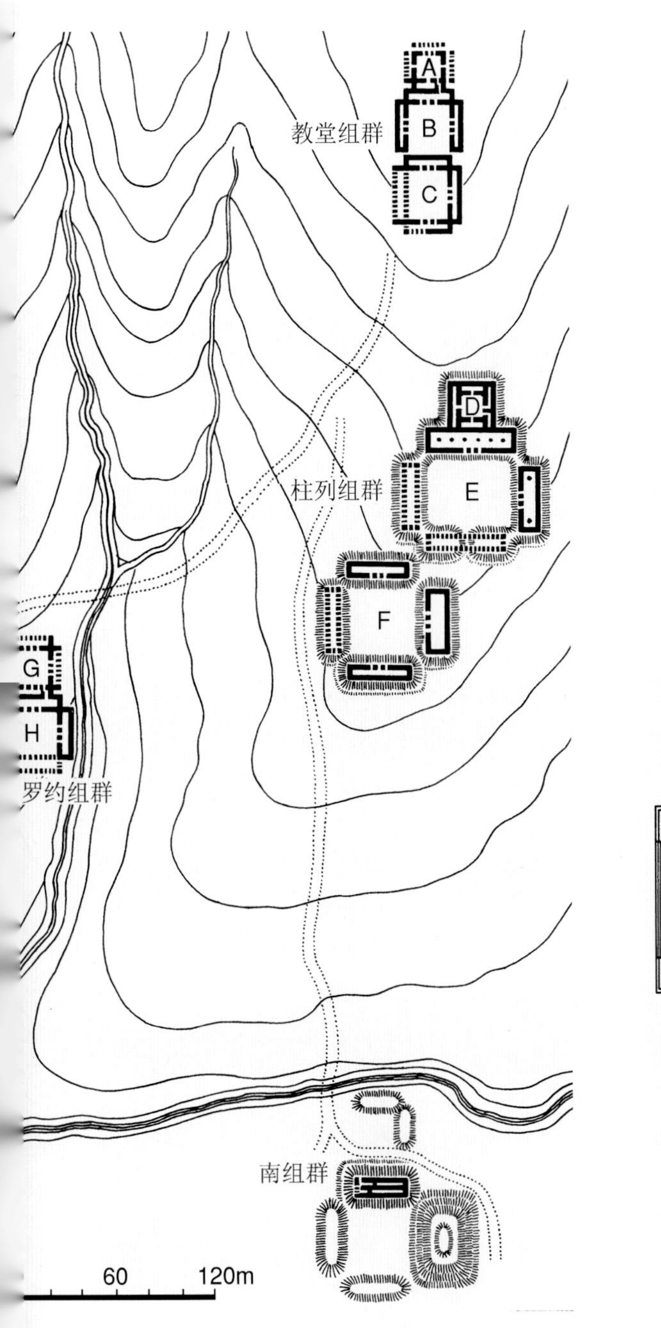

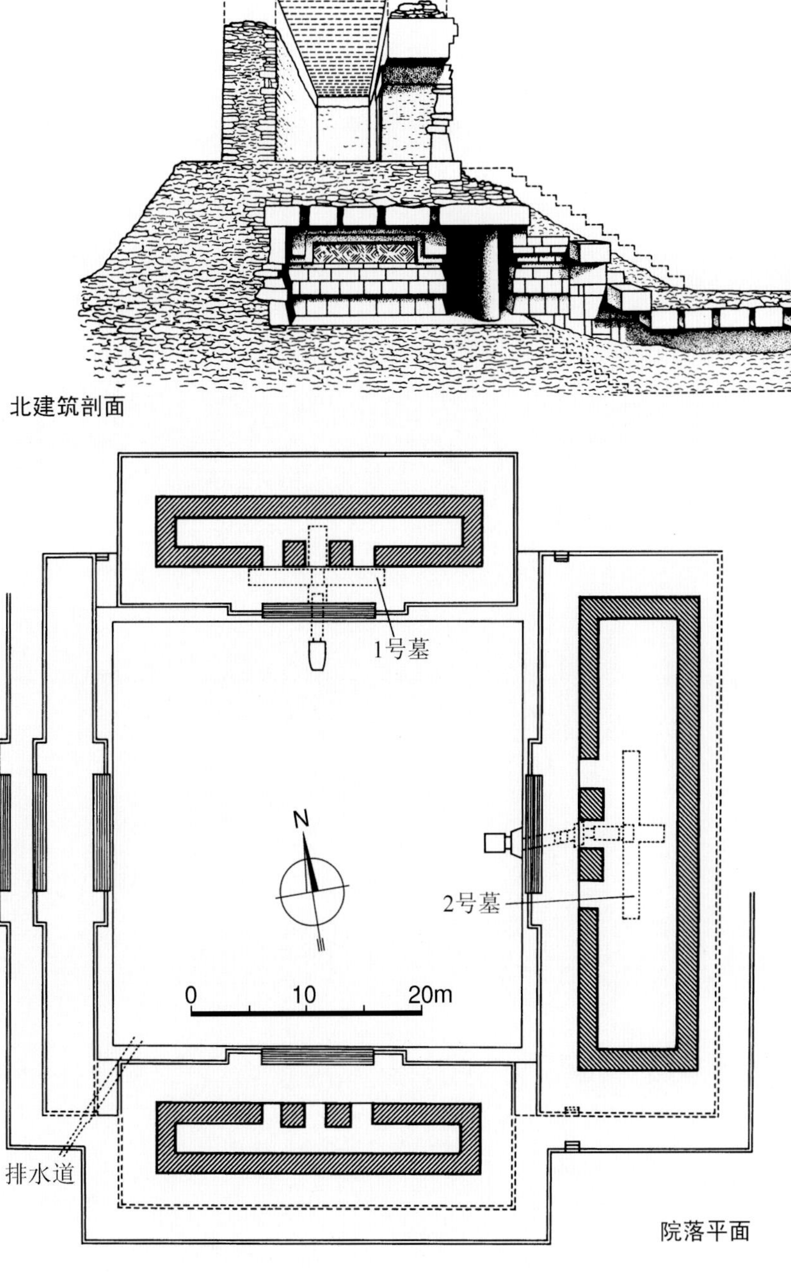

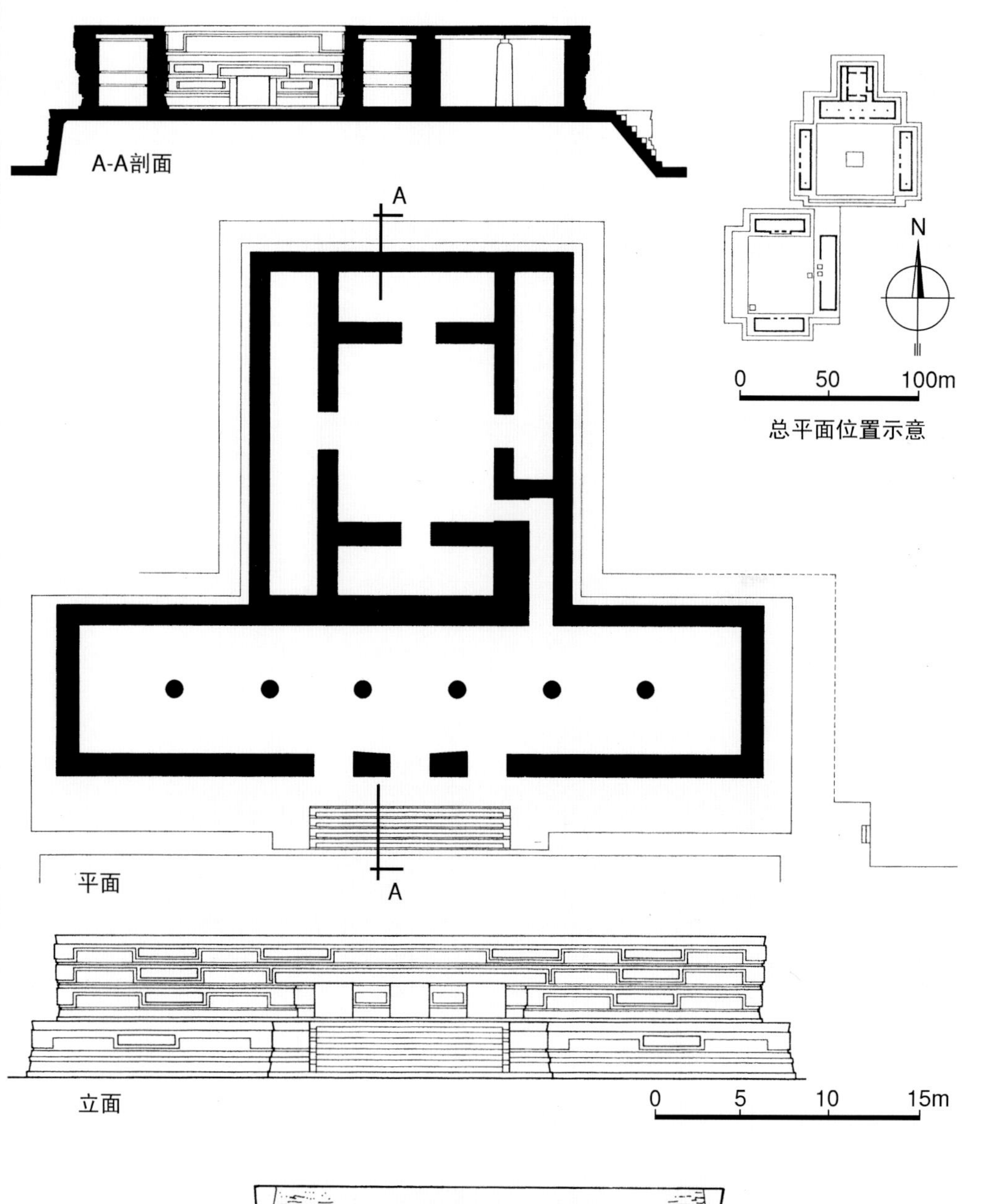

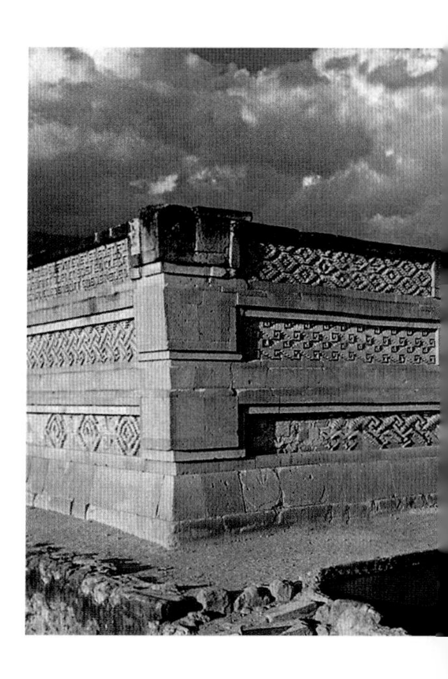

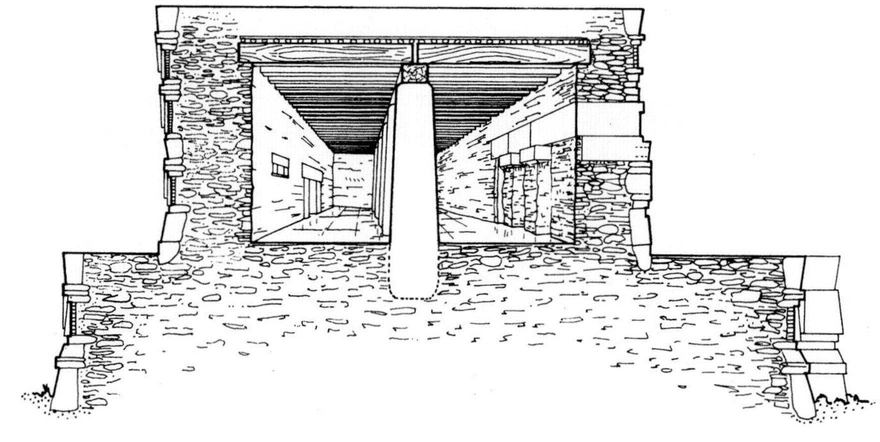

本页及右页：

（左上）图5-112米特拉 柱列组群。“柱宫”（公元1000年），平面、立面及剖面（1∶400，总平面位置示意1∶4000，取自Henri Stierlin：《Comprendre l' Architecture Universelle》，第2卷，1977年）

（左下）图5-113米特拉 柱列组群。“柱宫”，前厅剖面（据Marquina，1964年）

（中上及右上）图5-114米特拉 柱列组群。“柱宫”，主立面，自西南方向望去的现状（中上）和1900年左右修复前状态（右上）

（右下）图5-115米特拉 柱列组群。“柱宫”，主立面，现状全景（自南面望去的景色）

权力，有时甚至能掌控城邦-国家。她们同样参与战争，或作为战士，或作为军事首领，如我们在努塔尔（Nuttall）、博德利（Bodley）和塞尔登（Selden）手抄本中所见（图5-101）。权力有时亦由妇女转让。在瓦哈卡州，还留存着母系社会的形态。

[米特拉，城市与建筑]

新的圣城米特拉不像阿尔万山那样建在山上，而

是位于谷地里。成组的院落建筑以不规则的间距沿着干涸的河床散布，没有明显的地形变化和起伏，建筑组群之间也没有明确的关联，和阿尔万山的宏伟规划完全异趣（在那里，每一个建筑都是总体构图的组成部分，形成统一的空间效果）。在米特拉，孤立的建筑好似城郊别墅，小心地守护着自己的隐私，彼此间以封闭的墙相隔；围墙只是炫耀财富，并不想邀人前往，完全没有和邻近建筑分享空间的意愿。除了极度

的个性表现外，米特拉建筑的共同之处仅在基本的朝向上。它们反映了一种和古典时期萨巴特克的神权政治社会截然不同的社会组织和有关公共区域的观念。仅就这样一些表现，人们已经有理由将其归入另一个部族和另一个时期。

这些差别还进一步延伸到建筑材料上：阿尔万山采用的是不规则且很难成形的石英岩块体（见图5-52），而米特拉用的则是具有光滑纹理的火山岩板材（见图5-114）。平面上同样没有多少关联：米特拉住宅的相连院落找不到阿尔万山的先例，后者的院落住宅（如105号墓上的住宅基础，见图5-75）实际上更接近特奥蒂瓦坎而不是米特拉的类型。

不过，米特拉建筑面层的处理方式倒是显露出了和阿尔万山肩型檐壁装饰体系的密切关联。毫无疑问，尽管在功能和平面布局上，米特拉建筑和阿尔万山有这样或那样的区别，但在装饰上，仍然延续了古典时期萨巴特克的传统。另一个相互有关联的证据是位于宫邸平台下平面十字形的墓构（在装饰上它同样重复了上部建筑的母题）。只是米特拉的墓寝（见图5-111）进化程度更高，和阿尔万山的相比，规模更大，装饰也更华丽。

除了尚存的实物证据外，人们还可凭借米斯特克手抄本中许多形象记录，进一步了解这一地区的建筑。尽管这种记录风格单一并具有高度程式化的特色，但毕竟能使人们了解到当时采用的更多形式。

本页：

图5-116米特拉 柱列组群。“柱宫”，主立面，入口及台阶近景（自东南方向望去的景色）

右页：

（上下两幅）图5-117米特拉 柱列组群。“柱宫”，主立面，入口及台阶近景（自南面望去的情景）

年代序列

在米特拉附近亚古尔的一个类似遗址已经过探察。在这里尚有一个类似于阿尔万山那样的球场院（图5-102）。从后古典早期开始，在瓦哈卡地区发展起来的建筑往往表现出一种更适于居住、更为世俗和优雅的特色。像亚古尔这样一些城市，许多宫殿都围绕着广场和内院成组布置，形成封闭紧凑的四边形建筑（总平面：图5-103、5-104；遗址现状：图5-105~5-108）。亚古尔的四方院建筑颇似米特拉最小的建筑组群（阿罗约组群），只是遗址上的回纹马赛克装饰要粗糙得多（图5-109）。但考古发掘表明，从最初的较大板块拼砌到后期更精细的工艺制作可能已取得

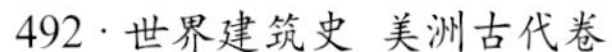

了某些进步。就现有的材料看，几个遗址的年代顺序可能是：阿尔万山，亚古尔，米特拉。也就是说，米特拉的建造者可能继承了最高级的技术，在这个阶段的后期，设计和建造了最大和最复杂的院落组群。当然，有关证据还远不够充分，因而也无法排除这样的可能，即亚古尔并非属早期，其粗始的表现只是拙劣

本页及左页：

（左上及左中）图5-118米特拉 柱列组群。“柱宫”，主立面，入口及两侧墙面近景（自东南方向望去的景色）

（左下）图5-119米特拉 柱列组群。“柱宫”，墙角檐壁近景

（右）图5-120米特拉 柱列组群。“柱宫”，西北侧全景

（上）图5-121米特拉 柱列组群。“柱宫”，西北侧近景（前厅部分，基台修复前）

（下）图5-122米特拉 柱列组群。“柱宫”，西北侧近景（后部厅堂部分）

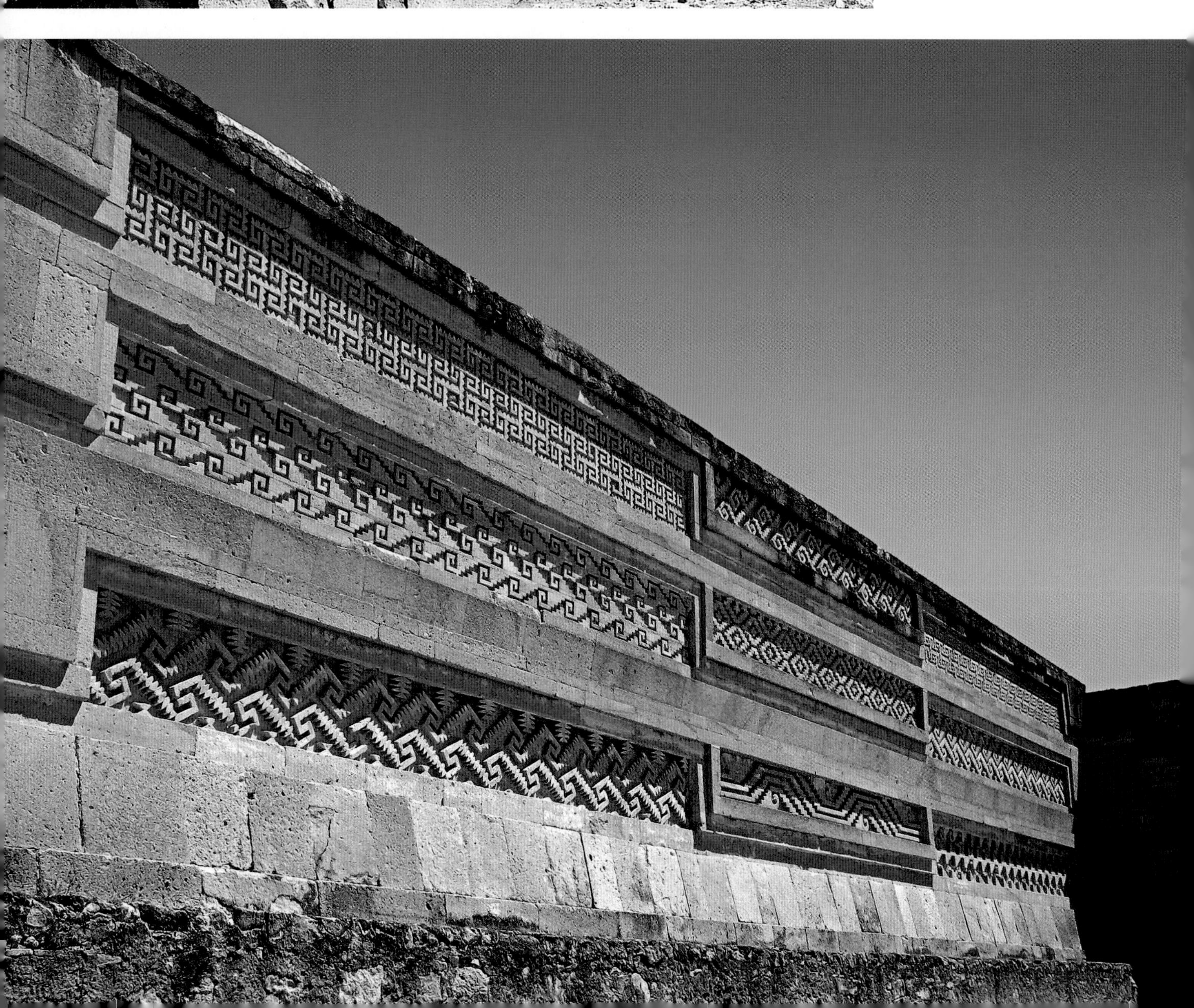

（上）图5-123米特拉 柱列组群。“柱宫”，前厅（柱厅，长37米，宽7米，由六根独石柱支撑现已无存的屋顶），现状内景（向东南角望去的景色）

（中及下）图5-124米特拉 柱列组群。“柱宫”，前厅，内景（向西北角望去的景色）

地模仿米特拉的结果，一如玛雅潘和奇琴伊察的关系。

米特拉本身建筑的年代序列，总体上还是清晰的（图5-110）。最南面一组四个丘台，包括东平台上的一座墓寝（7号墓），均属阿尔万山 III期类型，采用石板墙及屋顶，同时还发现了古典时期萨巴特克风格的陶器。最西端一组同样由四个平台组成开敞的四方院，因而可能和南院属同一时期。所有其他建筑均属后期，估计为公元900年前。

这些后期建筑分为三组，每组均由三个院落组成。它们都和早期院落一样，取正向方位。最小的阿罗约组群配置了大型石构楣梁，但保存状态最差。最北面一组包括米特拉殖民时期的教堂，故称教堂组群。最大和装饰最华美的是中央一组，由于支撑中央院落周围建筑平屋顶的圆形石柱而被称为“柱列组群”。

在米特拉，三个后期院落建筑的年代序列尚不能最后肯定。但人们仍可大体上分辨出两个风格阶段：一是柱列组，另一个包括阿罗约组和教堂组。这些差异可从总平面上看出来。柱列组由两个角上敞开的四方院落（E、F，图5-111）组成，它们仅在一个角上连为一体。所有的角都只是示意，并没有真正封闭，在角上可以看到院外。然而，在阿罗约组和教堂组，院落角上是封闭的。在阿罗约组，两个方院（H、I）如柱列组那样，仅在角上连接；但到教堂组，已放弃了这种做法，在那里，南面的方院（C）和相邻

本页及右页：

（左）图5-125米特拉 柱列组群。“柱宫”，前厅，内景（向西南角望去的景色）

（右）图5-126米特拉 柱列组群。“柱宫”，廊厅式房间，内景

的北院（B）有一条共用边。

由此可见，配置了八个独立截锥平台的柱列组仍属礼仪广场的传统形制，通过开敞的实体组合成公共空间。另外两组则没有平台，通过封闭的四角和严峻的外观显露出私密和内向的特色。但由于围绕着四方院的房间之间并没有联系，看来设计者对内部的舒适还没有给予特别的关注。他们的主要目的似乎只是通过封闭内院，构成一个各角凹进的外部形体。从柱列院到另外两组建筑，显然是一个进步，从阿尔万山那种截锥平台的组合，到安排紧凑、直接自地面起建的矩形建筑。

柱宫

“柱列组群”，特别是其中保存最完好的主体建筑“柱宫”（公元1000年，平面、立面及剖面：图5-112、5-113；遗址现状：图5-114~5-122），以极其完美的形态体现了米特拉新建筑的理想和精神（极具特色的四边形布局、不同寻常的立面装饰以及隐藏在某些廊道下的墓寝）。位于北面、对着院落布置的这座宫殿基底尺寸为55×45 米，高8米，直到西班牙人占领之前，一直是瓦哈卡谷地米斯特克-萨巴特克部族的政治和宗教中心。建筑立在一个高2.5米的平台上，由未设拱顶的单层房间组成。既宽且长的前厅在布局上被赋予最重要的地位，由此直接通向后面围绕庭院布置的廊厅式房间（内景及细部：图5-123~5-133）。

从结构的观点来看，最值得一提的是宫殿门上巨

大的楣梁（为前殖民时期建筑作品中最大的独石构件）和支撑着前厅屋顶同样由独石构成的优雅圆柱。墙体的建造方式尤为值得注意，所有平台及墙体表面，无论是室内还是室外，均覆以精美的几何图案（以重复的石构件组成）。其加工之精密令人难以置信，特别是考虑到当时中美洲还没有掌握使用坚硬金

属的技艺，只能按照可能是自南方引进的方法处理金、银和铜。

柱列组群的外立面（见图5-114）展现出一种在其他建筑中很难看到的精练作风，在长长的水平形体端头，垂直剖面被制作成若干斜面。类似的斜面（被称为‘negative batter’）同样是尤卡坦地区——特别是乌斯马尔——许多后古典时期建筑的特征，但它们

左页：

（左上及下）图5-127米特拉 柱列组群。“柱宫”，廊厅式房间，内景及细部（屋顶经修复）

（右上）图5-128米特拉 柱列组群。“柱宫”，内院现状

本页：

（下）图5-129米特拉 柱列组群。“柱宫”，外墙细部（图示西立面部分）

（上及中）图5-130米特拉 柱列组群。“柱宫”，墙檐细部

（本页上）图5-131米特拉 柱列组群。“柱宫”，石块马赛克条带近景

（本页下及右页）图5-132米特拉柱列组群。“柱宫”，石块马赛克大样（一）

在运用上从没有达到米特拉这样的精致和优雅。在墙基部剖面向内倾斜，在这个基层以上，三个肩型檐壁向外探出，每个都比下面一个外挑几英寸。通过这种视觉效果的设计，不仅保证了垂直线条在这个既长且矮的形体上的构图地位，同时也充分利用了地面反光的效果。与此同时，马赛克嵌板还能在外挑的上部和凸出线脚的保护下免受恶劣天气的侵蚀。

在这个以制作陶器和加工贵重金属及贵重石料见长的地区，建筑匠师们往往以金银技师的工作态度加工石构装饰部件。在米特拉，石雕构件被改造得类似花边饰面，在柱宫长长的板面上，可以看到不少于14种希腊回纹的变体形式（这种形式在西班牙人到来之前的美洲艺术中非常流行，有些人们喜用的题材尚见于该地区的陶器，如图5-131~5-133）。这些用质地较软的石灰石加工制作的华丽板面可能反映了玛雅人的影响。在厅堂内部，可看到一些简单的水平条带（见图5-128）；外立面则创造了一种波动的节奏，其光滑的表面和极具特色的图案通过明晰的框架得到进一步强调，后者显然是模仿古典时期最后阶段萨巴特克裙板的样式（见图5-118~5-122）。外角稍稍倾

图5-133米特拉 柱列组群。“柱宫”，石块马赛克大样（二）

斜的墙面产生出一种曲线的幻觉，有些类似图卢姆某些建筑的做法，尽管主导思想完全不同。

不过，米特拉的这些建筑尽管具有华美的效果，但其丰富的装饰只能就近欣赏，它缺乏一种宏伟的气势，一种崇高的感觉，正是凭借这些品性，像阿尔万山这样的遗址才能在几个世纪期间成为中美洲具有最高精神境界的圣地。

宫邸平台下的墓室形如正交的十字形过道，豪华的立面重复了丘台顶上建筑立面的构图。这种做法给人一种全新的空间感觉，同时构成了它的一大特色：好像是将一个方形围地的四角（如柱列组的内部方院D）进行了反转处理，以凸角代替凹角；又好似将方形院落的内角变成了外角。在柱列组四方院F的墓寝里，在将一个房间的空间转换成交叉廊道空间后进一步应用外立面的各种线脚和回纹花样进行修饰，人们在地下室的感觉就好像是站在成组的建筑立面中间。在宗教手稿上，如劳德抄本（Codex Laud）等，这样的形式亦很普遍，如在十字形平面的四臂上绘足迹。这种形式在纳瓦特语中称“十字路”（otlamaxac），统辖第一太阳的中央神特斯卡特利波卡及其他夜神就在那里出现并施法术。在玛雅地区的科潘，某些古典后期石碑下面的小型十字形拱顶里也有类似的表现（以石板作衬里，满布还愿祭品）。

回纹装饰

米特拉墙面的回纹装饰（图5-134）进一步证实了人们把组群分为早期和后期的设想。在上述柱列组的四方院里，立面完全被肩型檐壁覆盖，条带上包括马赛克的回纹装饰，位于凸出线脚的保护下。在教堂组群，仅檐口区有如此丰富的装修（饰对角回纹图案），但制作上要呆板得多。其他绘画主要集中在墙面上（图5-135~5-138）。在阿罗约和教堂组群，凹进的门上楣梁绘有类似米斯特克宗教手稿那样的场景（图5-139），绘画的布局和风格都表明，其年代要比柱列组群更为晚后，在后者，完全没有这类绘画装饰的痕迹。

回纹装饰有两种类型。有的以浮雕形式刻在大石板上，如某些楣梁和十字形墓构的部分墙面。其他的则如马赛克那样在黏土基层上以小板块组合而成。没有什么证据表明这些技术属不同的阶段，同一时期既可用极大的也可用极小的石块。倒是在题材和构图上某些引人注目的差异可能标志着建筑属早期或晚期。例如教堂组的檐壁采用对角回纹图案，构图单一，缺少变化，和其他的迹象一起，表明在风格的发展上，这部分应属后期。表面残留的少量色彩证明曾在乳白或白色底面上施红色和粉红色调的图案。

大约有150块马赛克和雕刻嵌板留存下来。J.P.奥利弗和N.莱昂把它们归纳成八种类型（均由基本回纹和螺旋形回纹构成，见图5-134），计：斜转型

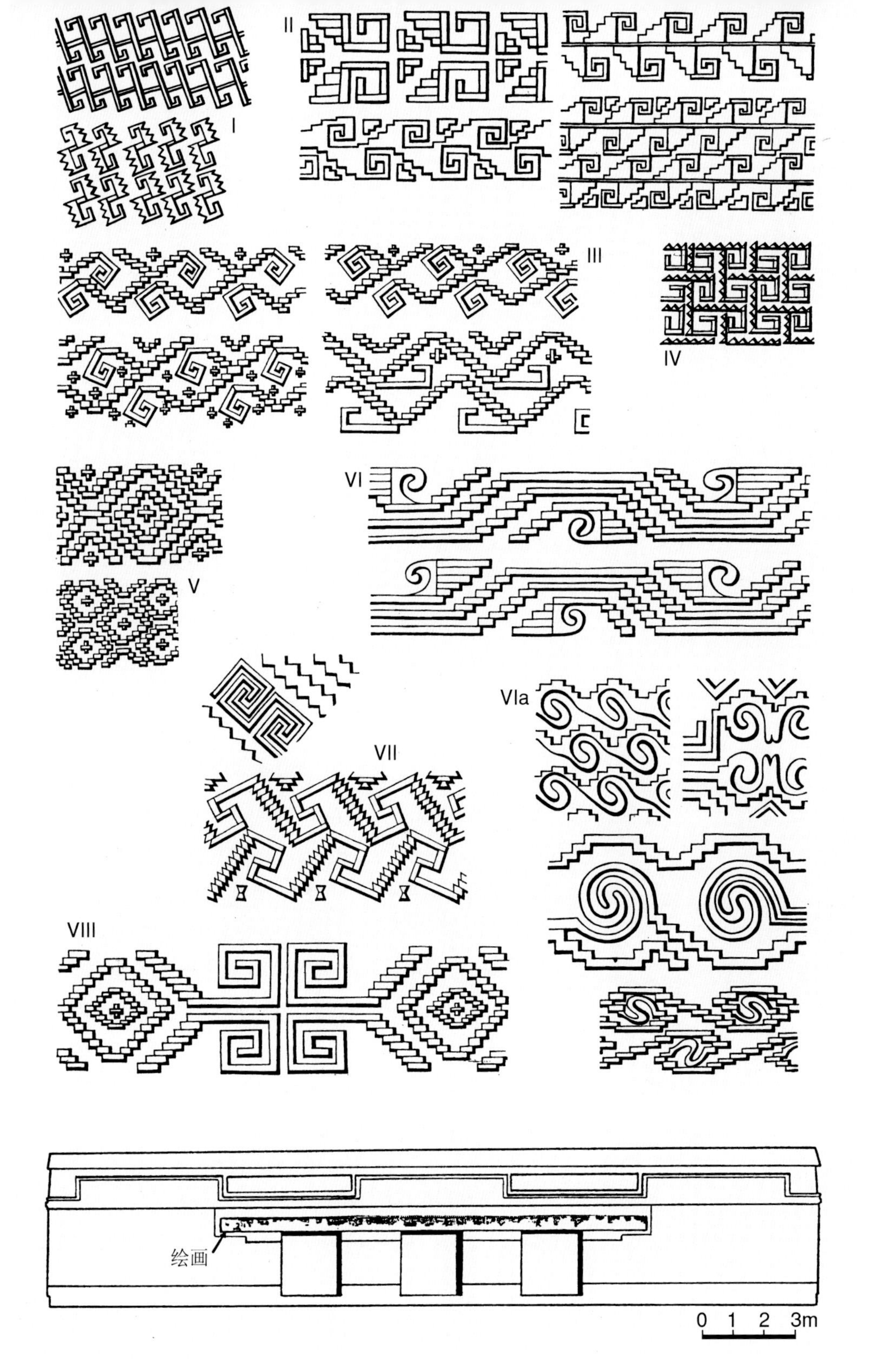

（上）图5-134米特拉 立面马赛克（典型图案，约公元800~1000年，据George Kubler:《The Art and Architecture of Ancient America，the Mexican，Maya and Andean Peoples》，1990年）

（下）图5-135米特拉 教堂组群。北墙立面（壁画集中在门上的凹进嵌板里，据Jeff Karl Kowalski，1999年）

（I）、阶梯形（II）、树枝形（III，由蜿蜒并带分枝的旋涡组成）、锯齿形（VI）、菱形（V）、螺旋回纹形（VI，其中VIa为螺旋蜿蜒形）、折曲迂回形（VII）、综合形（VIII，由菱形和回纹组成）。在柱列组的墙面上，基本回纹和螺旋形回纹同时出现，关系密切，因此这两种形式应属同一时代。教堂组斜置基本回纹的做法（I）看上去要更为晚近，可能是在比较稳定安静的锯齿形（VI）的基础上演变出来的一种更具活力和动态的变体形式。在柱列组，锯齿形（VI）是用得最普遍的一种形式。

这些造型优美的回纹饰嵌板的意义，目前已无法确切了解。在宗谱书和宗教手稿上，这种回纹图案往往表现城镇或神殿。据阿方索·卡索-安德拉德，以黑白两色绘制的阶梯状台地檐壁，是指宗谱手稿上的蒂兰通戈城（这是地名符号已确切知道的两个城市之一，另一个是特奥萨库阿尔科城）。由此看来，每种

（上）图5-136米特拉 教堂组群。西墙绘画（上排；下排为博尔贾抄本中对应的图案；据Jeff Karl Kowalski，1999年）

（下）图5-137米特拉 教堂组群。东墙绘画（上排；中排和下排分别为博德利和维也纳抄本中类似的图形，据Jeff Karl Kowalski，1999年）

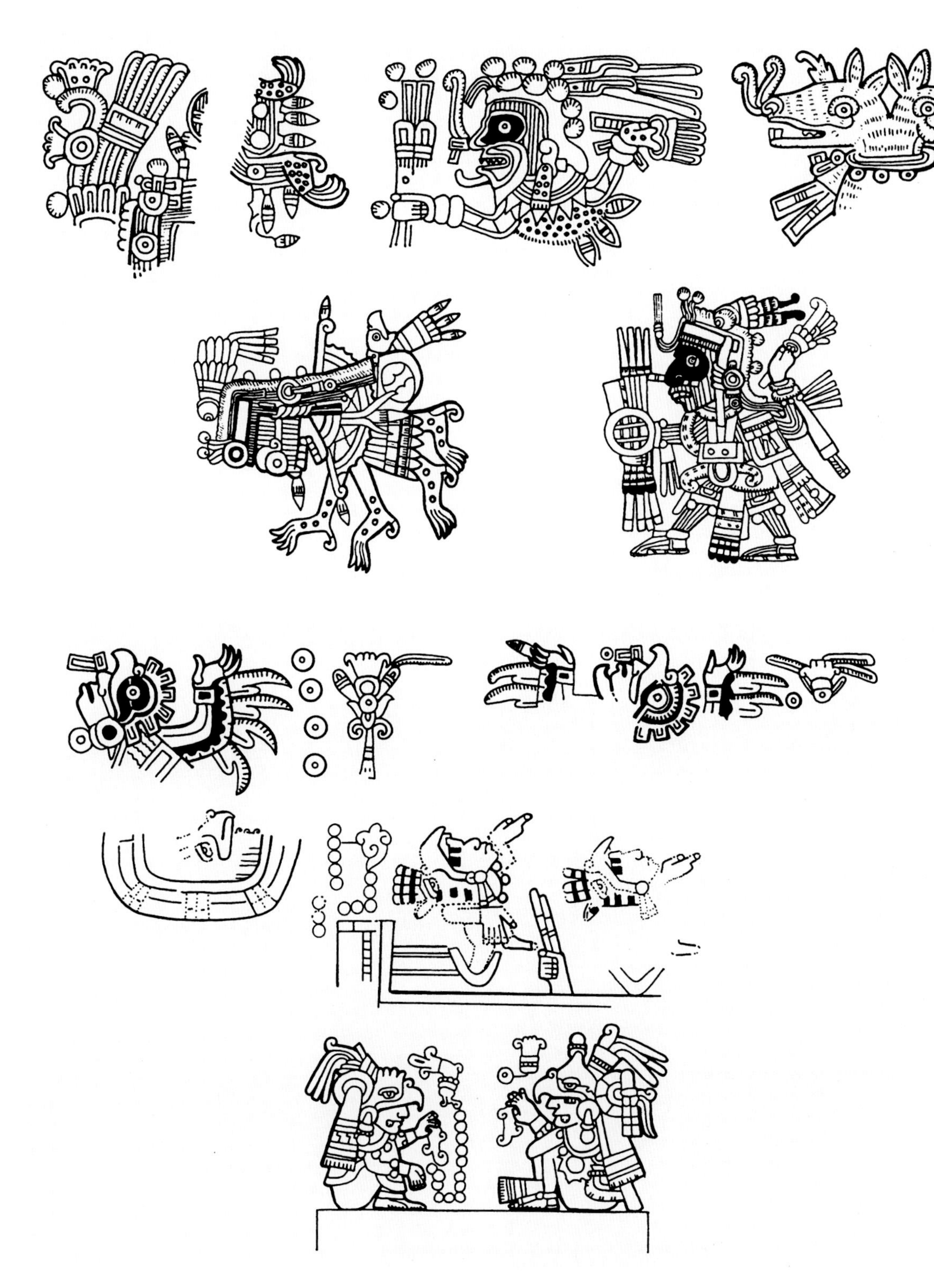

檐壁类型也可能具有地理学的意义，系指各个米斯特克侯国。如果真是这样，那么，这些图案在柱列组墙面上的综合应用，可能表明这组建筑作为米斯特克民族象征的独特地位。

[浮雕及绘画]

浮雕

可能属米特拉建造时期的人物雕刻并不是来自米特拉，而是来自其他的谷地城镇，日期上也无法完全确定。表现夫妻题材的浮雕板（图5-140）颇似16世纪米斯特克宗谱手稿上的题材，但其象形文字形式和人物表现的一些程式则和阿尔万山104号和105号墓壁画（见图5-70、5-76）所代表的那种古典时期的萨巴特克风格有一定的关联。这些婚姻浮雕最流行的程式是于上下两条带上表现两对面对面坐着的夫妻。上排夫妻顶上是象征天空的双蛇口，类似阿尔万山墓构

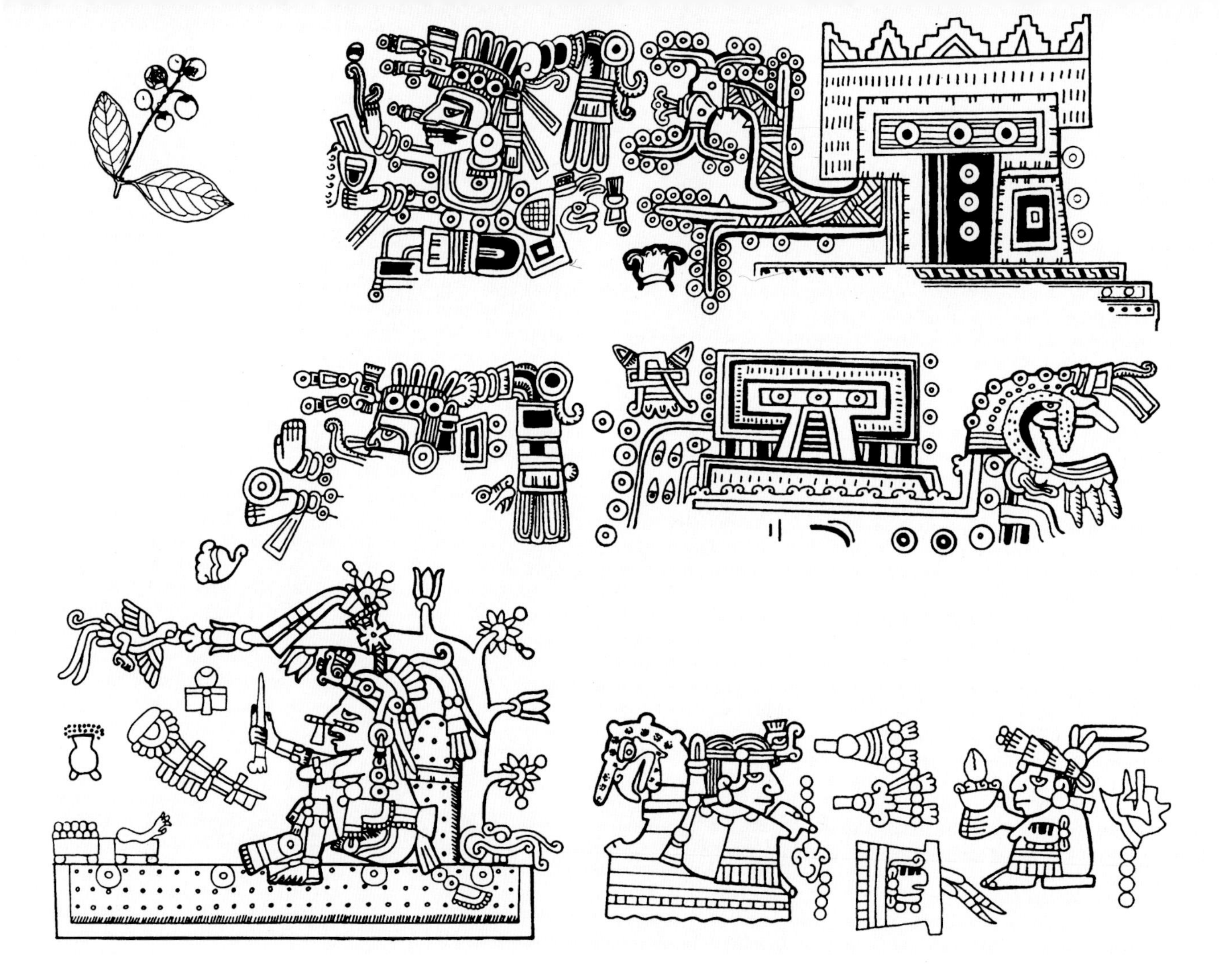

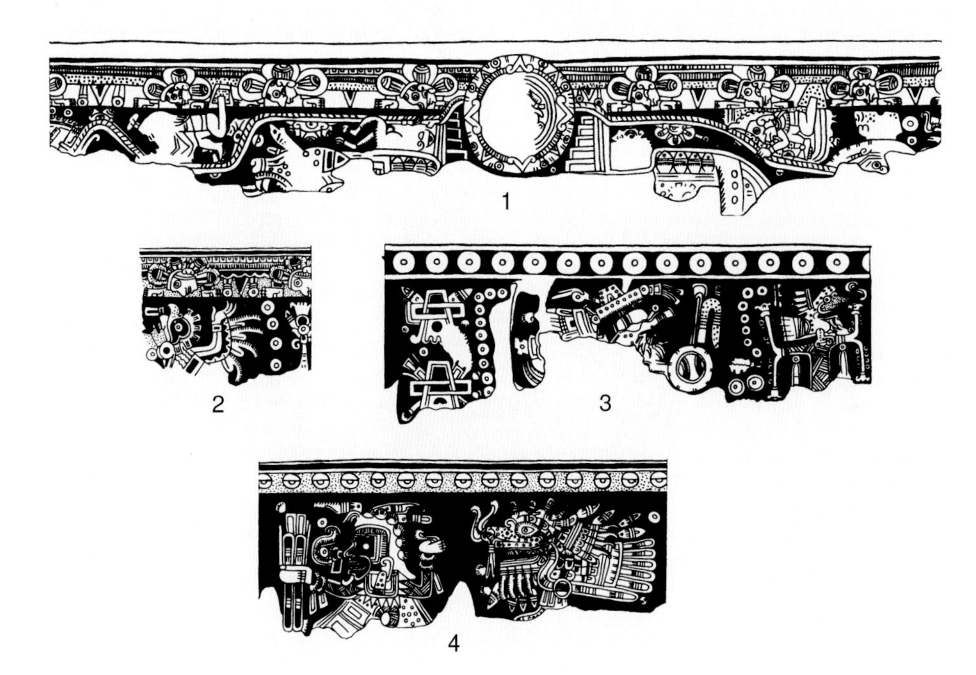

本页：

（上）图5-138米特拉 教堂组群。东墙绘画（据Jeff Karl Kowalski，1999年）

（下）图5-139米特拉 阿罗约和教堂组群。楣梁画（公元1000年以后，取自George Kubler：《The Art and Architecture of Ancient America，the Mexican，Maya and Andean Peoples》，1990年）：1、阿罗约组群北部，2、教堂组群东部，3、教堂组群北部，4、教堂组群西部

右页：

（上）图5-140奎拉潘 墓葬石雕板（表现夫妻题材，公元600年以后，现存墨西哥城国家人类学博物馆）

（下）图5-141科隆比诺-贝克尔抄本 典型页面

里的彩绘形象，包括名字在内的各种符号均属萨巴特克体系。下部条带的阶台式地名符号颇似萨巴特克石碑上的表现，但坐着人物的姿态和服饰（特别是女人的）却像是米斯特克宗谱手稿上的图样。

类似的整个构图形制和题材仅在米斯特克手稿上可以看到。在16世纪的朱什-努塔尔鹿皮抄本（Codex Zouche-Nuttall）画上，同样取夫妇题材但取上下位置，可能是表示代系或统治关系。在一些浮雕变体上

区，主要包括（自南向北）格雷罗、米却肯、科利马、哈利斯科、瓜纳华托、纳亚里特和锡那罗亚等地。鉴于格雷罗州的文化表现极为独特（如奥尔梅克人的岩画、梅斯卡拉的抽象石雕、独特的陶像，并具有像霍奇帕拉这样一些玛雅影响中心），米却肯州也具有一些和更西面地区有别的特色，因而将它们单独评介。科利马、哈利斯科、纳亚里特三州和锡那罗亚州以北地区各列一小节介绍。

二、格雷罗地区的石雕

格雷罗州位于墨西哥城西南。新近在霍奇帕拉发现的陶像（图5-142）具有奥尔梅克艺术的样式，但时间上可能要早于最早的奥尔梅克作品，也就是说，很可能，早期高原文化的表现要在奥尔梅克艺术之前。虽说准确的日期和发掘资料尚缺，但就1896年W.尼文收集的一件作品来看，这种说法还是相当可信的。

不过，在格雷罗州，最主要的作品还是石雕。在这里，石料要比墨西哥西部其他地区更为丰富，加工技术更高，石雕数量也更多，而在其他西部地区，古代的人工制品主要以陶器为主。格雷罗和奥尔梅克、玛雅和墨西哥中部艺术属同一范畴，位于它北部和西部的地区则属另一类文明，主要延续早期村落艺术的传统而不是大型礼仪中心的风格。

格雷罗州的塔斯科和伊瓜拉，位于穿过古代考古

区的干道上。考古区集中在梅斯卡拉河中游地带。苏尔特佩克矿区标志着其西北边界，滨河孙潘戈和奇拉帕确定了它的东南边线。地区大量的石制品中，一类属奥尔梅克风格，另一类表现出特奥蒂瓦坎的影响，还有一类小型石面具和后古典时期的葬仪习俗有关。像图5-143那样的小型神殿模型亦不罕见，通常都表现一个带柱廊的立面，有的还有台阶和人物形象，更完整的尚有角柱。C.加伊认为它们属梅斯卡拉时期中叶，约公元前100~公元100年。它们可能反映了至阿尔万山的朝圣，和中央谷地瓦哈卡地区的遗址有一定的关联。

许多手斧都雕成站立的人形，由此引起了石雕起源的问题（图5-144）。就现在所知，奥尔梅克风格

本页及左页：

（左）图5-150科利马地区 陶土容器（取坐像形式，高21厘米，公元200~600年，墨西哥城国家人类学博物馆藏品）

（中）图5-151科利马地区 陶土容器（取背水者造型，高23厘米，公元300~500年，墨西哥城国家人类学博物馆藏品）

（右）图5-152科利马地区 彩陶女像（裸体，坐在一个三角凳上，手持祭品盘，高48厘米，公元400~700年，墨西哥城国家人类学博物馆藏品）

（左上）图5-153阿梅卡谷地 塑像（可能为公元2世纪，费城艺术博物馆藏品）

（左下）图5-154伊斯特兰 彩陶塑像

（右上）图5-155纳亚里特地区 表现立柱仪式的陶塑（纽黑文耶鲁大学艺术博物馆藏品）

（右下）图5-156纳亚里特地区 彩陶女像（高71厘米，公元300~500年，墨西哥城国家人类学博物馆藏品）

图5-157纳亚里特地区 陶土建筑模型（伊斯特兰出土，高30厘米，公元400~600年，表现一栋以树干支撑，上覆茅草顶的建筑，墨西哥城国家人类学博物馆藏品）

是墨西哥石雕作品中年代最早的风格。像手斧这样的奥尔梅克器械造型，可能要早于没有任何实用功能的独立雕像。在格雷罗-普埃布拉地区，奥尔梅克手斧用得相当普遍。其材料（海绿或蓝灰色的玉石）也是梅斯卡拉河谷，特别是围绕着滨河孙潘戈的南部地区特有的矿产资源。格雷罗手斧不仅数量多，年代久远，其工艺的原始特色（将人体简化成最基本的平面造型）尤为引人注目。梅斯卡拉地区的手斧（图5-145）通常仅4~8英寸长，头部和脚部均具有锋利的边缘。头部及四肢的形式主要是便于人们能更牢固地抓住它。造型的设计显然是希望以最少的劳力获取最富有表现力和最符合功能要求的形式。

在格雷罗地区，除奥尔梅克类型外，同样存在特奥蒂瓦坎类型的石雕。无论在前古典还是古典时期，这里都是玉石生产的中心，在生产手斧时按奥尔梅克风格，制造石雕像时取特奥蒂瓦坎风格。但在它们各自的风格起源地，产品却很少。因此，在讨论这类产品时，何塞·米格尔·考瓦路比亚将它们分别命名为奥尔梅克-格雷罗和特奥蒂瓦坎-格雷罗风格。

何塞·米格尔·考瓦路比亚还鉴别出来自梅斯卡拉河谷地带的另一种小型雕像风格（图5-146）。这些作品可能属后古典时期，有的还在眼睛和嘴部打孔，显然是用作面具（图5-147）。此外，在更北面塔斯科和苏尔特佩克之间的琼塔尔地区，还有另一种程式化的头像（以巨大的鼻子为特征）。

梅斯卡拉地区同样以表现建筑形象的大量雕刻而闻名，这些缩尺模型很多以硬石制作，包括神殿或葬仪祭坛的还愿或祭祀模型。以四边形为基础构成主要

本页及左页：

（左上）图5-158纳亚里特地区陶土建筑模型（带平台和台阶的单栋房屋）

（中上）图5-159纳亚里特地区陶土建筑模型（位于平台上的神殿，墨西哥城国家人类学博物馆藏品）

（右上）图5-160纳亚里特地区陶土建筑模型（带楼层的单栋房屋）

（右下）图5-161纳亚里特地区陶土建筑模型（带平台和复合形体的房屋）

（中下）图5-162纳亚里特地区陶土建筑模型（带三个柱脚的畜舍）

（左下）图5-163纳亚里特地区陶土建筑模型（由两栋房屋组成的群体）

本页：

（左上）图5-164纳亚里特地区 陶土建筑模型（由多栋房屋及台地组成的群体）

（中）图5-165滨河伊斯特兰 祭坛组群（于圆形平台上承两个祭坛，周围栏墙上开十字形洞口）。现状全景

（右上）图5-166滨河伊斯特兰 祭坛组群。台阶及平台近景

（下）图5-167滨河伊斯特兰 祭坛组群。祭坛近景

右页：

（左右两幅）图5-168“七洞”图（取自《Historia Tolteca-Chichemeca》，线条图据Heyden，1981年）

变体形式，构图高度抽象，缩减成单一平面或两个平行平面。水平部件（基座、入口台阶、线脚或屋顶装饰）通常都加以缩减，主要突出垂直部件。有的在屋顶上表现躺着的死者，因而这些“模型”有可能是充当微缩的葬仪祭坛。

三、科利马、哈利斯科和纳亚里特地区的陶器

自20世纪上半叶开始，在广阔的墨西哥西部地区进行了大量的考古研究。从现有的材料看，只是到特奥蒂瓦坎 III期，纳亚里特-科利马地区才进入了古典早期阶段，此时生产的大型墓葬陶像散布在西方世界各地的博物馆内或成为私人藏品。由于为商业目的而进行的非法发掘长期以来未能制止，因而少有哪个遗址能提供有关建筑形式的精确报告。在哈利斯科州埃察特兰附近，有一个被盗掘的墓葬；在坚硬土层中挖出的这座墓成于古典时期（公元200~300年），三个地下墓室以地道相连并通过竖井进入，顶棚形如带交叉肋券的拱顶。这种墓室颇似哥伦比亚考卡河上游的竖井墓（见图9-3）。

井式墓可视为哈利斯科和科利马地区建筑的特色（图5-148）。在埃尔伊斯特佩特（哈利斯科地区）同样可看到来自特奥蒂瓦坎的影响。建造大型地下墓构的习俗可能仅限于奥尔蒂塞斯阶段（Ortices Phase，按 I.凯莉的说法，相当于特奥蒂瓦坎 III期）。在整个地区，自纳亚里特和哈利斯科西部直到科利马，大型空心器皿造像和小型实心塑像可能亦属同一时期。但这些都只是假设，由于缺乏和墓葬本

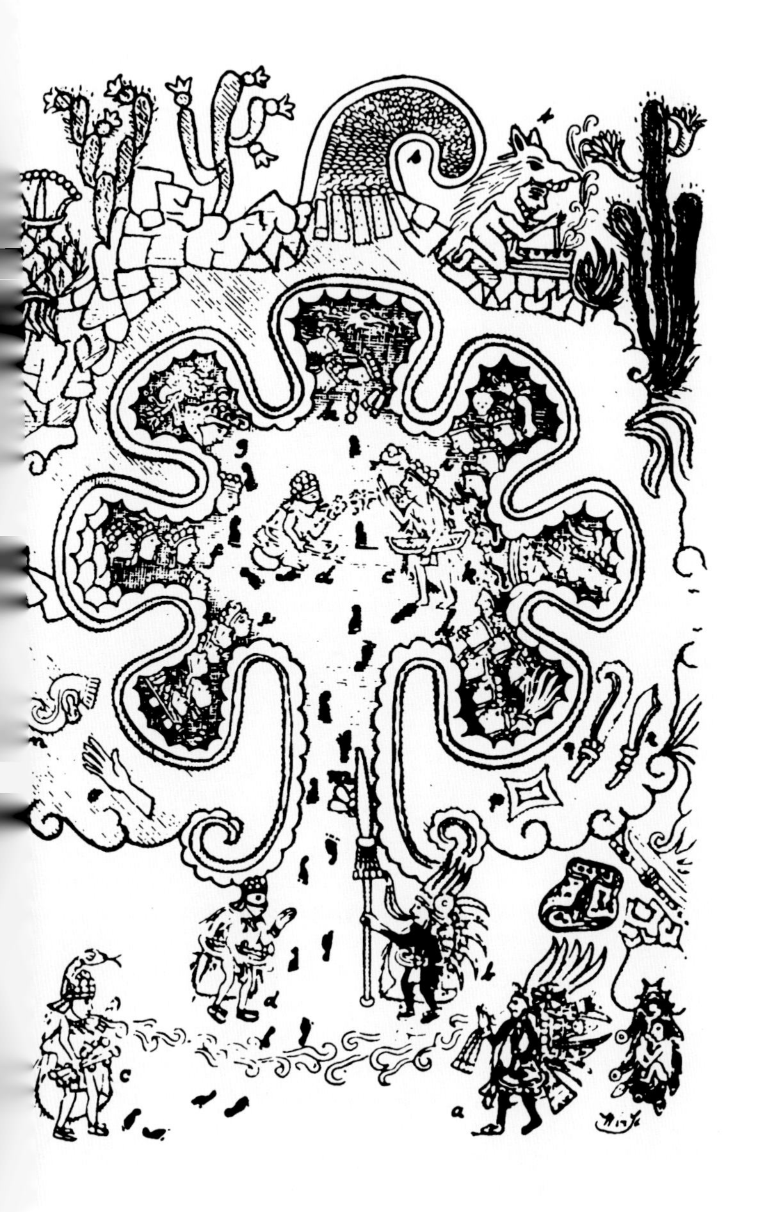

（左页及本页下）图5-169丘皮库阿罗 黏土塑像（左页图坐像高12厘米，属公元前200年，现存墨西哥国家人类学博物馆；本页下两尊约公元前500~公元初年，现存Snite Museum of Art）

（本页上）图5-170希基尔潘 球形陶器（可能为公元6~7世纪，墨西哥城国家人类学博物馆藏品）。立面、剖面及展开图（取自George Kubler：《The Art and Architecture of Ancient America，the Mexican，Maya and Andean Peoples》，1990年）

（本页中）图5-171钦聪灿 塔台组群（1200年后）。俯视复原图（取自George Kubler：《The Art and Architecture of Ancient America，the Mexican，Maya and Andean Peoples》，1990年）

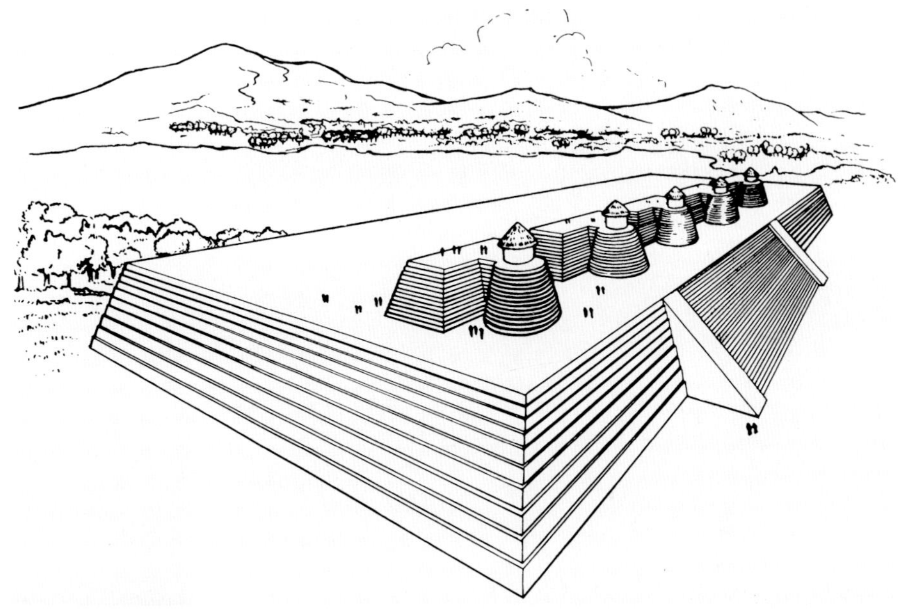

身的联系，I.凯莉亦无法进一步对这些塑像的类型进行区分。

在科利马和哈利斯科，许多个体塑像均取僵硬的正面造型，但这可能只是技术欠成熟的早期特征，或是属某种特定的类型。与此相反，群体塑像中，很多都是表现动态的人物，如起舞的人群（图5-149）。在科利马地区，到处都可看到这类表现乡土生活和一些日常生活场景的可爱陶像（图5-150~5-152），包括正在梳头的女人、怀抱婴儿的母亲、和动物嬉耍的孩童、正在做爱的肥狗等，但也有表现武士和巫师的。

阿梅卡谷地的塑像构成了科利马风格的另一种类型（图5-153），尽管出土这些塑像的墓寝位于查帕拉湖西面的哈利斯科州。塑像具有拉长的脸和鼻子。

和早期相比，后期的要更为生动，分划也更明确。

在纳亚里特塑像中同样可看到这种差别，其中最重要的实例来自该州南部的伊斯特兰（图5-154）。一类制作较为粗糙，表现活跃在茅舍或球场院台地上的人群。表面绘几何线条，或以红、白及橙色绘纺织品图案。制作技术类似科利马组群（两者可能均属前古典后期）。图5-155表现一个村落里举行的仪式（两栋房舍之间立一根柱子，按波旁抄本的说法，这种类似杂技表演供爬上爬下的立柱可能是象征天地之间的连接）。第二类为裸体形象，据称来自纳亚里特南部和中部地区古典早期的竖井墓（根据放射性碳测定属公元100年左右），其造型极其古朴、原始，以“纳亚里特塑像”闻名于世（图5-156）。有人（如吉福德）视其为漫画，也有人（如萨尔瓦多·托斯卡诺）认为它们具有“充满活力的美”。

总的来看，这三个地区的雕塑作品可视为同一风

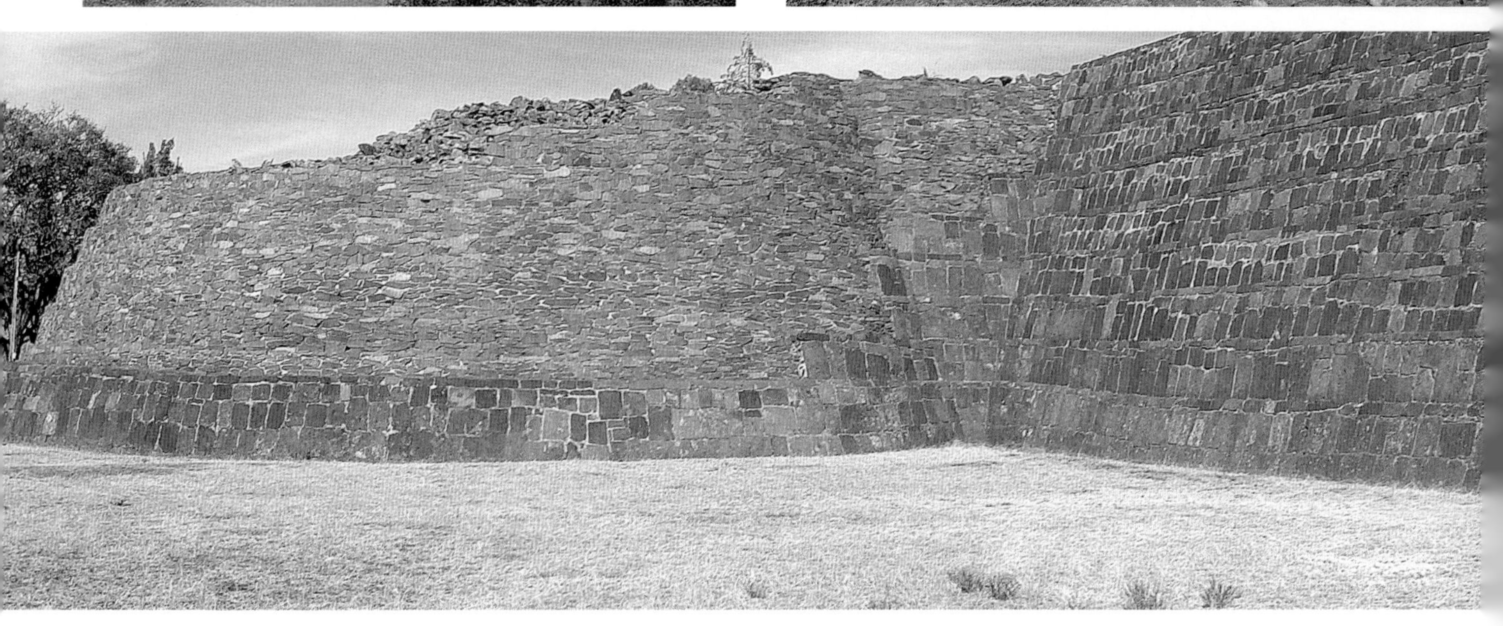

左页：

（左上与左中）图5-172钦聪灿 塔台组群。现状俯视景色

（右上）图5-173钦聪灿 塔台组群。单组塔台全景

（右中与下）图5-174钦聪灿 塔台组群。塔台侧面景色

本页：

（上）图5-175钦聪灿 塔台组群。塔台侧面近景

（下）图5-176钦聪灿 塔台组群。圆台与后部交接构造

格的不同变体形式，其发展估计跨越了约5个世纪。每个地区在不同的时段里都有自己的独特成就。科利马的塑像是这时期墨西哥西部地区最具有生气和表现力的作品（见图5-149），纳亚里特的伊斯特兰塑像以其造型和节律上的创新称著，哈利斯科地区阿梅卡谷地的塑像则在翻造技术上有独到之处（见图5-153）。

在陶器制作业兴旺发达的纳亚里特地区，还可看到许多微缩的建筑造型（图5-157~5-164）和反映这个热带农村地区直到古典时期结束和后古典时期开始时社会生活各方面的场景。哈索·冯·温宁新近（1971年）证实，在纳亚里特简单建筑的基础上尚有许多细小的变化，房屋通常为一层，使用轻质材料建造，优雅的屋顶带有彩色的几何装饰，另有小的神殿、平台和祭坛。

在纳亚里特地区的滨河伊斯特兰，以砖石砌筑的建筑和米却肯地区蔚为壮观的塔台组群（yácatas）一样，年代上要更为晚后。滨河伊斯特兰的建筑呈圆形，墙面倾斜，沉重的栏墙上开十字形的洞口（图5-165~5-167），通常均于一个大平台上建两个祭坛。

这种圆形和矩形相结合的（截锥）金字塔群的创造者是作为杰出的战士和匠师的塔拉斯卡人，在他们的最后都城钦聪灿可看到这类建筑的典型表现（见图5-171~5-182）。他们之所以被称为塔拉斯卡人，是因为当西班牙人到达米却肯地区时，该地首脑为他们提供作为妻子的女孩，因而称这些欧洲人为‘Tarascue’（意“女婿”）。他们称自己为“鹰”（Uasúsecha），如今则称为“大地之民”（Purépecha）。

根据某些编年史作者的说法，作为阿兹特克族的同代人， 塔拉斯卡人曾同他们一起去阿兹特兰的“七洞”（Chicomoztoc，Sept Grottes，图5-168）朝圣，“既然是同一种族，所有人都是来自这七个山洞和操同样的语言。”[8]但当他们来到帕茨夸罗湖时（现属米却肯州），其中有人下去游泳洗浴，把衣物丢在岸上，其他人偷了这些东西后逃走了。由于没有衣服，这些洗浴者就此习惯了裸体生活，为了不致和

左页：

（上两幅）图5-177钦聪灿 塔台组群。圆台侧景（一）

（左中）图5-178钦聪灿塔台组群。圆台侧景（二）

（下两幅）图5-179钦聪灿 塔台组群。圆台基部近景

本页：

（上）图5-180钦聪灿塔台组群。塔台阴角构造

（下）图5-181钦聪灿塔台组群。塔台端头近景

图5-182钦聪灿 塔台组群。两组塔台之间夹道近景

阿兹特克人混淆，甚至改变了自己的语言。

这个传说表明，和哈利斯科、纳亚里特和科利马居民具有亲缘关系的纳瓦特部族，是在后古典初期在这个地区定居的。之后迁来的其他部族逐渐和先来的融汇在一起。在塔拉斯卡人的文化中可明显看到来自南美洲的重大影响（不仅表现在塔拉斯卡语和某些秘鲁语言的类似上，也同样在陶器的形式上有所体现）。金属的使用可能同样是从南方传入墨西哥（在后古典初期，经太平洋引入瓦哈卡沿岸和西部地区）。塔拉斯卡人是熟练的冶金匠师，并掌握了其他中美洲的先进技艺，如历法体系、数学和象形文字的书写。他们是杰出的战士，征服了中美洲大部分的阿兹特克人亦未能制服他们。在所有诸神中，这个部族最尊崇的是太阳神和火神库里卡韦里。

四、米却肯州

无论是在高原还是海岸地区，至少早在前古典

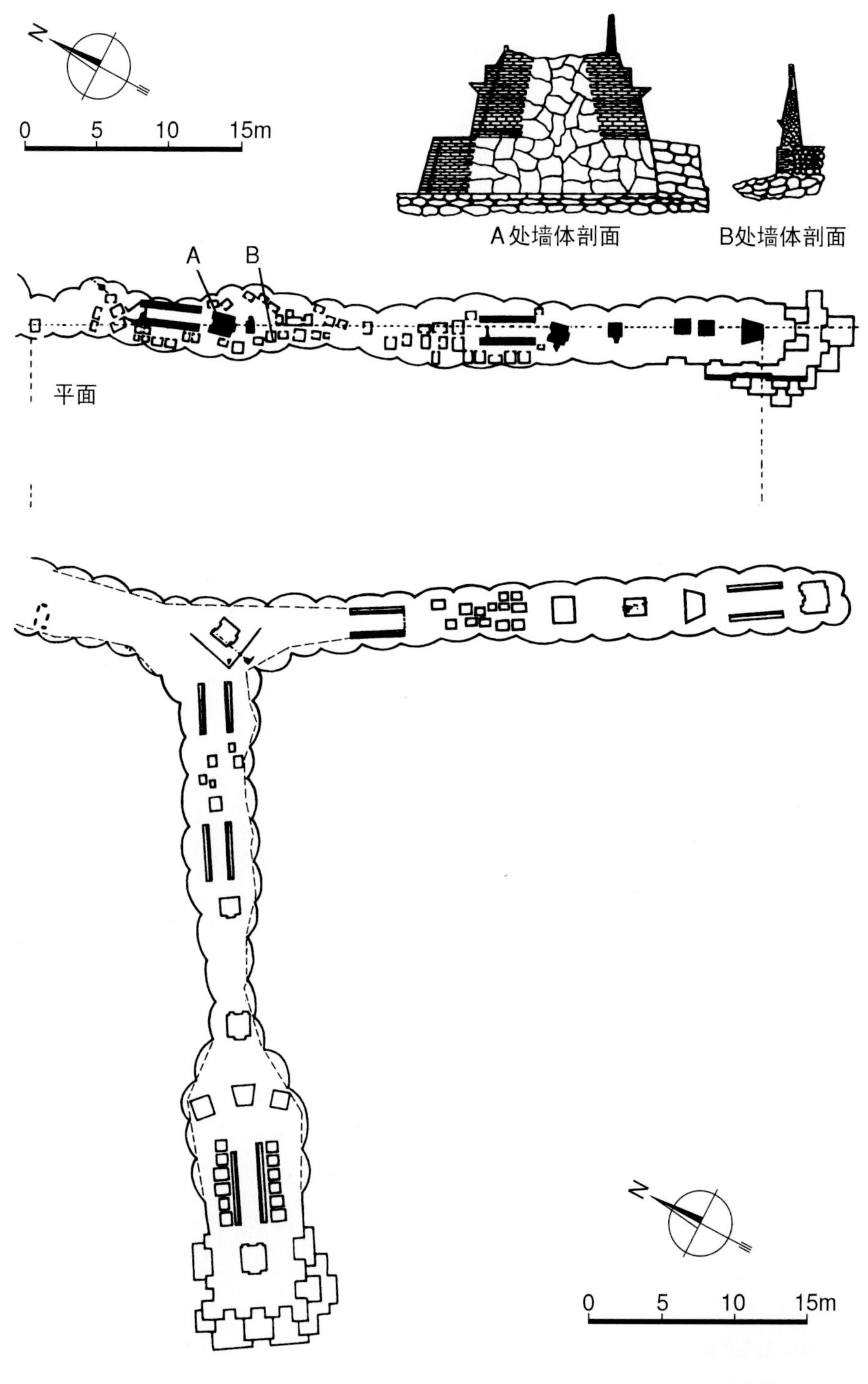

（上）图5-183托卢基拉 遗址区（700~1000年）。平面及墙体剖面（取自George Kubler:《The Art and Architecture of Ancient America，the Mexican，Maya and Andean Peoples》，1990年）

（下两幅）图5-184托卢基拉 遗址区。现状及外景复原图

（中）图5-185拉纳斯 遗址区。总平面（取自George Kubler:《The Art and Architecture of Ancient America，the Mexican，Maya and Andean Peoples》，1990年）

中期（公元前750~前350年），米却肯州已经有人居住。这个地区不仅自身没有统一的文化，和中美洲其他地区也不同。已知最早的村落遗址位于巴尔萨斯河下游的因菲耶尼约，西北部的埃尔奥佩尼奥和库鲁特兰山脚下，已经发现了许多前古典类型的陶器和塑像，类似于墨西哥谷地萨卡滕科那种（早于公元前500年）。另一个古代的中心位于东北部的丘皮库阿罗。其早期陶器接近蒂科曼 II期（约公元前500~公元300年）。陶器上的几何线条绘画可能是来自于墨西哥中北部地区。眼角吊起的黏土塑像（图5-169）属早期雕塑风格，后期塑像佩带沉重的颈饰。两种类型均呈板块状。

在米却肯地区西部希基尔潘发现的古典时期的制品中，可明显看到特奥蒂瓦坎风格的西扩。最著名的实例是两个球形的陶器（图5-170），其表面装饰技术可能是墨西哥西部地区特有的。有5个队列人物组成的条带，除灰色和白色外有5种色调。除希基尔潘及其特奥蒂瓦坎风格的制品外，在米却肯地区还有另外一些遗址，其产品形式被称为"早期湖区"（Early Lake）风格。这时期没有发现金属制品，陶器可能要早于塔拉斯卡文化的首批作品。

许多年来，"塔拉斯卡"这个词实际上被不加区分地用来泛指所有墨西哥西部地区的古代产品。如今，人们相信，塔拉斯卡文明不早于10世纪。在西班牙人占领前的几个世纪，强大的塔拉斯卡王国就建在米却肯州。

在湖区，考古上可分为两个阶段：早期可能要早于托尔特克文化，大型祭祀建筑群由圆形和矩形平台组成，即所谓塔台组群（yácatas）。塔拉斯卡政治上开始扩张的后期则相当于后托尔特克时期。住在湖泊地区的这些居民以其精致的宝石饰品、优美的陶器和脱蜡铸造的金、银和铜器等工艺品而为人所知。塔拉斯卡人长于制作硬石雕刻，造型生动、充满活力、棱角鲜明，常常自托尔特克母题中汲取灵感[如倚靠的武士像，即所谓"查克莫尔雕像"（Chacmool figures）]。

塔台是塔拉斯卡文化的主要建筑类型，通过具有地方特色的阶梯形基台将拉长的矩形体量和截顶圆锥

左页：

图5-186拉纳斯 遗址区。球场院，残迹景色

本页：

（上下两幅）图5-187拉纳斯 遗址区。平台现状

形体相结合。其实例除钦聪灿外，尚有伊瓦乔，它们构成了位于帕茨夸罗湖边的塔拉斯卡王国的最后两个都城。前者位于帕茨夸罗湖东岸，由排成一列的5个墓葬平台组成（俯视复原图：图5-171；现状景色：图5-172~5-182），每个都由碎石砌筑、外覆石板的12个阶台组成，全部立在一个高10阶（13米）的大平台上，后者亦属当时美洲最壮观的建筑之一。

塔拉斯卡艺术的总体构图具有折中的特色。圆形平台可能是来自瓦斯特卡和墨西哥中部（奎奎尔科），抗腐蚀的绘画技术可能反映了和远至今美国西南部的北方的联系，而金属工艺和宗教雕刻似具有托尔特克和米斯特克的渊源（可能和开发塔拉斯卡的矿产有一定的联系）。

五、北部高原地区

自墨西哥谷地向北，建筑遗址很少也很分散。克雷塔罗地区东北的托卢基拉和拉纳斯位于莫克特苏马（蒙特祖马）河大西洋集水区一侧（该河在帕努科附近入海），西北方向萨卡特卡斯地区的拉克马达和查尔奇维特斯位于太平洋集水区一侧。托卢基拉和拉纳斯与埃尔塔欣、霍奇卡尔科和玛雅地区关系密切，拉克马达和查尔奇维特斯可能和图拉及托尔特克建筑有一定的关联。

位于克雷塔罗北面约50英里的托卢基拉和拉纳斯的阶台式平台及建筑沿着自周围平原上拔起的狭窄陡峭的山脊成列布置（托卢基拉：图5-183、5-184；拉纳斯：图5-185~5-187）。拉纳斯有5个球场院，安置在许多方形和长方形的平台之间。平台带有很陡的垂直剖面和高的斜面，上冠凸出的斜面檐口，表现出埃尔塔欣的建筑风格。现场发现的遗迹也证实了和埃尔塔欣的联系，表明遗址应属古典后期。它们可能是为了保护通向沿海文明地区的谷地水源，提防高原入侵者的攻击，只是在这里，主要是通过其存在形成威慑，并没有采用明显的防卫设施（在托尔特克时期以后，防卫工程曾是中美洲这一阶段建筑发展的一个重

本页：

（上及左下）图5-188拉克马达 围墙平台。圆柱残迹

（右下）图5-189拉克马达 金字塔。俯视景色

右页：

（上及中）图5-190拉克马达 金字塔。现状全景

（下）图5-191查尔奇维特斯 柱廊围地。遗址景色

要特色）。

墨西哥北部的半沙漠地区通常都被置于中美洲建筑发展的主流之外。住在这里崇尚武力的游牧猎人对农业社团一直是个威胁，不过这一地区倒也因此有许多机会接触到文明的潮流，特别是北方。同样有可能的是，最初特奥蒂瓦坎的城邦居民，接下来的托尔特克人和最后的阿兹特克人，都在各战略要地派驻了军队，以防备游牧部落的突袭。位于萨卡特卡斯地区部分设防的拉克马达可能即属此类。城市筑有防卫城墙，位于高耸在周围环境之上、难以接近的基址上。其存在时间可能属特奥蒂瓦坎的全盛时期，但主要受托尔特克的影响。在这个带围墙的山顶城镇西面有一

条宽100码的堤道与外界相通。最具特色的围地是矩形的围墙平台，所有四个边上均立11根圆柱（由成形的长石碎片砌筑），形成类似奇琴伊察市场组群（参见图8-104）和图拉那样的柱廊院（图5-188）。其金字塔（图5-189、5-190）和大球场院形式上有别于更南边的城市。另两个遗址——什罗埃德和查尔奇维特斯均在离拉克马达不远处，再就是其他一些小遗址，但仅有拉克马达和查尔奇维特斯有球场院。在查尔奇维特斯，与拉克马达类似的柱廊围地内有28根柱子，形成不规则配置的四排，柱身由石头、黏土和土坯砖筑成。从建筑形式上看，应属托尔特克时期（图5-191、5-192）。

墨西哥西北地区的文化实际上可视为美国西南地区文化的延续，在这里，很少看到来自墨西哥中央高原地区的影响。这种类型的文化要素属前古典后期和后古典时期。其中包括杜兰戈州的神殿基台和球场院，奇瓦瓦州的运河灌溉体系，萨卡特卡斯和杜兰戈州的防卫工程，瓜纳华托州的小型祭祀中心和彩色陶器，锡那罗亚州的彩釉装饰，以及圣路易斯波托西州的球场院及建筑遗迹。萨卡特卡斯州的拉克马达和奇瓦瓦州的大卡萨斯，是该地区最重要的遗址。在大卡萨斯，尽管自1300年开始，已表现出许多中美洲的特色（如平面“I”形的球场院、平台、截锥金字塔、表现羽蛇和人祭的题材），显示出来自后期墨西哥中部地区的影响，但和与中美洲的来往相比，这里和美国西南地区的联系显然要更为密切。在这时期之前，已经可以看到来自北方的诸多影响，如半地下的住房和会堂（后者称kiva，为美国西部和墨西哥等地印第安人用来举行宗教仪式、集会和休息的巨大圆形地穴式建筑）。

在考察美国西南和墨西哥西北地区的关系时，需要指出的是，在过去的几千年间，没有任何地图可精确划定文化区界。在公元前7000~前5000年，可视为整体的这片地区是前陶文化传统的荒原，只是从公元前5000年开始，具有中美洲特色的农耕经济（葫芦、南瓜、玉米、棉花和菜豆）标志着南部定居文化的飞跃发展。而美国西南地区则是到前古典后期（约公元前100年）才开始在陶器制作的形式及种植杂交玉米等方面显露出中美洲的影响。缪里尔·波特·韦弗相信，文化特征是沿着太平洋岸线传播，通过纳亚里特平原和锡那罗亚朝索诺拉方向，或通过农业社团占据的马德雷山脉西支的东面坡地。[9]到公元900年，当阿纳萨西人向西南扩展之时，反映米斯特克-普埃布拉地区特色的阿兹塔特兰文化（Culture d' Aztatlán），亦开始在锡那罗亚海岸地区流行。

在16世纪，墨西哥西北和美国西南构成了一个几乎完全一样的地区。欧洲征服者相信，它就是传说中带金银宫殿并饰有宝石的七城之国（Cíbola），这个传说可能是来自阿兹特克人关于他们的发源地和七个

（上下两幅）图5-192 查尔奇维特斯 柱廊围地。残柱现状

山洞的典故（据说那是个真正的人间乐园）。当时的西班牙行政长官弗朗西斯科·巴斯克斯·德科罗纳多（1510~1554年）曾组织了一次对这片地区的大规模探察，带了300个西班牙人，1000个印第安人和1000匹马，但除了沙漠，群山和一些游牧部落，什么也没有发现。

第五章注释：

[1]见Ignacio Bernal：《La Presencia Olmeca en Oaxaca》，1967年。

[2]见John Paddock：《Ancien Oaxaca》，1966年。

[3]见John Paddock：《A Beginning in the Ñuiñe》，1970年。

[4]见Paul Westheim：《Arte Antiguo de México》，1950年。

[5]见Jorge Hardoy：《Ciudades Precolombinas》，1964年。

[6]见 Raúl Flores Guerrero：《Arte Mexicano》，1962年。

[7]同上。

[8]见Fray Diego Durán：《The Aztecs：the History of the Indies of New Spain》，1964年。

[9]见Muriel Porter Weaver：《The Aztecs，Maya and Their Predecessors》，1972年。